教/育/部/实/用/型/信/息/技/术/人/才/培/养/系/列/教/材

边用边学

CorelDRAW 平面设计

寇吉梅 主编　胡勇 副主编　全国信息技术应用培训教育工程工作组 审定

人民邮电出版社
北京

图书在版编目（CIP）数据

边用边学CorelDRAW平面设计 / 寇吉梅主编. -- 北京 : 人民邮电出版社, 2014.10
教育部实用型信息技术人才培养系列教材
ISBN 978-7-115-36549-1

Ⅰ. ①边… Ⅱ. ①寇… Ⅲ. ①图形软件－教材 Ⅳ. ①TP391.41

中国版本图书馆CIP数据核字(2014)第170927号

内容提要

本书从平面设计工作人员的实际工作入手，认真分析他们在平面设计中的工作心得和知识需求，精心设计了数个典型的平面设计应用案例，详细介绍了 CorelDRAW 平面设计的基础知识、绘制和编辑几何图形、绘制与编辑线条图形、图形填充与轮廓编辑、图形对象的操作与编辑、图形对象特效制作、文本编辑与版式设计、位图处理与位图滤镜特效、图形文件打印和印刷，以及企业 VI 设计等软件使用方法和常用操作技巧。

本书适合作为各类院校平面设计相关专业的教材，也可以作为广大平面设计人员、插画创作者以及印刷等人员提高工作技能的自学用书。

◆ 主　　编　寇吉梅
副 主 编　胡　勇
审　　定　全国信息技术应用培训教育工程工作组
责任编辑　李　莎
责任印制　杨林杰

◆ 人民邮电出版社出版发行　　北京市丰台区成寿寺路 11 号
邮编　100164　　电子邮件　315@ptpress.com.cn
网址　http://www.ptpress.com.cn
北京鑫正大印刷有限公司印刷

◆ 开本：787×1092　1/16
印张：19.25
字数：503 千字　　2014 年 10 月第 1 版
印数：1 – 3 000 册　　2014 年 10 月北京第 1 次印刷

定价：39.00 元

读者服务热线：(010)81055410　印装质量热线：(010)81055316
反盗版热线：(010)81055315
广告经营许可证：京崇工商广字第 0021 号

教育部实用型信息技术人才培养系列教材编辑委员会

（暨全国信息技术应用培训教育工程专家组）

出 版 说 明

信息化是当今世界经济和社会发展的大趋势，也是我国产业优化升级和实现工业化、现代化的关键环节。信息产业作为一个新兴的高科技产业，需要大量高素质复合型技术人才。目前，我国信息技术人才的数量和质量远远不能满足经济建设和信息产业发展的需要，人才的缺乏已经成为制约我国信息产业发展和国民经济建设的重要瓶颈。信息技术培训是解决这一问题的有效途径，如何利用现代化教育手段让更多的人接受到信息技术培训是摆在我们面前的一项重大课题。

教育部非常重视我国信息技术人才的培养工作，通过对现有教育体制和课程进行信息化改造、支持高校创办示范性软件学院、推广信息技术培训和认证考试等方式，促进信息技术人才的培养工作。经过多年的努力，培养了一批又一批合格的实用型信息技术人才。

全国信息技术应用培训教育工程（又称 ITAT 教育工程）是教育部于 2000 年 5 月启动的一项面向全社会进行实用型信息技术人才培养的教育工程。ITAT 教育工程得到了教育部有关领导的肯定，也得到了社会各界人士的关心和支持。通过遍布全国各地的培训基地，ITAT 教育工程建立了覆盖全国的教育培训网络，对我国的信息技术人才培养事业起到了极大的推动作用。

ITAT 教育工程被专家誉为"有教无类"的平民学校，以就业为导向，以大、中专院校学生为主要培训目标，也可以满足职业培训、社区教育的需要。培训课程能够满足广大公众对信息技术应用技能的需求，对普及信息技术应用起到了积极的作用。据不完全统计，在过去 8 年中共有 150 余万人次参加了 ITAT 教育工程提供的各类信息技术培训，其中有近 60 万人次获得了教育部教育管理信息中心颁发的认证证书。ITAT 教育工程为普及信息技术、缓解信息化建设中面临的人才短缺问题做出了一定的贡献。

ITAT 教育工程聘请来自清华大学、北京大学、人民大学、中央美术学院、北京电影学院、中国传媒大学等单位的信息技术领域的专家组成专家组，规划教学大纲，制订实施方案，指导工程健康、快速地发展。ITAT 教育工程以实用型信息技术培训为主要内容，课程实用性强，覆盖面广，更新速度快。目前工程已开设培训课程 20 余类，共计 50 余门，并将根据信息技术的发展，继续开设新的课程。

本套教材由清华大学出版社、人民邮电出版社、机械工业出版社、北京希望电子出版社等出版发行。根据教材出版计划，全套教材共计 60 余种，内容将汇集信息技术应用各方面的知识。今后将根据信息技术的发展不断修改、完善、扩充，始终保持追踪信息技术发展的前沿。

ITAT 教育工程的宗旨是：树立民族 IT 培训品牌，努力使之成为全国规模最大、系统性最强、质量最好，而且最经济实用的国家级信息技术培训工程，培养出千千万万个实用型信息技术人才，为实现我国信息产业的跨越式发展做出贡献。

全国信息技术应用培训教育工程负责人
系列教材执行主编　**薛玉梅**

前　言

在设计行业竞争日益激烈的今天，熟练地掌握平面设计相关专业技能，平面设计人员可以在平面设计相关行业内轻松而又熟练地创作出更加适合客户的优秀设计作品。CorelDRAW 是由加拿大 Corel 公司研制开发的一款图形矢量软件，拥有非凡的设计能力，是一款备受平面设计人员青睐的设计软件，广泛应用于商标设计、VI 设计、广告设计、插图、模型绘制、排版及分色输出等领域，非常便于用户使用，无论是绘制简单的图形还是进行复杂的设计，它都会让用户感到得心应手。

为了帮助初学者快速掌握运用 CorelDRAW 软件处理日常设计与制作工作事务的方法和技巧，本书采用"边用边学，实例导学"的写作模式，全面地涵盖了其应用于平面设计领域的知识点，并通过大量案例帮助初学者学会如何在实际工作中进行灵活应用。

1. 写作特点

（1）注重实践，强调应用

有不少读者常常抱怨学过 CorelDRAW 软件却不能独立完成平面设计任务，这是因为目前的大部分此类图书只注重理论知识的讲解而忽视了应用能力的培养。虽然很多读者对 CorelDRAW 软件的操作已经基本掌握，但如何在实际工作中巧妙、灵活地进行应用，高效率、高质量地完成工作任务，则必须通过不断的实践才能真正掌握其中的要领。

对于初学者而言，不能期待一两天就能成为平面设计高手，而是应该踏踏实实地打好基础。而模仿他人的做法就是很好的学习方法，因为"作为人行为模式之一，模仿是学习的结果"，所以在学习过程中通过模仿各种经典的平面设计案例，可快速提高自己的平面设计能力。

基于此，本书通过细致剖析各类经典的 CorelDRAW 平面设计案例，例如通过卡片设计、制作卡通儿童人物插画、制作建筑平面户型图、制作 POP 海报广告、制作 DM 广告、制作蛋糕网页、制作书籍封面、制作蛋糕包装以及企业 VI 设计等深入讲解如何运用 CorelDRAW 进行平面设计与制作，达到边用边学、一学即会的学习效果。

（2）知识体系完善，专业性强

本书深入浅出地讲解了使用 CorelDRAW 进行平面设计的方法和技巧。既能让具有一定 CorelDRAW 使用经验的读者迅速熟悉其在实际平面设计中的应用，也能使完全没有用过 CorelDRAW 的读者从大量精选案例的实战中体会运用 CorelDRAW 进行平面创作的精髓。

本书是由资深的 CorelDRAW 平面设计人员和具有丰富教学经验的教师共同创作，融会了多年的实战经验和设计技巧。可以说，阅读本书相当于在工作一线实习和进行职前训练。

（3）通俗易懂，易于上手

本书在介绍使用 CorelDRAW 进行平面设计时，先通过小实例引导读者掌握 CorelDRAW 中各种实用工具的应用方法，再深入地讲解各个相关工具的知识，以使读者更易于理解各种工具在实际工作中的作用及其应用方法。对于初学者以及具有一定基础的读者而言，只要按照书中的步骤一步步学习，

就能够在较短的时间内掌握平面设计的要领。

2．本书体例结构

本书各章的基本结构为“本章导读+基础知识+应用实践+自我检测”，旨在帮助读者夯实理论基础，锻炼应用能力，并强化巩固所学知识与技能，从而取得温故知新、举一反三的学习效果。

- 本章导读：简要介绍知识点，明确所要学习的内容，便于读者明确学习目标，分清主次，以及重点与难点。
- 基础知识：通过小实例讲解 CorelDRAW 软件中常用基本技能的使用方法，以帮助读者深入理解各个知识点。
- 应用实践：通过综合实例引导读者提高灵活运用所学知识的能力，并熟悉平面设计的流程及如何将 CorelDRAW 软件更好地应用于实际工作。
- 自我检测：精心设计习题与上机练习，读者可据此检验自己对知识的掌握程度并强化巩固所学知识。

3．配套教学资料

本书提供以下配套教学资料。

- 书中所有的素材、源文件与效果文件。
- CorelDRAW 课件。

本书讲解由浅入深，内容丰富，实例新颖，实用性强，既可作为各类院校和培训班的平面设计与动漫相关专业的教材，也适合想快速掌握平面设计技能的读者阅读。

本书由寇吉梅、胡勇执笔编写，参与本书编辑的人员有李彪、杨路平、李勇、杨仁毅、邓春华、唐蓉、王政、尹新梅、邓建功、何紧莲、赵阳春、朱世波等，在此感谢所有关心和支持我们的同行们。

尽管我们精益求精，疏漏之处在所难免，恳请广大读者批评指正。我们的联系邮箱是 lisha@ptpress.com.cn，欢迎读者来信交流。

编 者

2014 年 8 月

目　录

第 1 章　CorelDRAW 平面设计的基础知识……1
1.1　图形图像重要术语概述……2
1.1.1　矢量图与位图……2
1.1.2　常见图形图像文件格式……3
1.1.3　常见图形图像色彩模式……4
1.2　初识 CorelDRAW……6
1.2.1　启动和退出 CorelDRAW……6
1.2.2　CorelDRAW 的工作界面……7
1.3　管理图形文件……11
1.3.1　新建和打开文件……11
1.3.2　保存和关闭文件……13
1.3.3　导入和导出文件……14
1.4　设置与管理页面……16
1.4.1　设置页面大小……16
1.4.2　设置页面方向……18
1.4.3　设置页面标签……18
1.4.4　设置页面背景……20
1.4.5　插入页面……21
1.4.6　删除页面……21
1.4.7　切换页面……22
1.4.8　重命名页面……23
1.5　绘图辅助设置……23
1.5.1　设置辅助线……23
1.5.2　设置网格……24
1.5.3　设置对齐对象……25
1.5.4　标注对象……25
1.6　查看和控制视图……27
1.6.1　设置视图缩放和平移……27
1.6.2　设置视图的显示模式……28
1.6.3　设置预览显示方式……29
1.6.4　切换图形编辑窗口……30
1.7　练习与上机……31
第 2 章　轻松绘制和编辑几何图形……33
2.1　绘制矩形……34
2.1.1　使用【矩形】工具绘制矩形……34
2.1.2　使用【3 点矩形】工具绘制矩形……35
2.1.3　绘制圆角矩形……36
2.2　绘制圆形、饼形和弧形……37
2.2.1　使用【椭圆形】工具绘制圆形……38
2.2.2　使用【3 点椭圆形】工具绘制圆形……39
2.2.3　绘制饼形与弧形……39
2.3　绘制多边形、星形……40
2.3.1　绘制多边形……40
2.3.2　绘制星形……41
2.4　绘制图纸、螺旋形和完美形状……42
2.4.1　绘制网格图纸……43
2.4.2　绘制螺旋形……43
2.4.3　绘制完美形状……44
2.5　变形几何图形……45
2.5.1　使用【形状】工具变形图形……45
2.5.2　使用【涂抹笔刷】工具变形图形……46
2.5.3　使用【刻刀】工具分割图形……47
2.5.4　使用【橡皮擦】工具擦除图形……48
2.5.5　使用【虚拟段删除】工具删除图形……49
2.6　应用实践——卡片设计……50
2.6.1　卡片设计的特点分析……52
2.6.2　VIP 卡片创意分析与设计思路……52
2.6.3　制作过程……53
2.7　练习与上机……55
第 3 章　快速绘制与编辑线条图形……57
3.1　绘制直线和曲线……58
3.1.1　【手绘】工具……58
3.1.2　【贝塞尔】工具……60
3.1.3　【钢笔】工具……62
3.1.4　【2 点线】工具……65
3.1.5　【3 点曲线】工具……66
3.1.6　【B 样条】工具……66
3.1.7　【折线】工具……67

3.1.8 【智能绘图】工具……68
3.1.9 【艺术笔】工具……69
3.2 编辑线条对象……72
3.2.1 节点的形式……73
3.2.2 选择和移动节点……73
3.2.3 添加和删除节点……75
3.2.4 连接和分割节点……76
3.2 5 对齐多个节点……77
3.2.6 改变节点属性……78
3.2.7 互转直线与曲线……78
3.3 应用实践——制作卡通儿童人物插画……79
3.3.1 儿童人物插画设计的特点分析……81
3.3.2 插画创意分析与设计思路……81
3.3.3 制作过程……82
3.4 练习与上机……92
第 4 章 图形填充与轮廓编辑……94
4.1 使用调色板……95
4.1.1 打开调色板……95
4.1.2 移动调色板……95
4.1.3 自定义调色板……96
4.1.4 设置调色板……96
4.1.5 关闭调色板……96
4.2 选取颜色的方法……96
4.2.1 使用【颜色滴管】工具选取颜色……97
4.2.2 使用"均匀填充"对话框选取颜色……97
4.2.3 使用"颜色"泊坞窗选取颜色……99
4.3 填充基本的颜色……100
4.3.1 单色填充图形……100
4.3.2 渐变填充图形……100
4.3.3 取消填充图形……102
4.4 填充复杂的颜色……103
4.4.1 开放式填充图形……103
4.4.2 智能填充图形……103
4.4.3 图案填充图形……104
4.4.4 底纹填充图形……106
4.4.5 Postscript 填充图形……106
4.4.6 交互式填充图形……107
4.4.7 交互式网状填充图形……108
4.5 设置轮廓属性……109
4.5.1 认识轮廓工具组……109
4.5.2 设置轮廓线的颜色……110
4.5.3 设置轮廓线的宽度……111
4.5.4 设置轮廓线的样式……112
4.5.5 为轮廓线添加箭头……112
4.5.6 清除轮廓属性……113
4.6 应用实践——制作建筑平面户型图……113
4.6.1 户型图的设计特点分析……114
4.6.2 平面户型图创意分析与设计思路……115
4.6.3 制作过程……115
4.7 练习与上机……121
第 5 章 图形对象的操作与编辑……123
5.1 对象的常见操作……124
5.1.1 选择对象……124
5.1.2 移动对象……128
5.1.3 复制对象及属性……130
5.1.4 删除对象……133
5.2 变换对象……133
5.2.1 缩放对象……134
5.2.2 旋转对象……135
5.2.3 倾斜对象……137
5.2.4 镜像对象……138
5.2.5 裁剪对象……140
5.3 排列与对齐对象……140
5.3.1 排序对象……140
5.3.2 对齐对象……143
5.3.3 分布对象……145
5.4 群组、结合与锁定对象……145
5.4.1 群组与取消群组对象……145
5.4.2 结合与拆分对象……147
5.4.3 锁定与解锁对象……148
5.5 修整对象……149
5.5.1 焊接对象……149
5.5.2 修剪对象……150
5.5.3 相交对象……150
5.5.4 简化对象……151
5.5.5 移除后面对象……152
5.5.6 移除前面对象……152
5.5.7 边界对象……153

5.6 精确剪裁图框……154
5.6.1 将图片放在容器中……154
5.6.2 编辑剪裁内容……155
5.6.3 复制剪裁内容……155
5.6.4 锁定剪裁内容……156
5.6.5 提取内置对象……157
5.7 应用实践——制作 POP 海报广告……158
5.7.1 POP 海报设计的特点分析……160
5.7.2 POP 海报创意分析与设计思路……160
5.7.3 制作过程……160
5.8 练习与上机……164
第 6 章　图形对象特效制作……166
6.1 调和效果……167
6.1.1 创建调和效果……167
6.1.2 控制调和效果……170
6.1.3 复制调和效果……171
6.1.4 拆分调和效果……172
6.1.5 取消调和效果……173
6.2 轮廓图效果……173
6.2.1 创建轮廓图效果……173
6.2.2 复制轮廓图效果……175
6.2.3 拆分轮廓图效果……175
6.2.4 清除轮廓图效果……175
6.3 变形效果……175
6.3.1 推拉变形……176
6.3.2 拉链变形……176
6.3.3 扭曲变形……177
6.3.4 清除变形效果……177
6.4 阴影效果……178
6.4.1 创建阴影效果……178
6.4.2 拆分阴影效果……179
6.4.3 清除阴影效果……180
6.5 立体效果……180
6.5.1 创建立体效果……180
6.5.2 拆分立体效果……182
6.5.3 清除立体效果……182
6.6 封套效果……182
6.7 透明效果……184
6.7.1 创建透明效果……184
6.7.2 编辑透明效果……185
6.8 透镜效果……187
6.9 透视效果……190
6.10 应用实践——制作 DM 广告……191
6.10.1 DM 广告设计的特点分析……193
6.10.2 企业画册创意分析与设计思路……193
6.10.3 制作过程……194
6.11 练习与上机……199
第 7 章　文本编辑与版式设计……202
7.1 创建文本……203
7.1.1 创建美术文本……203
7.1.2 创建段落文本……204
7.1.3 切换美术文本与段落文本……205
7.2 编辑文本……205
7.2.1 文本属性……205
7.2.2 调整文本字符、行、段间的距离……206
7.2.3 对齐文本……207
7.2.4 更改文本方向……207
7.2.5 更改英文大小写……208
7.2.6 设置首字下沉与缩进……208
7.2.7 段落文本链接……209
7.2.8 文本分栏……212
7.2.9 将文本转化为曲线……213
7.3 文本的特殊编排……213
7.3.1 沿路径分布文本……213
7.3.2 在封闭路径内置文本……215
7.3.3 文本绕图排列……217
7.4 应用实践——制作蛋糕网页……217
7.4.1 网页设计的特点分析……220
7.4.2 网页创意分析与设计思路……220
7.4.3 制作过程……220
7.5 练习与上机……226
第 8 章　位图处理与位图滤镜特效……228
8.1 编辑位图……229
8.1.1 将矢量图转换成位图……229
8.1.2 将位图转换为矢量图……230
8.1.3 重新取样位图……230
8.1.4 裁剪位图……231
8.1.5 编辑位图……232

8.2 调整位图色调……232
8.2.1 颜色平衡……232
8.2.2 亮度/对比度/强度……233
8.2.3 色度/饱和度/光度……233
8.2.4 替换颜色……234
8.3 位图滤镜特效……235
8.3.1 【三维效果】滤镜组……235
8.3.2 【艺术笔触】滤镜组……237
8.3.3 【模糊】滤镜组……239
8.3.4 【颜色转换】滤镜组……240
8.3.5 【轮廓图】滤镜组……241
8.3.6 【创造性】滤镜组……242
8.3.7 【扭曲】滤镜组……243
8.3.8 【杂点】滤镜组……245
8.3.9 【鲜明化】滤镜组……246
8.4 应用实践——制作书籍封面……247
8.4.1 书籍封面设计的特点分析……248
8.4.2 书籍封面创意分析与设计思路……249
8.4.3 制作过程……249
8.5 练习与上机……259

第 9 章 图形文件打印和印刷……261

9.1 打印机的类型……262
9.2 打印介质类型……262
9.3 印刷相关知识……263
9.3.1 五种常见的印刷方式……263
9.3.2 印刷常用的纸张……265
9.3.3 印刷前的准备工作……266
9.4 如何打印文件……267
9.4.1 标准模式打印……267
9.4.2 创建分色打印……268
9.5 应用实践——制作蛋糕包装……269
9.5.1 包装设计的特点分析……271
9.5.2 食品包装设计创意分析与设计思路……271
9.5.3 制作过程……272
9.6 练习与上机……277

第 10 章 企业 VI 设计……279

10.1 VI 设计基础知识……280
10.1.1 CI 的概述……280
10.1.2 VI 的构成要素……280
10.2 基础部分——组合系统标准设计……281
10.2.1 标志设计……282
10.2.2 标准色与辅助色的设计……284
10.3 应用部分——办公事务系统设计……286
10.3.1 名片的设计……287
10.3.2 信封的设计……289
10.4 应用部分——广告宣传系统设计……291
10.4.1 雨伞的设计……291
10.4.2 手提袋的设计……293
10.5 练习与上机……295

附录 练习题参考答案……297

第 1 章 CorelDRAW 平面设计的基础知识

学习目标

CorelDRAW 是由加拿大 Corel 公司研制开发的一款图形矢量软件，拥有非凡的设计能力，是备受平面设计人员青睐的设计软件，广泛应用于商标设计、VI 设计、广告设计、插图、模型绘制、排版及分色输出等诸多领域，非常便于用户使用，无论是绘制简单的图形还是进行复杂的设计，它都会让用户感到得心应手。

学习重点

了解矢量图与位图、图形文件格式、图形色彩模式、工作界面等，掌握启动和退出 CorelDRAW X5 程序、新建与打开文件、保存和关闭文件、导入和导出文件、设置和管理页面、辅助工具、控制视图等的操作。

主要内容

- 图形图像重要术语概述
- 初识 CorelDRAW
- 管理图形文件
- 设置与管理页面
- 绘图辅助设计
- 查看和控制视图
- 制作唱片封面

1.1 图形图像重要术语概述

学习一款软件，首先需要了解该软件的图形绘制与设计中的一些重要基本概念，如矢量图与位图、图像分辨率和像素、常用文件格式、常用色彩模式等相关知识，了解这些知识，将有助于以后对作品质量和水准的把握，更好地理解和体会软件更深层次的知识。

1.1.1 矢量图与位图

计算机图像分为两大类型，即矢量图和位图。这两种类型的图形、图像都有各自的特点。

1. 矢量图

矢量图也称为向量式图形，是用数学的矢量方式来记录图像内容，以线条和色块为主，其中各个元素都是根据图形的几何特性来具体描述。矢量图中的元素称为对象，一般情况下，矢量图形是由多个对象堆砌而成的，每个对象都是算成一体的实体，它具有颜色、形状、大小等属性，因此各个对象在计算机中都是由数学公式来表达描述的。

矢量图的最大优点是分辨率独立，对象的线条非常光滑、流畅，可以容易地进行放大、缩小或旋转等操作，无论怎样放大和缩小，矢量图都会保持很高的清晰度，更不会出现锯齿状的边缘现象，在任何分辨率下显示或打印输出都不会丢失细节，如图 1-1 所示。因此，矢量图形在进行标志设计、插图设计及工程绘图上占有很大的优势。

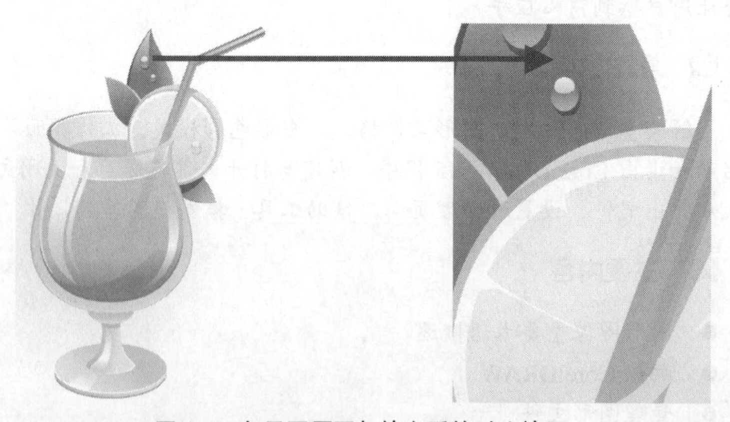

图 1-1 矢量图原图与放大后的对比效果

> 提示：矢量图是制作文字和图形的最佳选择，但它不太适合制作颜色丰富的图像。在绘制该类图形、图像时无法像位图那样精确地描绘各种绚丽的景象。

2. 位图

位图又称为点阵图和像素图，是由许多在网格内排列的点组成的，这些点称为像素（pixel）。每个像素都有一个明确的颜色，将它们组合在一起，便构成了一幅完整的图像。

位图可以记录每一点的数据信息，因而可以精确地制作出色彩和色调变化丰富的图像，可以逼真

地表现自然界的图像，达到照片般的品质。但是，由于位图所包含的图像像素数目是一定的，若将图像放大到一定程度后，图像就会失真，边缘会出现锯齿，如图 1-2 所示。

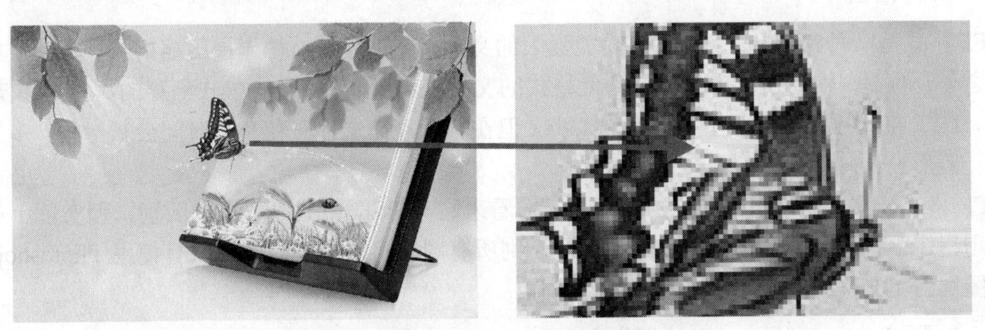

图 1-2　位图的原图与放大后的对比效果

提示：在处理位图图像时，所处理的是像素而不是对象或形状，它的大小和质量取决于图像中像素点的多少，像素越多，图像越清晰，颜色之间的混合也越平滑，相应的存储容量空间越大。

1.1.2　常见图形图像文件格式

在设计过程中，由于工作环境的不同，需要使用的文件格式也不一样，可以根据实际需要选择图形图像文件格式，CorelDRAW 支持 CDR、JPEG、PSD、TIFF、AI、EPS、GIF、PNG 等多种格式文件的打开、存储等的操作，了解图形图像文件的格式，可以有效地对文件进行保存和管理。

1. CDR 格式

CDR 格式是 CorelDRAW 软件的专用图形文件存储格式，由于 CorelDRAW 是矢量图形绘制软件，所以 CDR 格式可以记录文件的属性、位置和分页等。但它在兼容度上较差，所有 CorelDRAW 应用程序中均能够使用，但其他图像编辑软件打不开此类文件。

注意：使用 CorelDRAW 软件打开 CDR 格式的文件时，要注意不同版本的 CorelDRAW 所产生的 CDR 文件是不一样的，需要用相同版本才能打开。如果要在低版本 CorelDRAW 中打开高版本 CorelDRAW 的文件，则需要在高版本 CorelDRAW 软件中，选择【文件】/【另存为】命令，在弹出的“保存绘图”对话框中的“版本”列表框中选择相应的版本，单击“保存”按钮，将文件保存为低版本。

2. JPEG 格式

JPEG 是一种压缩效率很高的存储格式，但是 JPEG 文件在压缩时会造成一定程度的失真，因此，在制作印刷品时最好不要使用这种格式。JPEG 格式支持 RGB、CMYK 和灰度颜色模式，但不支持 Alpha 信道。它主要用于图像预览和制作 HTML 网页。

3. PSD 格式

PSD 格式是 Photoshop 软件的默认格式，也是唯一支持所有图像模式的文件格式，可以保存图像中的图层、信道、辅助线和路径等。PSD 格式是自 Photoshop 中新建的一种文件格式，它属于大型文件，除了具有 PSD 格式文件的所有属性外，最大的特点就是支持宽度和高度最大为 30 万像素的文件。

4. TIFF 格式

TIFF 格式是一种跨平台、跨程序、功能强大的文件格式。它是一种无损压缩格式，是最常用的文件格式之一，也是一种标准的印刷格式。此格式的文件是以 RGB 的全彩模式积存的，它可以支持 24 个信道。TIFF 格式压缩文件减小了文件的大小，但在打开存储文件时花费的时间会长一些，多用于桌面排版、图形设计软件。

TIFF 格式能够保存信道、图层、路径，表面看来它与 PSD 格式没有什么区别，但实际上如果在其他应用程序中打开该文件格式所保存的图像，则所有图层将被合并，因此只有使用 Photoshop 打开保存了图层的 TIFF 文件，才能修改其中的图层。

5. AI 格式

AI 格式是一种矢量图形格式，在 Illustrator 中经常用到，它可以把 Photoshop 软件中的图形转化为“.AI”格式，然后在 CorelDRAW、Illustrator 中打开，对其进行颜色和形状的任意修改和处理。

6. EPS 格式

EPS 格式是 Abode 公司专门为矢量图而设计的。主要用在 PostScript 打印机上输出图像，可以在各软件之间进行转换。EPS 格式支持所有的颜色模式，可用于存储位图图像和矢量图像，它最大的优点是可以在排版软件中以低分辨率预览，而在打印时以高分辨率输出。

7. GIF 格式

GIF 是输出图像到网页常用的一种格式，它可以支持动画。GIF 格式可以用 LZW 压缩，从而使文件占用较小的空间。如果使用 GIF 格式，一定要转换为索引模式，使用色彩数目转为 256 或更少。

8. PNG 格式

PNG 格式是专门为 Web 创造的，是一种将图像压缩到 Web 上的文件格式。和 GIF 格式不同的是，PNG 格式支持 24 位图像，不仅限于 256 色。

1.1.3 常见图形图像色彩模式

颜色模式决定了图像的显示颜色数量，也影响图像的信道数和图像的文件大小。CorelDRAW 能以多种色彩模式显示图像，最常用的模式是 CMYK、RGB、位图和灰度等 4 种模式。

1. CMYK 模式

CMYK 模式即由 C（青色）、M（洋红）、Y（黄色）、K（黑色）合成颜色的模式，这是印刷上最主要使用的颜色模式，由这 4 种油墨合成可生成千变万化的颜色，因此被称为四色印刷。

由青色（C）、洋红（M）、黄色（Y）叠加即生成红色、绿色、蓝色及黑色，如图 1-3 所示，黑色用来增加对比度，以补偿 CMY 产生黑度不足之用。由于印刷使用的油墨都包含一些杂质，单纯由 C、M、Y 三种油墨混合不能产生真正的黑色，因此需要加一种黑色（K）。CMYK 模式是一种减色模式，每种颜色所占的百分比范围为 0～100%，百分比越高，颜色越深。

2. RGB 模式

RGB 模式是 Photoshop 默认的颜色模式，是应用计算机图形图像设计中最常用的色彩模式。它代表了可视光线的 3 种基本色元素，即红、绿、蓝，称为“光学三原色”，RGB 模式为彩色图像中每个像素的 R、G、B 颜色值分配一个 0～255 范围内的强度值，一共可以生成超过 1670 万种颜色，因此 RGB 颜色模式下的色彩非常鲜艳、丰富。当三原色重迭时，由不同的混色比例和强度会产生其他的间色，三原色相加会产生白色，如图 1-4 所示。

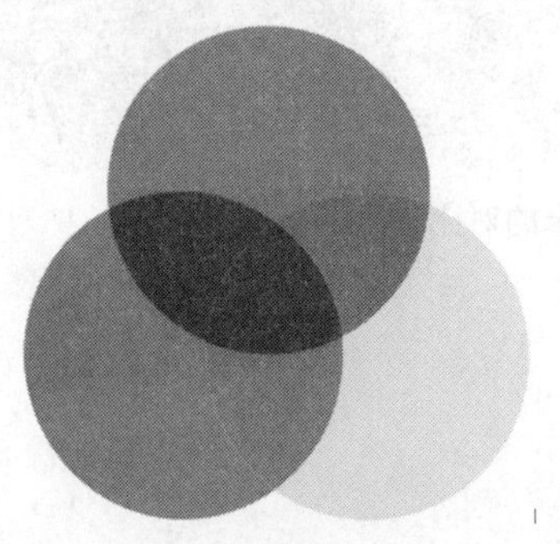

图 1-3　四色印刷

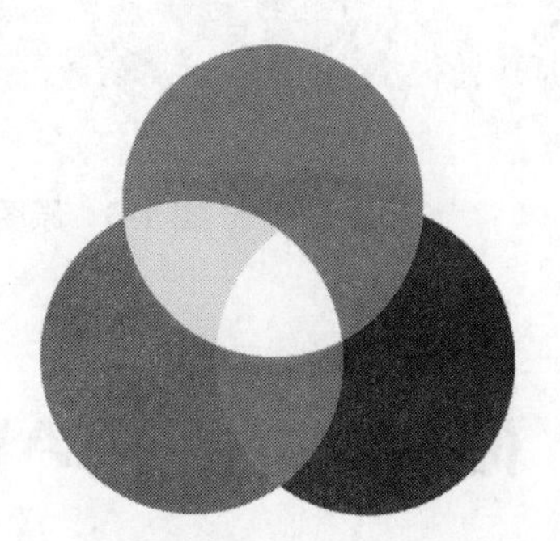

图 1-4　三原色

注意：RGB 模式在屏幕表现下色彩鲜艳、丰富，所有滤镜都可以使用，各软件之间文件兼容性高，但在印刷输出时，偏色情况较重。

3. 灰度模式

灰度模式可以将图片转变成黑白相片的效果（见图 1-5），是图像处理中被广泛运用的模式，采用 256 级不同浓度的灰度来描述图像，每个像素都有从 0～255 之间范围的亮度值。

将彩色图像转换为灰度模式时，所有的颜色信息都将被删除。虽然 Photoshop 允许将灰度模式的图像再转换为彩色模式，但是原来已丢失的颜色信息不能再返回。

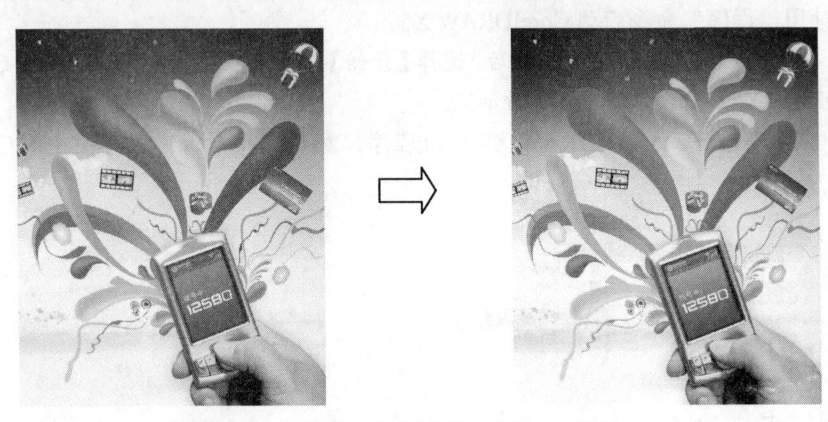

图 1-5　原图与灰度模式图像的对比效果

4. 位图模式

位图模式的图像也称黑白图像，因为它只使用两种颜色值，即黑、白双色来描述图像中的像素（见图 1-6），黑白之间没有灰度过渡色，所以该类图像占用的内存空间非常少。当一幅彩色图像要转换成黑白模式时，不能直接转换，必须先将图像转换成灰度模式。

图 1-6　原图与位图模式图像的对比效果

1.2 初识 CorelDRAW

CorelDRAW 是平面图形设计和印刷中常用的设计软件，具有非常强大的功能，是广大平面设计师经常使用的平面应用软件之一，在广告制作方面深受广大用户的欢迎。作为专业的图像设计软件，从图形的绘制到标志设计、VI 设计、广告设计，无所不能。不论是专门的设计人员，还是初学者，都可以使用 CorelDRAW 制作出具有专业品质的作品。

1.2.1 启动和退出 CorelDRAW

CorelDRAW 的启动与退出是 CorelDRAW 的最基本的操作，下面分别进行介绍。

1. 启动 CorelDRAW

要在 CorelDRAW 中编辑和处理图形，首先需要先启动该程序。下面以在 Windows XP 中启动 CorelDRAW X5 为例，介绍启动 CorelDRAW X5 的方法。

【例 1-1】使用“程序”命令启动 CorelDRAW X5。

Step 1 安装好 CorelDRAW X5 软件后，选择【开始】/【所有程序】/【CorelDRAW Graphics Suite X5】/【CorelDRAW X5】命令，如图 1-7 所示。

Step 2 系统开始加载 CorelDRAW X5 应用程序，加载完毕后，进入“快速入门”界面，如图 1-8 所示。

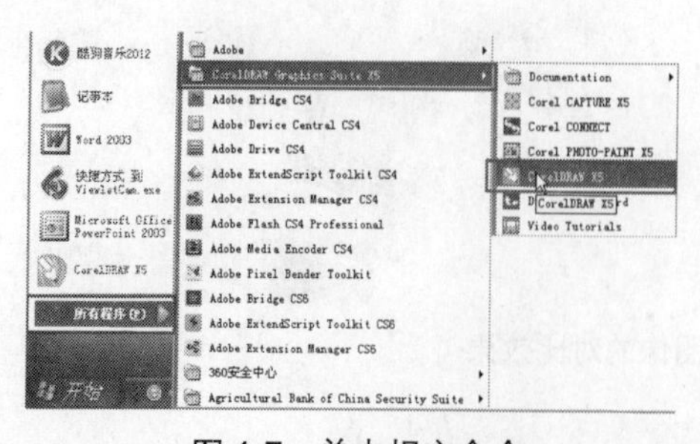

图 1-7　单击相应命令

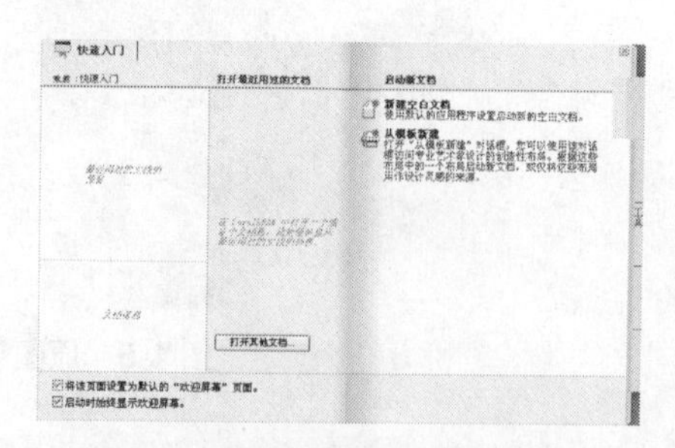

图 1-8　进入“快速入门”界面

【知识补充】在“快速入门”界面中用户可以直接新建空白文档、从模板新建、打开最近用过的文档等，为了更好地使用它，下面补充说明其中一些参数的作用，具体内容如下。

- “新建空白文档”超链接：将建立一个空白的绘图区域。

- “打开最近用过的文档”选项区：在其下方会显示上一次工作过的文件，选择它来打开这个文件，从上次退出的地方继续工作。
- “打开其他文档”按钮 打开其他文档... ：单击该按钮，弹出“打开绘图”对话框，如图 1-9 所示，从中选择需要打开的文件。
- “从模板新建”超链接：单击该超链接，弹出“从模板新建”对话框，如图 1-10 所示，从中可以选择样本来打开新的绘图文件。利用模板可以很快地建立统一样式的绘图，减少重复的制作过程。

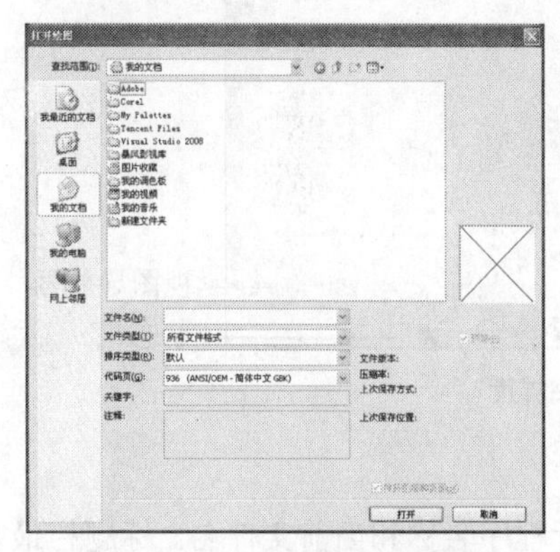

图 1-9　“打开图形”对话框

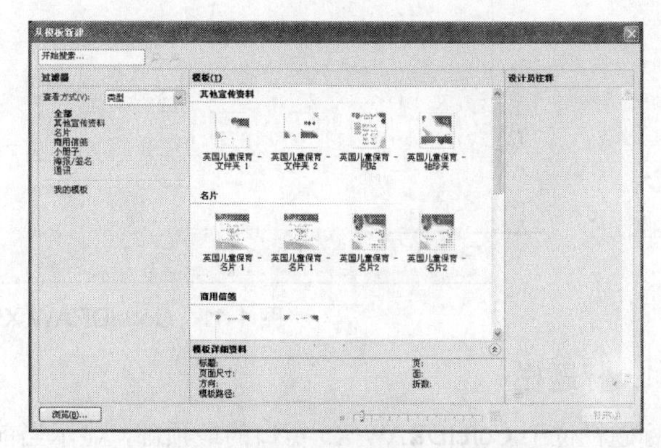

图 1-10　“从模板新建”对话框

- “启动时始终显示欢迎屏幕”复选框：选择该复选框后，每一次启动 CorelDRAW X5 时都会弹出“快速入门”界面；如果不选择，则表示下次启动 CorelDRAW X5 时，跳过“快速入门”界面而直接进入到工作界面窗口。另外，用户也可以单击窗口右上角的按钮关闭此界面，CorelDRAW 将会直接进入到工作界面窗口，而不会进行其他的操作。

提示：除了上述启动 CorelDRAW X5 程序的方法外，还有以下两种常用的方法。

- 双击桌面上的 CorelDRAW X5 快捷方式图标。
- 双击已经存在的任意一个 CDR 格式的 CorelDRAW X5 文件。

2. 退出 CorelDRAW

当文件设计好后，不再需要使用 CorelDRAW X5 软件编辑时，可以退出该程序，以减少计算机磁盘占用空间。

退出 CorelDRAW X5 有以下 3 种常用方法。

- 在 CorelDRAW X5 界面窗口中单击窗口右上角的关闭按钮。
- 选择【文件】/【退出】命令。
- 按“Alt+F4”组合键。

1.2.2　CorelDRAW 的工作界面

启动 CorelDRAW X5 程序后，在“快速入门”界面中，单击“新建空白图形”超链接，即可进入工作界面，如图 1-11 所示。工作界面主要由标题栏、菜单栏、标准栏、工具属性栏、工具箱、绘图页面、页面控制栏、状态栏、标尺和调色板、视图导航器共 11 部分组成。

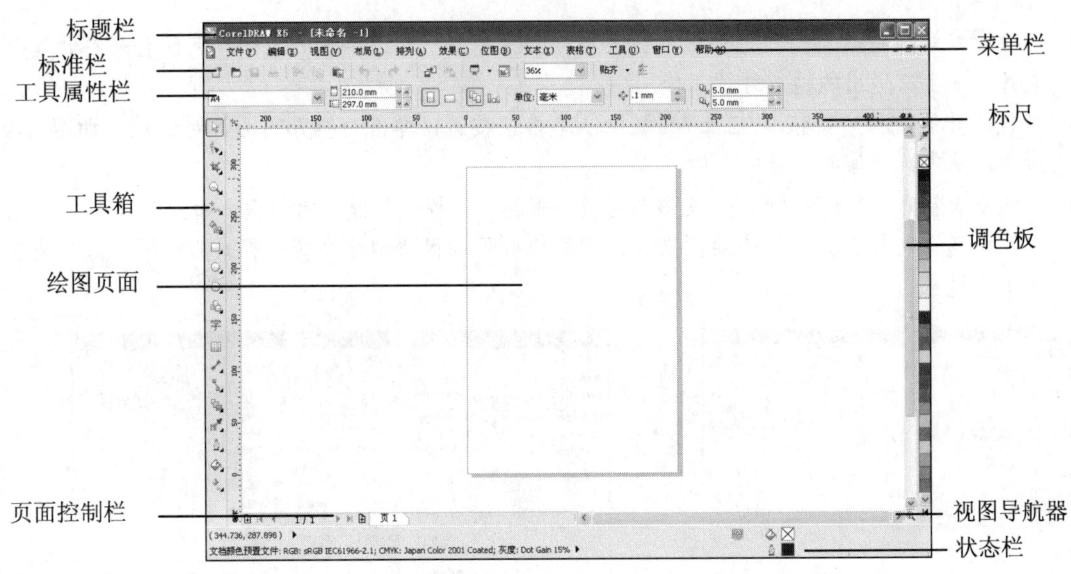

图 1-11　CorelDRAW X5 工作界面

1. 标题栏

标题栏位于 CorelDRAW X5 窗口的最顶部，显示当前运行程序名称和当前文件名。标题栏最左侧的是软件的图标和名称，单击该图标弹出下拉列表，如图 1-12 所示，用于移动、关闭、放大或者缩小窗口；标题栏右侧的 3 个按钮分别是“最小化”按钮、“最大化”按钮和“关闭”按钮，用于控制文件窗口的显示大小。

2. 菜单栏

菜单栏默认情况下位于标题栏的下方，由“文件”、“编辑”、“视图”、“布局”、“排列”、“效果”、“位图”、“文本”、“表格”、“工具”、“窗口”和“帮助”12 个菜单命令组成，用户可以直接通过此菜单选项选择所要执行的命令。

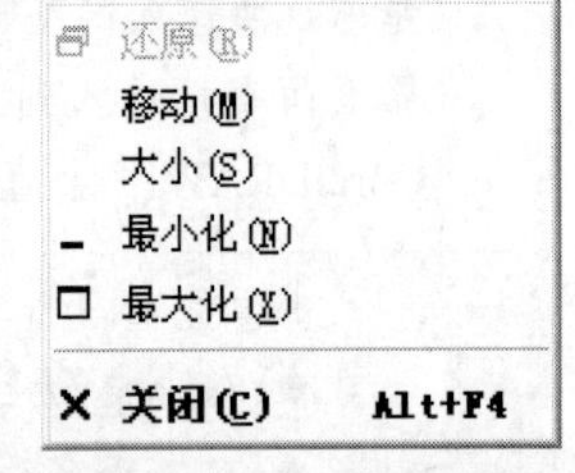

图 1-12　弹出的下拉列表

当光标指向主菜单某项后，该标题变亮，即可选择此项，单击鼠标左键并显示出相应的下拉菜单。在下拉菜单中上下移动光标，当要选择的菜单项变亮后，单击鼠标左键，即可执行此菜单项的命令。如果菜单项右边有“…”号，执行此项后将弹出与之有关的对话框；如果菜单项右边有按钮，则表示还有下一级子菜单。

3. 标准栏

默认情况下标准栏位于菜单栏的下方，它就是将菜单中的一些常用命令选项按钮化，以便于用户快捷地进行操作。通过标准栏的操作，可以大大简化操作步骤，从而提高工作效率，如图 1-13 所示。

图 1-13　标准栏

4. 工具属性栏

工具属性栏提供了控制对象属性的选项，它会根据所选的对象或工具的不同而显示不同的内容。当用户改选取对象或工具时，工具属性栏会更新反映用户所作的选择。

5. 工具箱

工具箱默认位于工作界面的最左侧，如图 1-14 所示，用户也可以根据自己的习惯拖曳至其他的位置，工具箱包含了 CorelDRAW X5 中的常用绘图及编辑工具，并将功能近似的工具以展开的方式归类组合在一起，如果要选择某个工具，直接用鼠标左键单击即可。

其中在工具箱中没有显示出全部的工具，很多工具按钮的右下角有一个小三角形图标◢，表示在该工具中还有与之相关的其他工具，按住工具按钮不放或在其上单击鼠标右键，即可弹出工具组（见图 1-15），用户可从中选择所需工具。

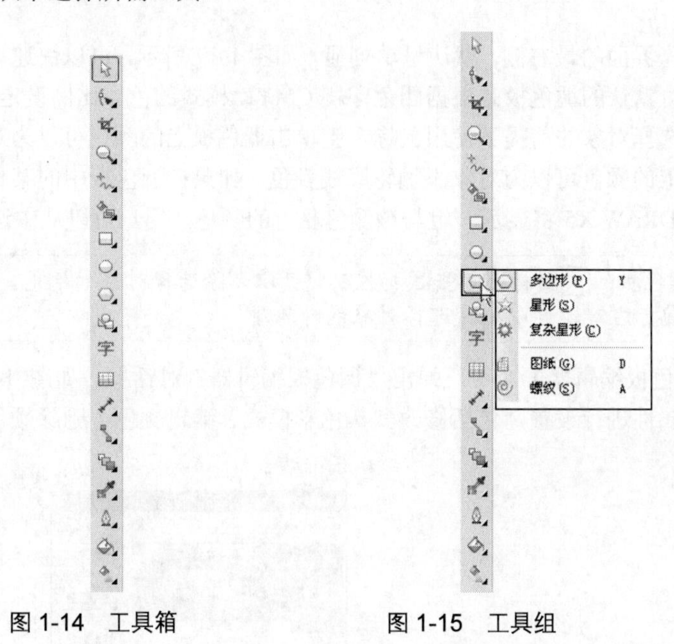

图 1-14　工具箱　　　　图 1-15　工具组

6. 绘图页面

绘图页面默认位于操作界面的中心，有一个带阴影的矩形。绘图页面也称为操作区，就是文档窗口中央的矩形区域，只有在绘图页面中的图形内容才能被打印出来。绘图页面的大小可以根据用户的需要来设置。

7. 页面控制栏

页面控制栏位于工作界面的左下方。在 CorelDRAW X5 中可以在一个文档中创建多个页面，并通过页面控制栏查看每个页面的情况。用鼠标右键单击页面控制栏，会弹出如图 1-16 所示的快捷菜单，选择相应的选项即可以增加或删除页面。

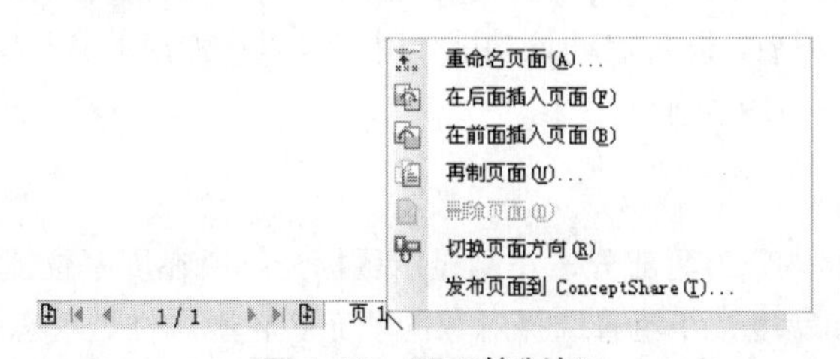

图 1-16　页面控制栏

8. 标尺

标尺默认显示在工作界面的左侧和上部，它由水平标尺、垂直标尺和原点设置 3 部分组成，将鼠标指针放在标尺上单击鼠标左键，并拖曳鼠标指针到绘图工作区，即可拖出辅助线。标尺可帮助用户确定图形的大小和精确的位置。

选择【查看】/【标尺】命令，可以显示和隐藏标尺。当“标尺”命令前显示有勾选标记时，表示标尺呈显示状态，反之则被关闭。

9. 调色板

调色板默认位于工作界面的最右侧，默认呈单列显，如图 1-17 所示，可以快速地为图形和文本对象选择轮廓色和填充色，默认的调色板是根据四色印刷 CMYK 模式的色彩比例设定的。

使用调色板时，在选择对象的前提下使用鼠标左键单击调色板上的颜色可以为对象填充颜色；使用鼠标右键单击调色板上的颜色可以为对象添加轮廓线颜色。如果在调色板中的某种颜色上单击鼠标左键并等待几秒，CorelDRAW X5 将显示一组与该颜色相近的颜色，用户可以从中选择更多的颜色。

> 提示：在调色板的⊠图标上单击鼠标左键，可以删除选择对象的填色，在调色板上方的⊠图标上单击鼠标右键，可以删除选择对象的外轮廓。

选择【工具】/【调色板编辑器】命令，弹出“调色板编辑器”对话框，如图 1-18 所示，在该对话框中可以对调色板的属性进行设置，包括修改默认色彩模式、编辑颜色、删除颜色、将颜色排列和重置调色板等。

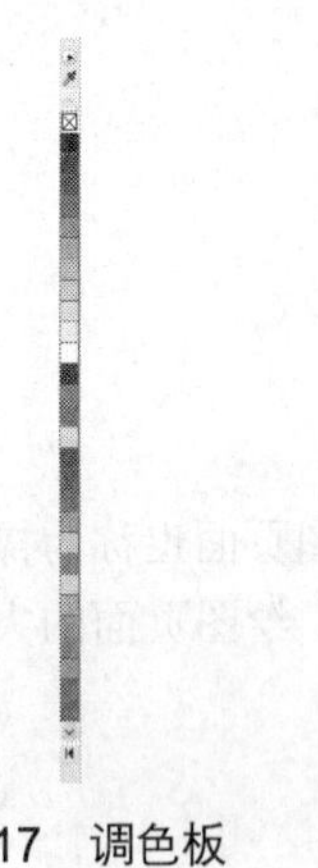

图 1-17　调色板

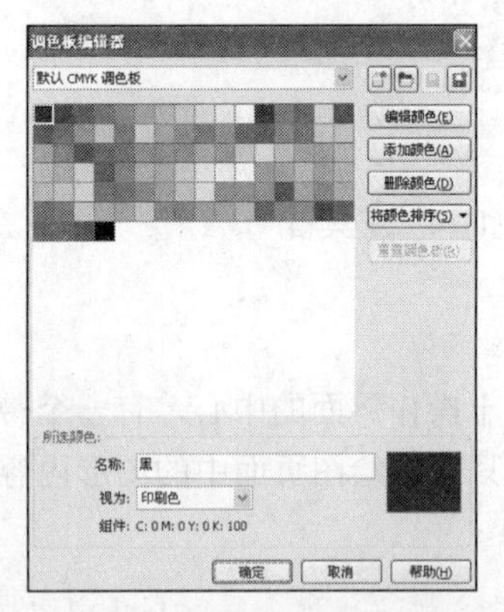

图 1-18　“调色板编辑器”对话框

10. 视图导航器

视图导航器默认位于垂直和水平滑动条的交点处，主要用于视图导航（特别适用于编辑放大后的图形）。按住放大镜图标 不放，即可启动该功能，用户可以在弹出的含有文档的迷你窗口随意移动、定位想要调整的区域，如图 1-19 所示。

11. 状态栏

状态栏位于窗口的底部，分为两部分，左侧显示鼠标光标所在屏幕位置的坐标，右侧显示所选对象的填充色、轮廓线颜色和宽度，并随着选择对象的填充和轮廓属性做动态变化，如图 1-20 所示。选择【窗口】/【工具栏】/【状态栏】命令，可以关闭状态栏。

图 1-19　视图导航器

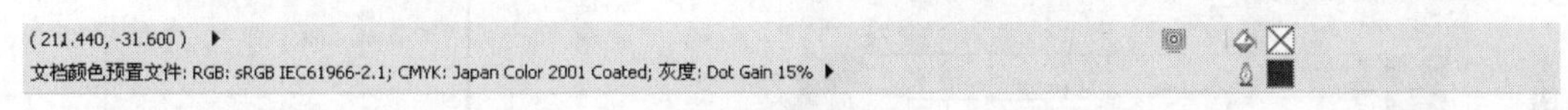

图 1-20　状态栏

12. 泊坞窗

泊坞窗是放置 CorelDRAW X5 中的各种管理器和编辑命令的工作面板。选择【窗口】/【泊坞窗】命令，在弹出的下拉菜单中选择各种管理器和命令选项，即可将其激活并显示在页面上。图 1-21 所示为"轮廓图"泊坞窗。

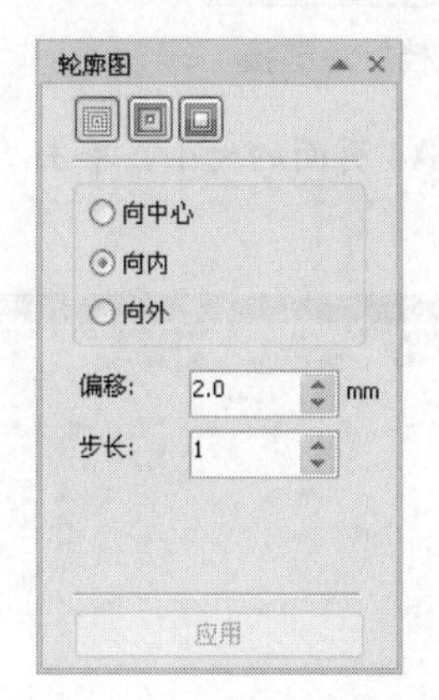

图 1-21　"轮廓图"泊坞窗

1.3 管理图形文件

CorelDRAW 作为矢量绘制软件，绘图和图形处理是它的主要功能，但是在运用这些功能之前，应该先熟悉并掌握基本操作，如新建、打开、保存、导入和导出文件。

1.3.1 新建和打开文件

在 CorelDRAW X5 中用户进行图形和图像编辑前，首先需要新建或打开一个图形文件，然后才能进行相应的操作。

1. 新建文件

新建空白文件是用户在开始工作之前，在 CorelDRAW X5 应用程序窗口建立一个空白的绘图页面，

此时的绘图页面和绘图窗口内没有任何编辑对象。

【例 1-2】使用“快速入门”界面，单击“新建空白文档”超链接新建文件。

Step 1 启动 CorelDRAW X5 应用程序，并进入“快速入门”界面，单击“新建空白文档”超链接 新建空白文档 使用默认的应用，如图 1-22 所示。

Step 2 弹出“创建新文档”对话框，如图 1-23 所示，用户可以在该对话框中自定义文件的大小、渲染分辨率、方向等设置。

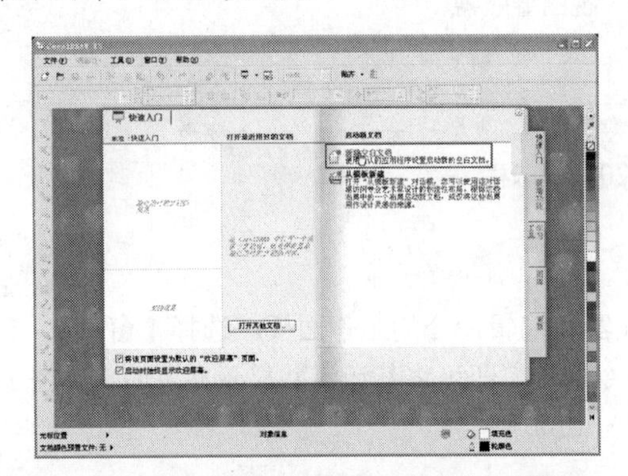

图 1-22 单击“新建空白文档”超链接

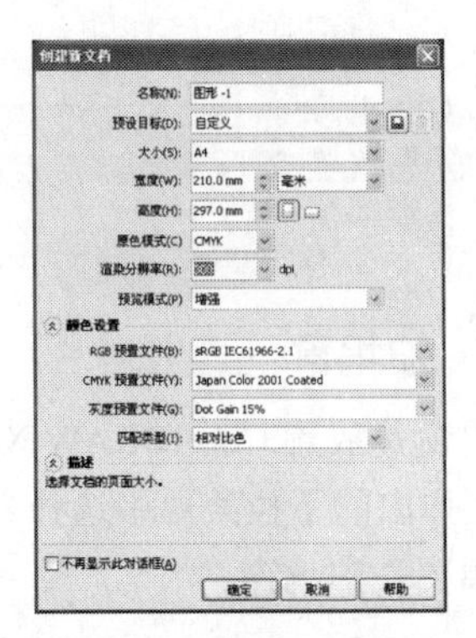

图 1-23 “创建新文档”对话框

Step 3 系统默认新建的页面为 A4 页面的大小，单击“确定”按钮，即可新建一个空白图形文件，如图 1-24 所示。

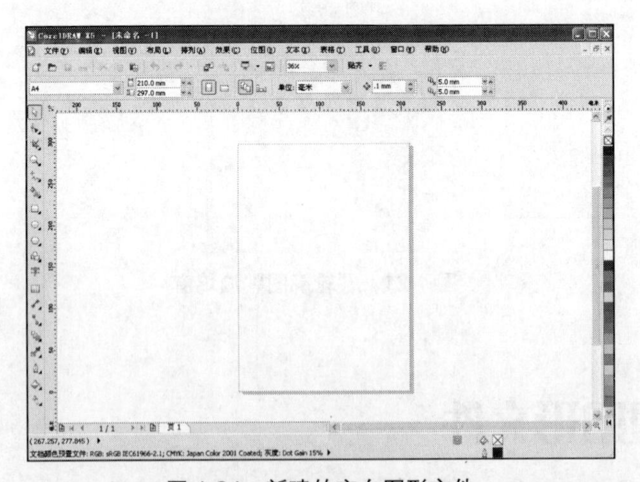

图 1-24 新建的空白图形文件

> 提示：启动 CorelDRAW X5 应用程序后，关闭“快速入门”界面，然后选择【文件】/【新建】命令，或者单击标准栏中的“新建”按钮，可新建空白图形文件，或者按“Ctrl + N”组合键，也可新建文件。

2. 打开文件

在 CorelDRAW X5 中，若用户需要对以前绘制的图形文件继续进行编辑，则可先将原有的文档打开，然后再对其进行编辑。

【例 1-3】利用“打开”命令打开文件。

所用素材：素材文件\第 1 章\横幅广告.cdr

Step 1　选择【文件】/【打开】命令，弹出“打开绘图”对话框，选择需要打开的图形文件，如图 1-25 所示。

Step 2　单击“打开”按钮，即可将选择的图形文件打开，如图 1-26 所示。

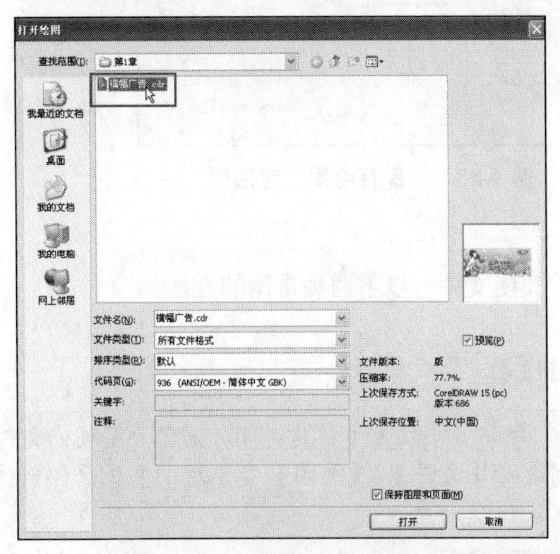

图 1-25　“打开绘图”对话框

图 1-26　打开的图形文件

提示：单击标准栏中的“打开”按钮，或者按 “Ctrl + O”组合键，也可进行图形文件的打开操作。

1.3.2　保存和关闭文件

如果已经完成当前图形窗口的编辑操作，则可将当前的图形文件进行保存或关闭。

1. 保存文件

在系统默认状态下，CorelDRAW X5 是以 CDR 格式保存文件的，用户可以运用 CorelDRAW X5 提供的高级保存选项来选择其他的文件格式。

【例 1-4】利用“另存为”命令保存图形文件。

所用素材：素材文件\第 1 章\百盛超市.cdr　**完成效果**：效果文件\第 1 章\百盛超市.cdr

Step 1　选择【文件】/【打开】命令，打开一幅素材文件，如图 1-27 所示。

Step 2　在当前绘图页面中编辑完成后，选择【文件】/【另存为】命令，弹出“保存绘图”对话框，选择文件的保存路径，并输入保存的文件名，如图 1-28 所示，单击“保存”按钮，即可保存文件。用户也可以选择【文件】/【保存】命令，直接保存文件。

图 1-27　打开的素材

图 1-28　“保存绘图”对话框

2. 关闭文件

图形保存好后，随时关闭当前打开的图形文件。关闭文件有以下两种常用的方法。

- 选择【文件】/【关闭】命令。
- 用鼠标左键单击文件窗口右侧的“关闭”按钮☒。

提示：对于保存过的文件，单击“关闭”命令，可以直接将其关闭。若需要关闭的文件没有进行保存或保存后再次进行了编辑，则选择【文件】/【关闭】命令后，系统会弹出信息提示框，提示是否保存对文件的更改，如图 1-29 所示。

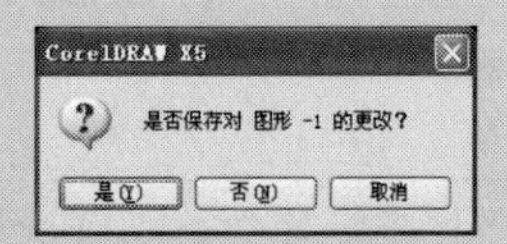

图 1-29　信息提示框

1.3.3　导入和导出文件

在 CorelDRAW 中导入与导出文件是与其他应用程序之间进行联系的桥梁。CorelDRAW X5 可以将其他格式的文件导入到工作区中，也可以将制作好的文件导出为其他格式，以供其他软件使用。

1. 导入文件

在 CorelDRAW X5 中，可以将其他格式的文件导入到工作区中，包括位图文件和文本文件等。

【例 1-5】利用“导入”命令导入文件，效果如图 1-30 所示。

所用素材：素材文件\第 1 章\心形.cdr、鲜花.ai

完成效果：效果文件\第 1 章\心形.cdr

图 1-30　导入文件

Step 1　选择【文件】/【打开】命令，打开“心形.cdr”文件，如图 1-31 所示。

Step 2　选择【文件】/【导入】命令，弹出“导入”对话框，选择需要导入的素材图形，如图 1-32 所示。

图 1-31　打开素材

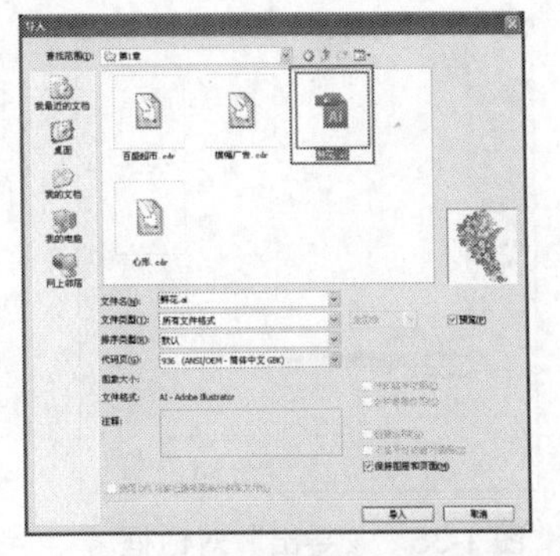

图 1-32　“导入”对话框

Step 3　单击“导入”按钮，此时鼠标指针呈 90° 角的形状，并提示用户进行下一步的操作，如图 1-33 所示。

Step 4　将鼠标指针移至绘图页面的合适位置，单击鼠标左键，即可导入图形文件，如图 1-34 所示。

图 1-33　鼠标指针

图 1-34　导入图形

提示：除以上方法导入文件外，还有以下两种方法。

- 单击标准栏中的“导入”按钮。
- 按“Ctrl + I”组合键。

2. 导出文件

在 CorelDRAW X5 中可以将打开的、绘制的或者导入的图像文件以多种图像文件格式导出，如 AI、JPG 和 TIFF 格式等。

【例 1-6】利用“导出”命令导出文件为 JPG 格式。

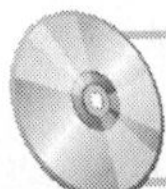

完成效果：效果文件\第 1 章\心形.jpg

Step 1　继续使用上一例设置后的图形，选择【文件】/【导出】命令，弹出“导出”对话框，

在其中设置好保存的位置、保存的文件名以及保存的类型，如图1-35所示。

Step 2 单击“导出”按钮，弹出“JPEG导出”对话框，在其中设置相应的选项，如图1-36所示。在该对话框中可以设置导出文件的颜色模式、分辨率等。

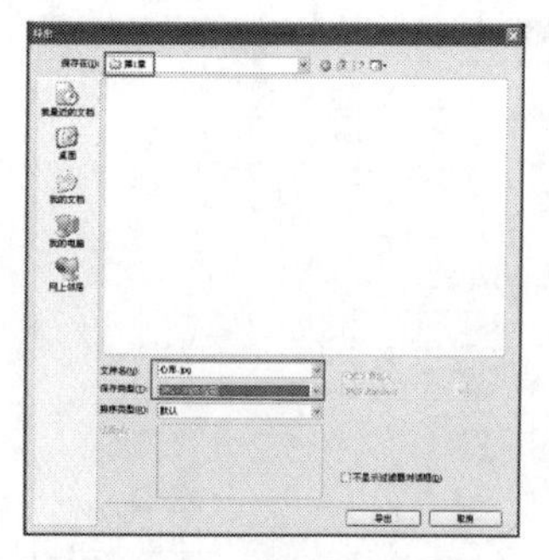

图1-35 “导出”对话框

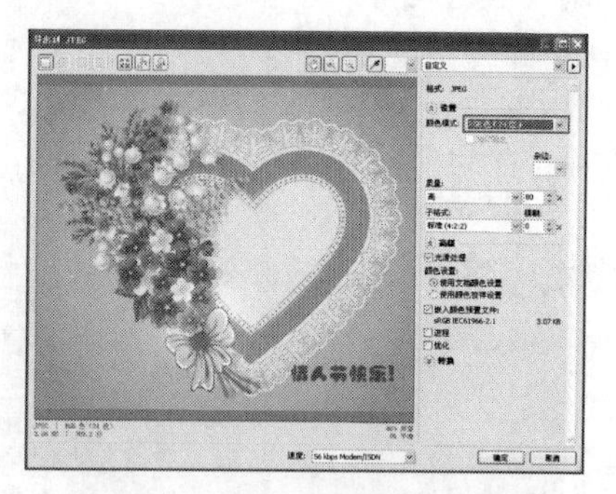

图1-36 “JPEG导出”对话框

Step 3 单击“确定”按钮，即可导出文件，在相应的位置即可找到导出后的图像，如图1-37所示。

Step 4 在计算机存储盘中找到导出的图像，然后在图像上双击鼠标左键，即可预览图像，如图1-38所示。

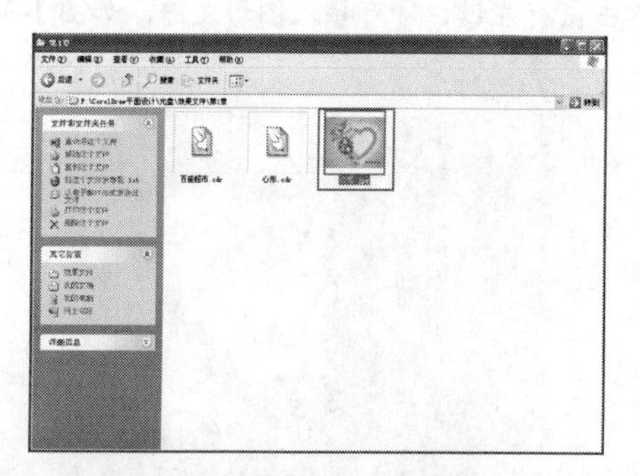

图1-37 导出的图像

图1-38 预览导出的图像

提示：除以上方法导出文件外，还有以下两种方法。

- 单击标准栏中的“导出”按钮。
- 按“Ctrl + E”组合键。

1.4 设置与管理页面

用户可以根据自身的需要，对所创建的图形文件的页面大小、方向、标签、背景等进行相应设置，同时，还可进行添加、删除、重命名以及切换页面等操作。

1.4.1 设置页面大小

在设计工作中，所编辑的图形文件的输出尺寸可能会有变化，在标准栏中，用户可以根据设计的需要，方便地对页面的大小进行设置。

【例 1-7】利用标准栏中的“页面度量”数值框来设置页面大小。

所用素材：素材文件\第 1 章\春之恋.cdr　　**完成效果：**效果文件\第 1 章\春之恋.cdr

Step 1　选择【文件】/【打开】命令，打开“春之恋.cdr”文件，在标准栏的“页面度量”数值框 中分别输入 310.0mm 和 184.0mm，如图 1-39 所示。

Step 2　按键盘上的“Enter”键进行确认，即可更改页面大小，如图 1-40 所示。

图 1-39　输入宽度和高度值

图 1-40　更改页面大小

提示：除上述方法设置页面大小外，还有以下 4 种方法。

- 在标准栏中，单击“页面大小”下拉列表框右侧的下三角按钮，在弹出的下拉列表框中选择合适的纸张类型，如图 1-41 所示，以更改页面的大小。
- 选择【布局】/【页面设置】命令，弹出“选项”对话框，如图 1-42 所示，在其中的“大小”列表框中设置相应的选项，或者在“宽度”和“高度”数值框中输入相应的数值，单击“确定”按钮，即可更改页面的大小。

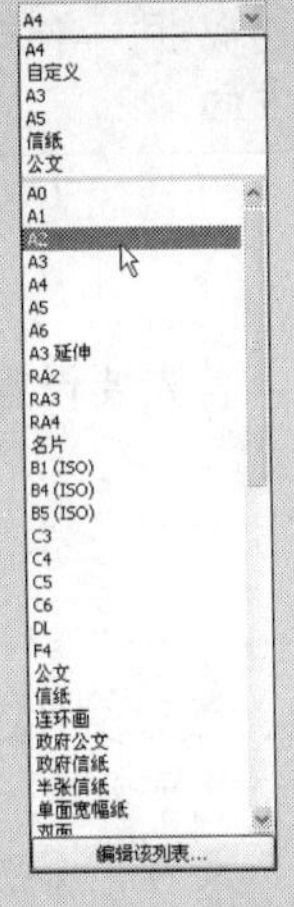

图 1-41　下拉列表框

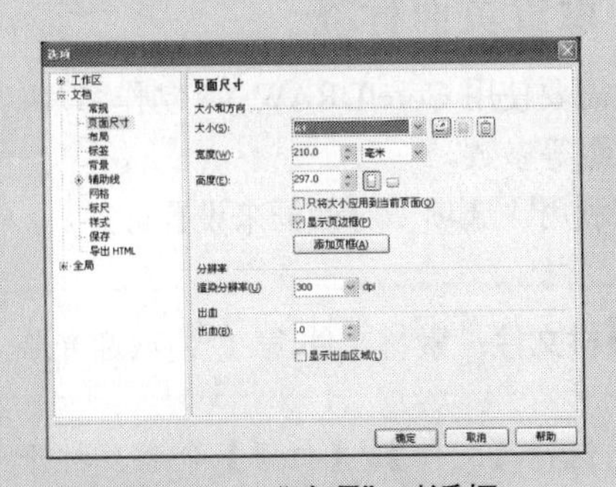

图 1-42　“选项”对话框

- 选择【工具】/【选项】命令，可以弹出“选项”对话框，在其中设置相应的参数。
- 在工作区的页面阴影上双击鼠标左键，也可弹出“选项”对话框，在其中设置相应参数。

1.4.2 设置页面方向

在CorelDRAW X5中的页面方向分为两种类型，即纵向和横向。根据工作的需要，用户可以选择不同的页面方向。

【例1-8】利用“切换页面方向”命令来设置页面方向。

完成效果：效果文件\第1章\春之恋（1）.cdr

Step 1 继续使用上一例设置后的图形，选择【布局】/【切换页面方向】命令即可更改页面方向，如图1-43所示。

Step 2 更改后的页面方向，如图1-44所示。

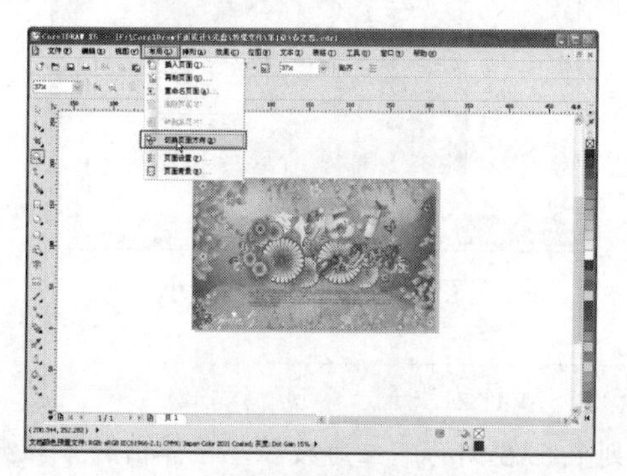

图1-43 选择“切换页面方向”命令

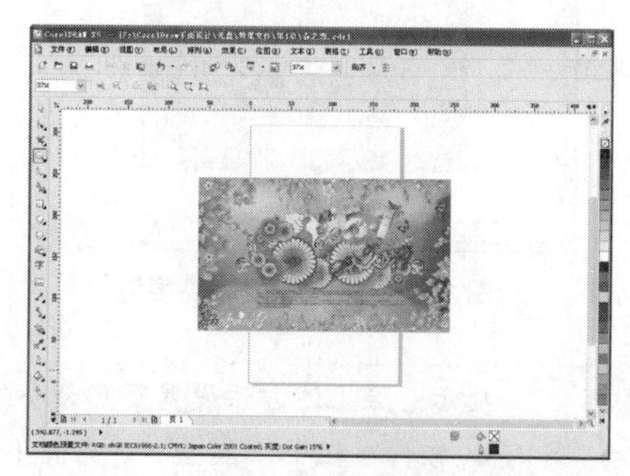

图1-44 更改页面方向

提示：除了以上设置页面方向的方法外，还有以下两种方法。

- 在标准栏中单击“纵向”按钮□和“横向”按钮□，即可切换页面的方向。
- 选择【布局】/【页面设置】命令，弹出“选项”对话框，单击“纵向”按钮□和“横向”按钮□，然后单击“确定”按钮，即可切换页面的方向。

1.4.3 设置页面标签

用户如果需要使用CorelDRAW X5制作名片、工作牌等标签，首先要设置标签尺寸、标签与页面边界之间的间距等参数。

【例1-9】利用“选项”对话框来设置标签。

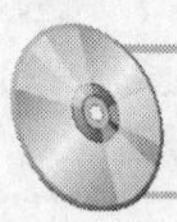

素材文件：素材文件\第1章\欢迎光临.cdr **完成效果**：效果文件\第1章\欢迎光临.cdr

Step 1 选择【文件】/【打开】命令，打开“欢迎光临.cdr”文件，如图1-45所示。

Step 2 选择【布局】/【页面设置】命令，弹出“选项”对话框，在左侧的列表框中依次展开【文档】/【标签】结构树，选择“标签”单选按钮，然后单击“自定义标签”按钮，如图1-46所示。

图 1-45　素材文件

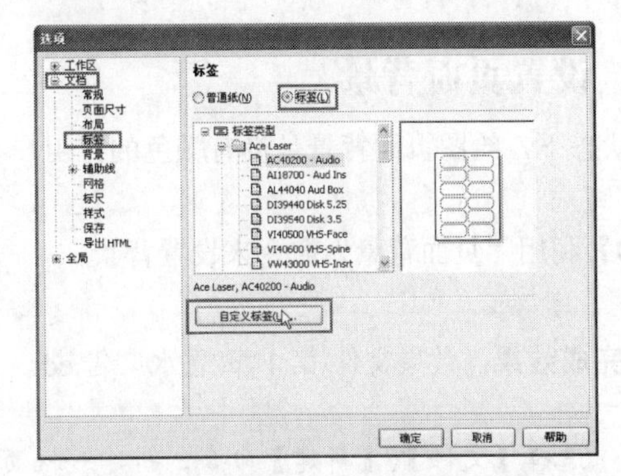

图 1-46　单击“自定义标签”按钮

Step 3　弹出“自定义标签”对话框，在其中设置各选项，如图 1-47 所示。在“布局”选项区中设置“行”和“列”的数值，调整标签的行数和列数；在“标签尺寸”选项区中设置标签的“宽度”和“高度”（如果选择“圆角”复选框，则可创建圆角标签）；在“页边距”选项区中设置标签到页面的距离。

Step 4　单击“确定”按钮，弹出“保存设置”对话框，如图 1-48 所示。

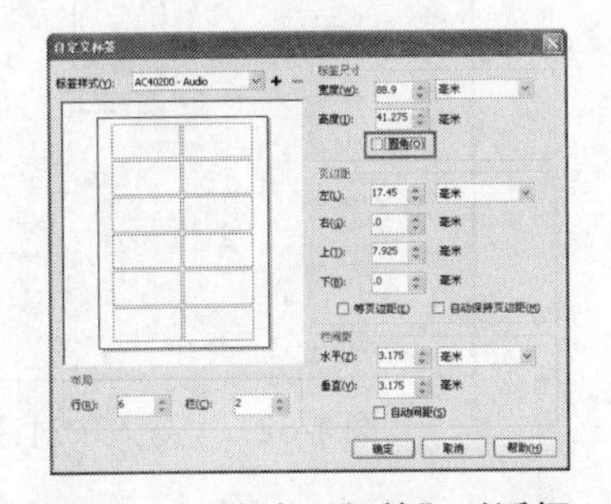

图 1-47　“自定义标签”对话框

图 1-48　“保存设置”对话框

Step 5　在“另存为”文本框中输入名称，依次单击“确定”按钮，即可完成页面标签的设置，如图 1-49 所示。

Step 6　选择【文件】/【打印预览】命令，即可以看到刚才设置的标签样式的打印效果，如图 1-50 所示，单击标准栏中的“关闭打印预览”按钮，即可返回到绘图页面中。

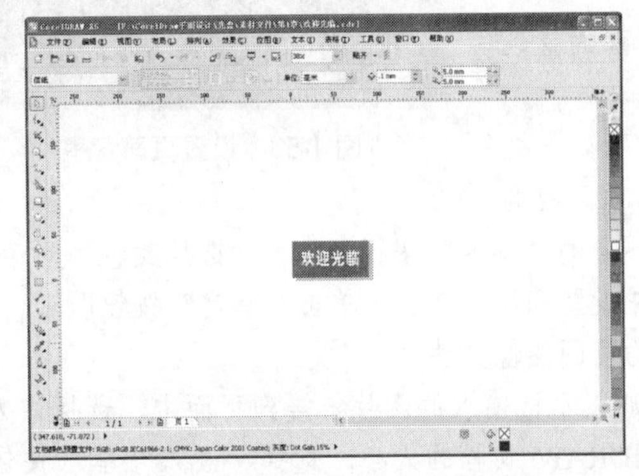

图 1-49　完成页面标签的设置

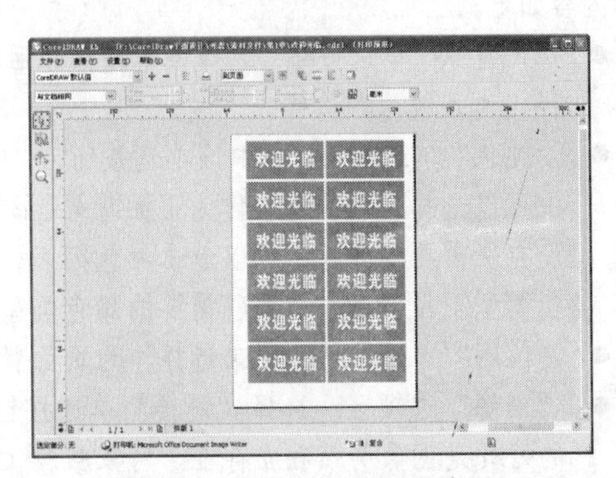

图 1-50　标签样式的打印效果

1.4.4 设置页面背景

在默认状态下，绘图页面背景是没有颜色的，用户在进行图形设计时，可以为页面指定纯色或图案背景。

【例 1-10】利用“页面背景”命令来设置背景。

完成效果：效果文件\第 1 章\香水广告.cdr

Step 1 选择【文件】/【新建】命令，新建一幅页面大小为 290mm × 189mm 的空白文档；选择【布局】/【页面背景】命令，弹出“选项”对话框，选择“位图”单选按钮，并单击按钮右侧的“浏览”按钮，如图 1-51 所示。

Step 2 弹出“导入”对话框，选择需要作为“香水广告.jpg”位图图像，如图 1-52 所示。

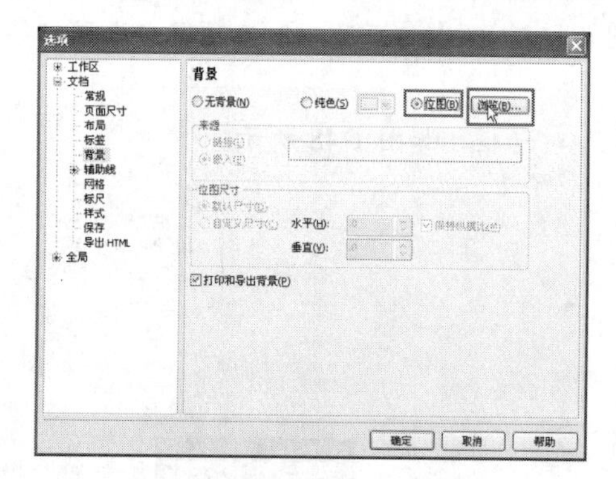

图 1-51 “选项”对话框

图 1-52 “导入”对话框

Step 3 单击“导入”按钮，返回“选项”对话框，并单击“确定”按钮，即可完成页面背景的设置，如图 1-53 所示。

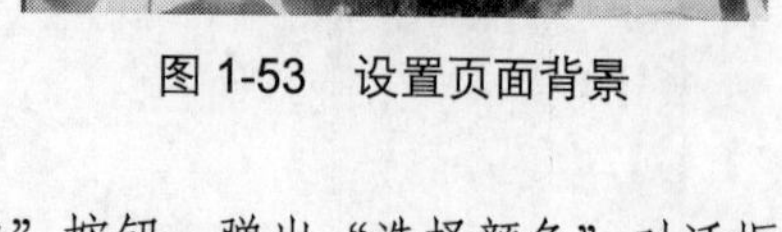

图 1-53 设置页面背景

【知识补充】设置页面背景的“选项”对话框可以设置为无背景、纯色（一种颜色）、位图三种样式见图 1-51。为了帮助用户更好地设置页面背景，下面补充说明其中的一些参数的作用，具体内容如下。

- “无背景”单选按钮：选择该单选按钮后，页面的背景样式为系统为默认样式。
- “纯色”单选按钮：选中该单选按钮后，在右下列表框中可以选择喜欢的色彩作为页面背景。如果选项区域里没有所需要的颜色，可以单击颜色列表框最下方的“其他”按钮，弹出“选择颜色”对话框，在模型下拉列表中选择所需要的颜色类型，并设置相应的颜色，单击“确定”按钮即可。
- “位图”单选按钮：用来选择作为页面背景的位图图像文件。
- “来源”选项区：选择“链接”单选按钮，则表示把输入的图片链接到页面中，选择该方式的好处是图像仍然独立存在，可以减少 CorelDRAW 文档的大小；选择“嵌入”单选按钮，则表示按该位图图像的原尺寸嵌入到页面中。

- “位图尺寸”选项区：选择“自定义尺寸”单选按钮，即可在其右侧的“水平”和“垂直”数值框中相应的数值，可以自定义图片的尺寸；选择“保持纵横比”复选框，可以保持图像的长宽比。
- “打印和导出背景”复选框，选择该复选框后，即可在打印和输出时显示背景，反之亦然。

1.4.5　插入页面

在 CorelDRAW X5 文件中，可以添加多个页面，以方便工作。

【例 1-11】利用页面控制栏的“页 1”选项卡来添加页面。

完成效果：效果文件\第 1 章\香水广告（1）.cdr

Step 1　继续使用上一例设置后的图形，在页面控制栏的“页 1”选项卡上单击鼠标右键，弹出快捷菜单，选择“在后面插入页面”选项，如图 1-54 所示。

Step 2　即可在“页 1”选项卡后方插入一个名为“页 2”的新页面，如图 1-55 所示。

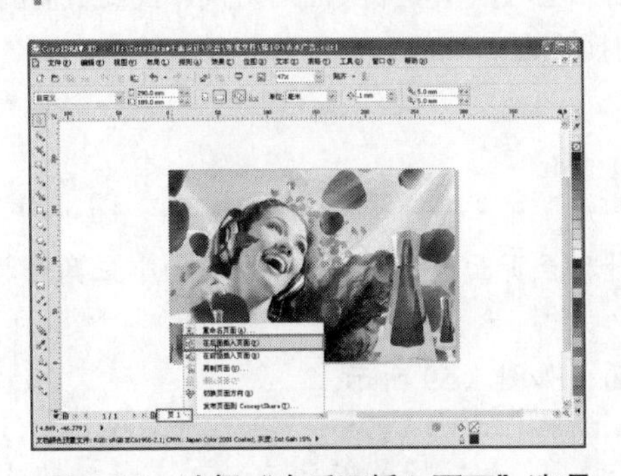

图 1-54　选择“在后面插入页面”选项

图 1-55　插入页面

提示：除了上述插入页面的方法外，还有以下两种方法。

- 在页面控制栏上单击“添加页面”图标。
- 选择【布局】/【插入页面】命令。

1.4.6　删除页面

用户设计作品时，若添加的页面过多，则可自行删除多余的页面。

【例 1-12】利用页面控制栏的“页 1”选项卡来删除页面。

所用素材：素材文件\第 1 章\时尚壁画.cdr　**完成效果**：效果文件\第 1 章\时尚壁画.cdr

Step 1　选择【文件】/【打开】命令，打开“时尚壁画.cdr”文件，在页面控制栏的“页 1”选项卡上单击鼠标右键，弹出快捷菜单，选择“删除页面”选项，如图 1-56 所示。

Step 2　当前页面窗口即被删除，如图 1-57 所示。

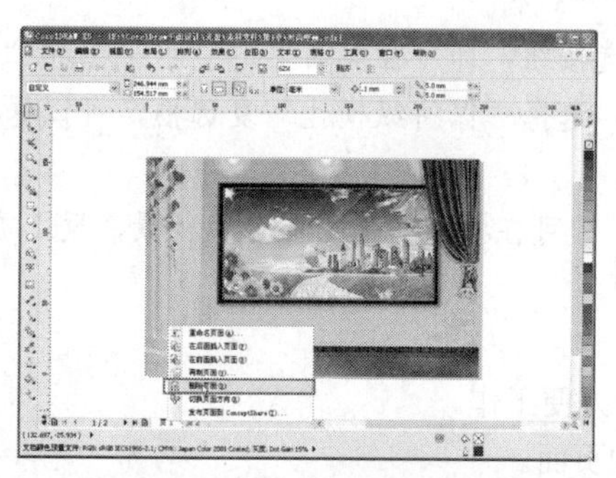
图 1-56　选择“删除页面”选项

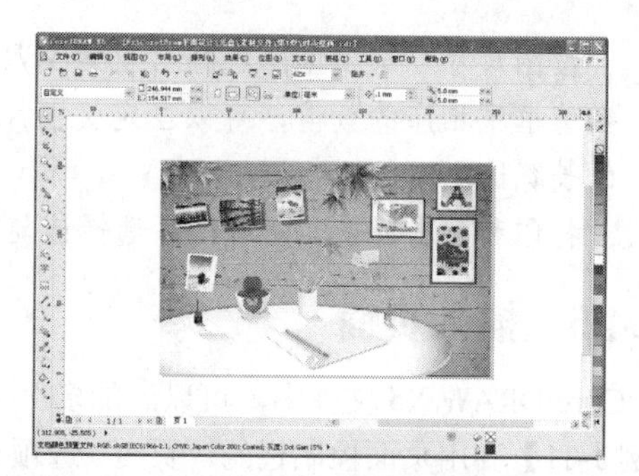
图 1-57　删除页面

提示：选择【布局】/【删除页面】命令，弹出“删除页面”对话框，选择需要删除的页面，单击“确定”按钮，也可删除页面。

1.4.7　切换页面

用户工作时如果文档中的页数太多，就可以定位页面，也可以在多个页面间切换，找到所需的页面。

【例 1-13】利用页面控制栏的小三角形按钮▶来切换页面。

完成效果：效果文件\第 1 章\时尚壁画（1）.cdr

Step 1　继续使用上一例的素材图形，将鼠标指针移至页面控制栏，指向右侧的小三角形按钮▶上，如图 1-58 所示。

Step 2　单击鼠标左键，即可切换至“页 2”页面，如图 1-59 所示。

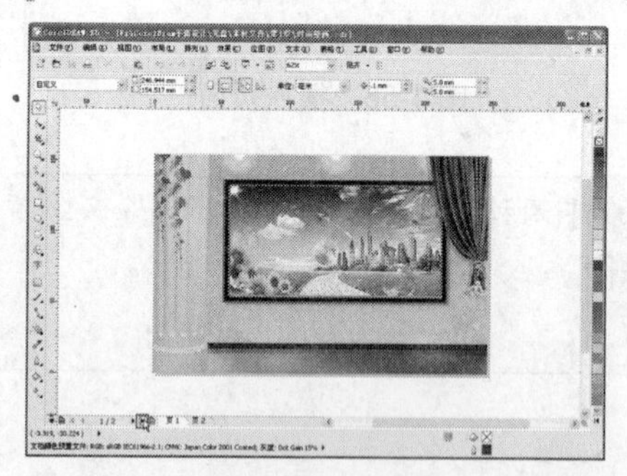
图 1-58　将鼠标指针移至小三角按钮上

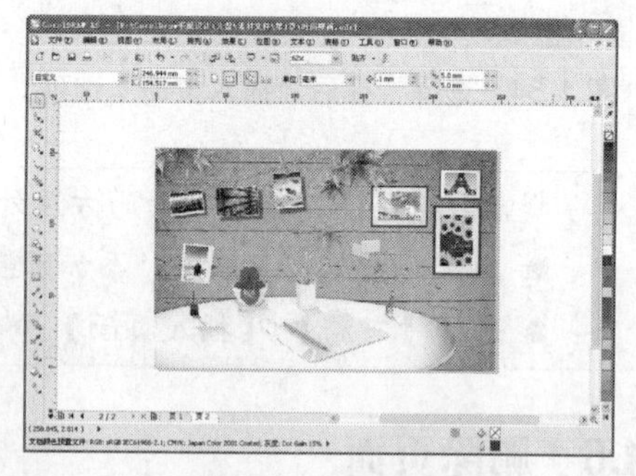
图 1-59　切换页面

提示：除上述插入页面的方法外，还有以下两种方法。

● 选择【布局】/【转到某页】命令，弹出“转到某页”对话框，如图 1-60 所示。在对话框中输入要翻转到的页面，如转到第 2 页，单击“确定”按钮，即可定位到选定的页面。

● 将鼠标指针移至页面控制栏需要切换到的页选项卡上，单击鼠标左键，也可切换到相应的页面。

图 1-60　“转到某页”对话框

1.4.8　重命名页面

在 CorelDRAW X5 中用户可以重命名的页面的名称，以方便工作时查找。

【例 1-14】利用页面控制栏的“重命名页面”选项来重命名页面。

完成效果：效果文件\第 1 章\时尚壁画（2）.cdr

Step 1　继续使用上一例的素材图形，在页面控制栏的“页 1”选项卡上单击鼠标右键，弹出快捷菜单，选择“重命名页面”选项，如图 1-61 所示。

Step 2　弹出“重命名页面”对话框，在“页名”文本框中输入“时尚壁画-1”文本，如图 1-62 所示。

Step 3　单击“确定”按钮，即可将“页 1”重命名为“花骨朵”，如图 1-63 所示。

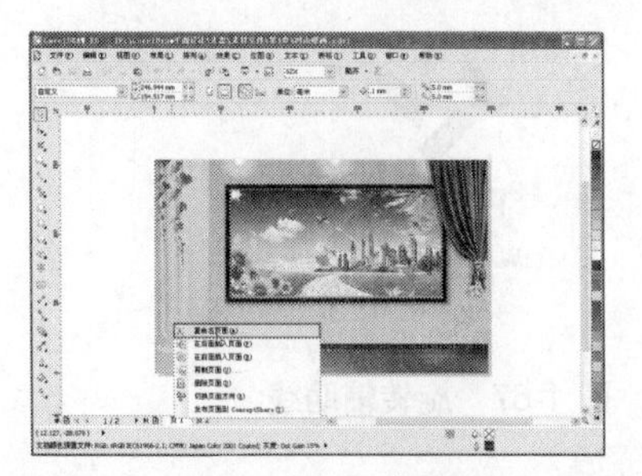

图 1-61　选择“重命名页面”选项

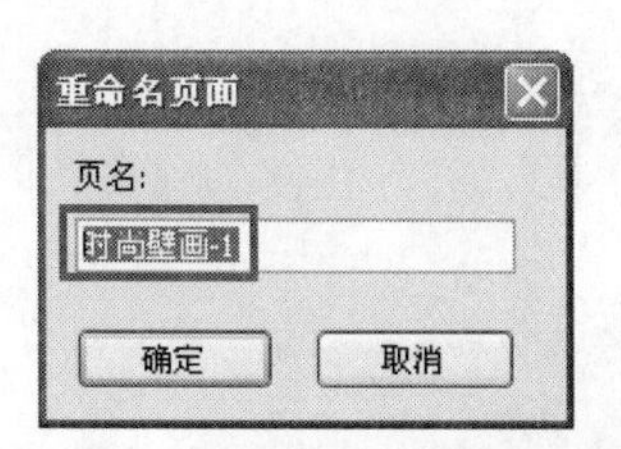

图 1-62　“重命名页面”对话框

图 1-63　重命名页面

提示：选择【布局】/【重命名页面】命令，弹出“重命名页面”对话框，进行相应的设置，单击“确定”按钮，也可以重命名页面。

1.5 绘图辅助设置

绘图辅助设置包括辅助线、网格、对齐对象、标注等，使用它们可以快速定位、排列对象，从而提高绘图的效率。默认情况下，有些图形辅助工具在绘图窗口中是不显示的，用户可根据具体情况显示或隐藏它们，或者重设它们的工具属性。

1.5.1　设置辅助线

标尺可以协助用户确定对象的大小或设定精确的位置。它由水平标尺、垂直标尺和原点设置 3 部分组成。当将鼠标指针放到标尺上，按住鼠标左键并向工作区拖动，即可拖出辅助线。从水平标尺上可拖出水平辅助线，从垂直标尺上可拖出垂直辅助线，如图 1-64 所示。

双击辅助线即可弹出图 1-65 所示的“选项”对话框，在该对话框中可以设置辅助线的角度、位置、单位等属性，还可以在精确的坐标位置处添加或删除辅助线。

若选择辅助线后，再在辅助线上单击鼠标左键，辅助线两端会出现双箭头，如图 1-66 所示，拖动箭头至合适位置并释放鼠标左键，即可对辅助线进行自由的旋转，如图 1-67 所示，在工具属性栏中可以观察到旋转的角度；还可以选中辅助线的中心点，将它移到其他位置，改变辅助线旋转时中心点的位置。

图 1-64　添加辅助线

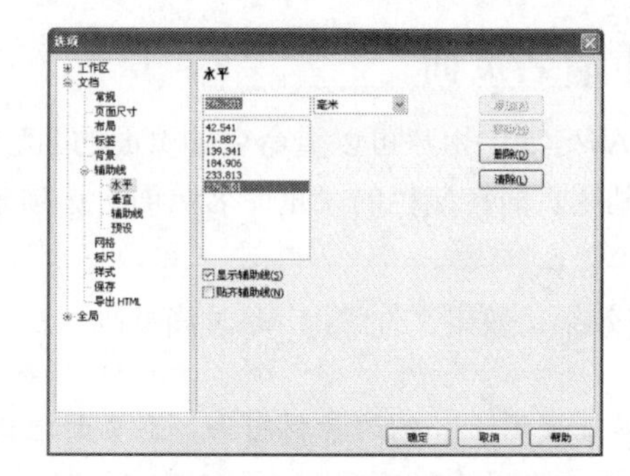

图 1-65　“选项”对话框

图 1-66　出现双箭头

图 1-67　旋转辅助线

1.5.2　设置网格

网格就是一系列交叉的虚线或点，运用网格可以精确地对齐和定位对象。网格的功能和标尺一样，适用于更严格的定位需求和更精细的制图标准，例如进行标志设计时，网格尤其重要。用户可选择【视图】/【网格】命令显示网格，如图 1-68 所示。

图 1-68　显示网格

提示：如果不需要显示网格，则可以再次选择【视图】/【网格】命令。

选择【视图】/【设置】/【网格和标尺设置】命令，弹出“选项”对话框，其中可以设置网格大小，如图 1-69 所示。

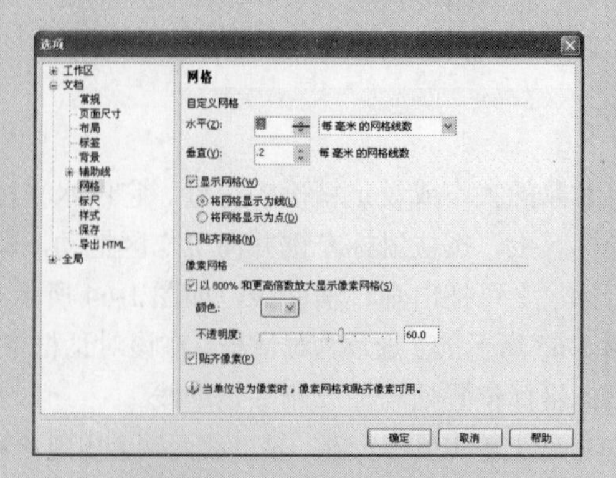

图 1-69　“选项”对话框

1.5.3　设置对齐对象

CorelDRAW X5 的对齐功能不仅可以对齐相应的对象，还可以将对象上的特殊点和节点进行对齐操作。

【例 1-15】利用“贴齐对象设置”命令来设置对齐对象的对齐节点。

所用素材：素材文件\第 1 章\书.cdr　　**完成效果：**效果文件\第 1 章\书.cdr

Step 1　选择【文件】/【打开】命令，打开“书.cdr”文件，如图 1-70 所示。

Step 2　选择【视图】/【设置】/【贴齐对象设置】命令，弹出“选项”对话框，在“贴齐对象”选项区中设置各选项，如图 1-71 所示。

Step 3　单击“确定”按钮，即可在已经绘制的图形中显示位置标记，如图 1-72 所示。

图 1-70　打开的素材

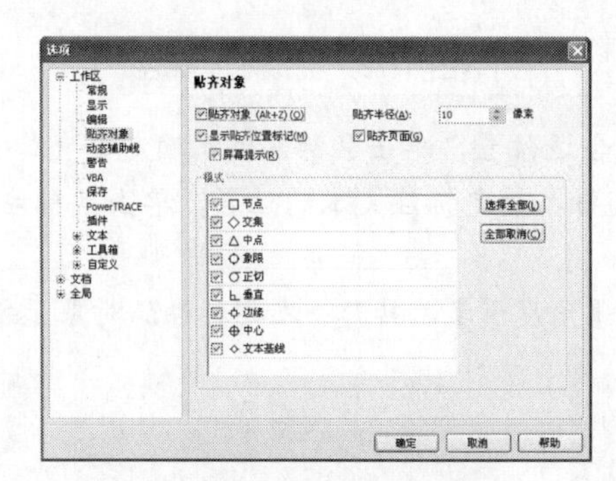

图 1-71　设置贴齐对象选项

图 1-72　显示位置标记

1.5.4　标注对象

在 CorelDRAW X5 中，可以为绘制的图形标注尺寸。尺寸标注是工程绘图中必不可少的部分，它不仅可以显示对象的长度、宽度等尺寸信息，还可以显示对象之间的距离等。

【例 1-16】利用【度量】工具来标注对象。

所用素材：素材文件\第 1 章\窗户.cdr　　**完成效果：**效果文件\第 1 章\窗户.cdr

Step 1　打开“窗户.cdr”文件，选择工具箱中的【平行度量】工具，将鼠标指针移至需要进行水平标注的图形上，单击鼠标左键，确定水平标注的起点，如图 1-73 所示。

Step 2　移动鼠标指针至图形的另一个位置，单击鼠标左键，确定水平标注的终点，如图 1-74 所示。

图 1-73　确定水平标注起点

图 1-74　确定水平标注终点

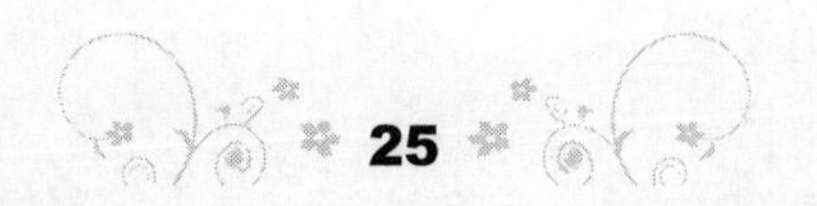

Step 3 向下移动鼠标指针，确定标注文本的位置，如图 1-75 所示。单击鼠标左键，即可完成水平标注，如图 1-76 所示。

Step 4 选择工具箱中的【水平度量】或【垂直度量】工具，将鼠标指针移至图形上方，单击鼠标左键，确定垂直标注的起点，如图 1-77 所示。

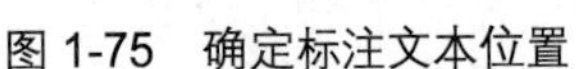

图 1-75 确定标注文本位置

图 1-76 完成水平标注

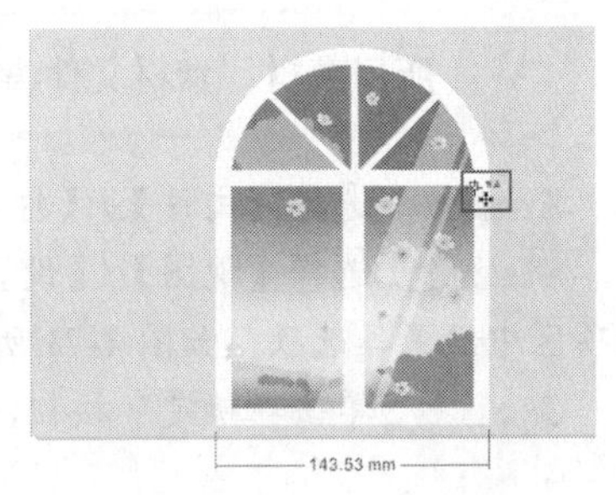

图 1-77 确定垂直标注起点

Step 5 移动鼠标指针至合适位置，单击鼠标左键，确定垂直标注的终点，如图 1-78 所示。

Step 6 向右移动鼠标指针，确定标注文本的位置，单击鼠标左键，即可完成垂直标注，如图 1-79 所示。

Step 7 选择工具箱中的【角度量】工具，在要标注的对象上单击角的顶点，如图 1-80 所示。

图 1-78 确定垂直标注终点

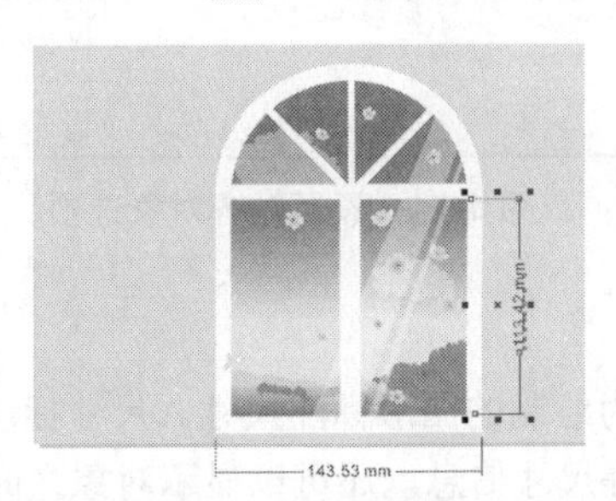

图 1-79 完成垂直标注

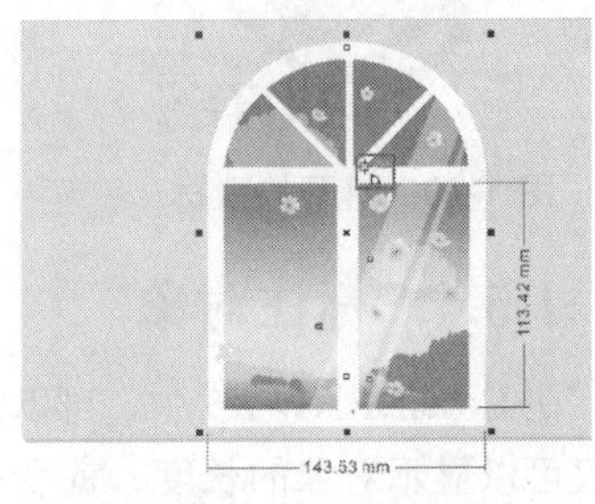

图 1-80 单击角的顶点

Step 8 将鼠标指针移至角的另外一条边上，单击鼠标左键，如图 1-81 所示。

Step 9 向右上角移动鼠标指针，单击鼠标左键，完成角度标注，如图 1-82 所示。

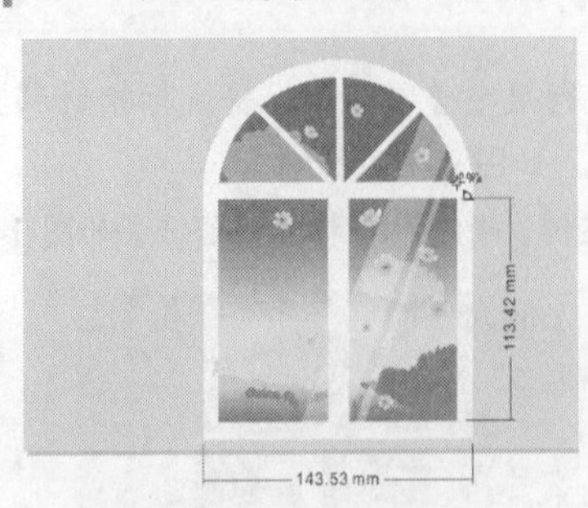

图 1-81 单击另一条边

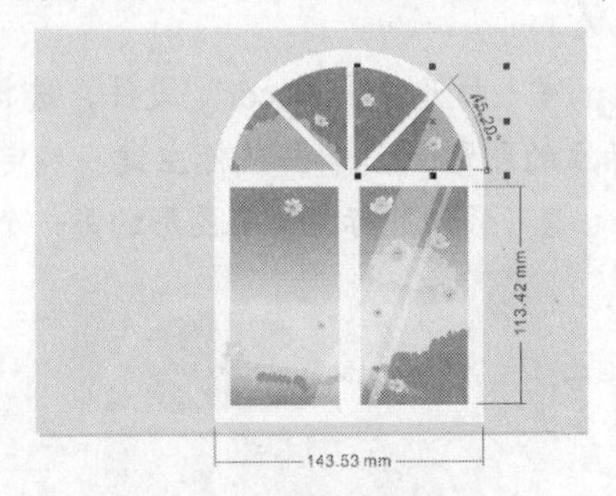

图 1-82 完成角度标注

提示：在进行角度标注时，若按住“Ctrl”键，可以限制标注开始位置和结束位置以 15°、45°和 90°增量变化。

Step 10　选择工具箱中的【3 点标注】工具，在标识线的开始位置单击鼠标左键并水平向左拖曳鼠标指针，绘制第 1 段标识线，如图 1-83 所示。

Step 11　向左角上移动鼠标指针至合适位置，单击鼠标左键，绘制第 2 段标识线，此时，显示一个闪烁的光标，如图 1-84 所示。

Step 12　选择一种输入法，输入需要的标注说明文本，即可完成标注说明的添加，如图 1-85 所示。

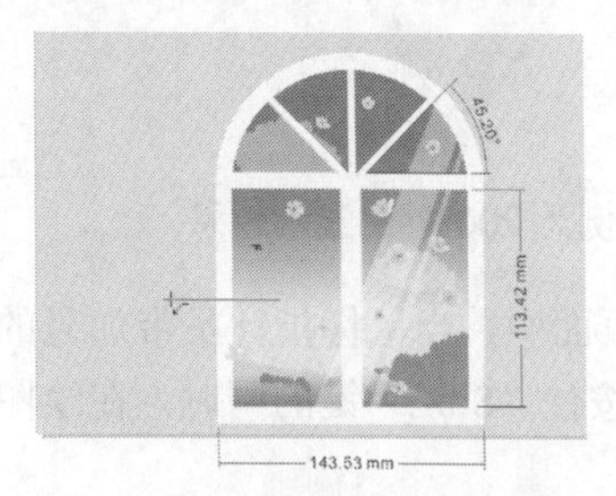

图 1-83　绘制第 1 段标识线

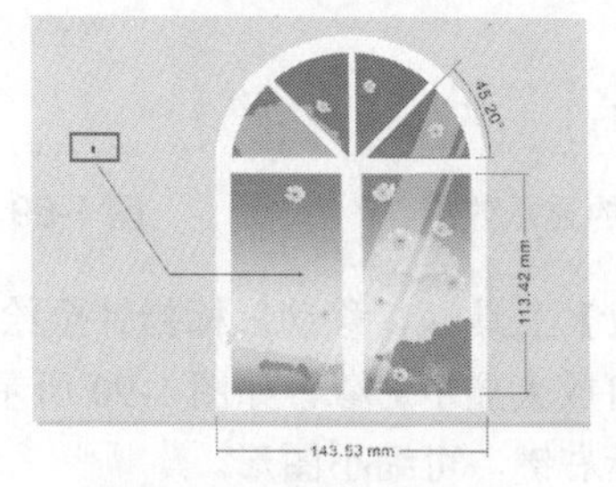

图 1-84　闪烁的光标

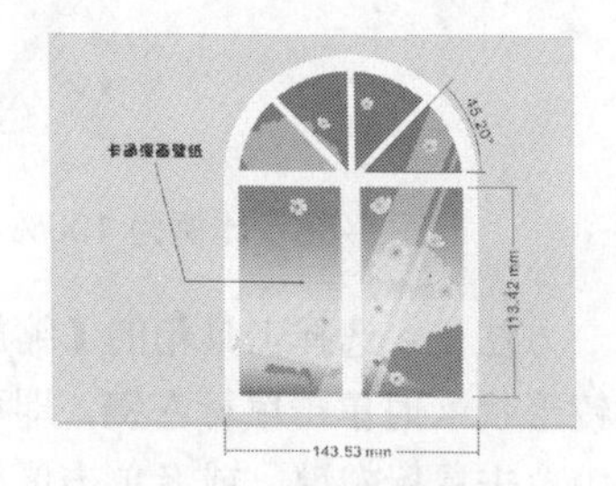

图 1-85　添加标注说明

1.6　查看和控制视图

在 CorelDRAW 中用户可以根据需要用不同的方式来查看页面中的对象，如全屏查看、预览选定对象的操作，而且还提供了多种形式的视图显示模式，用户可以根据绘制图形的不同需要，选择不同的视图模式浏览。

1.6.1　设置视图缩放和平移

在 CorelDRAW X5 中，可以对视图进行缩放和平移操作，以更方便地对绘图页面中的图形及时进行预览。

1. 缩放视图

缩放视图可以利用工具箱中的【缩放】工具及其工具属性栏来改变视窗的显示比例。如图 1-86 所示为缩放工具所对应的工具属性栏，缩放工具属性栏上的工具按钮从左到右依次分别为“缩放级别”列表框、“放大”按钮、“缩小”按钮（或按“F3”键）、“缩放选定范围”按钮、“缩放全部对象”按钮（或按“F4”键）、“显示页面”按钮、“按页宽显示”按钮、“按页高显示”按钮。

CorelDRAW X5 的工作区可以按任意比例显示对象，其操作方法如下。

方法一：选择工具箱的【缩放】工具，在其工具属性栏上单击“缩放级别”下拉按钮，在列表框中选择相应的缩放比例，如图 1-87 所示，即可按所选的比例缩放显示对象。

图 1-86　缩放工具属性栏

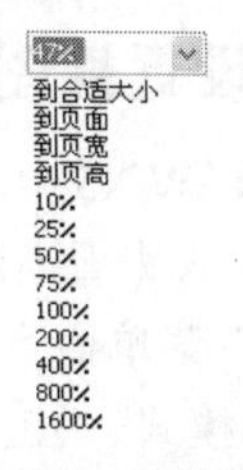

图 1-87　下拉列表

方法二：在标准栏中的“缩放级别”数值框中直接输入相应的数值。图 1-88、图 1-89 所示分别为

缩放比例为 100%和 200%时的缩放显示效果。

图 1-88　比例为 100% 的显示效果

图 1-89　比例为 200% 的显示效果

方法三：选择工具箱的【缩放】工具，移动鼠标指针至绘图页面中，当鼠标指针呈带加号的放大镜形状时单击鼠标左键，即可放大显示对象，如图 1-90 所示；按住“Shift”键的同时，在绘图页面中单击鼠标左键，或者单击鼠标右键，可缩小图形。

图 1-90　放大显示对象

2. 平移视图

平移视图可以方便用户看到页面以外的内容，以便于查看图形。

选择工具箱中的【手形】工具，将鼠标指针移至绘图页面中，鼠标指针呈手形形状，如图 1-91 所示，单击并按住鼠标左键拖曳，即可平移视图，如图 1-92 所示。

图 1-91　鼠标指针呈手形形状

图 1-92　平移后的效果

提示：按住“Alt”键的同时，按键盘上的 4 个方向键，也可自由移动绘图页面。

1.6.2　设置视图的显示模式

在 CorelDRAW X5 中，为了快速浏览图形或是提高计算机的运行速度，可以以不同的方式查看当前图形效果。

在“视图”菜单命令的子菜单命令中有“简单线框”模式、“线框”模式、“草稿”模式、“正常”模式和“增强”模式 6 种模式，如图 1-93 所示。

简单线框(S)
线框(W)
草稿(D)
正常(N)
增强(E)
像素(X)

图 1-93　查看模式设置

图 1-94～图 1-99 所示为不同显示模式下的显示效果。

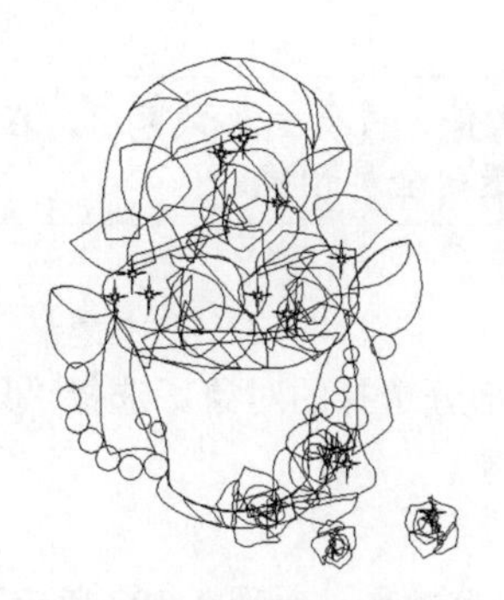

图 1-94　简单线框模式

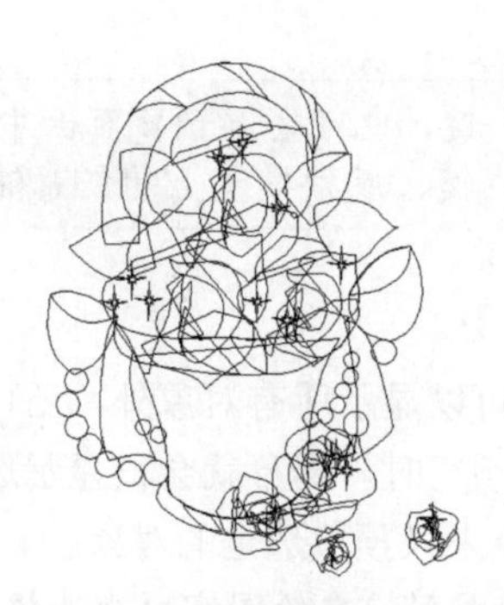

图 1-95　线框模式

图 1-96　草稿模式

图 1-97　正常模式

图 1-98　增强模式

图 1-99　像素模式

1.6.3　设置预览显示方式

在设计作品时，可以选择合适的显示方式来查看绘图页面中的图形或图像文件。

1. 全屏预览

使用全屏预览方式可以将图形显示在整个屏幕上，以便于用户更好地把握图形整体效果。

【例 1-17】通过利用“全屏预览”命令来全屏预览图形。

所用素材：素材文件\第 1 章\礼物.cdr

Step 1　打开“礼物.cdr”文件，选择【视图】/【全屏预览】命令，如图 1-100 所示。

Step 2　绘图页面中的图形即可全屏显示，如图 1-101 所示。

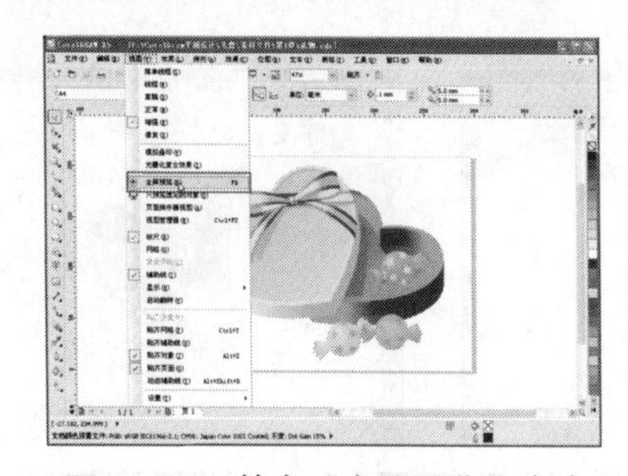

图 1-100　单击“全屏预览”命令

图 1-101　全屏显示

提示：按键盘上的“F9”键，也可全屏预览页面中的图形文件。进行全屏预览后，在绘图页面的任意位置单击鼠标左键，或按键盘上的任意键，即可退出全屏预览。

2. 只预览选定的对象

CorelDRAW X5 的全屏预览除了可以显示所有对象外，还可以显示部分选择的对象。选择“只预览选定的对象”命令后，在进行全屏预览时，屏幕就会只显示选择的对象。

【例 1-18】利用“全屏预览”命令来只预览选定的对象。

Step 1 继续使用上一例的素材图形，在绘图窗口中选择礼品盒图形对象，如图 1-102 所示。

Step 2 选择【视图】/【只预览选定的对象】命令，即可对选择的对象进行预览，如图 1-103 所示。

图 1-102 选择礼品盒图形

图 1-103 预览选定的对象

1.6.4 切换图形编辑窗口

当用户需要对一个图形文件中的多个窗口同时进行编辑时，可通过窗口之间的切换快速实现对图形文件的编辑。

【例 1-19】利用“窗口”的子菜单命令来切换图形窗口。

所用素材：素材文件\第 1 章\可爱女孩.cdr、可爱女孩（1）.cdr、可爱女孩（2）.cdr

Step 1 选择【文件】/【打开】命令，同时打开 3 幅素材图像，选择【窗口】/【可爱女孩（1）.cdr】命令，如图 1-104 所示。

Step 2 可切换到第 2 个窗口，如图 1-105 所示。

Step 3 选择【窗口】/【可爱女孩（2）.cdr】命令，即可切换至“可爱女孩（2）”窗口，如图 1-106 所示。

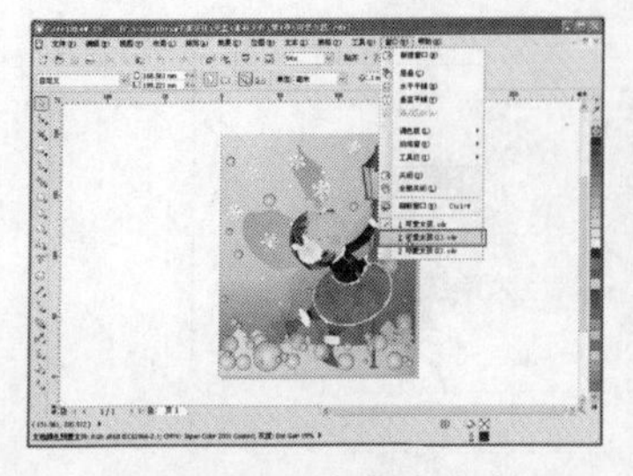

图 1-104 选择相应命令

图 1-105 切换至可爱女孩（1）窗口

图 1-106 切换至可爱女孩（2）窗口

提示：在 CorelDRAW X5 中，依次按键盘上的“Ctrl + Tab”组合键，也可在各个窗口中进行切换。

1.7 练习与上机

1. 单项选择题

（1）（　　）也称为向量式图形，是用数学的矢量方式来记录图像内容，以线条和色块为主，其中各个元素都是根据图形的几何特性来具体描述。

A．位图　　B．像素　　C．矢量图形　　D．分辨率

（2）（　　）是一种压缩效率很高的存储格式，但在压缩时会造成一定程度的失真，因此，在制作印刷品时最好不要使用这种格式。

A．AI　　B．CDR　　C．PSD　　D．JPEG

（3）工具箱默认位于工作界面的（　　）。

A．最右侧　　B．最左侧　　C．上方　　D．下方

（4）缩放视图可以利用工具箱中的（　　）及其工具属性栏来改变视窗的显示比例。

A.【平移】工具　　B.【矩形】工具　　C.【缩放】工具　　D.【形状】工具

2. 多项选择题

（1）以下关于位图图像术语的描述，正确的是（　　）。

A．位图又称为点阵图和像素图

B．用数学的矢量方式来记录图像内容，以线条和色块为主

C．可以记录每一点的数据信息，因而可以精确地制作出色彩和色调变化丰富的图像

D．若将图像放大到一定程度后，图像就会失真，边缘会出现锯齿

（2）以下关于 CMYK 模式的描述，正确的有（　　）。

A．代表了可视光线的 3 种基本色元素，即红、绿、蓝，称为“光学三原色”

B．由 C（青色）、M（洋红）、Y（黄色）、K（黑色）合成颜色的模式

C．是一种减色模式

D．由于印刷使用的油墨都包含一些杂质，单纯由 C．M．Y 三种油墨混合不能产生真正的黑色

（3）下列关于 CorelDRAW X5 提供了 6 种显示模式的描述，错误的是（　　）。

A．“简单线框”模式、“线框”模式、“草稿”模式、“正常”模式和“增强”模式

B．6 种显示模式显示的图形是一样的

C．选择不同的模式显示的图形不一样，因此计算机的运行速度也不一样

D．在“编辑”菜单命令的子菜单命令中

（4）当用户打开多个图形文件时，需要切换到下一个文档窗口，下面操作中正确的是（　　）。

A．选择【窗口】菜单下所需要的切换至窗口的名称

B．按“Shift＋Tab”组合键

C．按“Ctrl＋Enter”组合键

D．按“Ctrl＋Tab”组合键

3. 上机操作题

（1）利用“导入”命令，导入“客厅.jpg”位图文件，效果如图 1-107 所示。

提示：选择【文件】/【新建】命令，新建一幅空白文档，然后选择【文件】/【导入】命令或按“Ctrl＋I”组合键，在弹出的“导入”对话框中，选择“客厅”素材图像，单击“导入”按钮，在绘图页面中的合适位置单击鼠标左键即可。

所用素材：素材文件\第 1 章\客厅.jpg

图 1-107　导入的客厅位图效果

（2）利用【缩放】工具放大和缩小显示图形，其中原图、放大和缩小显示的图形如图 1-108 所示。

提示：选择工具箱中的【缩放】工具，在绘图页面中的图形上单击鼠标左键，放大显示图像，然后按住“Shift”键的同时单击鼠标左键，缩小显示图形。

所用素材：素材文件\第 1 章\君君和茵茵.cdr

图 1-108　原图、放大和缩小显示图像

第2章 轻松绘制和编辑几何图形

📖 学习目标

学习在 CorelDRAW X5 中绘制和编辑几何图形，包括矩形、圆角矩形、椭圆、多边形、星形、图纸、螺旋形和完美形状等，了解卡片的分类以及绘制手法，并掌握卡片的特点与绘制方法。

📖 学习重点

掌握【矩形】工具、【椭圆形】工具、【多边形】工具、【星形】工具、【图纸】工具、【螺旋形】工具、【基本形状】工具、【形状】工具、【涂抹笔刷】工具、【刻刀】工具、【橡皮擦】工具等的使用技巧。

📖 主要内容

- 绘制矩形
- 绘制圆形、饼形和弧形
- 绘制多边形和星形
- 绘制图纸、螺旋形和完美形状
- 变形几何图形
- 制作卡片

2.1 绘制矩形

用户在工具箱中使用【矩形】工具组中的【矩形】工具和【3 点矩形】工具，可以非常方便地绘制矩形和圆角矩形。【矩形】工具的属性也可以在工具属性栏中修改，只是在操作方法上有些不同，下面将分别进行介绍。

2.1.1 使用【矩形】工具绘制矩形

绘制矩形时，可以使用【矩形】工具通过沿对角线拖曳鼠标指针的方式来绘制。

【例 2-1】使用【矩形】工具绘制矩形，效果如图 2-1 所示。

所用素材：素材文件\第 2 章\宣传栏.cdr
完成效果：效果文件\第 2 章\宣传栏.cdr

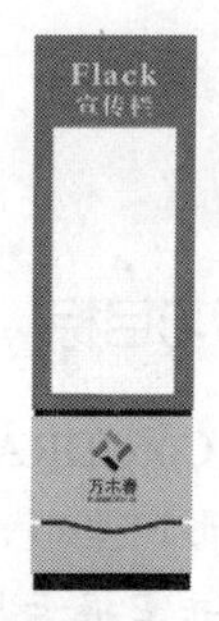

图 2-1 绘制的矩形效果

Step 1 单击标准栏中的“打开”按钮，打开“宣传栏.cdr”文件，如图 2-2 所示。

Step 2 选择工具箱中的【矩形】工具，在绘图页面的合适位置单击并按住鼠标左键向右下角拖曳至合适的位置，释放鼠标左键，即可绘制一个矩形，如图 2-3 所示。

Step 3 在页面右侧调色板的白色色块上单击鼠标左键，填充颜色为白色，在“无”图标上单击鼠标右键，设置轮廓色为无，如图 2-4 所示。

图 2-2 打开的素材

图 2-3 绘制矩形

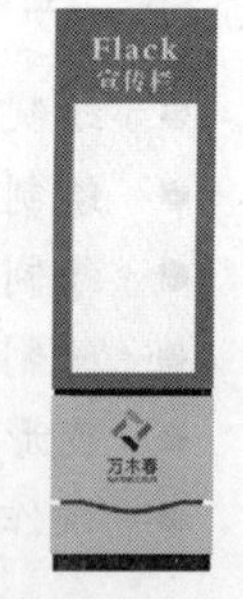

图 2-4 设置矩形的填充色和轮廓色

【知识补充】用户可以通过【矩形】工具属性栏改变其位置与大小等。在其工具属性栏上的“对象位置”数值框 x: 120.53 mm y: 176.146 mm 中可以设置矩形的坐标位置，在“对象大小”数值框 64.508 mm 136.257 mm 中可以设置矩形的大小，如图 2-5 所示。

图 2-5 【矩形】工具属性栏

提示：在绘制矩形的过程中，如果按下“Ctrl”键，可以绘制正方形；如果按下“Shift”键，可以绘制一个以起点为中心的矩形；如果同时按下“Ctrl+Shift”组合键，可以绘制一个以起点为中心的正方形（完成绘制后要先释放鼠标左键，再释放“Ctrl”键和“Shift”键）；如果双击【矩形】工具可以绘制一个与页面同等大小的矩形。

2.1.2　使用【3 点矩形】工具绘制矩形

【3 点矩形】工具是矩形工具的延伸工具，可以绘制任意角度的矩形，并且可以通过指定高度和宽度来绘制矩形。

【例 2-2】使用【3 点矩形】工具绘制矩形。

所用素材：素材文件\第 2 章\时尚屏风.jpg　**完成效果**：效果文件\第 2 章\时尚屏风.cdr

Step 1　新建空白文件，然后选择【文件】/【导入】命令，导入“时尚屏风.jpg”素材，如图 2-6 所示。

Step 2　选择工具箱中的【3 点矩形】工具，在绘图页面中图像的左上角处单击并按住鼠标左键向下拖曳，如图 2-7 所示。

图 2-6　导入的素材

图 2-7　单击并拖曳鼠标指针

Step 3　拖曳至合适的位置后释放鼠标左键，然后向右移动鼠标指针，如图 2-8 所示。

Step 4　移至适当的位置后单击鼠标左键，即可完成矩形的绘制，如图 2-9 所示。

图 2-8　向右移动鼠标指针

图 2-9　绘制的矩形

Step 5 在【3 点矩形】工具属性栏的“轮廓宽度”列表框中 .2 mm 选择【1.0mm】选项，更改轮廓宽度，如图 2-10 所示。

Step 6 使用同样的方法，绘制其他的矩形，如图 2-11 所示。

图 2-10 更改轮廓宽度

图 2-11 绘制其他的矩形

2.1.3 绘制圆角矩形

使用工具箱中的【矩形】工具和【3 点矩形】工具并结合工具属性栏可以绘制圆角矩形。

【例 2-3】使用【矩形】工具及其工具属性栏绘制圆角矩形。

所用素材：素材文件\第 2 章\精美标签.cdr **完成效果**：效果文件\第 2 章\精美标签.cdr

Step 1 选择【文件】/【打开】命令，打开“精美标签.cdr”素材，如图 2-12 所示。

Step 2 选择工具箱中的【矩形】工具，绘制一个矩形，如图 2-13 所示。

Step 3 在工具属性栏的“圆角半径”数值框 中均输入“13”，按回车键确认，设置圆角半径，如图 2-14 所示。

图 2-12 打开的素材

图 2-13 绘制矩形

图 2-14 设置圆角半径

Step 4 在页面右侧调色板的黄色色块上单击鼠标左键，填充颜色为黄色，在“无”图标上单击鼠标右键，设置轮廓色为无，如图 2-15 所示。

Step 5 选择【排列】/【顺序】/【到图层后面】命令，将其移至最低层，如图 2-16 所示。

图 2-15　更改填充色及轮廓色

图 2-16　调整图形顺序

【知识补充】用户通过单击工具属性栏中不同的边角类型按钮和设置圆角半径数值，可以绘制对应类型和边角的矩形，如图 2-17 所示。

图 2-17　绘制不同边角类型的矩形

提示：在绘制出矩形后，选择工具箱中的【形状】工具，选择矩形边角上的一个节点并按住鼠标左键拖动，如图 2-18 所示，矩形将变成有弧度的圆角矩形，如图 2-19 所示。

图 2-18　选择节点

图 2-19　拖动节点

2.2　绘制圆形、饼形和弧形

使用工具箱中的【椭圆形】工具和【3 点椭圆形】工具可以绘制椭圆、圆形、饼形、弧线和倾斜椭圆。

2.2.1 使用【椭圆形】工具绘制圆形

使用【椭圆形】工具绘制椭圆，可通过沿对角线拖曳鼠标指针来完成。

【例 2-4】使用【椭圆形】工具绘制圆形。

所用素材：素材文件\第 2 章\食品标签.cdr　**完成效果**：效果文件\第 2 章\食品标签.cdr

Step 1 选择【文件】/【打开】命令，打开“食品标签.cdr”素材，如图 2-20 所示。

Step 2 选择工具箱中的【椭圆形】工具，在绘图页面的合适位置单击鼠标左键并拖曳，如图 2-21 所示。

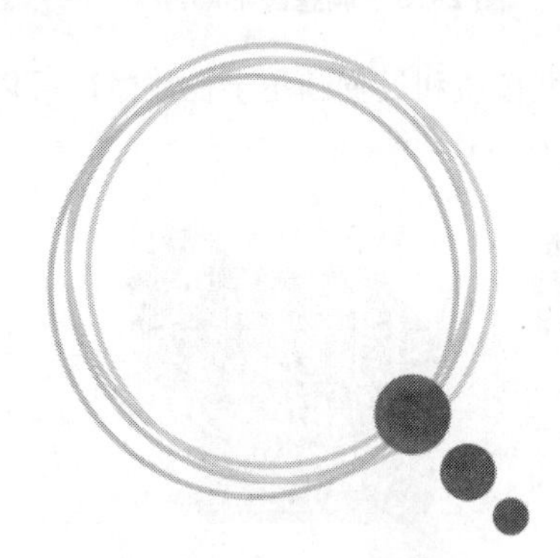

图 2-20 打开的素材

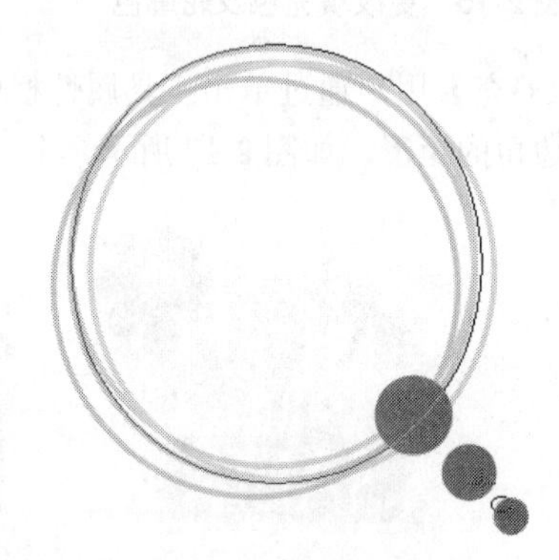

图 2-21 拖曳鼠标

Step 3 拖曳至合适的位置后释放鼠标左键，即可绘制一个椭圆，如图 2-22 所示。

Step 4 在页面右侧调色板的绿色色块单击鼠标左键，填充颜色为绿色，在“无”图标上单击鼠标右键，设置轮廓色为无，然后选择【排列】/【顺序】/【到图层后面】命令，将其移至最低层，如图 2-23 所示。

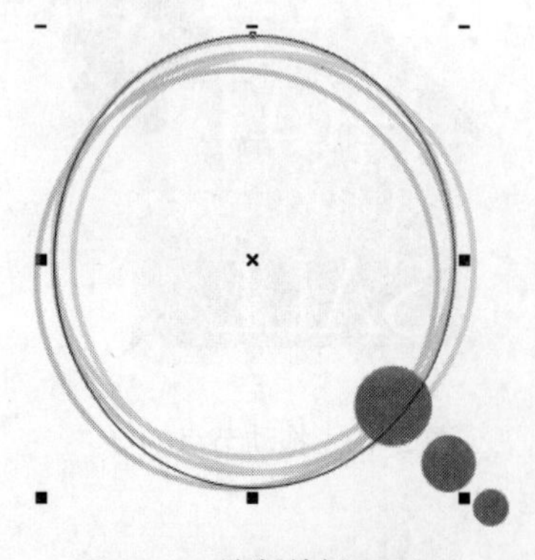

图 2-22 绘制的椭圆形

图 2-23 更改颜色并调整顺序

提示：在绘制椭圆的过程中按下“Ctrl”键，可以绘制正圆；按下“Shift”键，可以绘制一个以起点为中心的椭圆；同时按下“Ctrl+Shift”组合键，可以绘制一个以起点为中心的正方形（完成绘制后要先释放鼠标左键，再释放“Ctrl”键和“Shift”键）。

2.2.2　使用【3 点椭圆形】工具绘制圆形

使用【3 点椭圆形】工具绘制椭圆时，可通过指定宽度和高度来绘制椭圆。

【例 2-5】使用【3 点椭圆形】工具绘制圆形。

所用素材： 素材文件\第 2 章\路灯.cdr　　**完成效果：** 效果文件\第 2 章\路灯.cdr

Step 1　选择【文件】/【打开】命令，打开“路灯.cdr”素材，选择工具箱中的【3 点椭圆形】工具，在绘图页面的合适位置单击鼠标左键并向下角拖曳，如图 2-24 所示。

Step 2　拖曳至合适的位置后释放鼠标左键，然后向右下角移动鼠标指针，如图 2-25 所示。

图 2-24　打开的素材

图 2-25　单击并拖曳鼠标

Step 3　移至适当的位置后单击鼠标左键，即可绘制一个椭圆形，如图 2-26 所示。

Step 4　在调色板中设置椭圆的填充色为白色、轮廓色为无，如图 2-27 所示。

图 2-26　绘制椭圆形

图 2-27　设置椭圆的颜色

2.2.3　绘制饼形与弧形

在【椭圆形】工具或【3 点椭圆形】工具属性栏中单击“饼形”和“弧形”按钮，即可绘制饼形和弧形。

【例 2-6】使用椭圆形工具绘制饼形。

所用素材： 素材文件\第 2 章\饼形.cdr　　**完成效果：** 效果文件\第 2 章\饼形.cdr

Step 1　选择【文件】/【打开】命令，打开“饼形.cdr”素材，选择工具箱中的【椭圆形】工具，绘制一个圆形，并填充颜色为 10%黑色，如图 2-28 所示。

Step 2 在【椭圆形】工具属性栏中单击“饼形”按钮，即可将刚绘制的圆形变成饼形，并在“起始和结束角度”数值框输入相应的数值，更改饼形，如图 2-29 所示。

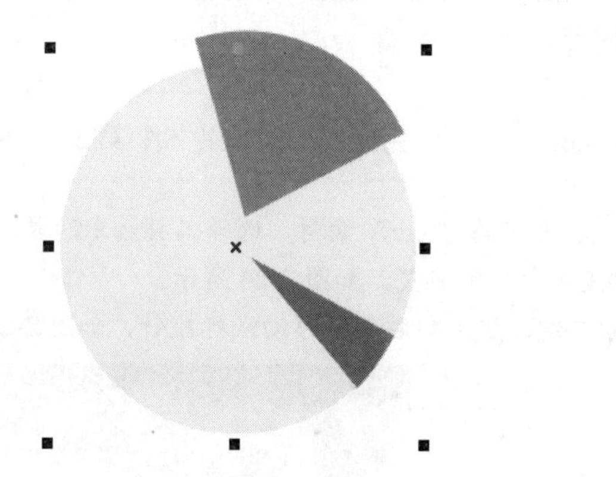

图 2-28 绘制圆形

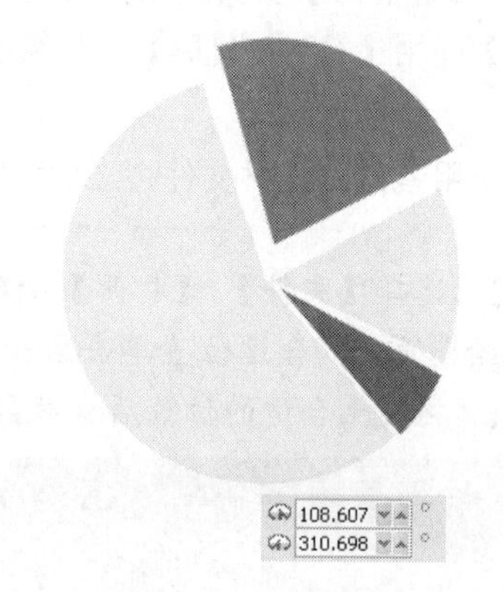

图 2-29 将刚绘制的圆形变成饼形

在【椭圆形】工具属性栏中单击“弧形”按钮，可将刚绘制的饼形变成弧形，更改轮廓，如图 2-30 所示。

【知识补充】分别单击【椭圆形】工具属性栏中的“椭圆”按钮、“饼形”按钮、“弧形”按钮，即可绘制出圆形、饼形、弧形。其中，工具属性栏中的“起始和结束角度”数值框，在绘制饼形和弧形时，默认的起始和结束角度分别为 0°和 270°；“顺时针和逆时针饼形和弧形”按钮，在选择绘制的饼形或弧形后，再单击该按钮，所绘制的饼形或弧形将变为与之互补的图形，如图 2-31 所示。

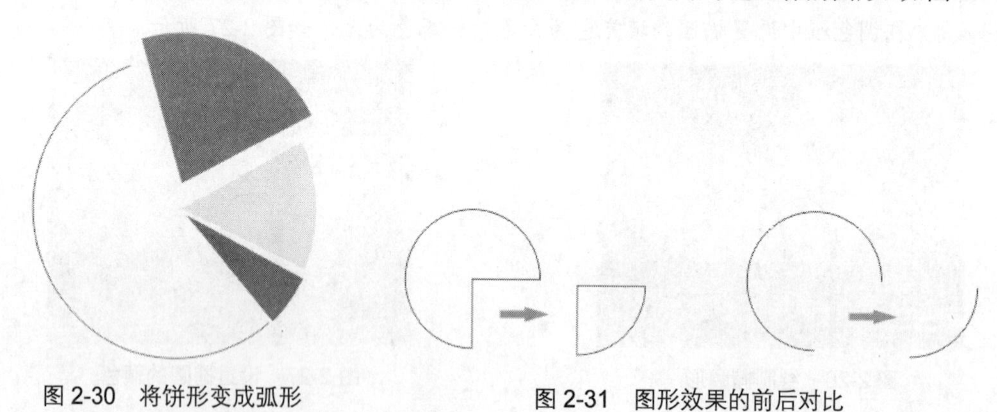

图 2-30 将饼形变成弧形

图 2-31 图形效果的前后对比

2.3 绘制多边形、星形

在 CorelDRAW X5 中，使用工具箱中的【多边形】工具，可以绘制多边形、星形等，还可将多边形和星形修改成其他形状。

2.3.1 绘制多边形

使用工具箱中的【多边形】工具，可以绘制任意边数的多边形。

【例 2-7】使用【多边形】工具绘制多边形。

所用素材：素材文件\第 2 章\可爱天使.cdr　**完成效果**：效果文件\第 2 章\可爱天使.cdr

Step 1　选择【文件】/【打开】命令，打开“可爱天使.cdr”素材，如图 2-32 所示。

Step 2　选择工具箱中的【多边形】工具，在工具属性栏中设置多边形的边数默认为 5，将鼠标指针移至绘图页面的合适位置，按住“Ctrl”键的同时，单击并按住鼠标左键拖曳，如图 2-33 所示。

图 2-32　打开的素材

图 2-33　单击并按住鼠标左键拖曳

Step 3　拖曳至合适的位置后释放鼠标左键，即可完成多边形的绘制，如图 2-34 所示。

Step 4　在调色板中设置多边形的填充色为白色、轮廓色为无，如图 2-35 所示。

图 2-34　绘制多边形

图 2-35　设置多边形颜色

2.3.2　绘制星形

运用多边形工具组中的【星形】工具所绘制的星形，默认情况下是五角形，用户可以在【工具】属性中自行设置所需绘制星形的角数。

【例 2-8】使用星形工具绘制五角形。

所用素材：素材文件\第 2 章\SHALOU.cdr　**完成效果**：效果文件\第 2 章\ SHALOU.cdr

Step 1　选择【文件】/【打开】命令，打开“SHALOU.cdr”素材，然后选择工具箱中的【星形】工具，按住“Ctrl”键的同时，在绘图页面的合适位置单击并按住鼠标左键拖曳，如图 2-36 所示。

Step 2　拖曳至合适的位置后释放鼠标左键，即可绘制一个五角形，如图 2-37 所示。

图 2-36　单击并拖曳鼠标

图 2-37　绘制五角形

Step 3　在调色板中设置五角形的填充色为白色、轮廓为无，如图 2-38 所示。

Step 4　用与上述同样的方法，绘制其他的五角形，并填充相应的颜色，如图 2-39 所示。

图 2-38　设置五角形颜色

图 2-39　绘制其他的五角形

【知识补充】绘制星形前，在工具属性栏中设置星形角数为 50、“锐度”为 99，可以绘制出个性星形，其效果如图 2-40 所示。

图 2-40　绘制个性星形

2.4　绘制图纸、螺旋形和完美形状

CorelDRAW X5 提供的【图纸】工具，可以绘制不同行和列的网格图形；【螺纹】工具可以直接绘制出螺旋形图形；【基本形状】工具组为用户提供了 5 组完美的形状样式，如心形、箭头等，为用户提供了很多便利。

2.4.1　绘制网格图纸

使用【图纸】工具，可以绘制不同行数和列数的网格图形，主要用于绘制底纹、地板、VI 设计。

【例 2-9】使用【图纸】工具绘制网格图形。

所用素材：素材文件\第 2 章\网球栏.cdr　　完成效果：效果文件\第 2 章\网球栏.cdr

Step 1　打开“网球栏.cdr”素材，然后选择工具箱中的【图纸】工具，在工具属性栏中的“列数和行数”数值框中输入分别 5 和 12，在绘图页面的合适位置单击并按住鼠标左键拖曳，如图 2-41 所示。

Step 2　拖曳至合适位置后释放鼠标左键，即可绘制一个 5 行、12 列的网格，如图 2-42 所示。

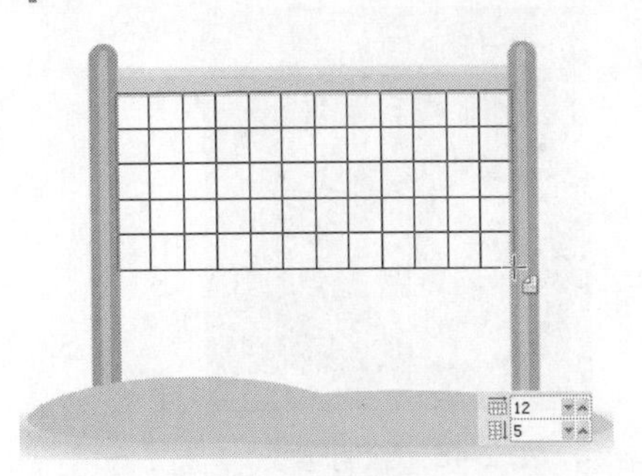

图 2-41　单击并按住鼠标左键拖曳

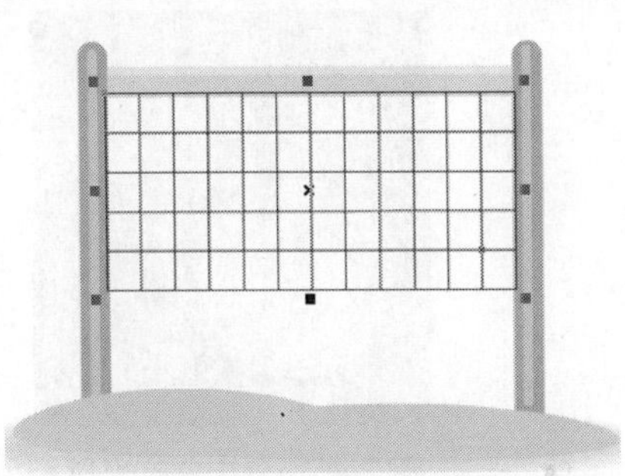

图 2-42　绘制网格

Step 3　在状态栏的“轮廓笔”图标上双击鼠标左键，弹出“轮廓笔”对话框，在“颜色”下拉列表框中选择 50%黑色块，单击“宽度”数值框右侧的下三角按钮，在弹出的列表框中选择 2.0mm 选项，如图 2-43 所示。

Step 4　单击“确定”按钮，更改网格轮廓的属性，如图 2-44 所示。

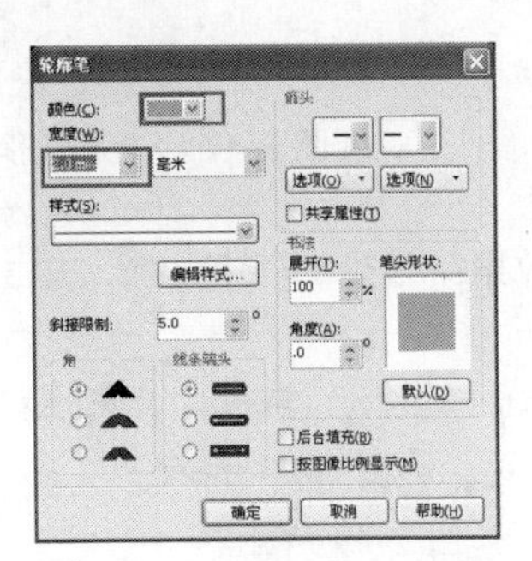

图 2-43　“轮廓笔”对话框

图 2-44　更改网格轮廓的属性

【知识补充】选择工具箱中的【图纸】工具后，用户可以在“图纸行和列数”数值框中输入数值，以改变图纸网格的行和列数。按住“Ctrl”键的同时，在绘图页面中单击并按住鼠标左键拖曳，即可绘制一个正方形网格。网格图形实际上是由若干个矩形组成的，选择【排列】/【取消组合】命令，可以将网格图形拆分为单个矩形，使用【挑选】工具可选择任意矩形。

2.4.2　绘制螺旋形

使用【螺纹】工具可以绘制两种螺纹，分别为对称式螺纹和对数式螺纹。对称式螺纹曲线均匀扩展，回圈之间的距离相等；对数式螺旋曲线扩展时，回圈之间的距离不断增大。在系统默认情况下，使用螺纹工具绘制的是对称式螺旋曲线。

【例 2-10】使用【螺纹】工具绘制螺纹图形。

所用素材：素材文件\第 2 章\树.cdr　　完成效果：效果文件\第 2 章\树.cdr

Step 1 打开"树.cdr"素材，选择工具箱中的【螺纹】工具，在工具属性栏中的"螺纹回圈"数值框中输入 4，在绘图页面的合适位置单击并按住鼠标左键拖曳，如图 2-45 所示。

Step 2 拖曳至合适的位置后释放鼠标左键，即可绘制一个螺纹，如图 2-46 所示。

图 2-45　单击并拖曳鼠标

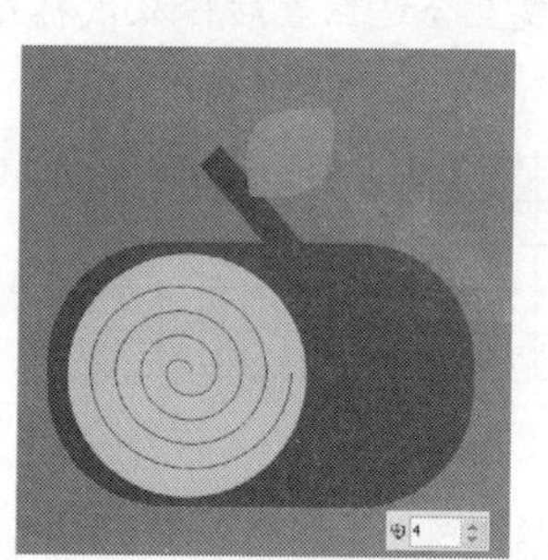

图 2-46　绘制螺纹

2.4.3 绘制完美形状

CorelDRAW X5 为用户提供了大量的基本图案，选择工具箱中的【基本形状】工具，在工具属性栏的"完美形状"面板中提供了绘制基本形状、箭头、流程图、标题和标注的预定义形状，如图 2-47 所示。

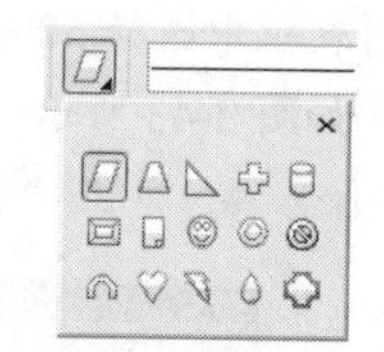

图 2-47　"完美形状"面板

【例 2-11】使用【基本形状】工具绘制心形图形。

所用素材：素材文件\第 2 章\2015.cdr　　完成效果：效果文件\第 2 章\2015.cdr

Step 1 打开"2015.cdr"素材，选择工具箱中的【基本形状】工具，单击工具属性栏中的"完美形状"按钮，在弹出的面板中选择第 3 排的第 2 个心形状样式，如图 2-48 所示。

Step 2 在绘图页面的适当位置单击并按住鼠标左键拖曳，如图 2-49 所示。

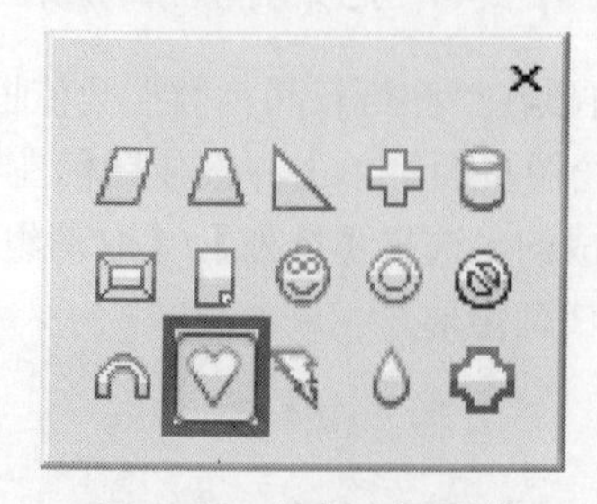

图 2-48　选择心形形状

图 2-49　单击并按住鼠标左键拖曳

Step 3　拖曳至适当的位置后释放鼠标左键，即可绘制一个预设的标题形状，如图 2-50 所示。

Step 4　在调色板中设置标题形状的填充色为青色、轮廓色为无，如图 2-51 所示。

图 2-50　绘制心形形状

图 2-51　设置心形形状颜色

【知识补充】除了基本形状外，CorelDRAW X5 还为用户提供了箭头形状、流程图形状、标题和标注形状。箭头形状中有 21 种预设图形，用于帮助用户快速建立一些指示图形；流程图形状中有 23 种预设外形；标题形状中有 5 种预设外形；标注形状中有 6 种预设外形；各个工具的完美形状的面板如图 2-52 所示，绘制它们的方法和绘制基本形状的方法相同。

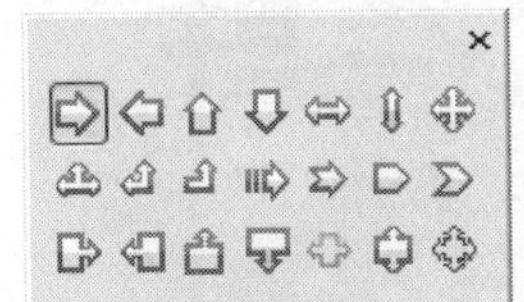

（a）箭头形状

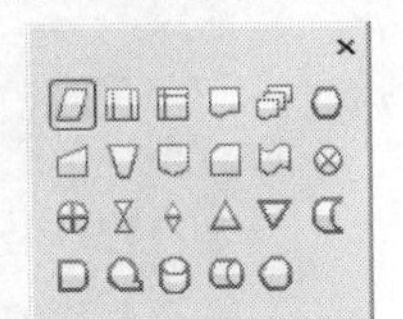

（b）流程图形状

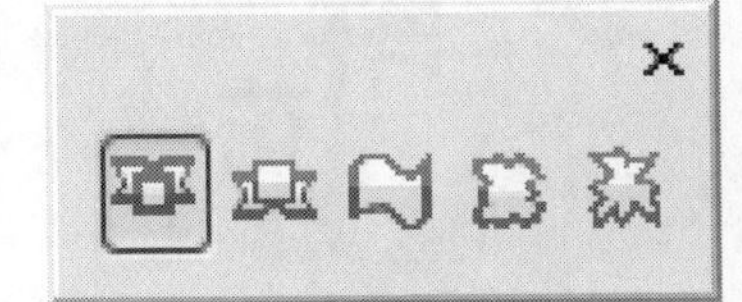

（c）标题形状

（d）标注形状

图 2-52　各个工具的完美形状的面板

2.5　变形几何图形

在设计的过程中，若只使用绘图工具绘制的图形不能满足用户的需求，此时，用户可运用其他变形工具，如【形状】工具、【涂沫笔刷】工具、【刻刀】工具、【橡皮擦】工具以及【虚拟段删除】工具等对绘制的图形进行变形操作。

2.5.1　使用【形状】工具变形图形

运用使用工具箱中的【形状】工具可以调节图形和位图上的节点、控制柄或轮廓曲线。

【例 2-12】使用【形状】工具变形图形。

所用素材：素材文件\第 2 章\鲜花.cdr　　**完成效果**：效果文件\第 2 章\鲜花.cdr

Step 1　打开“鲜花.cdr”素材，选择工具箱中的【形状】工具，选择图形上的一个节点，单击并按住鼠标左键向右上角拖曳，如图 2-53 所示。

Step 2 拖曳至合适的位置后释放鼠标左键，即可变形图形，如图 2-54 所示。

图 2-53 拖曳节点

图 2-54 变形图形

Step 3 选择图形上的另一个节点，单击并按住鼠标左键向右上角拖曳，如图 2-55 所示。

Step 4 至合适位置后释放鼠标左键，用与上述同样的方法，调整图形上的其他节点，如图 2-56 所示。

图 2-55 拖曳节点

图 2-56 调整其他节点

2.5.2 使用【涂抹笔刷】工具变形图形

利用【涂沫笔刷】工具可以使曲线产生向内凹进或向外凸起的变形，不能对段落文本、位图等其他对象进行变形。

【例 2-13】使用【涂抹笔刷】工具变形图形。

所用素材： 素材文件\第 2 章\礼品.cdr　　**完成效果：** 效果文件\第 2 章\礼品.cdr

Step 1 打开“礼品.cdr”素材，使用【挑选】工具选择绘图页面中需要变形的图形，如图 2-57 所示。

Step 2 选择工具箱中的【涂抹笔刷】工具，在工具属性栏中设置“笔类大小”为 5、“水分浓度”为 10，如图 2-58 所示。

Step 3 将鼠标指针移至需要变形的图形对象上，单击并按住鼠标左键向上拖曳，变形图形，如图 2-59 所示。

Step 4 用与上述同样的方法，变形其他的图形，如图 2-60 所示。

图 2-57 选择图形

图 2-58 设置工具属性栏

图 2-59 变形图形

图 2-60 变形其他图形

【知识补充】下面介绍【涂抹笔刷】工具属性栏中主要选项的含义。

- "笔尖大小"数值框 1.0 mm ：用于设置涂抹笔刷的宽度。
- "水分浓度"数值框 0 ：用于设置涂抹笔刷的力度。
- "斜移"数值框 45.0° ：用于设置涂抹笔刷、模拟压感笔的倾斜角度。
- "方位"数值框 .0° ：用于设置涂抹笔刷、模拟压感笔的笔尖方位角。

2.5.3 使用【刻刀】工具分割图形

利用【刻刀】工具可以将一个对象分成几个部分，但需要注意的是，使用【刻刀】工具不是删除对象，而是将对象进行分割。

【例 2-14】使用【刻刀】工具分割图形。

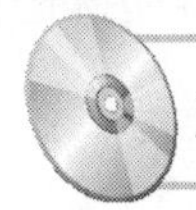

所用素材：素材文件\第 2 章\可爱男孩.cdr　　**完成效果：**效果文件\第 2 章\可爱男孩.cdr

Step 1 打开"可爱男孩.cdr"素材，选择工具箱中的【刻刀】工具，将鼠标指针移至需要切割图形的边缘处，单击鼠标左键，确定切割的起点，如图 2-61 所示。

Step 2 向右下角移动鼠标指针，出现一条切割线，如图 2-62 所示。

图 2-61　确定切割起点

图 2-62　移动鼠标指针

Step 3　将鼠标指针移至图形另一侧的边缘，再次单击鼠标左键，即可切割图形，如图 2-63 所示。

Step 4　选择切割后的部分图形，将其向上移动，如图 2-64 所示。

图 2-63　切割图形

图 2-64　移动切割后的图形

【知识补充】使用【刻刀】工具，不但可以编辑形状对象，也可以编辑路径对象，选择工具箱中的【刻刀】工具，其工具属性栏如图 2-65 所示，具体内容如下。

- "保留为一个对象"按钮：单击该按钮，分割对象时对象会始终保持一个整体。
- "剪切时自动闭合"按钮：单击该按钮，可以分割对象，并成为两个闭合的图形。

图 2-65　【刻刀】工具属性栏

2.5.4　使用【橡皮擦】工具擦除图形

使用【橡皮擦】工具可以擦除位图和矢量对象不需要的部分，自动擦除将自动闭合任何不受影响的路径，并同时将对象转换为曲线。

【例 2-15】使用【橡皮擦】工具擦除图形。

完成效果：效果文件\第 2 章\可爱男孩（1）.cdr

Step 1　继续使用上一例的素材图形，使用【挑选】工具选择需要进行擦除的图形，选择工具

箱中的【橡皮擦】工具，在图形左侧的边缘处单击并按住鼠标左键水平向右拖曳，如图 2-66 所示。

Step 2　拖曳至合适的位置后释放鼠标左键，鼠标指针经过处的图形即可被擦除，如图 2-67 所示。

图 2-66　拖曳鼠标指针

图 2-67　擦除图形

2.5.5　使用【虚拟段删除】工具删除图形

使用【虚拟段删除】工具可以删除一些无用的线条，包括曲线、矩形、椭圆等矢量图形，还可以删除整个对象或对象中的一部分。

【例 2-16】使用【虚拟段删除】工具删除图形。

所用素材：素材文件\第 2 章\可爱男孩 a.cdr　**完成效果**：效果文件\第 2 章\可爱男孩 a.cdr

Step 1　打开“可爱男孩 a.cdr”素材，择工具箱中的【虚拟段删除】工具，将鼠标指针移至需要删除的虚拟线段上，如图 2-68 所示。

Step 2　单击鼠标左键，即可将虚拟线段删除，如图 2-69 所示。

图 2-68　确定虚拟线段

图 2-69　删除虚拟线段

提示：使用【虚拟段删除】工具删除的虚拟线段指是两个交叉点之间部分对象。

2.6 应用实践——卡片设计

卡片设计属于平面设计的一种，是将不同的基本图形，按照一定的规则在平面上组合成图案，作为一种具有象征性的大众传播方式，以最简洁的形式来表达一定的内涵，并借助于人们对符号的识别、意义联想等思维能力传达特定的信息。

卡片设计是一种浓缩的设计，要在方寸之间蕴涵所需赋予的个性，不仅是设计理念与构思创意的浓缩，而且也是设计本身视觉表现的浓缩。在卡片的设计中，少不了构成要素，所谓构成要素是指构成卡片的各种素材，一般是指标志、图案、文案（会员卡持有人公司、通信地址、通信方式）等，如图 2-70 所示，这些素材各有不同的使命与作用，统称为构成要素。

图 2-70　卡片的构成要素

卡片是 VIP 贵宾卡、打折卡、优惠卡、磁条卡等卡片的统称。一般来说，卡片制作以 PVC 材质居多，所以会员卡也称为 PVC 会员卡。由于制作精美且适合长期保存，因此卡片也是运用最为广泛，最受消费者和商家喜爱的证卡种类。伴随着会员制服务的流行，越来越多的商场、宾馆、健身中心、酒店等消费场所都会用到会员卡。通过发行会员卡，不仅能起到吸引新顾客，留住老顾客，增强顾客忠诚度的作用，还能实现打折、积分、客户管理等功能，是一种确实可行的增加效益的途径。下面介绍卡片的分类。

- 按材质可分为普通 PVC 会员卡、磁条会员卡、IC 会员卡、ID 会员卡、金属会员卡，如图 2-71 所示。

图 2-71　按材质分类的卡片

- 按行业可分为超市会员卡、酒店会员卡、美食会员卡、旅游会员卡、医疗会员卡、美发会员卡、服装会员卡、网吧会员卡等，如图 2-72 所示。

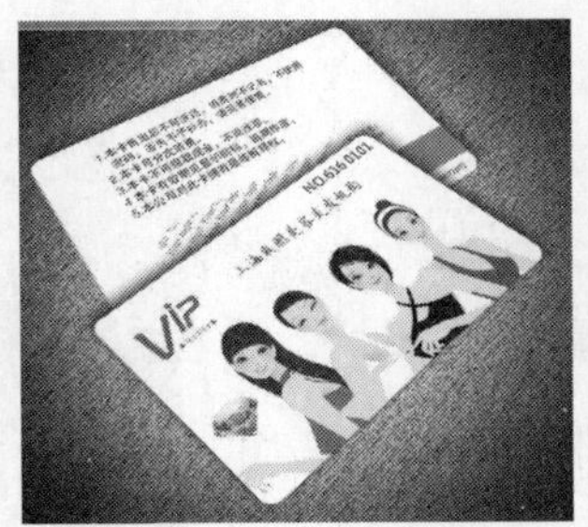

图 2-72　按行业分类的卡片

- 按等级可分为贵宾会员卡、会员金卡、会员银卡、VIP 会员卡、普通会员卡等，如图 2-73 所示。

图 2-73　按等级分类的卡片

- 按制作工艺可分为磨砂卡、透明卡、哑面卡、光面卡、磁条卡、条码卡，如图 2-74 所示。

图 2-74　按制作工艺分类的卡片

本例以绘制如图 2-75 所示的 VIP 卡为例，介绍卡片的设计流程。相关要求如下。

- 卡片尺寸为“85.5mm×54mm”。
- 印刷色以紫色为主，体现出典雅、经典、时尚、尊贵至上的艺术效果和含义。
- 设计风格简约时尚，主题鲜明、画面简洁，另注意标题、背景、图案的处理。

完成效果：效果文件\第 2 章\卡片.cdr

素材文件：第 2 章\素材文件\

图 2-75　绘制的卡片效果

2.6.1　卡片设计的特点分析

在卡片的设计中，图案的设计是一个重要环节。图案设计的成功与否直接影响到名片的视觉效果，影响到人们对卡片持有人及其所在单位的心理感受。本案例采用渐变画面，效果较活跃，再配以时尚简约的花朵图像及文字说明，使得整个画面既保持设计的完整性又不失增强视觉的冲击力。

2.6.2　VIP 卡片创意分析与设计思路

图案在卡片中的作用是烘托主题、丰富画面、提示读者。所以图案的设计既要注意对比又要完整统一，对比主要是指画面的图案与画面的内容形成明显的区别。统一是指画面的层次要分明，图案的存在要使主题突出，构图醒目，富于个性，同时不喧宾夺主。

根据本例的制作要求，可以对将要绘制的 VIP 卡片进行如下一些分析。

- 设计师构思时，想体现出会员卡持有者行业有关的形象，因此该案例卡片采用藤蔓花卉作为画面主图案，给人一种青春、温馨、愉悦、时尚的视觉感受。
- VIP 卡片虽小，但是一个完整的画面，所以存在画面的比例与均衡问题。这里包括两个方面：其一是名片的整体内容，包括方案、标志、色块的比例关系，其二是边框线的比例关系。
- VIP 卡片的主色调以冷色为主、银色为辅，使其能体现出简约时尚的设计风格。

本例的设计思路如图 2-76 所示，具体设计如下。

（1）通过矩形工具绘制卡片造型形状，并利用渐变填充工具，填充渐变背景色。

（2）利用“导入”按钮，导入卡片的花纹图案，并利用图框精确裁剪操作，精确图案的位置，使画面整体、和谐。

（3）利用“打开”按钮，打开卡片的说明文字和企业标识，完善整体画面。

（a）绘制卡片造型

（b）添加花纹图案

（c）添加说明文字和企业标识

图 2-76　制作卡片的操作思路

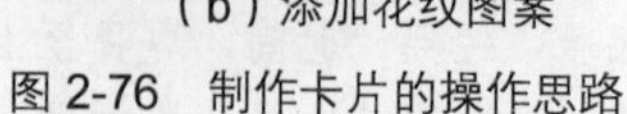

2.6.3　制作过程

1. 绘制卡片的背景色

Step 1　新建一个空白文件，选择工具箱的【矩形】工具，在绘图页面中单击并按住鼠标左键拖曳鼠标，绘制一个矩形，如图2-77所示。

Step 2　在工具属性栏中设置“对象大小”为85.5mm×54mm、“圆角半径”均为5mm，按回车键确定，更改矩形的尺寸和圆角半径，如图2-78所示。

Step 3　选择工具箱中的【渐变填充】工具 渐变填充，弹出“渐变填充”对话框，设置“水平”为15、“垂直”为5、位置0%的颜色为黑色（CMYK均为0）、位置66%的颜色为深紫色（C:54; M:100;Y:62;K:17）和位置100%的颜色为深紫色（10:54;M:90;Y:27;K:0），如图2-79所示。

图2-77　绘制矩形

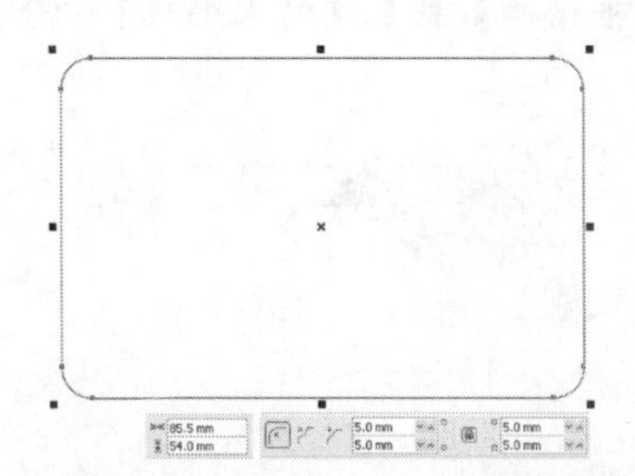

图2-78　更改矩形尺寸和圆角半径

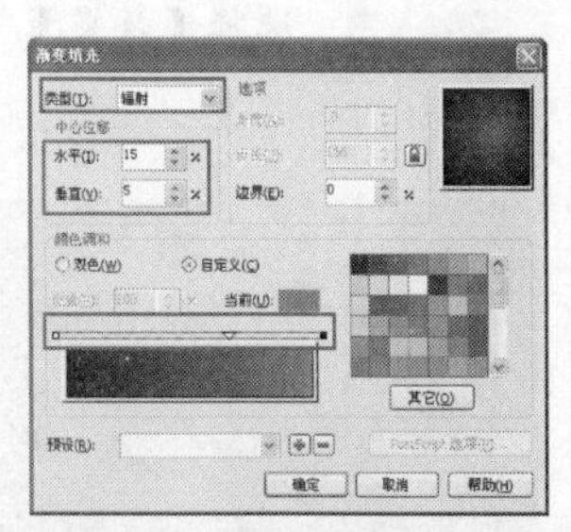

图2-79　“渐变填充”对话框

注意：关于如何设置渐变色，读者可参考第4章的4.3.2小节中渐变填充图形的操作方法。

Step 4　单击“确定”按钮，渐变填充图形，如图2-80所示。

Step 5　在【矩形】工具属性栏中设置“轮廓宽度”为无，去掉轮廓，效果如图2-81所示。

图2-80　渐变填充

图2-81　去掉轮廓

2. 绘制卡片的图案

Step 1　单击标准栏中的“导入”按钮，导入“花纹.ai”文件，如图2-82所示。

Step 2　选择【效果】/【图框精确剪裁】/【放置在容器中】命令，此时出现一个黑色箭头形状➡，移动鼠标指针至圆角矩形上，如图2-83所示。

图 2-82　导入素材

图 2-83　鼠标指针位置

Step 3　单击鼠标左键，置入图框精确剪裁图像，如图 2-84 所示。

Step 4　选择【效果】/【图框精确剪裁】/【编辑内容】命令，进入图框精确剪裁编辑内容，调整花纹的位置，如图 2-85 所示。

Step 5　选择【效果】/【图框精确剪裁】/【结束编辑】命令，完成图框精确剪裁操作，如图 2-86 所示。

图 2-84　置入图框精确剪裁图像

图 2-85　调整花纹的位置

图 2-86　完成图框精确剪裁操作

3. 绘制卡片的商业和文字

Step 1　单击标准栏中的“打开”按钮，打开“文字和标识.cdr”文件，如图 2-87 所示。

Step 2　选择【编辑】/【全选】/【对象】命令，全选对象，如图 2-88 所示，然后选择【编辑】/【复制】命令，复制全选的对象。

Step 3　按“Ctrl + Tab”组合键，切换窗口至制作卡片的文档窗口中，选择【编辑】/【粘贴】命令，粘贴复制的全选对象，如图 2-89 所示。至此，本案例制作完毕。

图 2-87　打开的素材

图 2-88　全选对象

图 2-89　完成操作

注意：为了方便读者查看“文字和标识.cdr”文件的效果，黑色背景颜色是编者添加的，此文件中是没有黑色背景色的。

2.7 练习与上机

1. 单项选择题

（1）（　　）是矩形工具的延伸工具，可以绘制任意角度的矩形，并且可以通过指定高度和宽度来绘制矩形。

A．位图　　B．3【点矩形】工具

C．【椭圆形】工具　　D．【多边形】工具

（2）在绘制椭圆的过程中按下（　　）键，可以绘制圆形；按下“Shift”键，可以绘制一个以起点为中心的椭圆；同时按下（　　）组合键，可以绘制一个以起点为中心的正方形。

A．“Ctrl”“Ctrl+Shift”　　B．“Alt”“Ctrl +Shift”

C．“Ctrl”“Ctrl+ Alt”　　D．“Shift”“Tab+Shift”

（3）在【椭圆形】工具或【3 点椭圆】形工具属性栏中单击（　　）和（　　）按钮，即可绘制饼形和弧形。

A．“饼形”“弧形”　　B．“椭圆形”“弧形”

C．“更改方向”“弧形　　D．“饼形”“椭圆形”

（4）使用（　　）工具可以删除一些无用的线条，包括曲线、矩形、椭圆等矢量图形，还可以删除整个对象或对象中的一部分。

A.【矩形】　　B.【虚拟段删除】　　C.【橡皮擦】　　D.【形状】

2. 多项选择题

（1）以下关于使用矩形工具绘制矩形的描述，正确的是（　　）。

A．按下“Shift”键，可以绘制正方形

B．按下“Ctrl”键，可以绘制正方形

C．按下“Shift”键，可以绘制一个以起点为中心的矩形

D．按下“Ctrl+Shift”组合键，可以绘制一个以起点为中心的正方形

（2）下列关于【3 点椭圆形】工具的描述，错误的是（　　）。

A．使用【3 点椭圆形】工具绘制椭圆时，可通过指定宽度和高度来绘制椭圆

B．使用【3 点椭圆形】工具绘制椭圆时，只需通过指定宽度来绘制椭圆

C．按下“Shift”键，可以绘制圆形

D．按下“Ctrl+Shift”组合键，可以一个以起点为中心的圆形

（3）以下关于在 CorelDRAW X5 为用户提供了大量的基本形状图形的描述，正确的是（　　）。

A．提供了【基本形状】工具、箭头形状、流程图形状、标题和标注形状

B.【基本形状】工具属性栏的“完美形状”面板中提供了绘制基本形状、箭头、流程图、标题和标注的预定义形状

C．标题形状中有 6 种外形

D．箭头形状中有 21 种预设图形

（4）以下关于使用【刻刀】工具绘制图形时，描述正确的是（　　）。

A．利用【刻刀】工具可以将一个对象分成几个部分

B．单击工具属性栏中的“保留为一个对象”按钮，分割对象时对象会始终保持一个整体

C．使用【刻刀】工具不是删除对象，而是将对象分割

D．单击工具属性栏中的“剪切时自动闭合”按钮，可以分割对象，并使对象成为两个闭合的图形

3. 上机操作题

（1）为某酒店绘制一款VIP卡片，卡片背面的参考效果如图2-90所示。

完成效果：效果文件\第2章\卡片背面.cdr

素材文件：第2章\素材文件\花纹.ai

图2-90　卡片背面

（2）绘制一款某广告公司会员卡，参考效果如图2-91所示。

完成效果：效果文件\第2章\会员卡.cdr

素材文件：第2章\素材文件\会员卡标志.cdr

图2-91　会员卡

第3章 快速绘制与编辑线条图形

📖 学习目标

学习在 CorelDRAW X5 中使用【绘图】工具绘制和编辑直线、曲线，如【手绘】工具、【贝塞尔】工具、【钢笔】工具、【3 点曲线】工具、【艺术笔】工具等，了解插画的分类、在不同领域的应用以及绘制手法，并掌握儿童插画的特点与绘制方法。

📖 学习重点

掌握【手绘】工具、【贝塞尔】工具、【钢笔】工具、【2 点线】工具、【3 点曲线】工具、【B 样条】工具、【折线】工具、【智能绘图】工具、【艺术笔】工具、【形状工具】等各种工具的使用技巧。

📖 主要内容

- 绘制直线和曲线
- 编辑线条对象
- 制作儿童卡通人物插画

3.1 绘制直线和曲线

在 CorelDRAW 中直线和曲线是构成矢量绘图的最基本的元素，熟练掌握直线和曲线的绘制方法和技巧是图形设计的基础。运用 CorelDRAW X5 提供的手绘工具组，可以绘制直线、曲线以及多段线等，手绘工具组中用于绘制线条的工具包括【手绘】工具、【贝塞尔】工具、【艺术笔】工具、【钢笔】工具、【折线】工具、【3 点曲线】工具以及【折线】工具。同时，运用智能绘图工具也可以方便、快捷地绘制直线和曲线。

3.1.1 【手绘】工具

使用【手绘】工具可以绘制直线、曲线和闭合图形等，用户可以根据需要随意地操作鼠标指针的轨迹以绘制路径。

1. 使用【手绘】工具绘制直线

使用【手绘】工具绘制直线的方法时常简单，只需要在绘图页面中确定一个起点和一个终点即可。

【例 3-1】使用【手绘】工具绘制直线，效果如图 3-1 所示。

所用素材：素材文件\第 3 章\蝴蝶结.cdr
完成效果：效果文件\第 3 章\蝴蝶结.cdr

图 3-1　绘制的直线效果

Step 1　按"Ctrl + O"组合键，打开"蝴蝶结.cdr"文件，在工具箱中单击【手绘】工具右下角的小三角按钮，在展开的工具组中的选择【手绘】工具，将鼠标指针移至图形上方需要绘制直线的位置，单击鼠标左键，确定直线的起点，如图 3-2 所示。

Step 2　将鼠标指针向右下角移动，在合适的位置单击鼠标左键，确定直线的终点，即可完成直线的绘制，如图 3-3 所示。

图 3-2　确定直线的起点

图 3-3　绘制直线

> 提示：按“F5”键可快速调用手绘工具。

Step 3 在【手绘】工具属性栏中的“轮廓宽度”列表框 中选择 2.0mm 选项，更改轮廓宽度，然后在调色板中的 10%黑色块上单击鼠标右键，更改轮廓颜色，效果如图 3-4 所示。

Step 4 用与上述同样的方法，绘制其他的直线，并更改轮廓宽度为 2.0mm、轮廓颜色为白色，效果如图 3-5 所示。

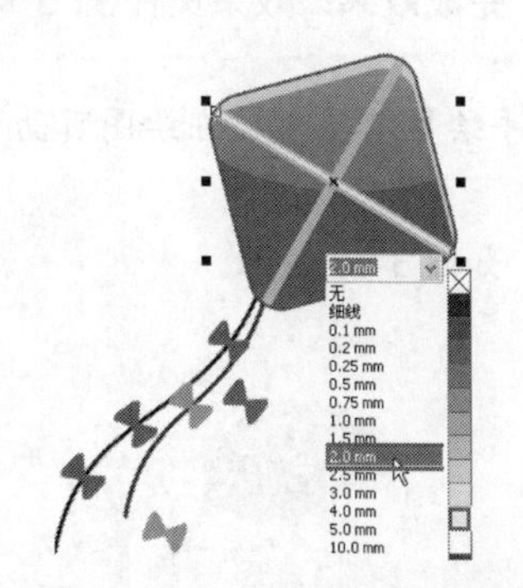

图 3-4 更改轮廓宽度和颜色

图 3-5 绘制其他直线

2. 使用【手绘】工具绘制曲线

使用【手绘】工具绘制曲线的方法与绘制直线的方法不一样，用户当确定曲线的起点后，在不释放鼠标左键的情况下继续拖曳鼠标指针，沿着拖曳的路径，即可创建一条曲线。

【例 3-2】使用【手绘】工具绘制曲线。

> **完成效果**：效果文件\第 3 章\蝴蝶结（1）.cdr

Step 1 继续使用上一例绘制直线后的图形，选择工具箱中的【手绘】工具 ，将鼠标指针移至绘图页面中需要绘制曲线的位置，单击并按住鼠标左键拖曳至合适位置后，释放鼠标左键，即可绘制一条曲线，如图 3-6 所示。

Step 2 在【手绘】工具属性栏中设置“轮廓宽度”为 2.0mm，更改曲线的轮廓宽度，如图 3-7 所示。

Step 3 选择【排列】/【顺序】/【到图层后面】命令，调整刚绘制的曲线移至最底层，如图 3-8 所示。

图 3-6 绘制曲线

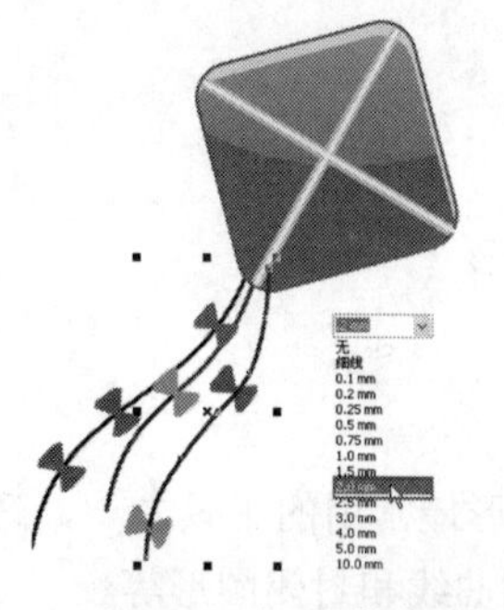

图 3-7 设置轮廓属性

图 3-8 调整顺序

3. 使用【手绘】工具绘制闭合图形

使用【手绘】工具绘制封闭图形的方法与绘制曲线的方法类似，只是绘制到最后需回到绘制的起点位置，以闭合绘制的图形。

【例 3-3】使用【手绘】工具绘制闭合图形。

所用素材：素材文件\第 3 章\苹果.cdr　　**完成效果**：效果文件\第 3 章\苹果.cdr

Step 1 打开“苹果.cdr”文件，选择工具箱中的【手绘】工具，在绘图页面中单击并按住鼠标左键拖曳至合适位置，如图 3-9 所示。

Step 2 继续拖曳鼠标指针至绘制曲线的起始位置，如图 3-10 所示。

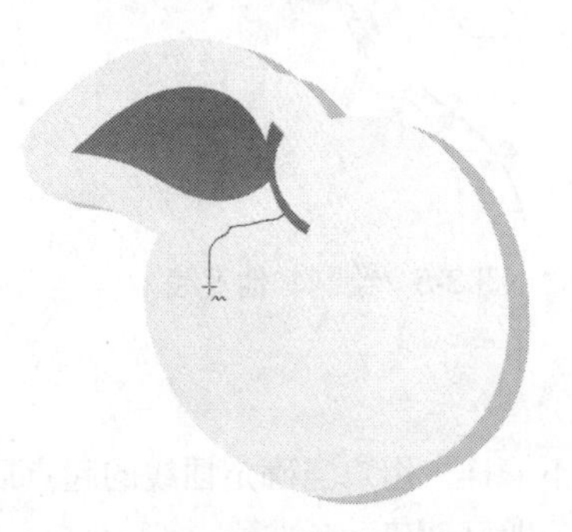

图 3-9　拖曳鼠标指针

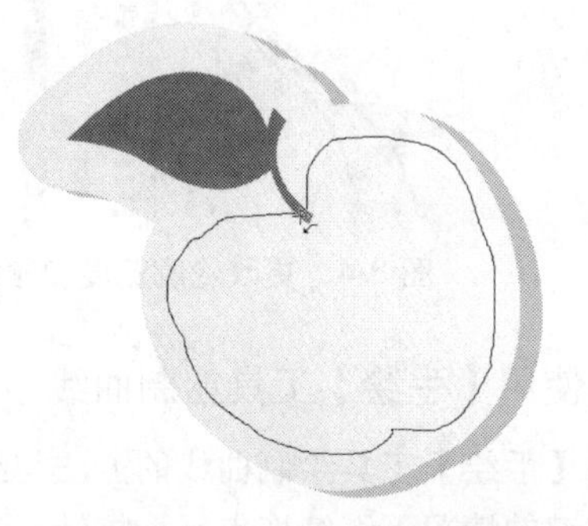

图 3-10　拖曳至起始位置

Step 3 释放鼠标左键，即可完成封闭图形的绘制，如图 3-11 所示。

Step 4 在调色板中的红色色块上单击鼠标左键，填充图形为红色，并在【手绘】工具属性栏中设置“轮廓宽度”为无，去掉轮廓，如图 3-12 所示。

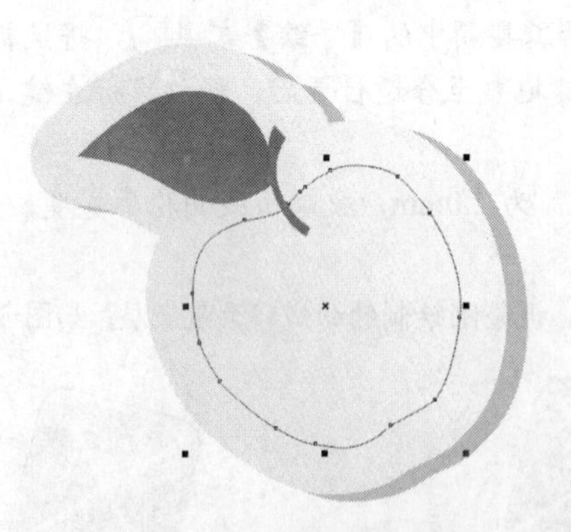

图 3-11　绘制的封闭图形

图 3-12　填充颜色并去掉轮廓

3.1.2 【贝塞尔】工具

【贝塞尔】工具是绘制矢量路径图形最常用的工具之一，适合要求精度较高的绘图任务。利用该工具可以绘制连续的直线段，也可绘制曲线和封闭图形等。

1. 使用【贝塞尔】工具绘制直线

使用【贝塞尔】工具绘制直线时，可以连续绘制多条直线，其方法与运用【手绘】工具绘制直线的方法类似。

【例 3-4】使用【贝塞尔】工具绘制直线。

所用素材：素材文件\第 3 章\吊牌.cdr　　**完成效果：**效果文件\第 3 章\吊牌.cdr

Step 1　打开“吊牌.cdr”文件，在工具箱中单击手绘工具右下角的小三角按钮，在展开的工具组中的选择【贝塞尔】工具，将鼠标指针移至绘图页面中图形的合适位置，单击鼠标左键，确定直线的第 1 点，然后将鼠标指针移至图形的另一个位置，单击鼠标左键，确定直线的第 2 点，完成第一段直线的绘制，如图 3-13 所示。

Step 2　将鼠标指针移至另一个位置，单击鼠标左键，完成第二段直线的绘制，如图 3-14 所示。

Step 3　在调色板中的 70%黑色块上，单击鼠标右键，更改轮廓颜色，选择工具箱的中的【挑选】工具，在【贝塞尔】工具属性栏中设置“轮廓宽度”为 0.6mm，更改轮廓宽度，如图 3-15 所示。

图 3-13　绘制第一段直线

图 3-14　绘制第二段直线

图 3-15　更改直线颜色和轮廓

2. 使用【贝塞尔】工具绘制曲线

使用【贝塞尔】工具可以绘制平滑且精确的曲线，绘制完成后还可通过调节节点来调整曲线的形状。

【例 3-5】使用【贝塞尔】工具绘制曲线。

完成效果：效果文件\第 3 章\吊牌（1）.cdr

Step 1　继续使用上一例绘制直线后的图形，选择工具箱中的【贝塞尔】工具，将鼠标指针移至绘图页面的合适位置，单击鼠标左键，确定曲线的起点，然后将鼠标指针移至另一位置，单击并按住鼠标左键拖曳，至合适位置后释放鼠标左键，绘制一段曲线，如图 3-16 所示。

Step 2　将鼠标指针移至另一个位置，再次单击并按住鼠标左键拖曳至合适位置后释放鼠标左键，继续绘制曲线，如图 3-17 所示。

Step 3　设置轮廓颜色为 70%黑色、“轮廓宽度”为 0.6mm，效果如图 3-18 所示。

提示：在使用【贝塞尔】工具绘制曲线时，按住“Alt”键的同时移动鼠标指针，可以移动节点的位置；按住“C”键的同时移动鼠标指针，出现一个尖突控点的蓝色虚线调节杆，即可绘制出尖突形的曲线。

图 3-16　绘制曲线

图 3-17　继续绘制曲线

图 3-18　更改直线颜色和轮廓

3. 使用【贝塞尔】工具绘制闭合图形

使用【贝塞尔】工具绘制封闭图形，可以很好地对图形的形状进行控制。在设计作品的过程中运用【贝塞尔】工具绘制封闭的频率最高。

【例 3-6】使用【贝塞尔】工具绘制闭合图形。

所用素材：素材文件\第 3 章\叶子.cdr　　**完成效果**：效果文件\第 3 章\叶子.cdr

Step 1　打开"叶子.cdr"文件，选择工具箱中的【贝塞尔】工具，将鼠标指针移至绘图页面的合适位置，单击鼠标左键，确定封闭图形的起点，然后将鼠标指针移至另一位置，单击并按住鼠标左键拖曳，至合适的位置后释放鼠标左键，绘制一条曲线，如图 3-19 所示。

Step 2　将鼠标指针移至另一位置，单击鼠标左键并拖曳，绘制另一段曲线，如图 3-20 所示。

图 3-19　绘制曲线

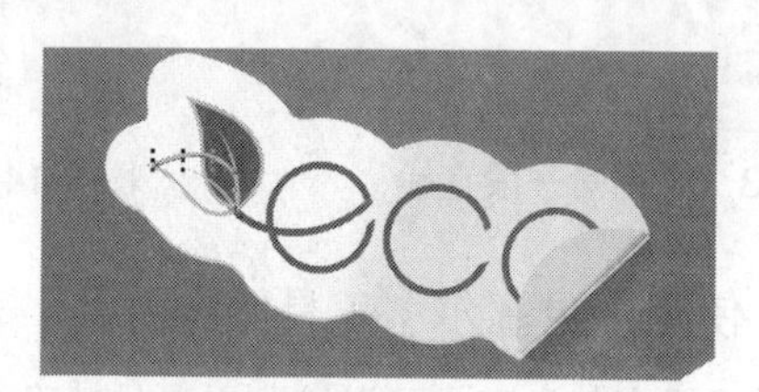
图 3-20　绘制另一段曲线

Step 3　用与上述同样的方法，继续绘制其他的曲线，最后将鼠标指针移至最初绘制的起点上，单击鼠标左键，绘制一个封闭的图形，如图 3-21 所示。

Step 4　在调色板中设置填充色为绿色、轮廓色为无，效果如图 3-22 所示。

图 3-21　绘制封闭图形

图 3-22　更改颜色和轮廓

3.1.3　【钢笔】工具

使用【钢笔】工具可以绘制出最精确的曲线和图形等。

1. 使用【钢笔】工具绘制直线

使用【钢笔】工具绘制直线的方法非常简单，只需确定直线的两点，再进行确认即可。

【例 3-7】使用【钢笔】工具绘制直线。

所用素材： 素材文件\第 3 章\钻戒广告.jpg　**完成效果：** 效果文件\第 3 章\钻戒广告.cdr

Step 1　新建白色文件，按“Ctrl + I”组合键，导入“钻戒广告.cdr”文件，选择工具箱中的【钢笔】工具，在绘图页面的合适位置单击鼠标左键，确定直线的起点，将鼠标指针水平向右移动，至合适的位置后单击鼠标左键，确定直线的终点，然后按键盘上的【Enter】键进行确认，即可完成直线的绘制，如图 3-23 所示。

Step 2　在【钢笔】工具属性栏中设置“轮廓宽度”为 0.5mm，在调色板中设置轮廓颜色为绿色，效果如图 3-24 所示。

图 3-23　绘制直线

图 3-24　设置轮廓宽度与颜色

> 提示：在使用【钢笔】工具绘制直线时，按住“Shift”键的同时，可以水平、垂直和 15°角的方向绘制直线。

2. 使用【钢笔】工具绘制曲线

使用【钢笔】工具绘制曲线与使用【贝塞尔】工具的绘制方法相似，同样是通过节点和手柄达到绘制曲线的目的。不同之处是，在使用【钢笔】工具的过程中，可以在确定下一个节点预览到曲线的当前状态。

【例 3-8】下面通过使用钢笔工具绘制曲线。

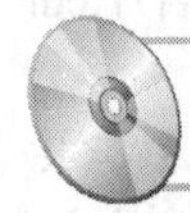

所用素材： 素材文件\第 3 章\服装广告.jpg　**完成效果：** 效果文件\第 3 章\服装广告.cdr

Step 1　新建白色文件，按“Ctrl + I”组合键，导入“服装广告.cdr”文件，选择工具箱中的【钢笔】工具，在绘图页面的合适位置单击鼠标左键，确定曲线的起点，移动鼠标指针至另一位置，单击并按住鼠标左键拖曳，绘制一段曲线，如图 3-25 所示。

Step 2 再次移动鼠标指针，在适当的位置单击并按住鼠标左键拖曳，至合适位置后释放鼠标左键，如图 3-26 所示。

图 3-25 绘制一段曲线

图 3-26 绘制另一段曲线

Step 3 用与上述同样的方法，移动鼠标指针至合适位置单击并按住鼠标左键拖曳，绘制其他的曲线段，然后按“Enter”键进行确认，即可完成曲线的绘制，如图 3-27 所示。

Step 4 在调色板中设置轮廓颜色为白色，如图 3-28 所示。

图 3-27 完成曲线绘制

图 3-28 更改曲线颜色

提示：在使用【钢笔】工具绘制直线或曲线时，在最后的节点上双击鼠标左键或者按“空格”键也可以确认绘制的直线或曲线线。

3. 使用【钢笔】工具绘制闭合图形

使用【钢笔】工具绘制封闭图形与绘制曲线的方法类似，只是绘制封闭图形最后需要回到最初的起点上，以构成封闭的图形。

【例 3-9】使用【钢笔】工具绘制闭合图形。

所用素材：素材文件\第 3 章\个性名片.cdr **完成效果**：效果文件\第 3 章\个性名片.cdr

Step 1 按“Ctrl + O”组合键，打开“个性名片.cdr”文件，选择工具箱中的【钢笔】工具，在绘图页面的合适位置单击鼠标左键，确定图形的起点，将鼠标指针移至页面的另一位置，单击鼠标左键，创建图形的第 2 个节点，如图 3-29 所示。

Step 2 再次移动鼠标指针至其他位置，单击鼠标左键，创建图形的第 3 个节点，如图 3-30 所示。

图 3-29　创建第 2 个节点

图 3-30　创建第 3 个节点

Step 3　用与上述同样的方法，创建其他的节点，将鼠标指针移动到最初创建的节点上，单击鼠标左键，绘制一个封闭的图形，如图 3-31 所示。

Step 4　在调色板中设置图形的填充颜色为淡青色、轮廓颜色为无，如图 3-32 所示。

图 3-31　绘制封闭图形

图 3-32　设置图形填充色及轮廓

3.1.4　【2 点线】工具

使用【2 点线】工具可以绘制以多种方式逐条相连或图形相连的连接线，组合成需要的图形，常用于绘制流程图或结构示意图。

【例 3-10】使用【2 点线】工具绘制曲线。

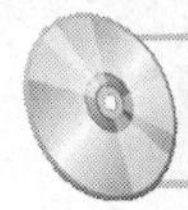

所用素材：素材文件\第 3 章\鹅毛信.cdr　　**完成效果**：效果文件\第 3 章\鹅毛信.cdr

Step 1　打开“鹅毛信.cdr”文件，选择工具箱中的【2 点线】工具，在绘图页面的合适位置单击并按住鼠标左键向右上角拖曳，绘制一条直线，如图 3-33 所示。

Step 2　在调色板中的橙色色块上单击鼠标右键，设置轮廓色为橙色，在【2 点线】工具属性栏中设置“轮廓宽度”为 1.5mm，如图 3-34 所示。

Step 3　用上述同样的方法，绘制出其他直线，并设置轮廓色及宽度，如图 3-35 所示。

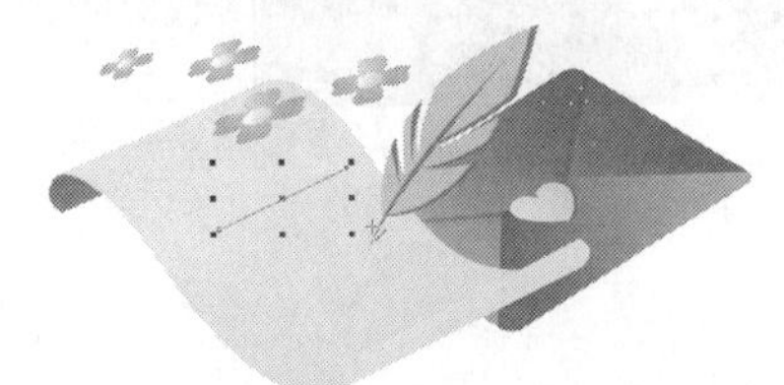
图 3-33　绘制直线

图 3-34　设置轮廓属性

图 3-35　绘制其他的直线

3.1.5 【3 点曲线】工具

【3 点曲线】工具比【手绘】工具能更准确地确定曲线的曲度和方向，它是通过定放线条的起始点、结束点和曲线上的另一点，来绘制所需的曲线。

【例 3-11】使用【3 点曲线】工具绘制曲线。

所用素材：素材文件\第 3 章\房产广告.cdr　**完成效果**：效果文件\第 3 章\房产广告.cdr

Step 1 打开“房产广告.cdr”文件，选择工具箱中的【3 点曲线】工具，在绘图页面的合适位置单击并按住鼠标左键向左拖曳，出现一条直线段，如图 3-36 所示。

Step 2 确定两点之间的距离后，释放鼠标左键并向刚绘制线条的中下方移动鼠标指针至合适位置后，单击鼠标左键，即可绘制一条曲线，如图 3-37 所示。

图 3-36　向左移动鼠标指针

图 3-37　绘制曲线

Step 3 在调色板中设置曲线的轮廓色为 80%黑，如图 3-38 所示。

Step 4 用与上述同样的方法，绘制另一条曲线，并设置相同的轮廓色，如图 3-39 所示。

图 3-38　更改轮廓颜色

图 3-39　绘制另一条曲线

3.1.6 【B 样条】工具

使用【B 样条】工具是在绘制过程中始终以单击处的矩形框为节点，拖曳鼠标指针即可改变曲线

的轨迹，可以很轻松地绘制出各种复杂的图形。

【例 3-12】使用【B 样条】工具绘制样条线。

所用素材：素材文件\第 3 章\萌小猫.cdr　　**完成效果**：效果文件\第 3 章\萌小猫.cdr

Step 1　打开"萌小猫.cdr"文件，选择工具箱中的【B 样条】工具，在绘图页面的合适位置单击并按住鼠标左键拖曳，如图 3-40 所示。

Step 2　拖曳至合适的位置后，单击鼠标左键，绘制样条线，用同样的方法，拖曳绘制并单击，绘制其他的样条线，双击鼠标左键，完成样条线的绘制如图 3-41 所示。

图 3-40　拖曳鼠标指针

图 3-41　完成样条线的绘制

Step 3　在【B 样条】工具属性栏中设置"轮廓宽度"为 0.75mm，如图 3-42 所示。

Step 4　用与上述同样的方法，绘制其他的样条线，并设置轮廓为 0.75mm，如图 3-43 所示。

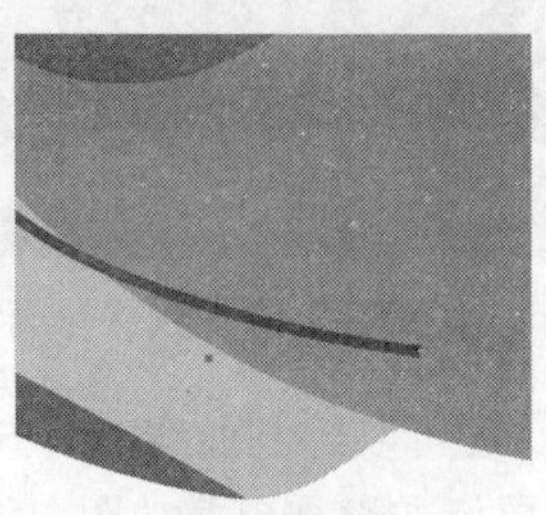

图 3-42　设置轮廓属性

图 3-43　绘制其他的样条线

提示：使用【B 样条】工具绘制曲线时，用户可以在按住"Shift"键的同时，沿绘制路径向后移动鼠标指针，即可擦除绘制错误的线条，释放"Shift"键，可继续进行绘制。在绘制的过程中，按回车键即可确认样条线。

3.1.7　【折线】工具

【折线】工具是一个实用的自由路径绘制工具，它最大的特点就是在绘制过程中始终以实线预览显示，便于及时进行调整。

【例 3-13】使用【折线】工具绘制直线。

所用素材：素材文件\第 3 章\下雨了.cdr　　**完成效果**：效果文件\第 3 章\下雨了.cdr

Step 1 打开“下雨了.cdr”文件，选择工具箱中的【折线】工具，在绘图页面的合适位置单击并按住鼠标左键拖曳，确认起始点，将鼠标指针向右下角移动，如图3-44所示。

Step 2 移动至合适的位置后单击鼠标左键，确定直线的第2点，绘制一条直线，如图3-45所示。

图3-44　拖曳鼠标指针

图3-45　完成直线的绘制

Step 3 将鼠标指针向上移动，至合适的位置后单击鼠标左键，确定直线的第3点，然后按键盘上的“Enter”键进行确认，即可绘制折线，如图3-46所示。

Step 4 在调色板中设置轮廓颜色为10%黑，如图3-47所示。

图3-46　绘制的折线

图3-47　设置轮廓属性

【知识补充】使用【折线】工具除了可以绘制直线外，还可以绘制曲线，其方法是：选择工具箱中的【折线】工具，在绘图页面的合适位置单击并按住鼠标左键拖曳，如图3-48所示，拖曳至合适的位置后，双击鼠标左键，完成曲线的绘制，如图3-49所示。

图3-48　拖曳鼠标指针

图3-49　完成曲线的绘制

3.1.8 【智能绘图】工具

使用【智能绘图】工具绘制手绘笔触，可以对手绘笔触进行识别，并转换为基本形状。

【例 3-14】使用【智能绘图】工具绘制直线和图形。

所用素材：素材文件\第 3 章\甲虫.cdr　　　　**完成效果**：效果文件\第 3 章\甲虫.cdr

Step 1　打开“甲虫.cdr”文件，选择工具箱中的【智能绘图】工具，将鼠标指针移至绘图页面中的合适位置，单击并按住鼠标左键向下拖曳，如图 3-50 所示。

Step 2　至合适位置后释放鼠标左键，即可绘制一条直线，如图 3-51 所示。

Step 3　在【智能绘图】工具属性栏中设置“轮廓宽度”为 8mm，按“Enter”键进行确认，设置轮廓宽度；在调色板中的白色色块上单击鼠标右键，更改轮廓颜色为白色，如图 3-52 所示。

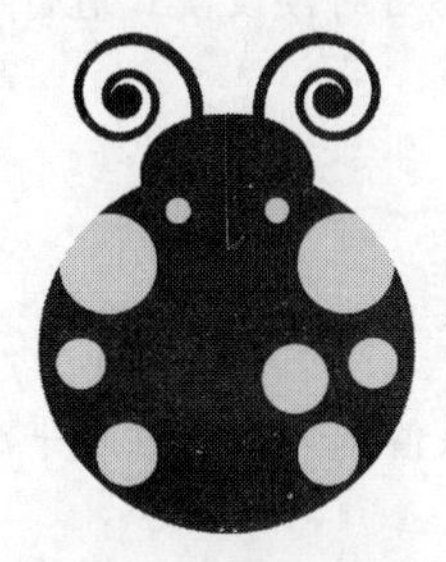

图 3-50　拖曳鼠标指针

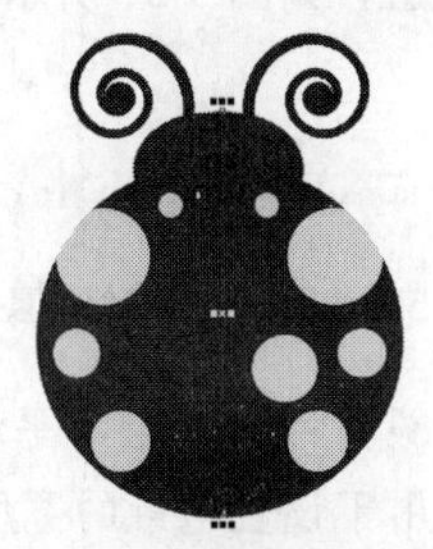

图 3-51　绘制的直线

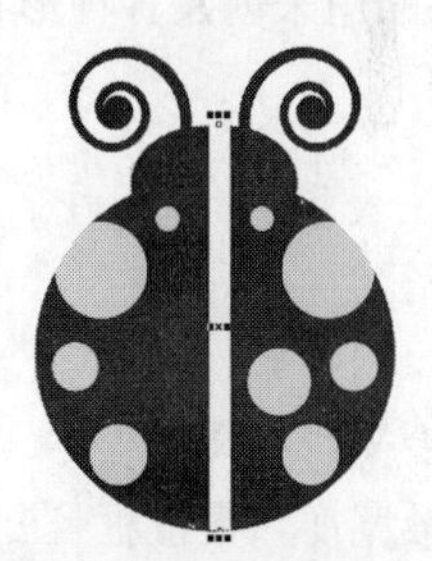

图 3-52　更改轮廓属性

Step 4　将鼠标指针移至绘图页面中的合适位置，单击并按住鼠标左键沿需要绘制曲线的路径拖曳，如图 3-53 所示。

Step 5　至合适位置后，回到起始位置处释放鼠标左键，即可绘制一个图形，如图 3-54 所示。

Step 6　使用工具箱中的【填充】工具，填充颜色为土黄色，如图 3-55 所示。

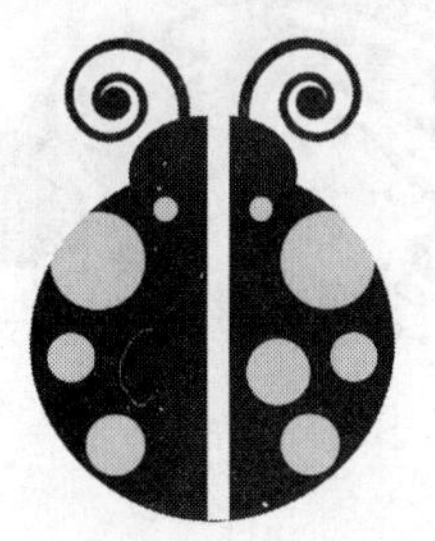

图 3-53　拖曳鼠标指针

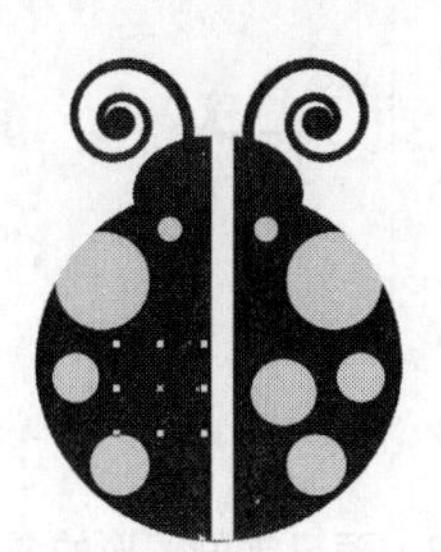

图 3-54　绘制图形

图 3-55　填充颜色

> 提示：在使用【智能绘图】工具绘制曲线或图形时，用户在按住“Shift”键的同时，沿绘制路径向后移动鼠标指针，即可擦除绘制错误的线条，释放“Shift”键，可继续进行绘制。

3.1.9　【艺术笔】工具

【艺术笔】工具在绘图时可以模拟真实的笔触，还可以直接喷涂由图案组成的图形组。【艺术笔】工具所绘制的图案是沿着鼠标指针拖曳的路径形状产生的，这条路径处于隐藏状态。单击工具箱中的【手绘】工具按钮右下的小三角形，在弹出的子工具集中单击【艺术笔】工具，这时鼠标光标会变成一支毛笔的形状，在【艺术笔】工具属性栏中有 5 个功能各异的笔形按钮，如图 3-56 所示，从左至右，依次为“预设模式”、“笔刷模式”、“喷涂模式”、“书法模式”、“压力模式”，选择了笔形并设置好艺术笔形状、宽度等选项后，在绘图页面中单击并按住鼠标左键拖曳，即可绘制出各种图案效果。

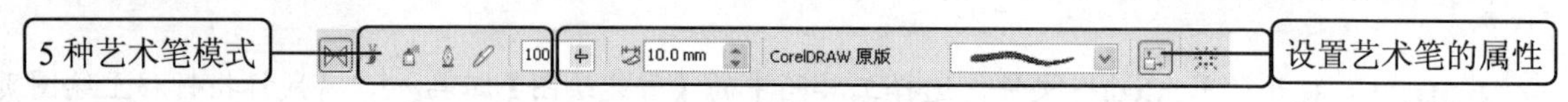

图 3-56 艺术笔工具属性栏

1. 预设模式

选择【艺术笔】工具后，在工具属性栏中单击“预设”按钮，用户可在“预设笔触”列表框中看到系统提供的用来创建各种形状的粗笔触，如图 3-57 所示，在其中可对预设模式进行一定设置，各参数的作用如下。

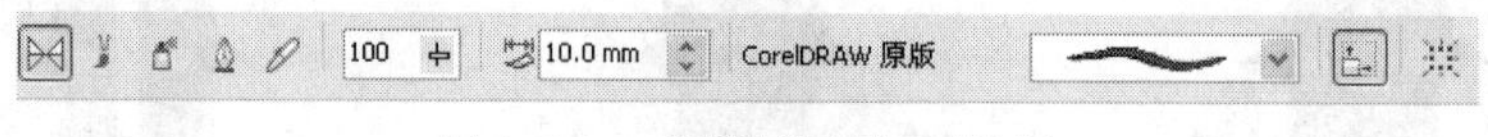

图 3-57 “预设笔触”属性栏

- “手绘平滑”文本框：用于设置手绘笔触的平滑度，数值越大，笔触越平滑。
- “笔触宽度”数值框：用于设置笔触的宽度。
- “预设笔触”下拉列表框：用于选择系统提供的笔触样式。
- “随对象一起缩放笔触”按钮：单击该按钮后，将缩放绘制的笔触。

选择一种预设样式后，在页面中按下鼠标左键并拖曳鼠标指针，即可绘制预设图形。图 3-58 所示为绘制的预设模式图形的前后对比。

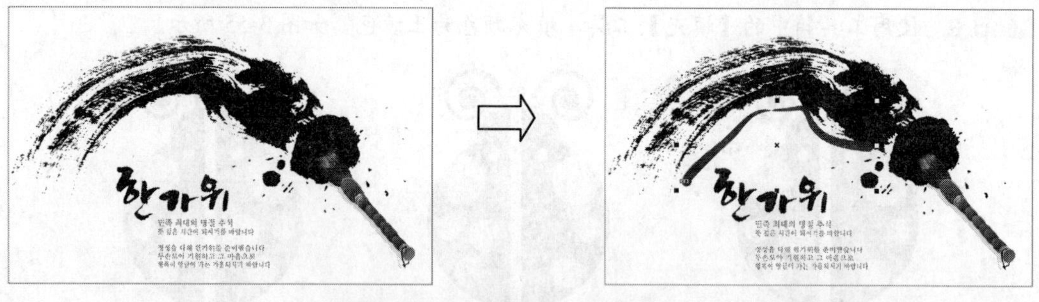

图 3-58 预设笔刷图形的前后对比

2. 笔刷模式

笔刷模式可以绘制出画笔式的笔触，如箭头、图案、笔刷等艺术笔样式，其工具属性栏如图 3-59 所示，各参数的作用分别如下。

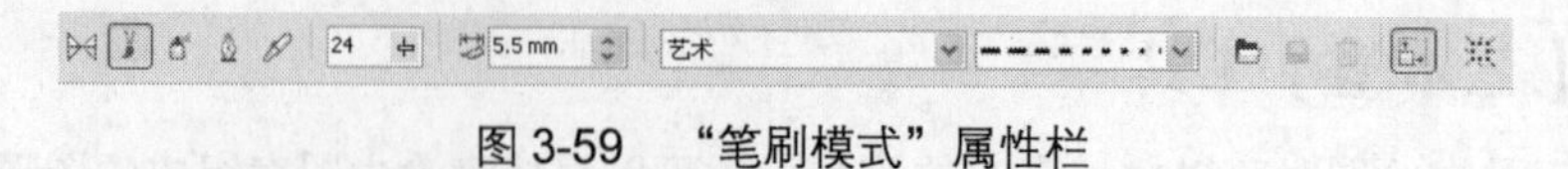

图 3-59 “笔刷模式”属性栏

- “类别”下拉表框：用于选择需要使用的笔刷类型。
- “预设笔触列表”下拉列表框：用于选择系统提供的 24 种笔刷样式。

当选择一种笔刷样式后，在绘图页面中按下并拖动鼠标左键指针，即可绘制图形。图 3-60 所示为绘制的笔刷模式图形的前后对比。

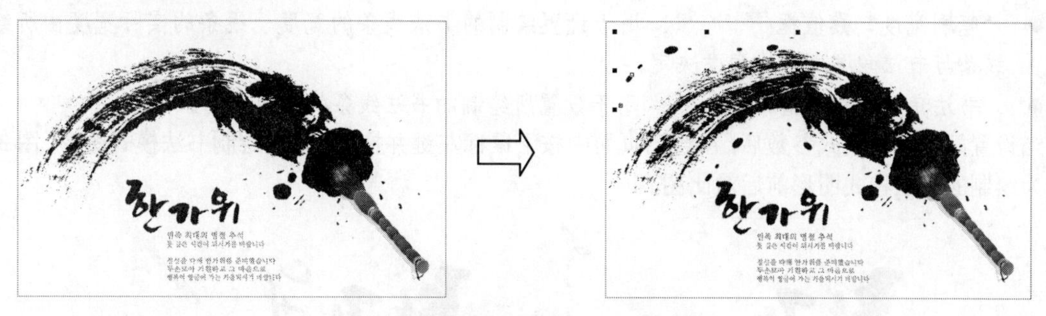

图 3-60　笔刷样式图形的前后对比

3.【喷涂】工具

单击【喷涂】工具属性栏中的“喷涂”按钮，在喷涂列表框中提供了大量的喷涂列表文件，使用该模式下的艺术笔工具，可以在所绘制路径的周围均匀地绘制喷涂器中的图案，也可根据需要调整喷涂图案中对象之间的间距以及控制喷涂线条的显示方式，还可对对象进行旋转和偏移等操作。其工具属性栏如图 3-61 所示，各参数的作用分别如下。

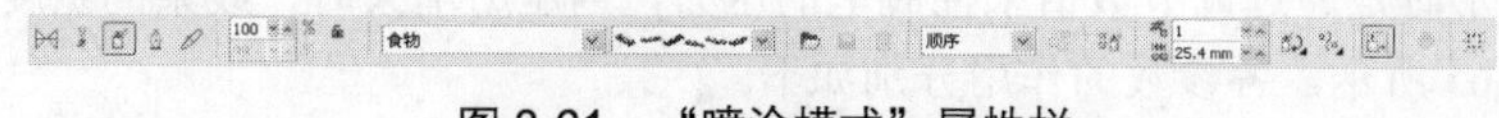

图 3-61　“喷涂模式”属性栏

- “类别”列表框：用于选择需要的图形类型，如食物、脚印、其他等。
- “喷射图样”列表框：用于选择 CorelDRAW 所提供的图案。
- “喷涂顺序”表列框：用于选择喷涂的顺序。
- “每个色块的图像数和图像间距”数值框：可以设置图案的数量、间距。

当选择好所需的类型和图案后，在绘图页面中按下鼠标左键并拖动鼠标指针，即可绘制喷涂模式图形。图 3-62 所示为绘制的喷涂模式图形的前后对比。

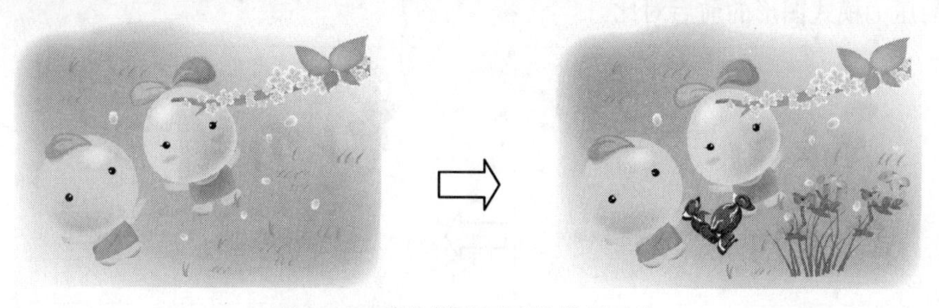

图 3-62　喷涂样式图形的前后对比

4. 书法模式

用书法模式的【艺术笔】工具，在页面中绘制线条时，可以模拟书法笔触的效果。书法模式的属性栏如图 3-63 所示，各参数的作用分别如下。

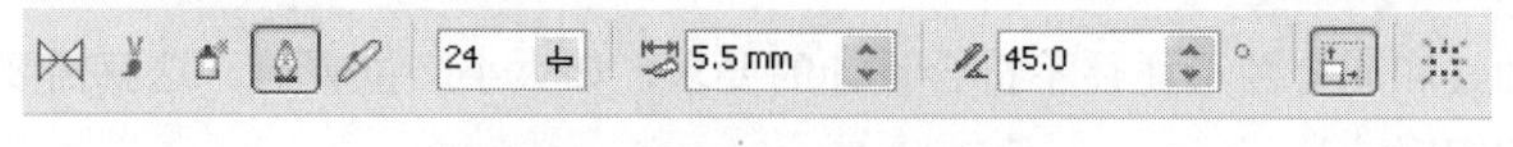

图 3-63　“书法模式”属性栏

- “手绘滑块”滑块栏：用于设置书法笔触的平滑程度。
- “笔刷宽度”数值框：用于设置绘制的书法线条的宽度，线条的实际宽度由所绘制线条与书法角度之间的角度决定。
- “书法角度”数值框：用于设置所绘制的书法线条的倾斜角度。

当设置好各书法模式参数后，在绘图页面中按下鼠标左键并拖动，即可绘制书法模式图形。图 3-64 所示为绘制的书法模式图形前后对比图。

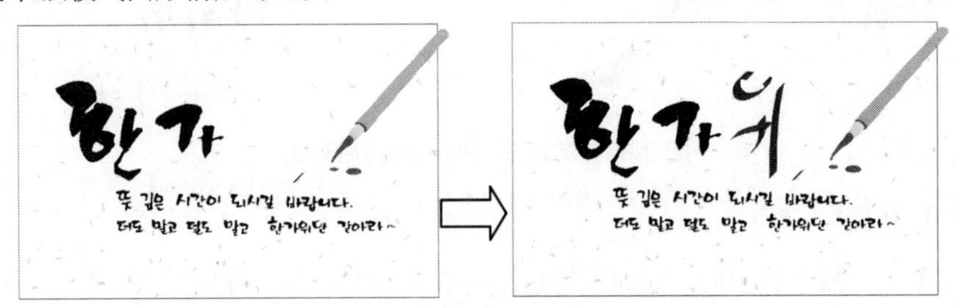

图 3-64　书法模式图形的前后对比

5. 压力模式

压力模式制图形时是通过调节数值来控制笔的压力，当压力增大时，线条的宽度就会增加，压力模式属性栏如图 3-65 所示，各参数的作用分别如下。

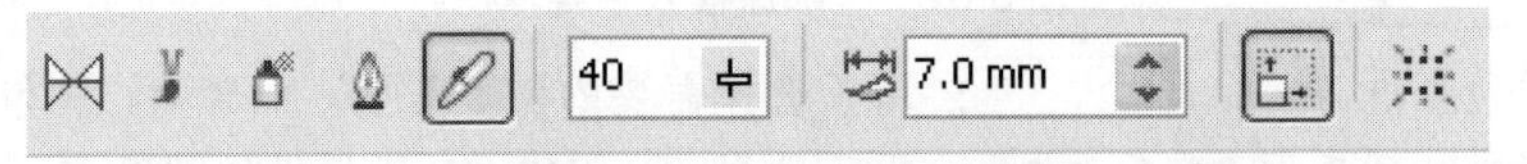

图 3-65　“压力模式”属性栏

- “手绘滑块”滑块栏：用于设置压力笔触的平滑程度。
- “笔刷宽度”数值框：用于设置压力笔触的宽度。

当设置好各压力模式参数后，在绘图页面中按下鼠标左键并拖动，即可绘制压力模式图形。图 3-66 所示为绘制的压力模式图形的前后对比。

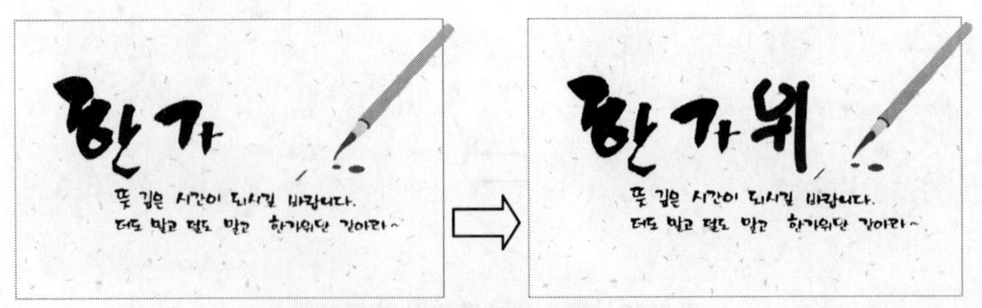

图 3-66　压力模式图形的前后对比

3.2 编辑线条对象

初步绘制的曲线和闭合图形往往不符合设计的要求，如大小、位置等，这就需要对曲线或闭合图形进一步地调整和编辑。

3.2.1　节点的形式

在 CorelDRAW X5 中，曲线是最基础的编辑单位，也是最常用到的对象编辑方式。即便是绘制一些简单的图案，直接使用基本形状的组合也不易达到，这时就需要将这些基本形状转换为曲线，然后使用【形状】工具，结合工具属性栏和快捷菜单的使用，通过编辑曲线来完成最终的造型。

CorelDRAW X5 为用户提供了 3 种节点编辑形式，即尖突节点、平滑节点和对称节点，如图 3-67 所示，这 3 种节点可以相互转换，实现曲线的各种变化。

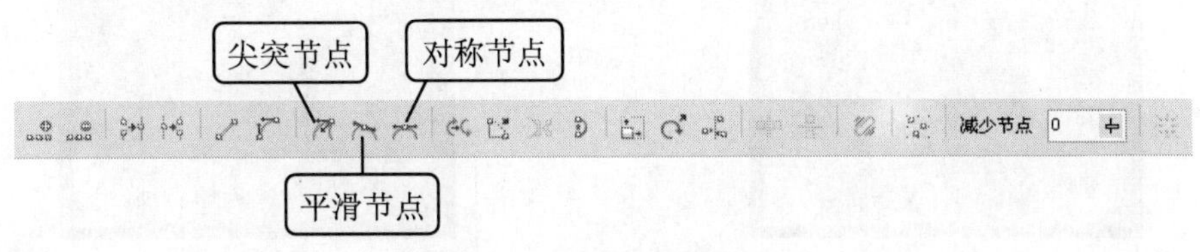

图 3-67　【节点】属性栏

- 尖突节点：节点两端的指向线是相互独立的，可以单独调节节点两边的线段的长度和弧度，如图 3-68 所示。
- 平滑节点：节点两端的指向线始终为同一直线，即改变其中一个指向线的方向时，另一个也会相应变化。但两个手柄的长度可以独立调节，相互之间没有影响，如图 3-69 所示。
- 对称节点：节点两端的指向线以节点为中心对称，改变其中一个的方向或长度时，另一个也会产生同步、同向的变化，如图 3-70 所示。

图 3-68　尖突节点　　图 3-69　平滑节点　　图 3-70　对称节点

3.2.2　选择和移动节点

在设计作品的过程中，当选择图形对象中的节点后，可对节点进行移动，以改变节点的位置和图形的形状。

1. 选择节点

对图形对象进行编辑前，首先需要选择图形对象上的节点，利用【形状】工具可以调整需要的节点。

【例 3-15】使用【形状】工具选择图形中的节点。

所用素材：素材文件\第 3 章\Design.cdr

Step 1　打开"Design.cdr"文件，使用工具箱中的【挑选】工具，在曲线图形上单击鼠标左键，选择曲线图形，如图 3-71 所示。

Step 2 选择工具箱中的【形状】工具，在曲线最右侧的节点上单击鼠标左键，即可选择节点，如图 3-72 所示。

图 3-71 选择曲线图形

图 3-72 选择节点

提示：选择曲线上的一个节点后，按住“Shift”键的同时，依次在其他的节点上单击，可同时选择多个节点；按“Ctrl + A”组合键或单击属性栏中的“选择所有节点”按钮，即可全选所有节点；当同时选择多个节点后，按住“Alt”键的同时，单击其中的一个节点，只选择单击处的节点，其他的节点呈不选择状态。

2. 移动节点

如果图形中所绘制节点的位置不能满足用户的要求，则可通过移动节点的方式改变节点的位置。

【例 3-16】使用【形状】工具移动图形中的节点。

完成效果：效果文件\第 3 章\Design.cdr

Step 1 继续使用上一例中的曲线选择最左侧的节点，选择工具箱中的【形状】工具，在曲线的第 2 个节点上单击鼠标左键，选择该节点，向下拖曳鼠标，如图 3-73 所示。

Step 2 拖曳至合适的位置后释放鼠标，即可完成移动节点的操作，如图 3-74 所示。

图 3-73 选择节点向下拖曳

图 3-74 移动节点

提示：当选择图形上的节点后，按键盘上的“↑”、“↓”、“←”、“→”方向键，即可按上、下、左、右的方向移动节点的位置。

3.2.3　添加和删除节点

通过添加和删除节点的操作可以更好地对图形对象的形状进行编辑，绘制出更为精确、精美的图形效果。

1. 添加节点

如果用户对绘制的图形对象不满意，则可以在图形对象上添加节点再进行处理，使绘制的图形更精细、准确。

【例 3-17】使用【形状】工具添加图形中的节点。

所用素材：素材文件\第 3 章\花朵.cdr　　**完成效果**：效果文件\第 3 章\花朵.cdr

Step 1　打开“花朵.cdr”文件，选择工具箱中的【挑选】工具，单击花朵图形，然后选择工具箱中的【形状】工具，在花朵图形上单击鼠标左键，出现曲线路径，如图 3-75 所示。

Step 2　在需要添加节点的位置双击鼠标左键，即可在双击的位置添加一个节点，如图 3-76 所示。

图 3-75　曲线路径

图 3-76　添加节点

提示：在需要添加节点的位置上单击鼠标左键，确认添加节点的位置，然后单击【形状】工具属性栏中的“添加节点”按钮，也可添加节点。

2. 删除节点

如果用户将图形对象中多余的节点删除，可以使绘制图形的过渡更加平滑、自然。

【例 3-18】使用【形状】工具删除图形中的节点。

完成效果：效果文件\第 3 章\花朵（1）.cdr

Step 1　继续使用上一例的图形选择最左侧的节点，选择工具箱中的【形状】工具，将鼠标指针移至花朵图形下方第 3 个节点上，如图 3-77 所示。

Step 2　双击鼠标左键，即可将选择的节点删除，如图 3-78 所示。

图 3-77　确认鼠标指针的位置

图 3-78　删除节点

提示：选择需要删除的节点后，单击【形状】工具属性栏中的“删除节点”按钮或者按键盘上的“Delete”键，也可将选择的节点删除。

3.2.4　连接和分割节点

在同一曲线图形上的两个节点，用户可以将其连接为一个节点，被连接的两个节点间的线段会闭合。同样，也可将原本完整的图形进行分割，以达到设计的需要。

1. 连接节点

当两个节点呈分开状态时，可以将其连接起来，以便操作。

【例 3-19】使用“连接两个节点”按钮连接节点。

所用素材：素材文件\第 3 章\草和蘑菇.cdr　**完成效果**：效果文件\第 3 章\草和蘑菇.cdr

Step 1　打开“草和蘑菇.cdr”文件，选择工具箱中的【挑选】工具，单击草图形，然后选择工具箱中的【形状】工具，在草图形上单击鼠标左键，出现曲线路径，如图 3-79 所示。

Step 2　在草图形需要连接的两个节点处单击并按住鼠标左键拖曳，出现一个矩形虚线框，如图 7-80 所示。

图 3-79　曲线路径

图 7-80　矩形虚线框

Step 3　释放鼠标左键，框选需要连接的两个节点，如图 7-81 所示。

Step 4　单击工具属性栏中的“连接两个节点”按钮，即可将分开的节点连接，如图 3-82 所示。

图 7-81　框选需要连接的两个节点

图 3-82　连接的节点

2. 分割节点

要使闭合的曲线图形分割，需要在选择图形中某个节点的情况下，再单击工具属性栏中的“断开曲线”按钮即可。

【例 3-20】使用“断开曲线”按钮分割节点。

完成效果：效果文件\第 3 章\草和蘑菇（1）.cdr

Step 1　继续使用上一例连接节点的图形，选择工具箱中的【形状】工具，移动草曲线路径上选择需要分割的节点，如图 3-83 所示。

Step 2　单击【形状】工具属性栏中的“分割曲线”按钮，即可将曲线图形的节点分割，移动后效果如图 3-84 所示。

图 3-83　选择需要分割的节点

图 3-84　分割的节点

3.2 5　对齐多个节点

在 CorelDRAW X5 中，用户可以将多个节点水平或垂直对齐。

【例 3-21】使用“对齐节点”按钮对齐节点。

所用素材：素材文件\第 3 章\ Asada.cdr　　**完成效果**：效果文件\第 3 章\ Asada.cdr

Step 1　打开“Asada.cdr”文件，选择工具箱中的【形状】工具，按住“Shift”键的同时，在绘图页面中选择两个需要对齐的节点，如图 3-85 所示。

Step 2 单击工具属性栏中的“对齐节点”按钮，弹出“节点对齐”对话框，取消“垂直对齐”复选框的选择，并保留“水平对齐”复选框的选择，如图 3-86 所示。

Step 3 单击“确定”按钮，即可将选择的两个节点水平对齐，如图 3-87 所示。

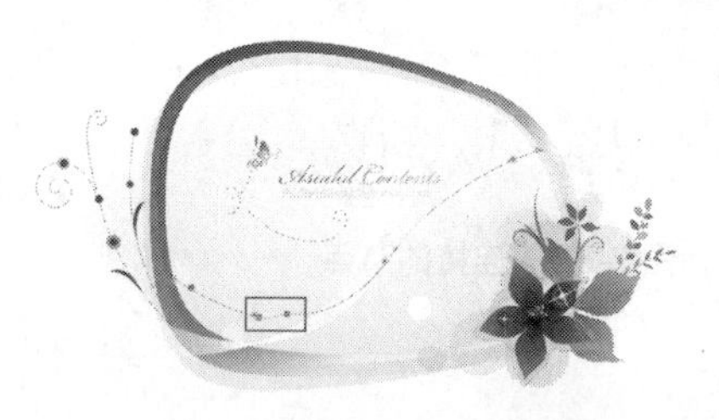

图 3-85　选择需要对齐的节点

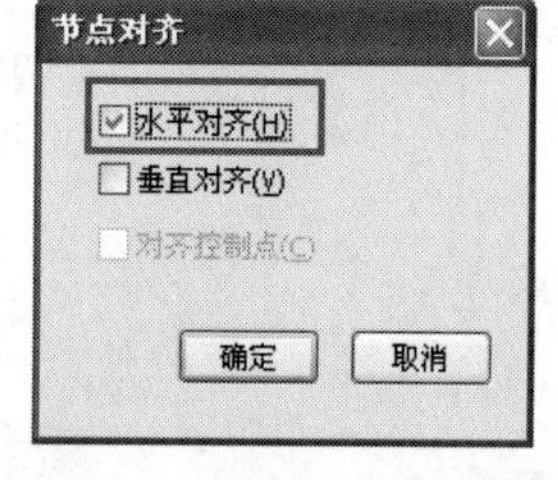

图 3-86　“节点对齐”对话框

图 3-87　水平对齐节点

3.2.6　改变节点属性

用户通过工具属性栏可以更改图形对象中节点的属性，如在尖突节点、平滑节点和对称节点 3 种节点类型中相互转换。

【例 3-22】使用“对称节点”按钮改变节点属性。

完成效果：效果文件\第 3 章\Asada（1）.cdr

Step 1 继续使用上一例对齐节点的图形，选择工具箱中的【形状】工具，选择一个节点，如图 3-88 所示。

Step 2 单击属性栏中的“对称节点”按钮，即可更改节点的属性，调整节点的位置，如图 3-89 所示。

图 3-88　选择节点

图 3-89　更改节点属性

3.2.7　互转直线与曲线

用户可非常方便、快捷地将绘制的直线转换为曲线，同时，也可以将曲线转换为直线。

1. 将直线转换为曲线

将直线转换为曲线后，两个节点之间会显示控制柄，通过调整控制柄，直线就变成了曲线。

【例 3-23】使用“转换为曲线”按钮将直线转换为曲线。

所用素材：素材文件\第 3 章\蝶恋花.cdr **完成效果**：效果文件\第 3 章\蝶恋花.cdr

Step 1 打开“蝶恋花.cdr”文件，选择工具箱中的【形状】工具，选择需要转换为曲线的直线上的中间节点，如图 3-90 所示。

Step 2 单击属性栏中的“转换为曲线”按钮，即可将直线变成曲线，调整各节点的控制柄至合适位置，如图 3-91 所示。

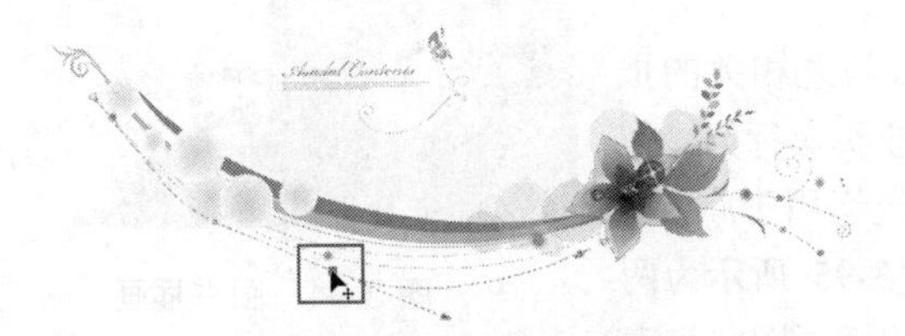

图 3-90 在直线上单击

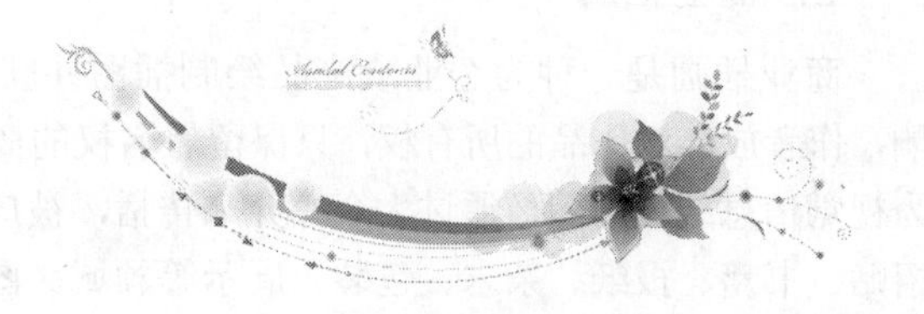

图 3-91 将直线变为曲线

2. 将曲线转换为直线

在设计的过程中，用户可能需要将绘制的曲线转换为直线，以达到需要的设计效果。

【例 3-24】使用“转换为线条”按钮将曲线转换为直线。

完成效果：效果文件\第 3 章\蝶恋花（1）.cdr

Step 1 继续使用上一例将直线转换为曲线的图形，选择工具箱中的【形状】工具，在曲线图形择选中节点，如图 3-92 所示。

Step 2 单击【形状】工具属性栏中的“转换为线条”按钮，即可将曲线转换为直线，如图 3-93 所示。

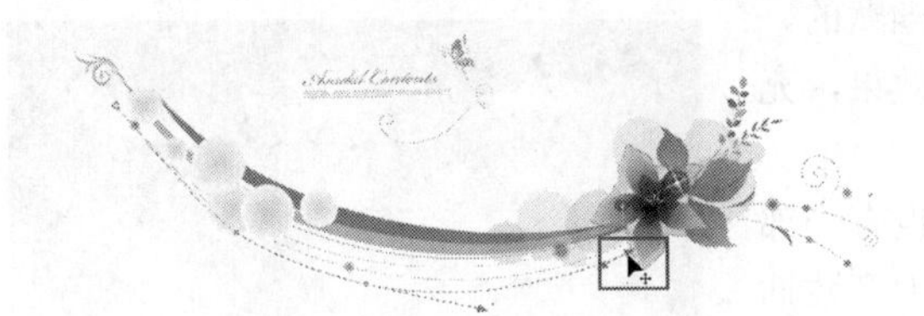

图 3-92 在曲线上单击

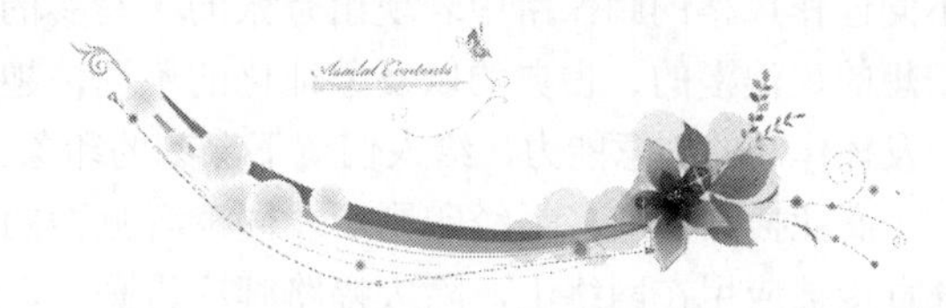

图 3-93 将曲线转换为直线

3.3 应用实践——制作卡通儿童人物插画

在人们传统的认知习惯当中，插画又被称为插图，插画的英文是 illustration，其含义是用来解释或装饰书本的视觉材料（visualmatter used to clarifyor decorateatext）。其中文解释是指插附于书籍正文内容起补充说明或艺术装饰作用的图画，书籍插图是人们最为熟悉的插画形式。在平面设计领域，用户接触最多的是文学插图与商业插画。

1. 文学插图

文学插图就是指再现文章情节、体现文学精神的可视艺术形式，如平常所看的报纸、杂志、各种刊物或儿童图画书中在文字间所加插的图画。图3-94所示为一张图书插画，它形象地展示了有动物斗争画面的视觉，对文字中介绍的相关内容起到了很好的辅助效果，让读者可以将枯燥的文字形象化，不仅加深记忆，而且在认知上也更加清晰。

图3-94　图书插画

2. 商业插画

商业插画是一种为企业或产品绘制插图并获得与之相关的报酬，作者放弃对作品的所有权，只保留署名权的商业买卖行为。作为视觉信息载体的图像通过大众媒介来传播，被广泛运用于广告、招贴、书籍、报纸、杂志、包装、展示等领域。图3-95所示为两幅有关茉莉花茶的商业宣传插画广告，它采用写实的插画图案来表现产品形象的创意设计，以体现该产品的清新、自然、环保、美味爽口、健康的特性，以提升消费者的消费欲望，为商家及其产品起到了宣传和推广作用。

图3-95　商业宣传插画广告

商业插画是企业表现产品、说明产品的最好方法。其技法均有多种全然不同的视觉效果，它们从不同创作风格的画家手中表现出夸张的、写实的、幽默的、幻想的、浪漫的、古典的以及象征化的不同情趣和效果，充分发挥作品的创意能力，给人们留下深刻的印象。

商业插画作品多是经印刷后才同读者见面的，也有一部分直接被应用在网络上，除大幅路牌广告画外，绝大多数插画作品是小型的，简单明了，服务于商品，服务于消费者，适应了社会的广大需求，达到服务、教育、美观、指示、说明、宣导、广告、图解等多元化的视觉功能，强调“看”的视觉效果。图3-96所示为一幅企业画册的招商手册内页，颜色鲜艳活泼，画面优雅、简约，以体现出该企业文化及产品。

图3-96　招商手册内页

本例以绘制如图3-97所示的卡通儿童人物插画为例，介绍插画的设计流程。相关要求如下。

- 插画尺寸为“157mm×198mm”。
- 以清新的色彩和可爱的图形勾勒出草地、山、房子、树叶、藤蔓和人物等图形。

完成效果：效果文件\第 3 章\插画.cdr

素材文件：第 3 章\素材文件\柳条.ai、气泡.ai

图 3-97　绘制的插画效果

3.3.1　儿童人物插画设计的特点分析

插图画家经常为图形设计师绘制插图或直接为杂志、报纸等媒体配画。他们一般是职业插图画家或自由艺术家，像摄影师一样具有各自的表现题材和绘画风格。对新形式、新工具的职业敏感和渴望，使他们中的很多人开始采用电脑图形设计工具创作插图。电脑图形软件功能使他们的创作才能得到了更大的发挥，无论简洁还是繁复绵密，如油画、水彩、版画风格还是数字图形无穷无尽的新变化、新趣味，都可以更方便更快捷地完成。

而卡通儿童人物插画是一个充满奇幻与趣味性强的世界，设计师都可以尽情发挥个人独特的想象力，颜色可以清新或鲜艳、自然，画面生动有趣，造型简约，或可爱，或夸张。

3.3.2　插画创意分析与设计思路

插画是运用图案表现的形象，本着审美与实用相统一的原则，尽量使线条、形态清晰明快，制作方便的艺术形式。而在信息传递飞速发展的今天，插画的概念及用途已远不能只从传统意义上加以解释，它从形式、风格到题材、内容都发生了巨大的变化，已广泛应用于现代设计的多个领域，涉及文化活动、社会公共事业、商业活动、影视文化等方面，成为人们喜爱的传播形式。

卡通人物插画应以幻想、可爱、健康快乐、生动形象的画面活跃在受众眼里，以给受众身心轻松、愉悦、快乐之感。根据本例的制作要求，可以对将要绘制的插画进行如下分析。

- 由于是卡通儿童人物，因此插画中的各种对象应尽量以最为简单直观的线条、形态方式来表现。
- 背景布置需清新、自然，以烘托出主体人物，使画面体现出健康快乐的童趣。
- 插画的主色调以冷色（绿色）为主、暖色（橙色）为辅，勾勒出可爱、健康快乐的卡通儿童人物的画面。

本例的设计思路如图 3-98 所示，具体设计如下。

（1）通过【矩形】工具、【贝塞尔】工具绘制背景、草地、山和房子，并利用【渐变填充】工具填充渐变色，然后利用【贝塞尔】工具绘制房子并填充单色、渐变色。

（2）利用【贝塞尔】工具、【椭圆】工具绘制图形，填充单色和渐变色，组成树叶、藤蔓和人物。

（3）利用【贝塞尔】工具、【椭圆】工具绘制图形并填充颜色，组成花环笛子，然后利用“导入”命令，导入柳条、气泡来装饰画面。

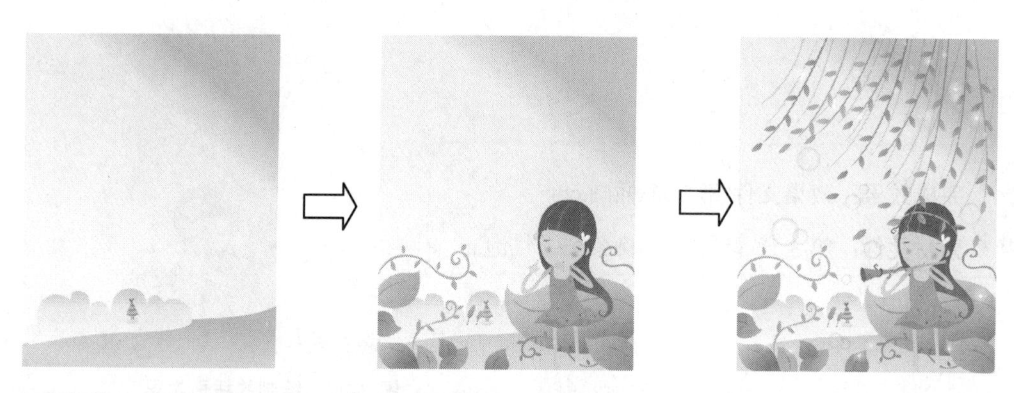

（a）绘制背景、草地、房子和山　（b）绘制树叶、藤蔓和人物　（c）绘制花环、笛子，导入柳条、气泡

图 3-98　制作插画的操作思路

3.3.3　制作过程

1. 绘制背景

Step 1　启动 CorelDRAW X5 并新建文件，选择工具箱的【矩形】工具，在绘图页面中单击并按住鼠标左键拖曳，绘制一个“对象大小”为 157mm×198mm 的矩形，如图 3-99 所示。

Step 2　选择工具箱中的【渐变填充】工具，弹出“渐变填充”对话框，设置各参数如图 3-100 所示，其中位置 0%的颜色为白黄色（R:255;G:255;B:245）、位置 81%的颜色为土黄色（R:246;G:245;B:184）和位置 100%的颜色为淡绿色（R:176;G:209;B:125）。

Step 3　单击“确定”按钮，渐变填充图形，然后在调色板的╳上单击鼠标右键，去掉轮廓，效果如图 3-101 所示。

图 3-99　绘制矩形

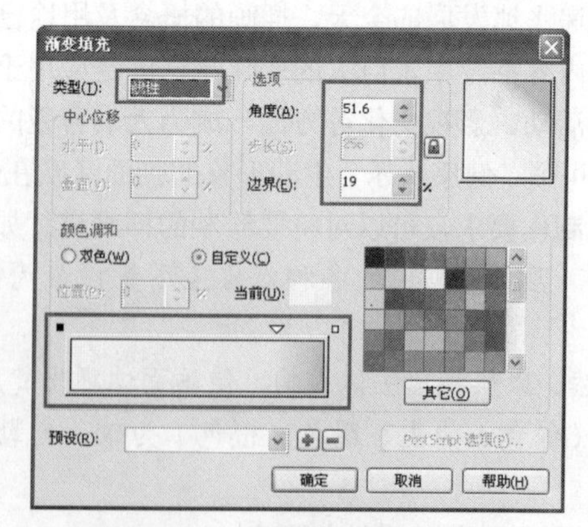

图 3-100　“渐变填充”对话框

图 3-101　渐变填充并去掉轮廓

2. 绘制草地、山

Step 1　选择工具箱中的【贝塞尔】工具，在矩形的下方依次单击并按住鼠标左键拖曳，绘制出草地图形，如图 3-102 所示。

Step 2　选择工具箱中的【渐变填充】工具，弹出“渐变填充”对话框，设置各参数如图 3-103

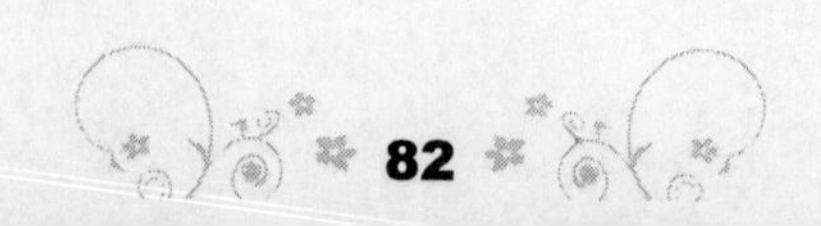

所示，其中位置 0%的颜色为淡绿色（R:159;G:201;B:74）、位置 38%的颜色为淡绿色（R:180;G:211;B:107）、位置 55%的颜色为淡绿黄色（R:213;G:228;B:156）、位置 65%的颜色为淡土黄色（R:224;G:233;B:168）和位置 100%的颜色为淡土黄色（R:229;G:235;B:172）。

Step 3 单击“确定”按钮，渐变填充图形，然后在调色板的╳上单击鼠标右键，去掉轮廓，如图 3-104 所示。

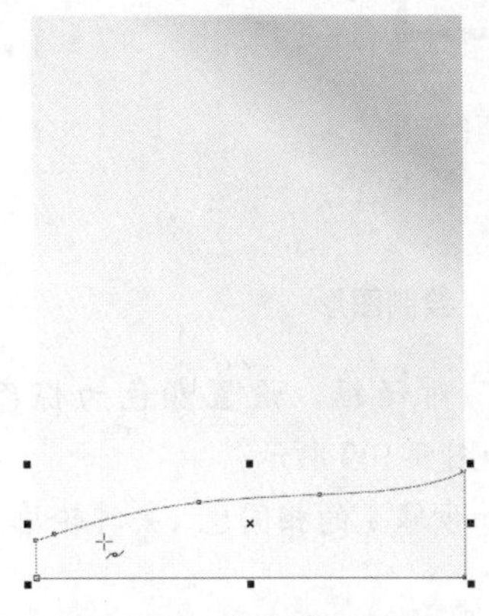

图 3-102 绘制草地图形

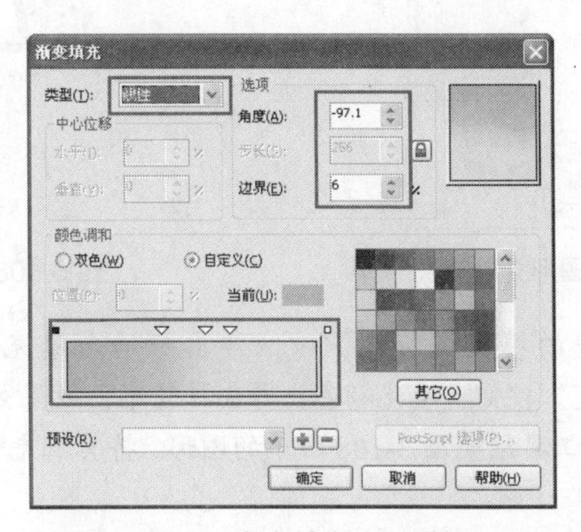

图 3-103 “渐变填充”对话框

图 3-104 渐变填充并去掉轮廓

Step 4 选择工具箱中的【贝塞尔】工具，在矩形的下方依次单击并按住鼠标左键拖曳，绘制出山图形，如图 3-105 所示。

Step 5 使用【渐变填充】工具，填充“类型”为线性、“角度”为 90、“边界”为 1、位置 0%的颜色为白黄色（R:255;G:255;B:245）、位置 47%的颜色为土黄色（R:246;G:245;B:184）、位置 51%的颜色为土黄色（R:244;G:247;B:177）、位置 93%的颜色为棕黄色（R:209;G:171;B:92）和位置 100%的颜色为棕黄色（R:209;G:171;B:92）的渐变色，去掉轮廓，如图 3-106 所示。

图 3-105 绘制山图形

图 3-106 渐变填充并去掉轮廓

3. 绘制房子

Step 1 使用【贝塞尔】工具绘制图 3-107 所示的图形，将其填充“角度”为 271.1、“边界”为 4、位置 0%的颜色为淡黄色（R:255;G:255;B:225）、位置 100%的颜色为棕色（R:204;G:190;B:144）的线性渐变，去掉轮廓。

Step 2 使用【贝塞尔】工具绘制图3-108所示的图形。

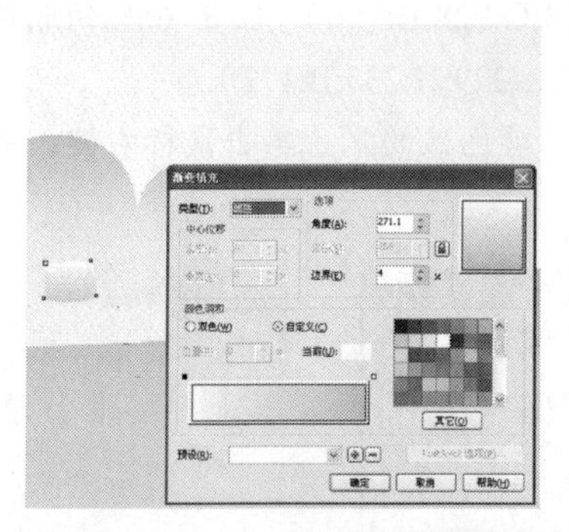

图3-107 绘制图形并填充

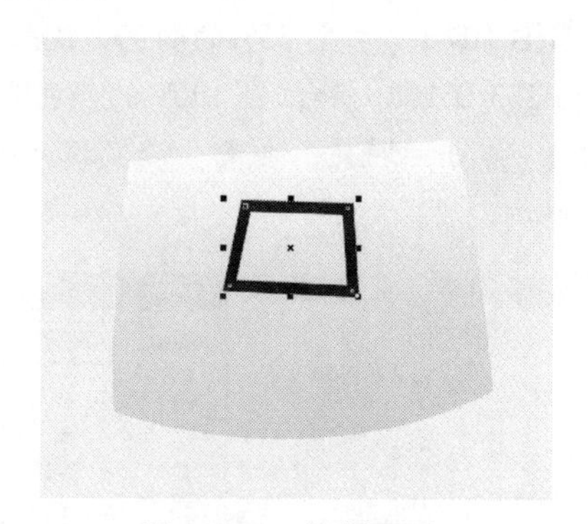

图3-108 绘制图形

Step 3 双击状态栏中的填充图标 无，弹出“均匀填充”对话框，设置颜色为棕色（R:101;G:70;B:0），单击“确定”按钮，填充颜色，并去掉轮廓，效果如图3-109所示。

Step 4 使用【贝塞尔】工具绘制图3-108所示的图形，将其填充如步骤1的相同色，去掉轮廓，如图3-110所示。

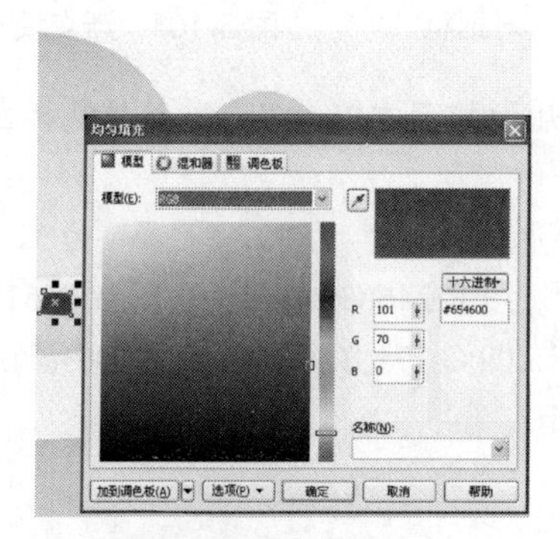

图3-109 填充均匀色

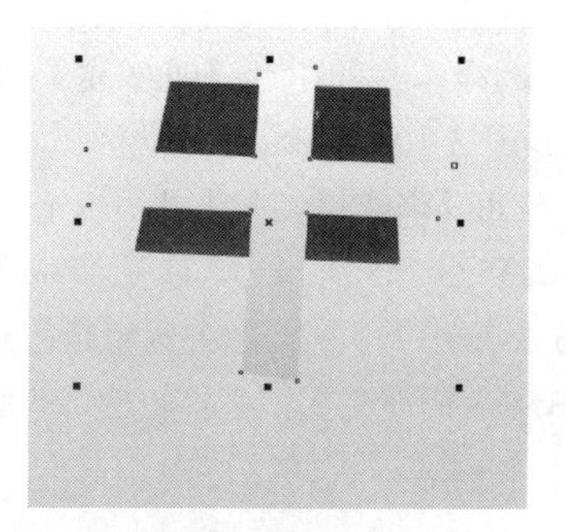

图3-110 绘制图形并填充

Step 5 使用【贝塞尔】工具绘制图3-111所示的图形，将其填充“角度”为272.4、“边界”为4、位置0%的颜色为西瓜红色（R:227;G:124;B:125）、位置100%的颜色为红色（R:227;G:42;B:68）的线性渐变，去掉轮廓。

Step 6 用与上述同样的方法，绘制其他的图形，并填充相应的颜色，如图3-112所示。

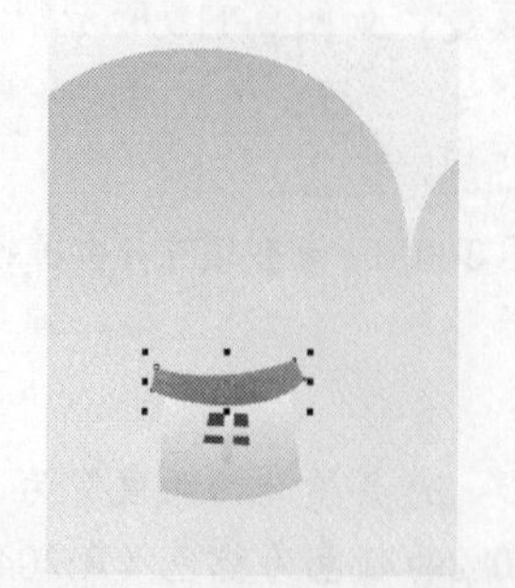

图3-111 绘制图形并填充

图3-112 绘制其他的图形

4. 绘制树叶、藤蔓

Step 1　使用【贝塞尔】工具绘制图3-113所示的树叶，将其填充"角度"为292.4、"边界"为26、位置0%的颜色为黄绿色（R:199;G:219;B:91）、位置68%的颜色为绿色（R:139;G:191;B:55）、位置99%、100%的颜色为绿色（R:101;G:151;B:55）的线性渐变，去掉轮廓。

Step 2　使用【贝塞尔】工具绘制图3-114所示的图形，填充颜色为绿色（R:124;G:174;B:50）的均匀色，去掉轮廓。

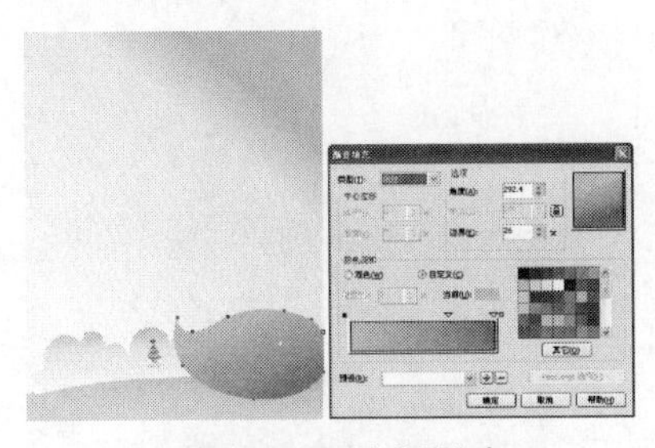

图3-113　绘制树叶

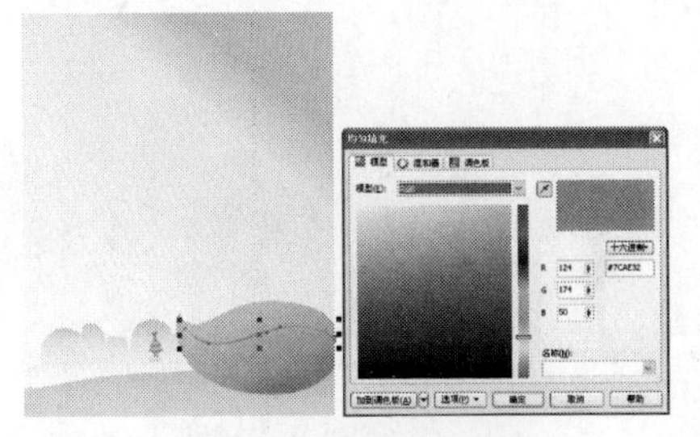

图3-114　绘制的图形

Step 3　使用【贝塞尔】工具绘制图3-115所示的藤蔓，填充颜色为绿色（R:111;G:174;B:50）的均匀色，去掉轮廓。

Step 4　使用【贝塞尔】工具绘制图3-116所示的蔓叶，填充颜色为绿色（R:92;G:153;B:40）的均匀色，去掉轮廓。

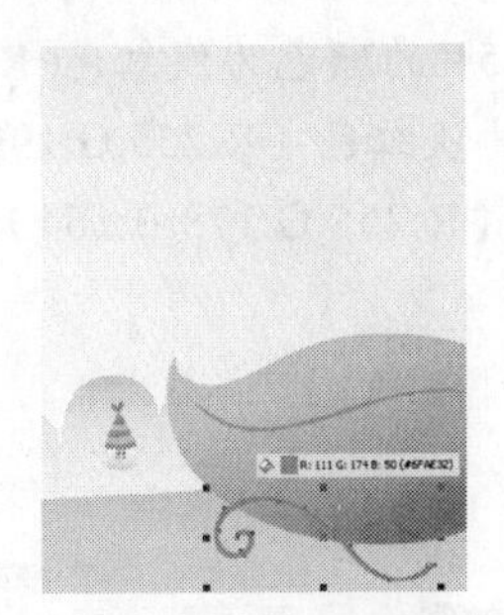

图3-115　绘制藤蔓

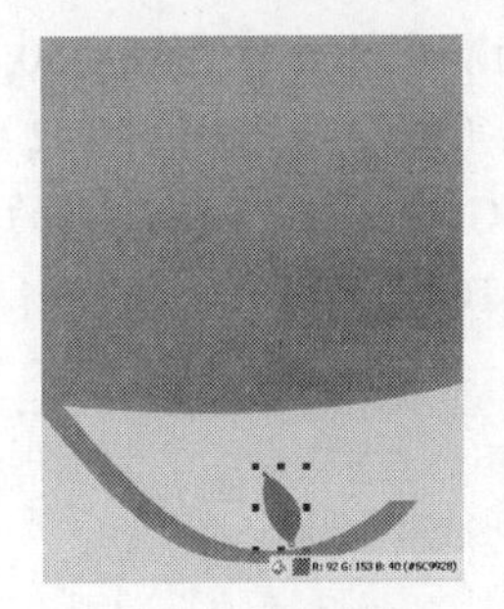

图3-116　绘制蔓叶

Step 5　使用贝塞尔工具绘制图3-117所示的蔓叶，填充颜色为绿色（R:92;G:153;B:40）的均匀色，去掉轮廓。

Step 6　用与上述同样的方法，绘制出其他的树叶和藤蔓，如图3-118所示。

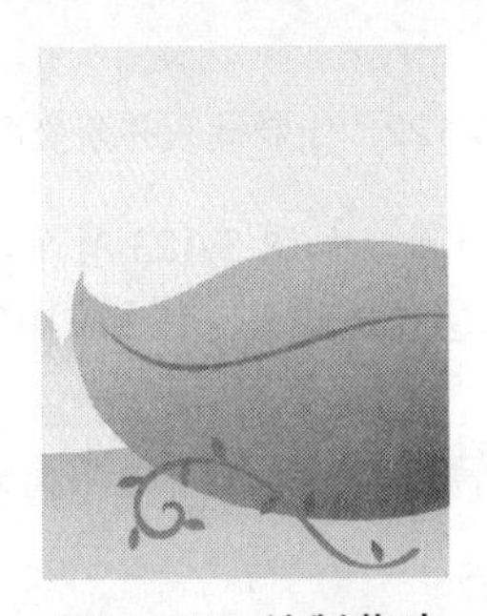

图3-117　绘制蔓叶

图3-118　绘制其他的树叶和藤蔓

5. 绘制儿童人物

Step 1 使用【贝塞尔】工具绘制图 3-119 所示的脸，填充颜色为淡红色（R:255;G:204;B:184）的均匀色，去掉轮廓。

Step 2 使用【贝塞尔】工具绘制图 3-120 所示的眼睛，填充颜色为棕色（R:120;G:65;B:0）的均匀色，去掉轮廓。

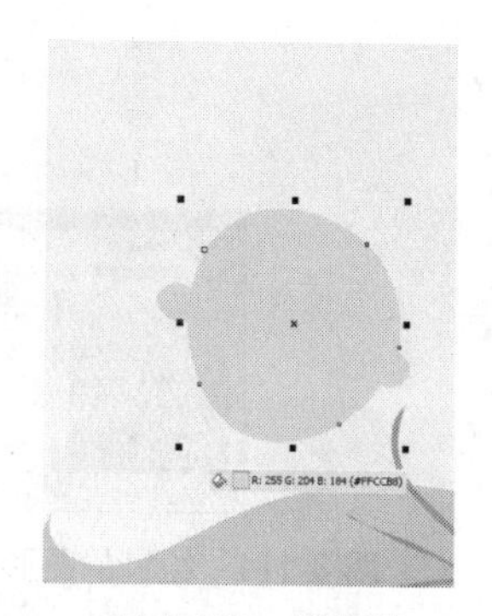

图 3-119 绘制脸

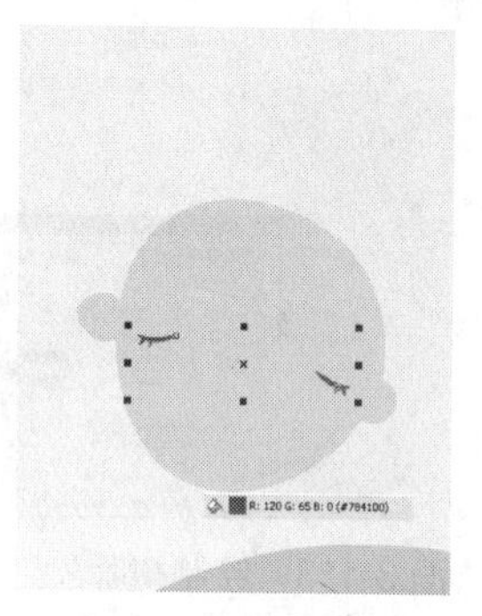

图 3-120 绘制眼睛

Step 3 使用【贝塞尔】工具绘制图 3-121 所示的眉毛，填充颜色为棕色（R:186;G:125;B:89）的均匀色，去掉轮廓。

Step 4 选择工具箱中的【椭圆形】工具绘制大小为 6.694mm×7.064mm 的椭圆，如图 3-122 所示，填充位置 0%的颜色为淡红色（R:250;G:218;B:205）、5%的颜色为淡红色（R:255;G:204;B:184）、31%的颜色为淡红色（R:255;G:201;B:182）、44%的颜色为淡红色（R:255;G:199;B:181）、55%的颜色为淡红色（R:255;G:192;B:175）、72%的颜色为淡红色（R:255;G:178;B:164）、位置 100%的颜色为淡红色（R:255;G:164;B:154）的辐射渐变，去掉轮廓。

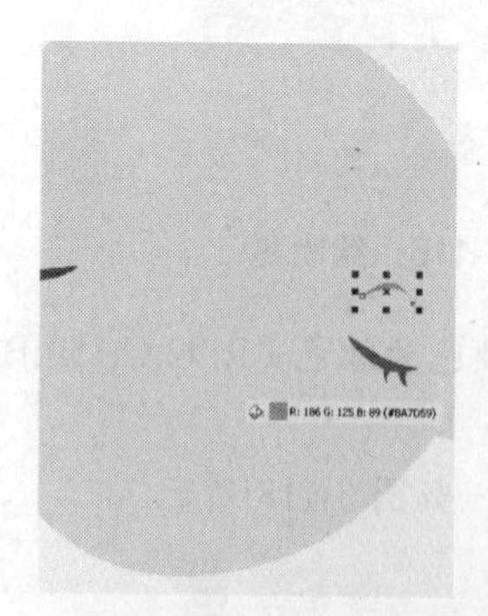

图 3-121 绘制眉毛

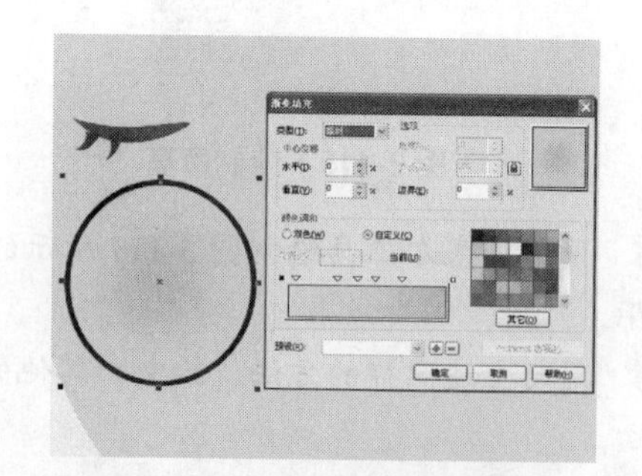

图 3-122 绘制椭圆并渐变填充

Step 5 使用椭圆形工具绘制大小为 3.3mm×4mm 的椭圆，如图 3-123 所示，填充位置 0%的颜色为淡红色（R:255;G:181;B:171）、位置 100%的颜色为淡红色（R:255;G:122;B:105）的辐射渐变，去掉轮廓。

Step 6 使用椭圆形工具绘制直径为 1mm 的圆形，如图 3-124 所示，填充颜色为淡红色（R:255;G:178;B:164）的均匀色，去掉轮廓。

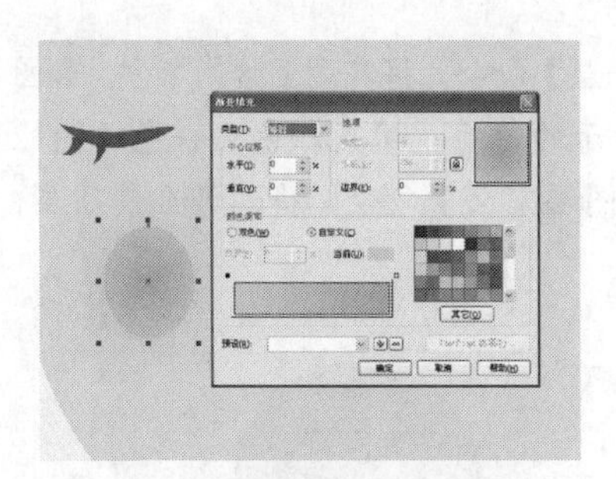

图 3-123 绘制椭圆并渐变填充

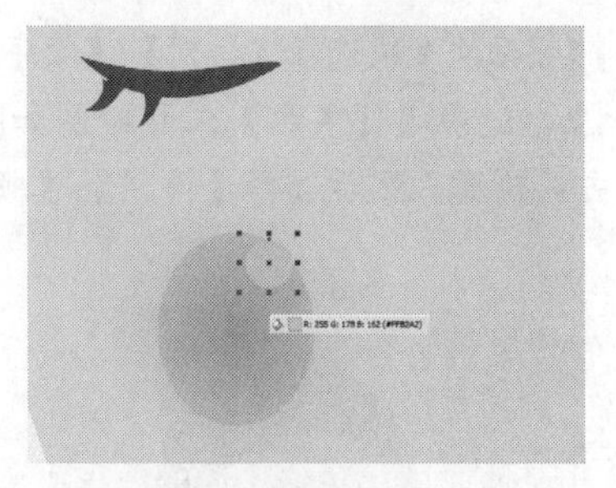

图 3-124 绘制圆形并均匀填充

Step 7 使用【椭圆】工具，绘制椭圆并填充相应的颜色，绘制另一边的腮红，如图 3-125 所示。

Step 8 使用【贝塞尔】工具绘制如图 3-126 所示的鼻子，将其填充“角度”为 90、位置 0%的颜色为淡红色（R:255;G:158;B:130）、位置 53%的颜色为淡红色（R:255;G:177;B:152）、位置 64%的颜色为淡红色（R:255;G:183;B:159）、位置 100%的颜色为绿色（R:255;G:204;B:184）的线性渐变，去掉轮廓。

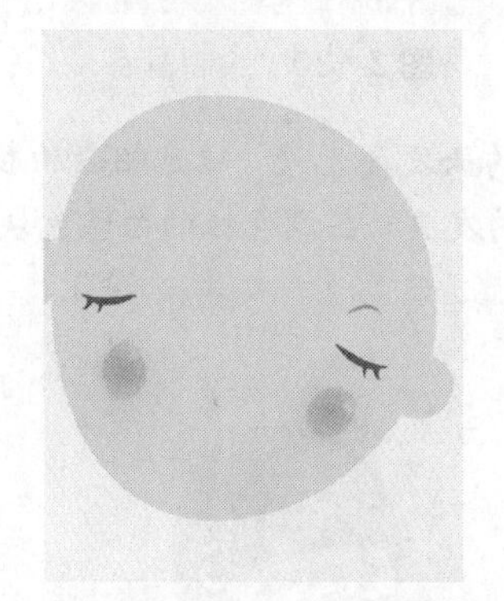

图 3-125 制作另一边的腮红

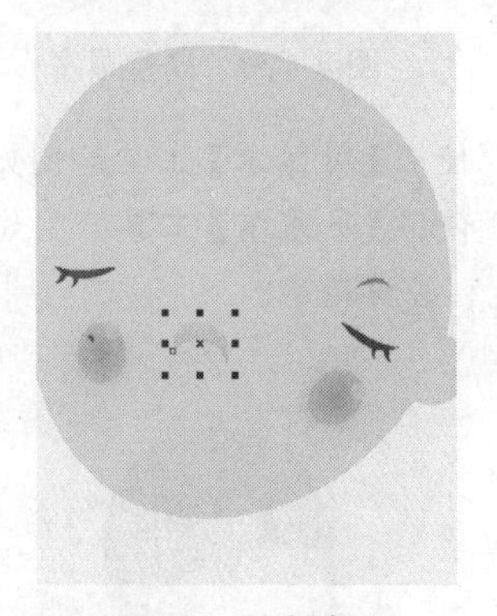

图 3-126 绘制鼻子

Step 9 使用【贝塞尔】工具绘制图 3-127 所示的嘴唇，填充颜色为棕红色（R:186;G:125;B:89）的均匀色，去掉轮廓。

Step 10 使用【贝塞尔】工具绘制图 3-128 所示的长发，将其填充“角度”为 121.0、“边界”为 37、位置 0%的颜色为棕黄色（R:166;G:101;B:0）、位置 98%的颜色为棕色（R:120;G:65;B:0）、位置 100%的颜色为棕色（R:120;G:65;B:0）的线性渐变，去掉轮廓。

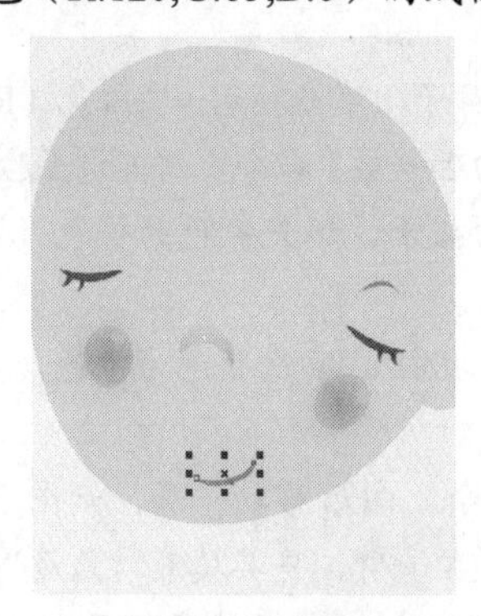

图 3-127 绘制嘴唇

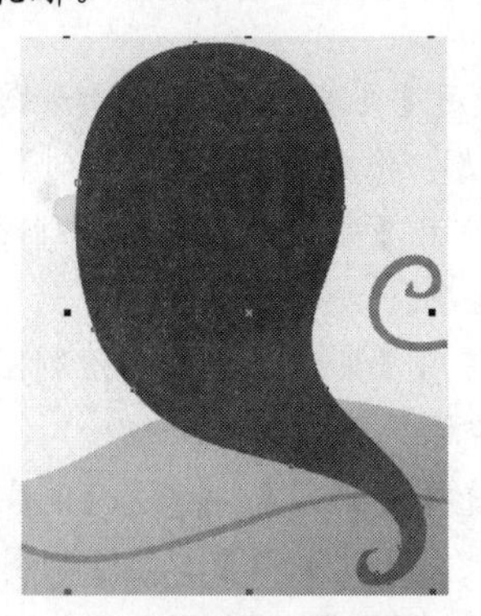

图 3-128 绘制长发

Step 11 依次多次选择【排列】/【顺序】/【向后一层】命令，将其调至脸的下方，如图 3-129 所示。

Step 12 使用【贝塞尔】工具绘制如图 3-130 所示的留海，填充颜色为棕色（R:120;G:65;B:0）的均匀色，去掉轮廓，然后选择【排列】/【顺序】/【到图层前面】命令，将其调至最顶层，如图 3-130 所示。

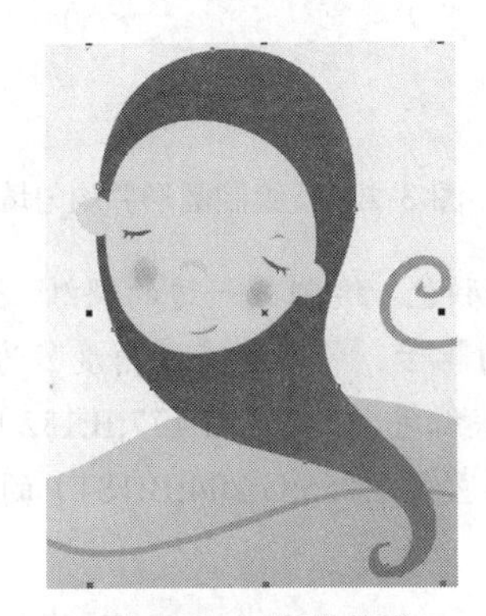

图 3-129 调整顺序

图 3-130 绘制留海

Step 13 使用【贝塞尔】工具绘制如图 3-131 所示的头发高光处，填充相应的颜色，去掉轮廓。

Step 14 使用【贝塞尔】工具绘制如图 3-132 所示的发夹，在调色板的白色色块单击鼠标左键，填充颜色为白色，去掉轮廓。

图 3-131 绘制头发高光处

图 3-132 绘制发夹

Step 15 使用【贝塞尔】工具绘制如图 3-133 所示的脖子，填充颜色为淡红色（R:255;G:204;B:184）的均匀色，去掉轮廓。依次多次选择【排列】/【顺序】/【向后一层】命令，将其调至脸下方。

Step 16 使用【贝塞尔】工具绘制图 3-134 所示的裙子，填充颜色为橙色（R:255;G:134;B:0）的均匀色，去掉轮廓。

Step 17 使用【贝塞尔】工具绘制图 3-135 所示的裙摆，填充颜色为橙色（R:255;G:109;B:0）的均匀色，去掉轮廓。

Step 18 选择【排列】/【顺序】/【向后一层】命令，向后移动一层，如图 3-136 所示。

Step 19 使用【贝塞尔】工具绘制图 3-137 所示的右手臂，将其填充“角度”为 245.9、“边界”为 10、位置 0%的颜色为浅红色（R:255;G:170;B:137）、位置 98%的颜色为浅红色（R:255;G:204;B:184）、位置100%的颜色为浅红色（R:255;G:204;B:184）的线性渐变，去掉轮廓。

图3-133　绘制脖子

图3-134　绘制裙子

图3-135　绘制裙摆

图3-136　将其调至裙子的下方

Step 20　使用【贝塞尔】工具绘制图3-138所示的右手指，填充颜色为浅红色（R:255;G:204;B:184）的均匀色，去掉轮廓。

Step 21　使用【贝塞尔】工具绘制脚和左手，其中左手需选择【排列】/【顺序】/【到图层前面】命令，将其调至最顶层，如图3-139所示。

图3-137　绘制右手臂

图3-138　绘制右手指

图3-139　绘制脚和左手

Step 22 使用【椭圆形】工具绘制大小为1.257mm×1.543mm的椭圆，填充红色（R:231;G:55;B: 0）的均匀色，去掉轮廓，如图3-140所示。

Step 23 使用【椭圆形】工具绘制多个大小为1.257mm×1.543mm的椭圆，并填充相应的颜色，如图3-141所示。

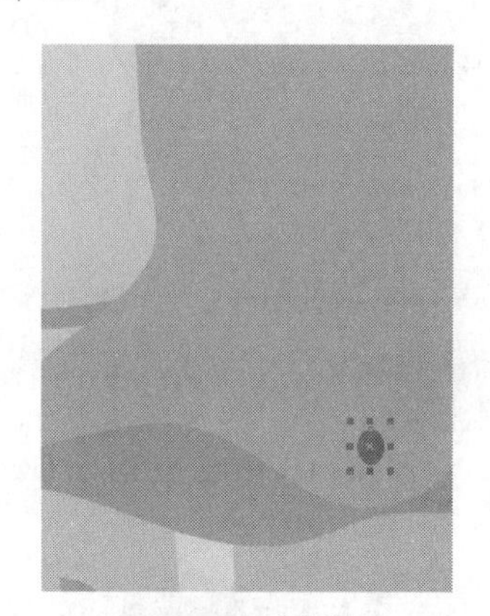

图3-140　绘制椭圆

图3-141　绘制其他的椭圆

6. 绘制花环、笛子

Step 1 使用【贝塞尔】工具绘制图3-142所示的花环，将其填充位置0%的颜色为绿色（R:176;G:209;B:96）、位置98%的颜色为绿色（R:151;G:189;B:0）、位置100%的颜色为绿色（151;G:189;B:0）的线性渐变，去掉轮廓。

Step 2 使用【贝塞尔】工具绘制图3-143所示的花藤，均填充位置0%的颜色为绿色（R:79;G:153;B:0）、位置98%的颜色为绿色（R:46;G:114;B:1）、位置100%的颜色为绿色（R:46;G:114;B:1）的线性渐变，去掉轮廓。

图3-142　绘制花环

图3-143　绘制花藤

Step 3 使用【贝塞尔】工具绘制图3-144所示的叶子，填充位置0%的颜色为绿色（R:176;G:209;B:96）、位置98%的颜色为绿色（R:151;G:189;B:0）、位置100%的颜色为绿色（R:151;G:189;B:0）的线性渐变，去掉轮廓。

Step 4 使用【贝塞尔】工具绘制其他的叶子，填充相应的渐变色并去掉轮廓，如图3-145所示。

图 3-144　绘制叶子

图 3-145　绘制其他的叶子

Step 5　使用【贝塞尔】工具绘制笛子，填充相应的渐变色并去掉轮廓，如图 3-146 所示。

Step 6　使用【椭圆形】工具，绘制 4 个不同大小的椭圆，填充颜色均为绿色（R:80;G:116;B:27），如图 3-147 所示。

图 3-146　绘制笛子

图 3-147　绘制笛孔

Step 7　选择【文件】/【导入】命令，弹出“导入”对话框，导入“柳条、气泡.ai”文件，如图 3-148 所示。

Step 8　将鼠标指针移至控制框中心点“×”上单击并按住鼠标左键拖曳至合适位置，移动柳条、气泡至如图 3-149 所示的位置。至此，本案例制作完毕。

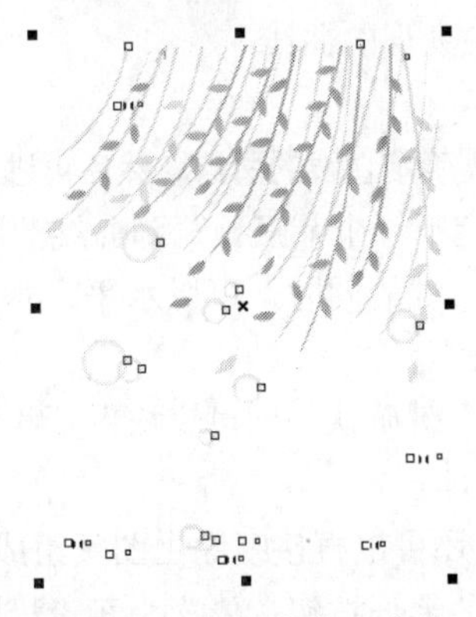

图 3-148　导入柳条、气泡

图 3-149　完成效果

3.4 练习与上机

1. 单项选择题

（1）使用（　　）绘制直线的方法时常简单，只需要在绘图页面中确定一个起点和一个终点即可

A.【贝塞尔】工具　B.【多边形】工具　C.【钢笔】工具　D.【手绘】工具

（2）在使用【钢笔】工具绘制直线时，按住（　　）键的同时，可以水平、垂直和（　　）角的方向绘制直线。

A.“Ctrl” 15°　B.“Shift” 15°　C.“Alt” 15°　D.“Tab 15°

（3）使用（　　）绘制手绘笔触，可以对手绘笔触进行识别，并转换为基本形状。

A.【手绘】工具　B.【智能绘图】工具

C.【贝塞尔】工具　D.【形状】工具

（4）CorelDRAW X5 为用户提供了 3 种节点编辑形式，即（　　）、（　　）和对称节点。

A. 尖突节点　平滑节点　B. 平滑节点　尖突节点

C. 尖突节点　添加节点　D. 平滑节点　对齐节点

2. 多项选择题

（1）【手绘】工具组包括的工具有（　　）。

A.【手绘】工具、【钢笔】工具

B.【形状】工具、【矩形】工具

C.【艺术笔】工具、【贝塞尔】工具

D.【度量】工具、【星形】工具

（2）下列关于【贝塞尔】工具的描述，正确的是（　　）。

A. 使用【贝塞尔】工具绘制直线时，可以连续绘制多条直线

B. 按“F5”键可快速调用【贝塞尔】工具

C. 在使用【贝塞尔】工具绘制曲线时，按住“Alt”键的同时并移动鼠标指针，可以移动节点的位置

D. 按住“C”键的同时并移动鼠标，即可绘制出尖突形的曲线

（3）下列关于【钢笔】工具的描述，正确的是（　　）。

A. 使用【钢笔】工具绘制直线的方法非常简单，只需确定直线的两点，然后再进行确认即可

B. 在使用【钢笔】工具曲线的过程中，可以在确定下一个节点预览到曲线的当前状态

C. 在使用【钢笔】工具绘制直线时，按住“Shift”键的同时，可以水平、垂直和 15°角的方向绘制直线。

D. 在使用【钢笔】工具绘制完图形后，按“Enter”键确认，即可完成图形绘制过程

（4）以下关于【艺术笔】工具的描述，正确的是（　　）。

A.【艺术笔】工具在绘图时可以模拟真实的笔触，还可以直接喷涂由图案组成的图形组

B. 在【艺术笔】的工具属性栏中有 5 个功能各异的笔形按钮，依次为预设模式、笔刷模式、喷涂模式、书法模式、压力模式

C.【艺术笔】工具所绘制的图案是沿着鼠标指针拖曳的路径形状产生的，这条路径处于隐藏状态

D. 可以绘制以多种方式逐条相连或图形相连的连接线，组合成需要的图形，常用于绘制流程图或结构示意图

3. 上机操作题

（1）为某公司绘制一款吉祥物插画效果，要求该吉祥物要体现出活泼、喜庆、音乐、诙谐等主题和元素，参考效果如图 3-150 所示。

完成效果：效果文件\第 3 章\吉祥物插画.cdr
素材文件：第 3 章\素材文件\无

图 3-150　吉祥物插画

（2）绘制一幅展现浓浓的春天气息的风景插画，参考效果如图 3-151 所示。

完成效果：效果文件\第 3 章\风景插画. cdr
素材文件：第 3 章\素材文件\无

图 3-151　风景插画

第 4 章
图形填充与轮廓编辑

学习目标

矢量图是由填充色块和轮廓线组成的。学习在 CorelDRAW X5 中为绘制的图形填充各种颜色和图案，以及设置轮廓的属性，包括调色的使用、选取颜色的方法、填充基本的颜色、填充复杂的颜色、设置轮廓属性，了解建筑平面户型图的构图原则以及设计思路，并掌握建筑平面户型图的特点与绘制方法。

学习重点

掌握调色板、【颜色滴管】工具、【均匀填充】工具、“颜色”泊坞窗、【渐变填充】工具、【图案填充】工具、【底纹填充】工具、【交互式填充】工具、【交互式网状填充】工具、【智能填充】工具、【轮廓】工具组的使用方法，并能运用这些工具对图形进行颜色填充和编辑轮廓属性。

主要内容

- 使用调色板
- 选取颜色的方法
- 填充基本的颜色
- 填充复杂的颜色
- 设置轮廓属性
- 制作建筑平面户型图

4.1 使用调色板

调色板上的色彩变化无限，通过调色板为对象填充颜色，可以更改所选图形的填充颜色和描边颜色。在绘图页面中可以同时显示多个调色板，并可以使调色板作为独立的窗口浮动在绘图页面的上方，用户也可根据需要自定义调色板。

4.1.1 打开调色板

在 CorelDRAW 中预设了十多个调色板，可通过选择【窗口】/【调色板】命令中的子菜单命令将其打开，其中最常使用的是默认 CMYK 调色板（见图 4-1）和默认 RGB 的调色板（见图 4-2）。

图 4-1　CMYK 调色板　　图 4-2　RGB 调色板

4.1.2 移动调色板

CorelDRAW 中的调色板默认处于打开状态，其位置一般位于工作界面的右侧，用户可根据需要移动调色板至绘图窗口中。其方法是：当调色板默认处于打开状态，将鼠标指针移至调色板的顶端，此时鼠标指针呈指向 4 个方向的箭头，单击鼠标左键并将调色板拖曳至绘图页面中合适的位置后释放鼠标左键，即可移动调色板，如图 4-3 所示。

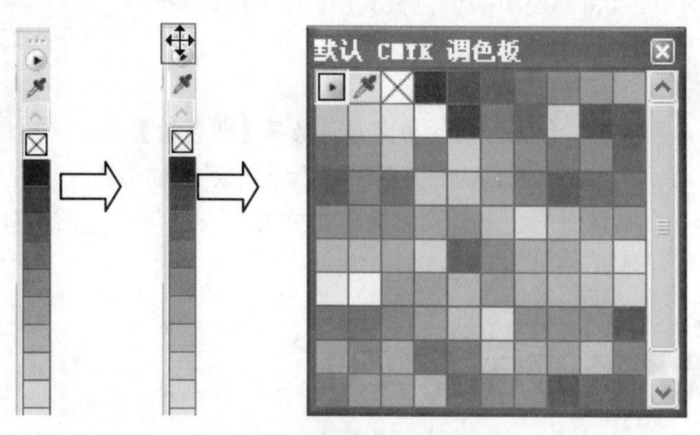

图 4-3　移动调色板的操作过程

4.1.3　自定义调色板

在平面设计的过程中，设计师经常需要使用某些颜色或者需要一整套看起来比较和谐的颜色，这时可以将这些颜色放在自定义调色板中，并将自定义调色板保存为以.cpl 为扩展名的文件。其方法是：选择绘图页面中纯色的图形对象，选择【窗口】/【调色板】/【通过选定的颜色创建调色板】命令，弹出“保存调色板为”对话框，如图 4-4 所示，在“文件名”文本框中输入相应的文字，单击“确定”按钮，即可将自定义的调色板显示在界面的右侧。

图 4-4　“保存调色板为”对话框

4.1.4　设置调色板

用户在使用调色板时，可以通过需要对调色板参数的设置，改变调色板的属性。其方法是：选择【工具】/【选项】命令，弹出“选项”对话框，在左侧的列表框中依次展开【工作区】/【自定义】/【调色板】结构树，然后在右侧的“调色板”选项区中设置各选项，如图 4-5 所示，单击“确定”按钮，即可更改调色板的属性，如图 4-6 所示。

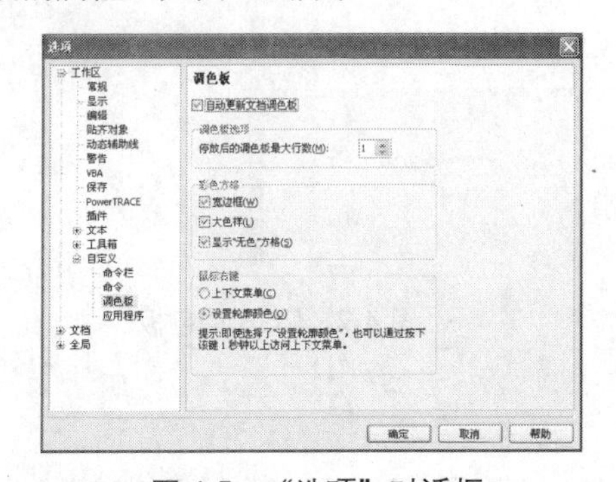

图 4-5　“选项”对话框

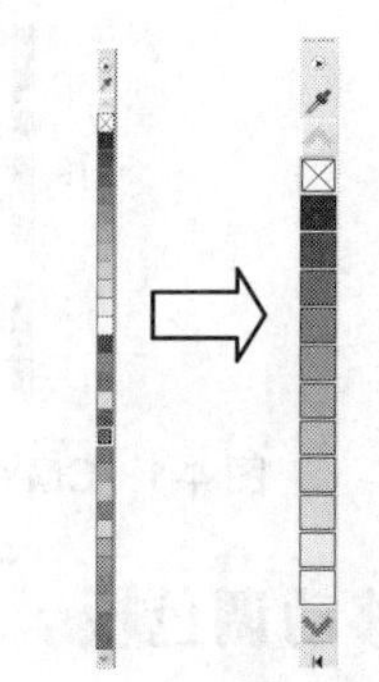

图 4-6　设置调色板

4.1.5　关闭调色板

为了绘图方便，用户可以将界面中的调色板关闭，以空出更多的设计空间。

关闭调色板有以下两种常用的方法。

- 在调色板上方单击鼠标右键，弹出快捷菜单，选择【调色板】/【关闭】选项，如图 4-7 所示，即可将界面中的调色板关闭。
- 将调色板移动至绘图页面中，单击调色板右上方的“关闭”按钮，即可关闭调色板。

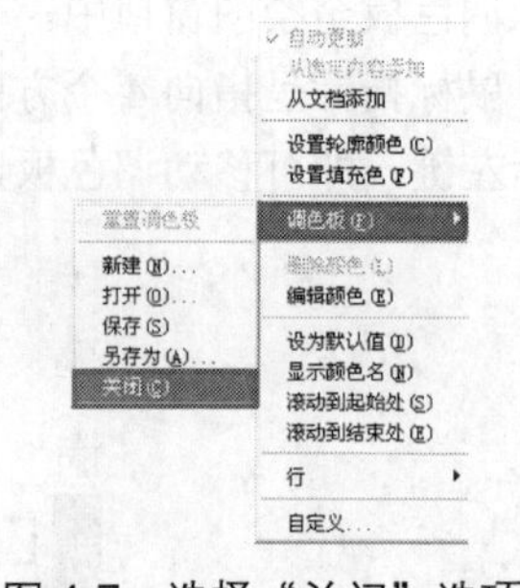

图 4-7　选择“关闭”选项

4.2　选取颜色的方法

在设计作品的过程中，对图形对象进行填充时，首先需要选取颜色，在 CorelDRAW 中，可使用

调色板、【颜色滴管】工具、“均匀填充”对话框以及“颜色”泊坞窗等选取颜色。

4.2.1　使用【颜色滴管】工具选取颜色

使用【颜色滴管】工具，可以吸取页面中任何对象的颜色，还可以采集多个点的混合色，然后可使用油漆桶为目标对象进行相同的填充，类似于直接复制源对象的填充。

【例 4-1】使用【颜色滴管】工具选取颜色并填色，效果如图 4-8 所示。

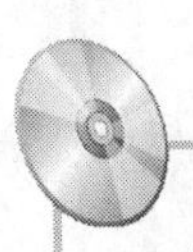

所用素材：素材文件\第 4 章\餐具.cdr
完成效果：效果文件\第 4 章\餐具.cdr

图 4-8　选取颜色并填充后的效果

Step 1　打开“餐具.cdr”文件，选择工具箱中的【颜色滴管】工具，移动鼠标指针至图形中的插子上，如图 4-9 所示，确认需要选取的颜色。

Step 2　单击鼠标左键，此时鼠标指针将自动转换为填充工具图标，如图 4-10 所示。

Step 3　移动鼠标指针至插子内单击鼠标左键，即可填充吸取的相同颜色，如图 4-11 所示。

图 4-9　确定选取颜色位置

图 4-10　选取颜色

图 4-11　填充颜色

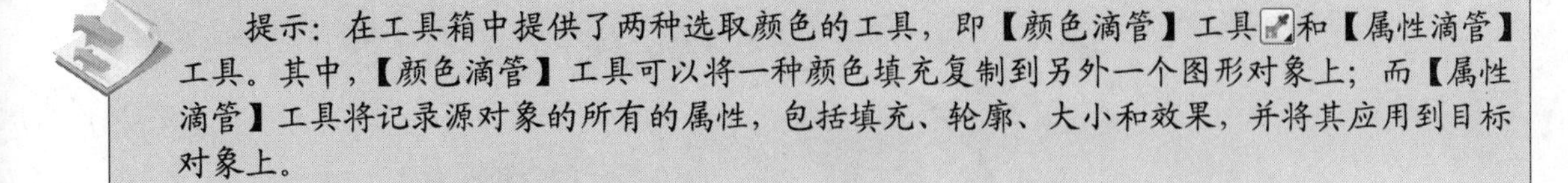

提示：在工具箱中提供了两种选取颜色的工具，即【颜色滴管】工具和【属性滴管】工具。其中，【颜色滴管】工具可以将一种颜色填充复制到另外一个图形对象上；而【属性滴管】工具将记录源对象的所有的属性，包括填充、轮廓、大小和效果，并将其应用到目标对象上。

4.2.2　使用“均匀填充”对话框选取颜色

在“均匀填充”对话框中也可以为所选对象设置所需的填充色，用户只需在对话框的颜色选择框中单击或在数值框中输入相应的参数，即可选择颜色。

【例 4-2】使用“均匀填充”对话框选取颜色并填色，效果如图 4-12 所示。

所用素材：素材文件\第 4 章\花瓣.cdr　　完成效果：效果文件\第 4 章\花瓣.cdr

图 4-12　选取颜色并填充后的效果

Step 1　打开“花瓣.cdr”文件，利用工具箱中的【挑选】工具选择花瓣图形，然后展开工具箱中的“填充”工具组，选择【均匀填充】工具，如图 4-13 所示。

Step 2　弹出“均匀填充”对话框，切换至“模型”选项卡，在颜色选择框中单击确定所选的颜色为绿色，如图 4-14 所示；用户也可以在对话框右侧的数值框输入相应的数值。

图 4-13　选择【均匀填充】工具

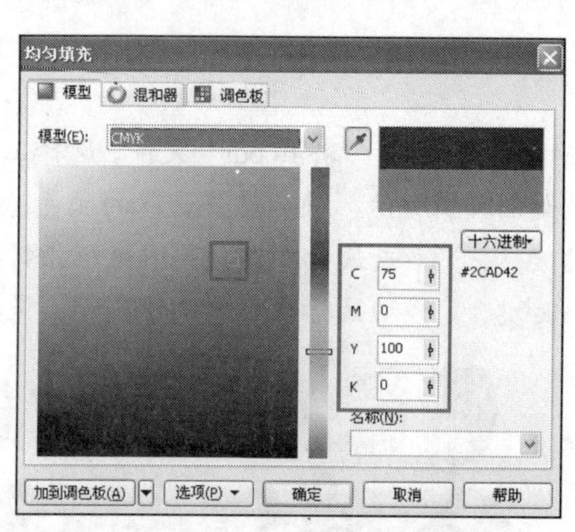

图 4-14　“均匀填充”对话框

提示：双击状态栏右侧的填充无图标 无，也可以弹出“均匀填充”对话框。

Step 3　单击“确定”按钮，即可将选择的图形对象填充为绿色，如图 4-15 所示。

图 4-15　填充颜色

【知识补充】在“均匀填充”对话框中，除了“模型”选项卡外，还有“混和器”选项卡和“调色板”选项卡，如图 4-16 所示，下面对该对话框中相应的选项置进行介绍。

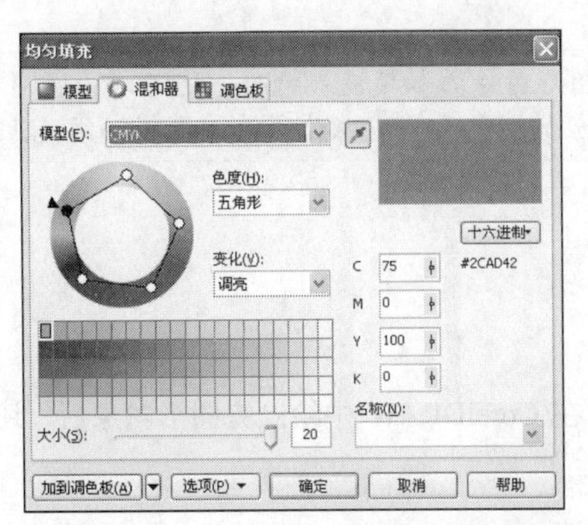

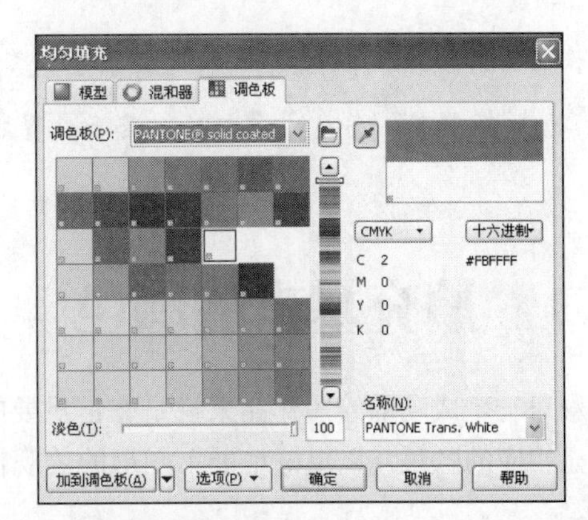

图 4-16　“混和器”选项卡和“调色板”选项卡

- “混和器”选项卡：该选项卡中的“模型”下拉列表框，可以选择色彩模式。“色度”下拉列表框，可以选择“色度”选择框的形状，“色度”选择框形状不同，彩色圆环下的颜色栅格的行数也会不同；“变化”下拉列表框，可以选择“色度”的变化方式。
- “调色板”选项卡：“调色板”下拉列表框，可以选择不同的调色板；在“色块”选项区单击色块可选取颜色；拖动 淡色(T)： 57 滑块可以调节所选颜色的饱和度。

4.2.3　使用“颜色”泊坞窗选取颜色

使用“颜色”泊坞窗可以方便地为对象填充颜色，并可以设置颜色的属性。

【例 4-3】使用“颜色”泊坞窗选取颜色并填色，效果如图 4-17 所示。

所用素材：素材文件\第 4 章\葡萄.cdr
完成效果：效果文件\第 4 章\葡萄.cdr

图 4-17　选取颜色并填充后的效果

Step 1　打开“葡萄.cdr”文件，利用【挑选】工具选择葡萄子图形，如图 4-18 所示。

Step 2　选择【窗口】/【泊坞窗】/【彩色】命令，打开“颜色”泊坞窗，设置各参数，如图 4-19 所示。

Step 3　单击“填充”按钮，即可为所选图形将填充对应的颜色，如图 4-20 所示。

图 4-18　选择图形

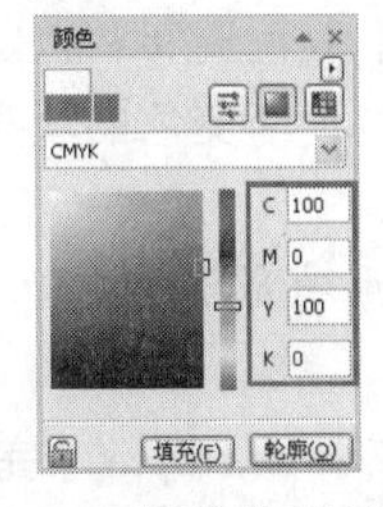

图 4-19　“颜色”泊坞窗

图 4-20　填充颜色

提示：在“颜色”泊坞窗中除了可以为图形对象添加填充颜色外，还可以为图形对象添加轮廓颜色；当呈状态时，表示设置好相应的颜色后将可以为所选图形自动填充上色。

4.3 填充基本的颜色

色彩对一个成功的绘图作品来说是非常重要的，在 CorelDRAW 中绘制完图形对象后，还需要为对象填充相应的颜色，以更好地展示图形的美观性。

4.3.1 单色填充图形

在 CorelDRAW 中单色填充是最常用的填充方式，填充对象必须是具有闭合路径性质的。

【例 4-4】使用调色板单色填充图形。

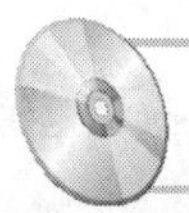

所用素材：素材文件\第 4 章\情人节卡片.cdr　**完成效果：**效果文件\第 4 章\情人节卡片. cdr

Step 1 打开“情人节卡片.cdr”文件，利用【挑选】工具选择“浪漫情节”文字，如图 4-21 所示。

Step 2 在绘图页面右侧调色板中的洋红色色块上单击鼠标左键，为文字填充颜色为洋红色，如图 4-22 所示。

图 4-21 “浪漫情节”文字

图 4-22 单色填充图形

4.3.2 渐变填充图形

渐变填充也称喷泉式填充，在 CorelDRAW 中，为用户提供了线性、射线、圆锥和方角等 4 种渐变填充类型；颜色的填充方式主要提供了双色调和和自定义调和两种。双色填充用于简单的渐变填充，自定义颜色填充的渐变填充用于多种渐变色的填充，需要在渐变轴上自定义设置颜色的控制点和颜色参数。

【例 4-5】使用【渐变填充】工具为图形填充渐变颜色。

所用素材：素材文件\第 4 章\棒棒糖.cdr　**完成效果：**效果文件\第 4 章\棒棒糖. cdr

Step 1　打开“棒棒糖.cdr”文件，利用【挑选】工具选择圆形，如图 4-23 所示。

Step 2　展开工具箱中的“填充”工具组，选择【渐变填充】工具，弹出“渐变填充”对话框，在“类型”下拉列表框中选择“辐射”选项，并选择“自定义”单选按钮，如图 4-24 所示。

Step 3　在该对话框中的渐变色彩轴上确定起始点黑色方块为选中状态，并单击“其他”按钮，选择“选择颜色”对话框，设置各参数，如图 4-25 所示。

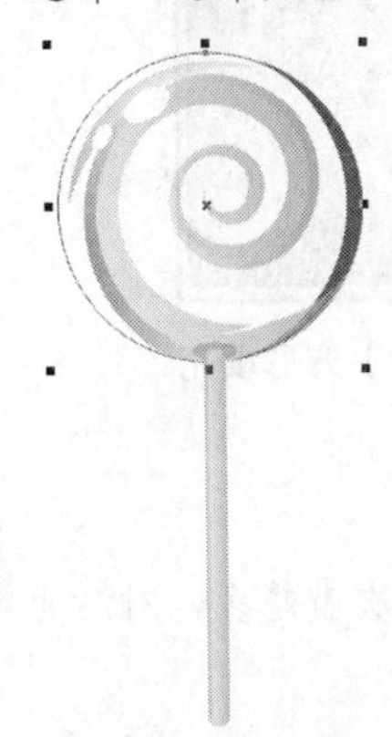

图 4-23　选择圆形

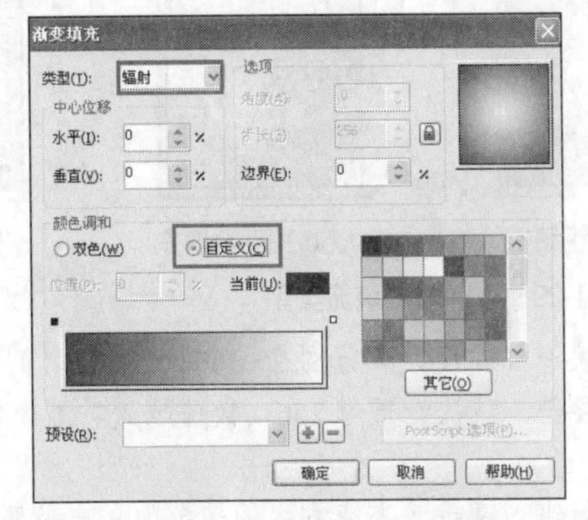

图 4-24　“渐变填充”对话框

图 4-25　“选择颜色”对话框

提示：按“F11”键，也可以弹出“渐变填充”对话框。

Step 4　单击“确定”按钮，返回到“渐变填充”对话框中，并在渐变色彩轴上双击增加控制点，并在“位置”数值框中输入 23，接着单击“其他”按钮，选择“选择颜色”对话框，设置各参数，如图 4-26 所示。

Step 5　单击“确定”按钮，返回到“渐变填充”对话框中，用同样的方法设置位置 52%的颜色为青蓝色（C:78;M:25;Y:0;K:0）、位置 73%的颜色为青色（C:74;M:11;Y:0;K:0）、终止位置的颜色为青色（C:69;M:0;Y:0;K:0）、“垂直”为 6，如图 4-27 所示。

Step 6　单击“确定”按钮，即可为图形填充渐变色，效果如图 4-28 所示。

图 4-26　“选择颜色”对话框

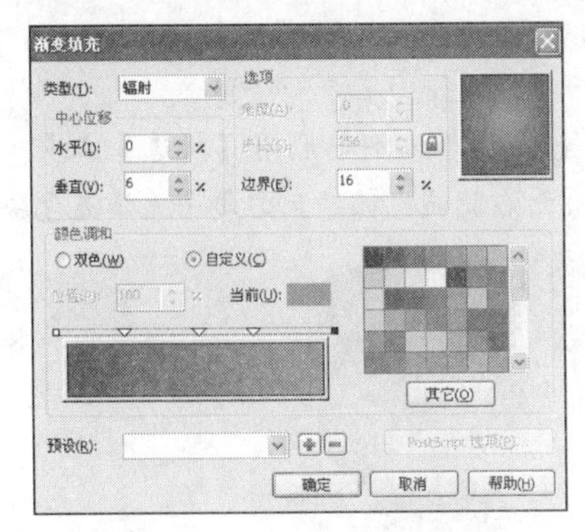

图 4-27　“渐变填充”对话框

图 4-28　渐变填充图形

提示：通过在渐变色彩轴上双击，可以插入颜色点；在倒三角形上双击，可以删除已有的颜色点。单击三角形将它选中，此时该三角形显示为黑色选中状态，并单击右侧的“其他”按钮，就可以在打开的选择颜色对话框中设置所需的颜色。

【知识补充】"渐变填充"对话框是填充图形时使用较为频繁的对话框，为了更好地使用它，下面补充说明其中的一些参数的作用。

- "类型"下拉列表框：可以设置渐变填充的方式。在CorelDRAW中，为用户提供了线形、辐射、圆锥和正方角等4种渐变填充类型，如图4-29所示。

(a) 线形型填充

(b) 射线填充

(c) 圆锥填充

(d) 方形填充

图4-29　4种渐变填充类型

- "角度"数值框：用于设置渐变填充的角度，其范围在-360°～360°之间。
- "步长"数值框：用于设置渐变层数，默认设置为256，数值越大，渐变层次就越多，对渐变色的表现就越细腻。
- "中心位移"选项区：可以调整射线、圆锥等渐变方式的填色中心点位置。
- "颜色调和"选项区：分别提供了两个颜色挑选器，用于选择渐变填充的起始色，拖动中点的滑块可以设置两种颜色的中心点位置。该选项区中提供了选择颜色线形变化方式的3个按钮，渐变中的取色将由线条曲线经过色彩的路径进行设置；其中按钮在双色渐变中两种颜色在色轮上以直线方向渐变，按钮在双色渐变中两种颜色在色轮上以逆时针方向渐变，按钮在双色渐变中两种颜色在色轮上以顺时针方向渐变。

4.3.3　取消填充图形

在设计作品时，如果用户对图形所填充的颜色不太满意，可将填充的颜色取消。

【例4-6】使用调色板中的无填充色块取消图形的填充颜色。

所用素材：素材文件\第4章\气球.cdr　　**完成效果：**效果文件\第4章\气球.cdr

Step 1　打开"气球.cdr"文件，利用【挑选】工具选择左侧的黄色气球，如图4-30所示。

Step 2　在绘图页面右侧调色板的上方单击无填充色块，即可取消图形的填充，如图4-31所示。

图4-30　选择图形

图4-31　取消图形填充

4.4 填充复杂的颜色

在 CorelDRAW 中复杂填充的方式很多，包括开放式填充、智能填充、图案填充、底纹填充以及交互式填充等，都能让图形有非常漂亮的变化。

4.4.1　开放式填充图形

在 CorelDRAW 的默认状态下只能对封闭的曲线填充颜色，若要使用开放的曲线也能填充颜色，就必须更改工具选项设置。

【例 4-7】使用“选项”命令为图形进行开放式填充颜色。

所用素材：素材文件\第 4 章\Flower.cdr　　**完成效果**：效果文件\第 4 章\ Flower.cdr

Step 1　打开“Flower.cdr”文件，利用【直接挑选】工具选择需要开放式填充的图形，如图 4-32 所示，然后选择工具箱中【均匀填充】工具，在弹出的“均匀填充”对话框中设置颜色为洋红色(C:0;M:73;Y:9;K:0)，单击“确定”按钮，填充颜色为洋红色。

Step 2　选择【工具】/【选项】命令，弹出“选项”对话框，依次展开【文档】/【常规】结构树，在右侧的“常规”选项区中，选择“填充开放式曲线”复选框，如图 4-33 所示。

Step 3　单击“确定”按钮，即可对开放式曲线填充颜色，然后在绘图页面右侧的调色板上方【无图标】上单击鼠标右键，去掉轮廓，如图 4-34 所示。

图 4-32　选择图形

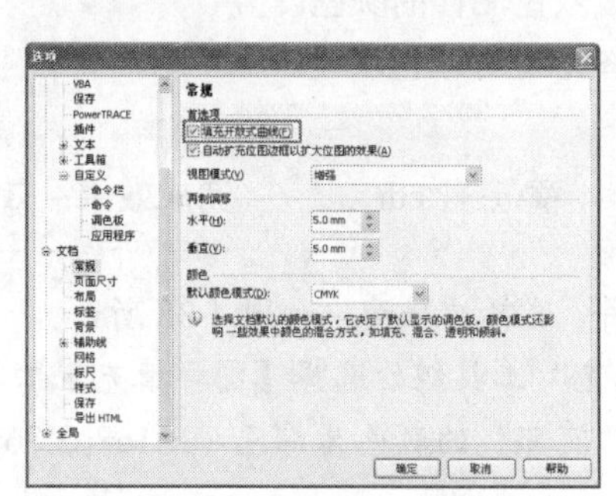

图 4-33　“选项”对话框

图 4-34　开放式曲线填充图形

提示：当绘制的图形为开放路径时，CorelDRWA 会假设路径的起点与终点之间存在一条直线段，并将开放路径定为闭合路径进行填充。

4.4.2　智能填充图形

使用【智能填充】工具填充图形可以将填充应用于通过重叠对象创建的区域。

【例 4-8】使用【智能填充】工具为图形填充颜色。

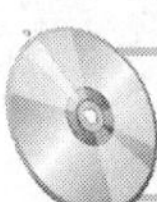

所用素材：素材文件\第 4 章\可爱嘟嘟.cdr　**完成效果**：效果文件\第 4 章\可爱嘟嘟.cdr

Step 1 打开“可爱嘟嘟.cdr”文件，选择工具箱中的【智能填充】工具，在工具属性栏中设置各选项如图 4-35 所示。

Step 2 移动鼠标指针至绘制页面中两个圆形的重叠处，单击鼠标左键，即可智能填充颜色，如图 4-36 所示。

Step 3 用与上述同样的方法，设置相应的颜色并在相应的位置单击鼠标左键，填充颜色，并去掉轮廓，效果如图 4-37 所示。

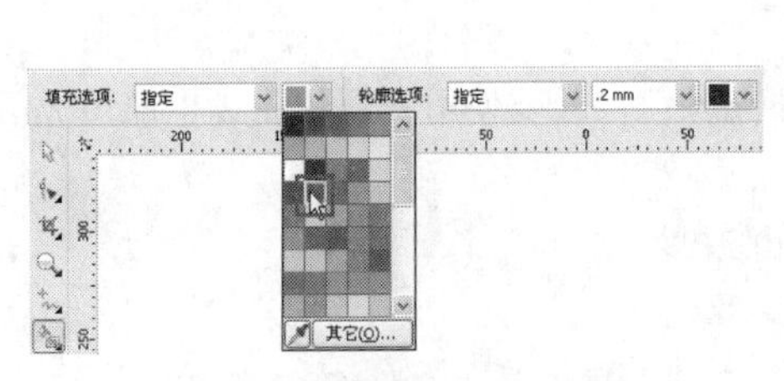

图 4-35 设置工具属性栏

图 4-36 智能填充颜色

图 4-37 智能填充颜色

4.4.3 图案填充图形

CorelDRAW 提供了预设的 3 种图案填充，分别是双色、全色和位图模式，可以直接应用于对象，也可以自行创建图案填充。

1. 双色填充图形

双色填充图形实际上就是为简单的图案设置不同的前景色和背景色来形成填充效果，可以通过对前部和后部的颜色进行设置，来修改双色图样的颜色。

【例 4-9】使用图案填充工具为图形进行双色填充。

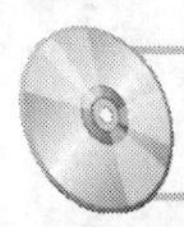

所用素材：素材文件\第 4 章\凉鞋.cdr　　**完成效果**：效果文件\第 4 章\凉鞋.cdr

Step 1 打开“凉鞋.cdr”文件，选择凉鞋面，如图 4-38 所示。

Step 2 展开工具箱中的“填充”工具组，选择【图样填充】工具，弹出“图样填充”对话框，设置各选项如图 4-39 所示，其中“前部”的颜色为棕色（R:168;G:76;B:77）、“后部”的颜色为青色（R:96;G:188;B:229）。

Step 3 单击“确定”按钮，即可对图形进行双色填充，效果如图 4-40 所示。

图 4-38 选择图形

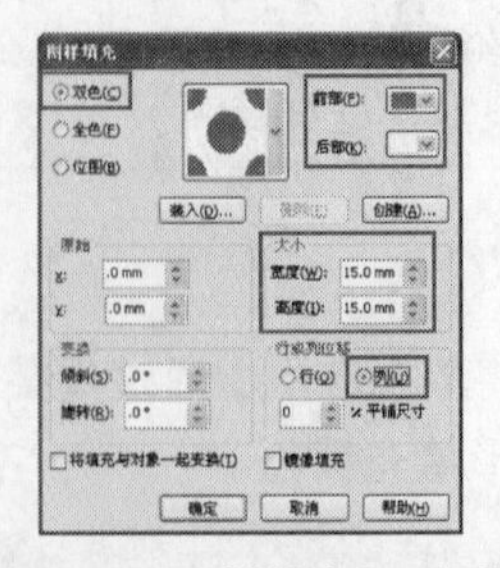

图 4-39 “图样填充”对话框

图 4-40 双色填充

2. 全色填充图形

全色填充可以由矢量图案和线描样式图形生成，也可以通过装入图像的方式填充为位图图案，产生各种精美的图案效果。

【例 4-10】使用【图案填充】工具为图形进行双色填充。

完成效果：效果文件\第 4 章\凉鞋（1）.cdr

Step 1　继续使用上一例的素材图形，选择凉鞋面，展开工具箱中的"填充"工具组，选择【图样填充】工具，弹出"图样填充"对话框，选择"双色"单选按钮，设置"宽度"和"高度"为 50mm，并选择如图 4-41 所示的图案。

Step 2　单击"确定"按钮，即可对对象进行全色填充，效果如图 4-42 所示。

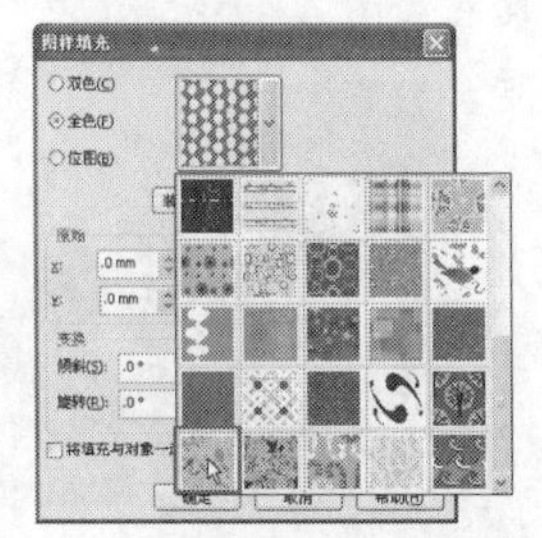

图 4-41　"图样填充"对话框

图 4-42　全色填充

3. 位图填充图形

位图填充就是一种位图图像，其复杂性取决于其大小、图像分辨率和深度等。

【例 4-11】使用【图案填充】工具为图形进行位图填充。

完成效果：效果文件\第 4 章\凉鞋（2）.cdr

Step 1　继续使用上一例的素材图形，选择凉鞋面，展开工具箱中的"填充"工具组，选择【图样填充】工具，弹出"图样填充"对话框，选择"位图"单选按钮，设置"宽度"和"高度"为 50mm，并选择如图 4-43 所示的图案。

Step 2　单击"确定"按钮，即可对对象进行位图填充，效果如图 4-44 所示。

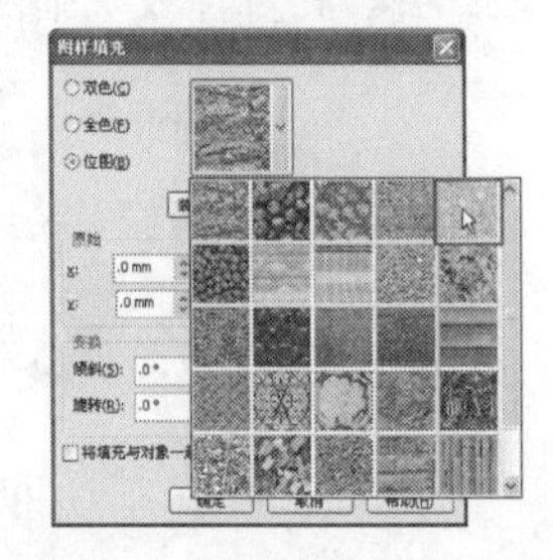

图 4-43　"图样填充"对话框

图 4-44　位图填充

4.4.4 底纹填充图形

底纹填充就是将模拟的各种材料底纹、材质或纹理填充到对象中，同时，还可以修改、编辑这些纹理的属性。CorelDRAW 为用户提供了 300 多种底纹样式，有水彩类、石材类等图案，可以在“底纹列表”中进行选择。

【例 4-12】使用【底纹填充】工具为图形进行底纹填充。

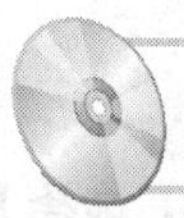

所用素材：素材文件\第 4 章\圣诞快乐.cdr　　**完成效果：**效果文件\第 4 章\圣诞快乐.cdr

Step 1 打开“圣诞快乐.cdr”文件，选择青色矩形，如图 4-45 所示。

Step 2 展开工具箱中的“填充”工具组，选择【底纹填充】工具，弹出“底纹填充”对话框，设置各选项如图 4-46 所示。

Step 3 单击“确定”按钮，即可对对象进行底纹填充，效果如图 4-47 所示。

图 4-45　选择素材

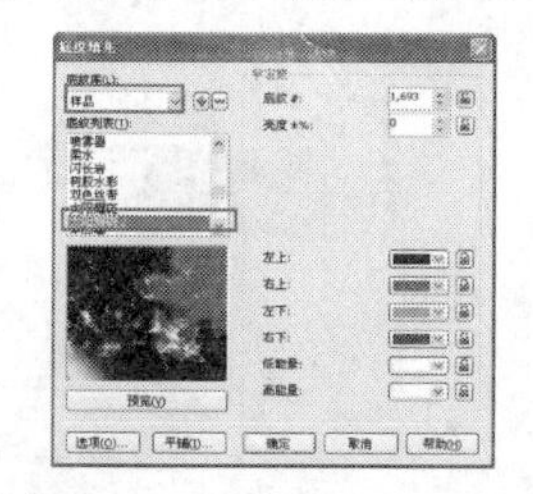

图 4-46　“底纹填充”对话框

图 4-47　底纹填充

4.4.5 Postscript 填充图形

Postscript 填充是用 Postscript 语言编写的一种底纹，只有在增强视图模式下才能显示出来。由于 Postscript 填充图案非常复杂，在打印和更新屏幕时需要较长的时间处理。

【例 4-13】使用【Postscript 填充】工具为图形进行填充。

所用素材：素材文件\第 4 章\光盘.cdr　　**完成效果：**效果文件\第 4 章\光盘.cdr

Step 1 打开“光盘.cdr”文件，选择橙色图形，如图 4-48 所示。

Step 2 展开工具箱中的“填充”工具组，选择【Postscript 填充】工具，弹出“Postscript 底纹”对话框，设置各选项如图 4-49 所示。

Step 3 单击“确定”按钮，即可对对象进行 Postscript 填充，去掉轮廓，效果如图 4-50 所示。

图 4-48　选择素材

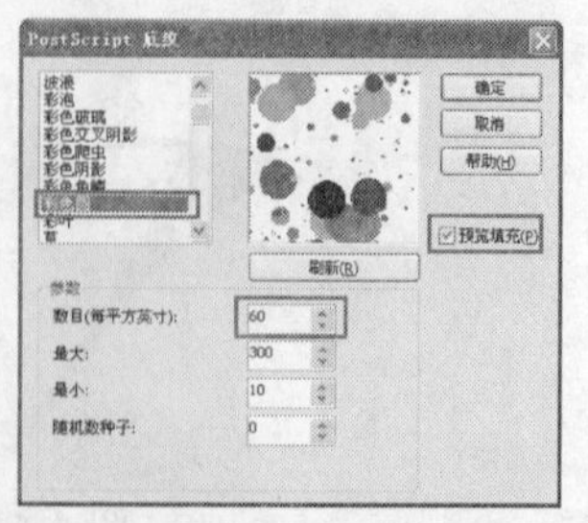

图 4-49　“Postscript 底纹”对话框

图 4-50　Postscript 底纹填充

4.4.6 交互式填充图形

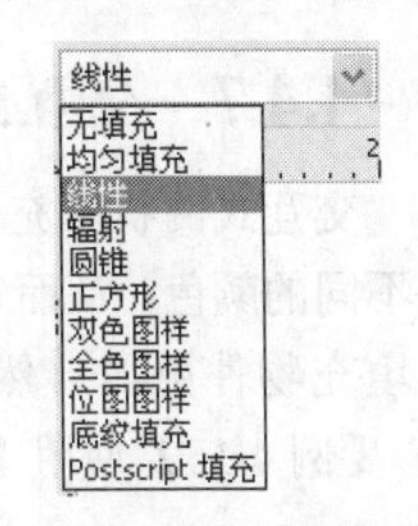

图 4-51 【交互式填充】工具的填充方式

使用【交互式填充】工具可以进行标准填充、双色图样填充、全色图样填充、位图图样填充、底纹填充和 Postscript 填充等。【交互式填充】工具实际是对以上各种填充工具集合后的快捷方式，它的操作方式非常灵活，只需要选取需要的图形后，在工具属性栏的选项下拉列表中选择需要的填充模式即可，如图 4-51 所示，其工具属性栏选项中将显示与之对应的属性选项。

【例 4-14】使用【交互式填充】工具为图形进行渐变填充。

所用素材：素材文件\第 4 章\指示牌.cdr　**完成效果**：效果文件\第 4 章\指示牌.cdr

Step 1 打开“指示牌.cdr”文件，选择大矩形，如图 4-52 所示。

Step 2 展开工具箱中的“交互式填充”工具组，选择【交互式填充】工具，在工具属性栏中，设置各选项如图 4-53 所示，其中“起点填充挑选器”为蓝色（C:96;M:64;Y:23;K:5）、“最终填充挑选器”为青色，即可进行交互式填充图形，效果如图 4-54 所示。

图 4-52 选择图形

图 4-53 【交互式填充】工具属性栏

图 4-54 交互式填充图形

提示：用户也可以按“G”键，调用【交互式填充】工具。

Step 3 将鼠标指针移至页面中线性控制线的中心点处，向左拖曳鼠标指针，即可调整线性渐变填充中心点，如图 4-55 所示。

Step 4 在页面右侧调色板上方的“无图标”上单击鼠标右键，去掉轮廓，效果如图 4-56 所示。

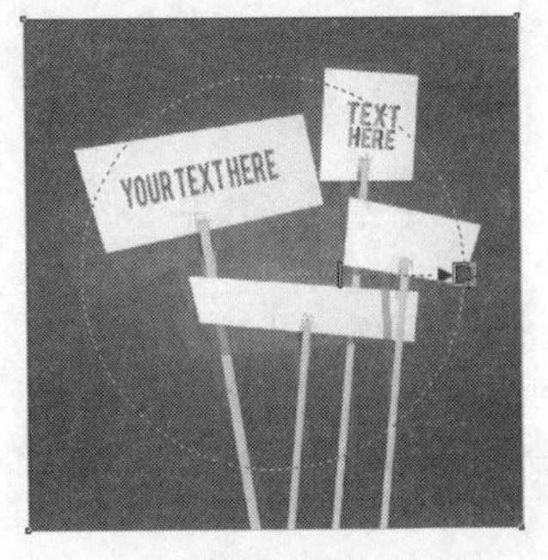

图 4-55 调整辐射渐变填充中心点

图 4-56 去掉轮廓

4.4.7 交互式网状填充图形

交互式网状填充是一种较为特殊的填充方式，它通过在图形上建立网格，然后在各个网格点上填充不同的颜色，从而得到一种特殊的填充效果。各个网格点上所填充的颜色会相互渗透、混合，能使填充物件更加自然、有层次感。

【例 4-15】使用【交互式网状填充】工具为图形进行网格填充。

所用素材：素材文件\第 4 章\帽子.cdr　　**完成效果**：效果文件\第 4 章\帽子.cdr

Step 1 打开“帽子.cdr”文件，选择需要进行交互式网状填充的图形，如图 4-57 所示。

Step 2 展开工具箱中的“交互式填充”工具组，选择【交互式网状填充】工具，添加交互式填充网格线，如图 4-58 所示。

Step 3 用鼠标左键拖曳中间的网格点至合适位置，移动网格点，如图 4-59 所示。

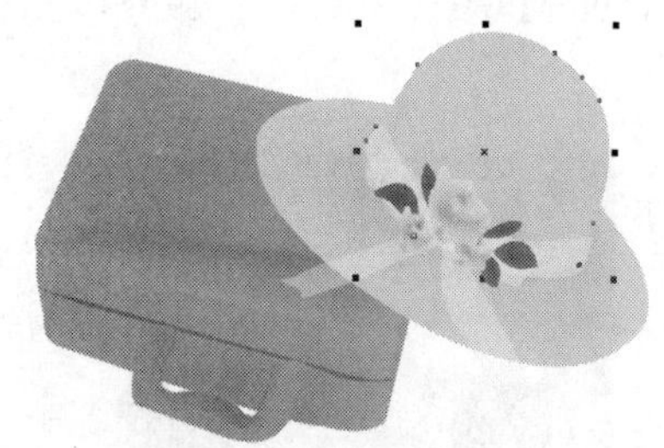

图 4-57　选择图形

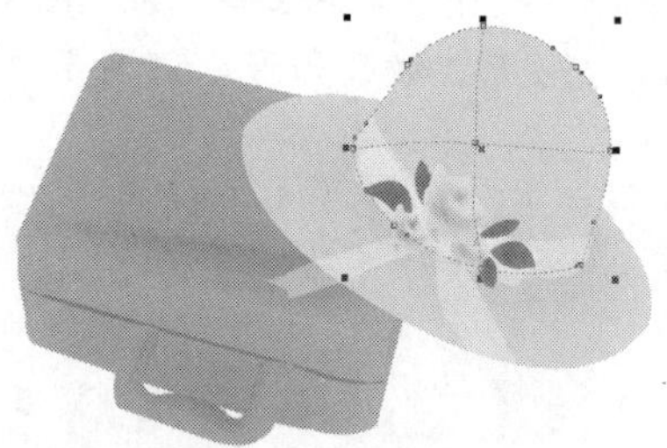

图 4-58　添加交互式填充网格线

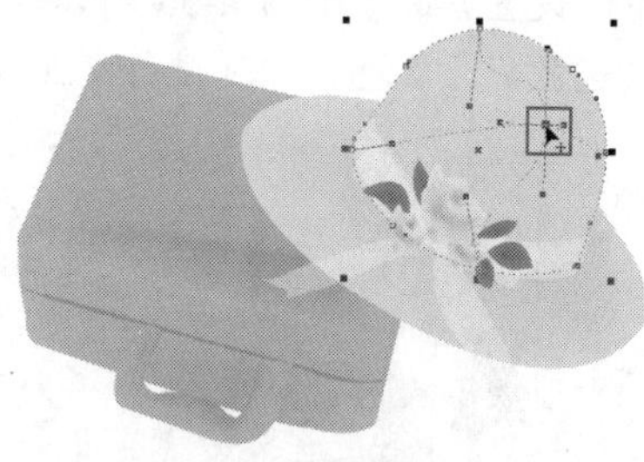

图 4-59　移动网格点

Step 4 双击状栏中的“填充色“图标 填充色，弹出“均匀填充”对话框，设置颜色为蓝色（C:18;M:35;Y:84;K:5），单击“确定”按钮，更改填充颜色，效果如图 4-60 所示。

Step 5 用与上述同样的方法，移动相应的网格点并填充相应的颜色，效果如图 4-61 所示。

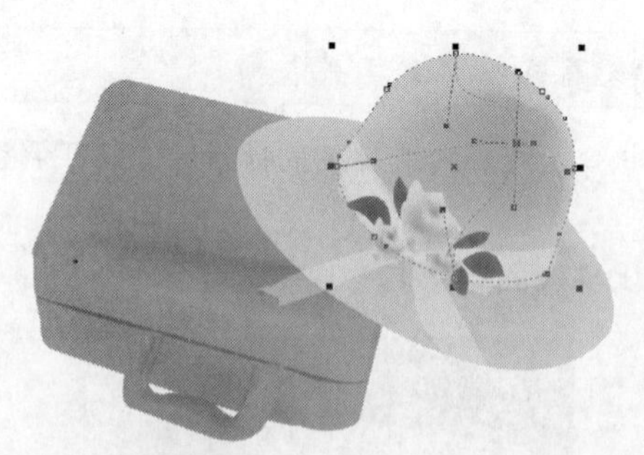

图 4-60　更改填充颜色

图 4-61　填充其他颜色

提示:【交互式网状填充】工具属性栏中的“网格大小”数值框：表示网格的行数和列数，主要用于增删网格数量和编辑网格的形状。用户在网格线上双击，即可添加网格点。如果要删除网格填充效果，单击“清除网状”按钮即可。

4.5 设置轮廓属性

轮廓线是一个图形对象的边缘，与形状、颜色、大小一样都属于对象的一个属性。在“轮廓笔”对话框中可以设置轮廓线的颜色、粗细、样式等。

4.5.1　认识轮廓工具组

单击工具箱中的“轮廓工具”按钮，将弹出【轮廓】工具的展开工具栏，如图 4-62 所示。各工具按钮的含义如下。

- “轮廓笔”工具按钮：单击该按钮，可以弹出“轮廓笔”对话框，如图 4-63 所示。

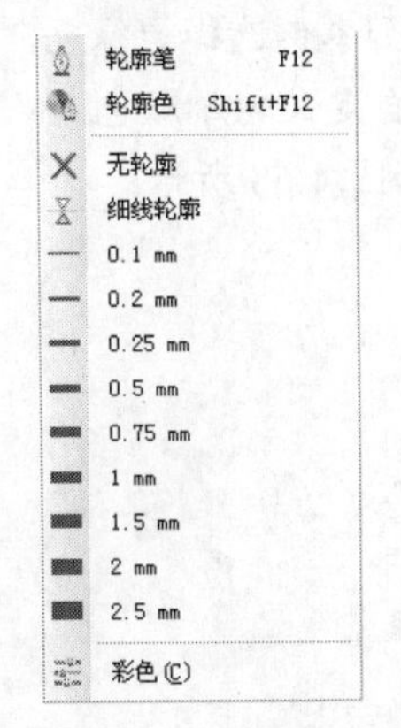

图 4-62　【轮廓】工具的展开工具组

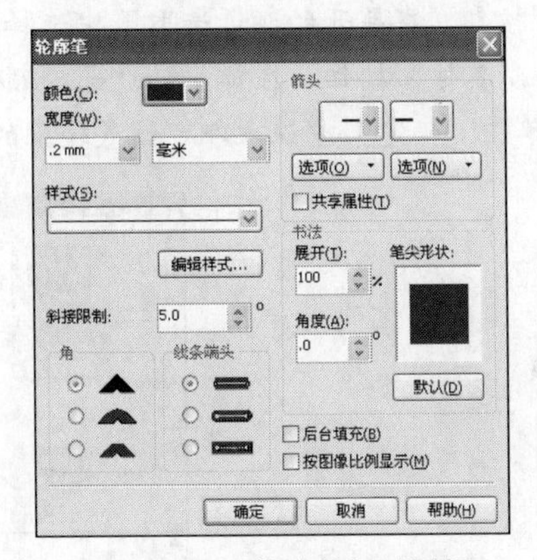

图 4-63　“轮廓笔”对话框

- “轮廓色”工具按钮：单击该按钮，可以弹出“轮廓颜色”对话框，如图 4-64 所示，用于设置轮廓的颜色。
- “无”工具按钮：单击该按钮，可以去掉对象的轮廓。
- 按钮组：用于设置轮廓的宽度，分别是细线、轮廓、1/2 点轮廓、1 点轮廓、2 点轮廓、8 点轮廓、16 点轮廓和 24 点轮廓。
- “彩色”工具按钮：单击该按钮，可以打开“颜色”泊坞窗，如图 4-65 所示，在泊坞窗中设置好颜色参数后，单击“轮廓”按钮，可以改变轮廓颜色。

图 4-64　“轮廓色”对话框

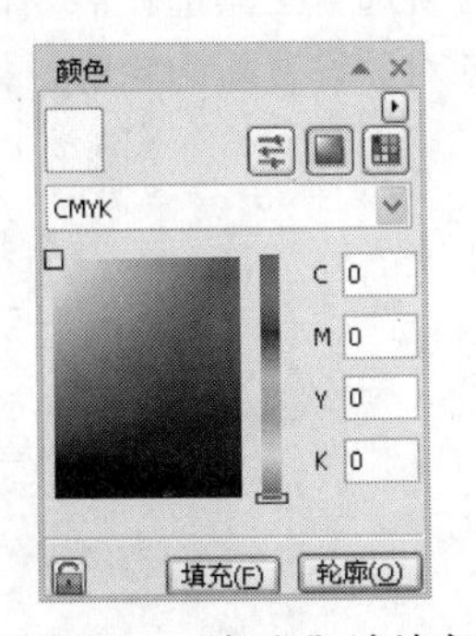

图 4-65　“颜色”泊坞窗

4.5.2 设置轮廓线的颜色

在绘图页面右侧的调色板中单击鼠标右键可以改变轮廓的颜色，如果要精确设置轮廓线的颜色，可以使用“轮廓颜色”对话框和“颜色”泊坞窗，同时还可以使用“轮廓笔”对话框。

1. 使用【轮廓笔】工具设置轮廓线颜色

【例 4-16】使用【轮廓笔】工具设置轮廓线的颜色。

所用素材：素材文件\第 4 章\蝶恋花.cdr　　**完成效果：**效果文件\第 4 章\蝶恋花.cdr

Step 1 打开“蝶恋花.cdr”文件，选择需要设置轮廓颜色的图形，如图 4-66 所示。

Step 2 展开【轮廓】工具组，单击“轮廓笔”工具按钮，弹出“轮廓笔”对话框，单击“颜色”右侧的下拉按钮，在展开的颜色选取器中选择合适的颜色，如本例选择嫩绿色，如图 4-67 所示。用户也可以单击“其他”按钮，在弹出的“选择颜色”对话框中自定义轮廓颜色。

Step 3 单击“确定”按钮，即可设置轮廓的颜色，效果如图 4-68 所示。

图 4-66　选择图形

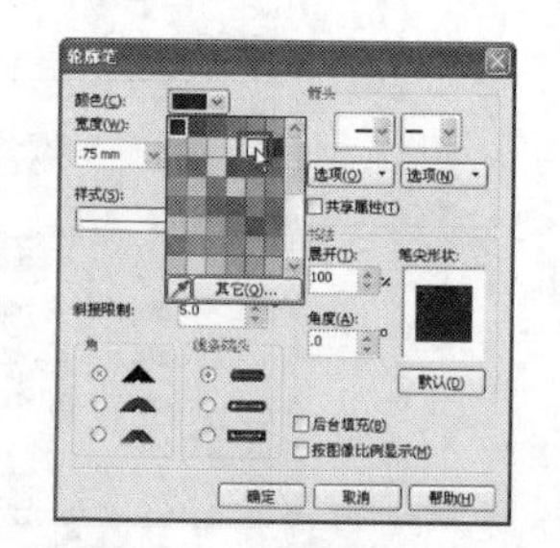

图 4-67　“轮廓笔”对话框

图 4-68　设置轮廓后的颜色

提示：按“F12”键或者双击状态栏右下角的“轮廓笔”图标，也可以弹出“轮廓笔”对话框。

用户还可以使用“轮廓色”对话框来设置轮廓颜色。展开【轮廓】工具组，单击“颜色”按钮或按“Shift+F12”组合键，在弹出的“轮廓色”对话框中自定义轮廓颜色，单击“确定”按钮即可。

2. 使用调色板设置轮廓线颜色

直接使用【挑选】工具选择需要设置轮廓色的图形，然后使用鼠标右键单击图页面右侧调色板的色块，即可为该对象设置新的轮廓，如图 4-69 所示。

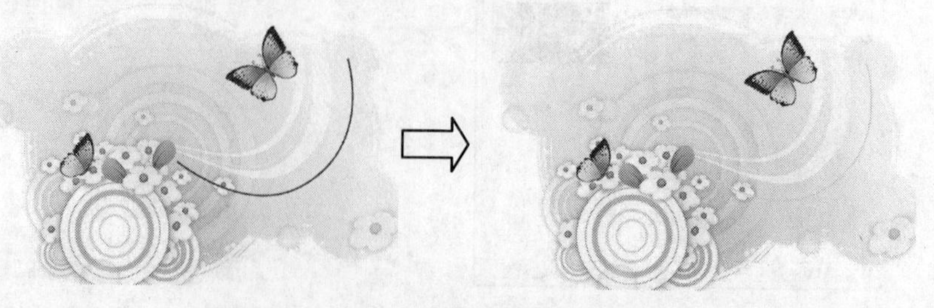

图 4-69　修改轮廓色的前后对比效果

提示：用户使用鼠标右键将调色板中的色样拖曳到图形对象的轮廓上，释放鼠标右键，也可修改图形对象的轮廓颜色。

3. 使用“颜色”泊坞窗设置轮廓线颜色

用户使用“颜色”泊坞窗对图形对象的轮廓颜色进行设置，也非常方便快捷。

【例 4-17】使用“颜色”泊坞窗设置轮廓线的颜色。

完成效果：效果文件\第 4 章\蝶恋花（2）.cdr

Step 1　继续使用上一例的素材图形，选择需要设置轮廓颜色的图形，展开【轮廓】工具组，单击“彩色”工具按钮，或者选择【窗口】/【泊坞窗】/【颜色】命令，打开“颜色”泊坞窗，在泊坞窗内拖动滑块设置颜色数量或直接在文本框中输入所需的颜色值，如图 4-70 所示。

Step 2　单击“轮廓”按钮，即可设置轮廓的颜色，效果如图 4-71 所示。

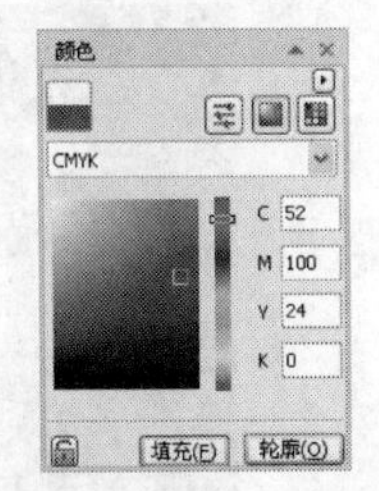

图 4-70　“颜色”泊坞窗

图 4-71　设置轮廓后的颜色

4.5.3　设置轮廓线的宽度

在“轮廓笔”对话框可以设置轮廓线的粗细。

【例 4-18】使用“轮廓笔”对话框设置轮廓线的宽度。

所用素材：素材文件\第 4 章\蝶恋花（1）.cdr　**完成效果**：效果文件\第 4 章\蝶恋花（3）.cdr

Step 1　以“蝶恋花（1）.cdr”文件素材为例，选择白色轮廓线，单击【轮廓笔】工具按钮，展开【轮廓】工具组，弹出“轮廓笔”对话框，在“宽度”列表框中选择轮廓线的粗细，如图 4-72 所示，也可以在文本框中直接输入需要的轮廓宽度。

Step 2　单击“确定”按钮，完成轮廓线宽度的设置，效果如图 4-73 所示。

图 4-72　选择图形和“轮廓笔”对话框

图 4-73　设置轮廓线的宽度

提示：用户在工具属性栏中的“轮廓宽度”数值框 .2 mm 中输入所需的数值，或者展开【轮廓】工具组，单击按钮，也可以设置轮廓宽度。

4.5.4 设置轮廓线的样式

在“轮廓笔”对话框可以设置轮廓线的样式，使其更富有视觉变化。

【例 4-19】使用“轮廓笔”对话框设置轮廓线的样式。

所用素材：素材文件\第 4 章\箭头.cdr　　**完成效果**：效果文件\第 4 章\箭头.cdr

Step 1 打开“箭头.cdr”文件，选择洋红色箭头线，如图 4-74 所示，单击“轮廓笔”工具按钮，展开【轮廓】工具组，弹出“轮廓笔”对话框，在“样式”下拉列表框，选择轮廓线的样式，如图 4-75 所示。

Step 2 单击“确定”按钮，即可设置轮廓线的样式，效果如图 4-76 所示。

图 4-74 选择图形

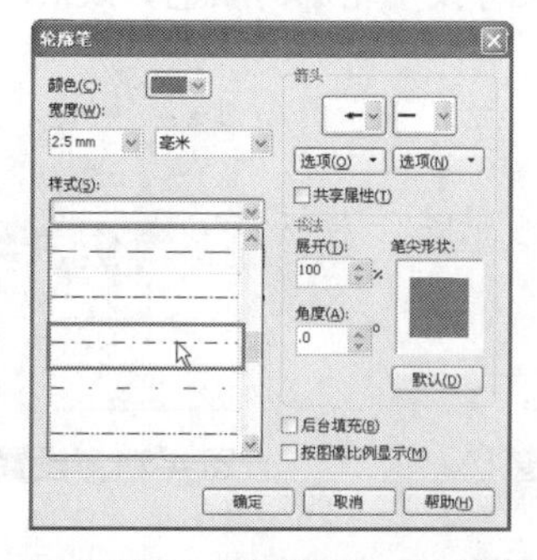

图 4-75 “轮廓笔”对话框

图 4-76 设置轮廓线的样式

在“轮廓笔”对话框中，单击“编辑样式”按钮 编辑样式... ，弹出“编辑线条样式”对话框，可以自定义线条的样式，拖曳，可以设置样式的终点，单击白色正方形，可以添加轮廓样式的颜色，如图 4-77 所示，单击“添加”按钮，可以将所编辑的样式添加到“样式”列表中；单击“替换”按钮则可将以前编辑的样式替换为所选择的线条样式，如图 4-78 所示。

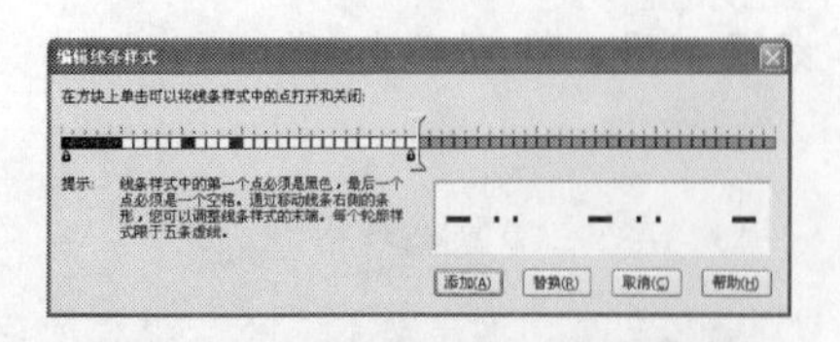

图 4-77 “编辑线条样式”对话框

图 4-78 替换轮廓线样式的前后对比效果

4.5.5 为轮廓线添加箭头

在“轮廓笔”对话框中还可以设置轮廓线的箭头样式。

【例 4-20】使用“轮廓笔”对话框为轮廓线添加箭头。

完成效果：效果文件\第 4 章\箭头（2）.cdr

Step 1　继续使用上一例的素材图形，选择洋红色箭头线，单击“轮廓笔”工具按钮，展开【轮廓】工具组，弹出“轮廓笔”对话框，在“轮廓笔”对话框右上角的“箭头”下拉列表框中选择箭头样式即可，如图 4-79 所示。

Step 2　单击“确定”按钮，即可完成轮廓线的箭头样式的设置，效果如图 4-80 所示。

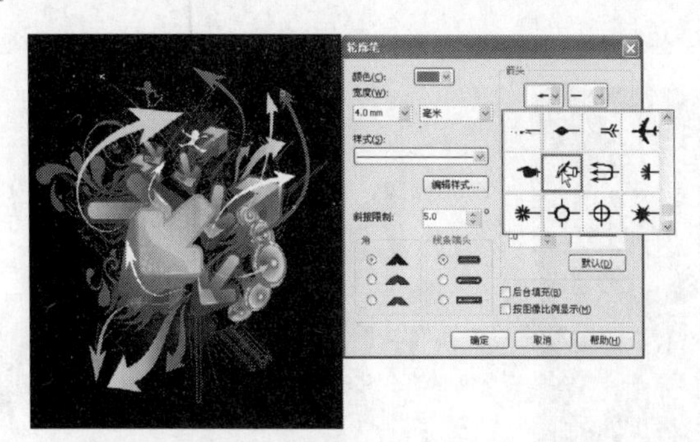

图 4-79　选择图形和“轮廓笔”对话框

图 4-80　设置轮廓线箭头样式

4.5.6　清除轮廓属性

清除轮廓属性有以下 4 种常用的方法。

- 选择对象，直接使用鼠标右键单击页面右侧调色板中的“无”图标☒。
- 展开【轮廓】工具，在工具组中单击“无”按钮✕。
- 在“轮廓笔”对话框中的“宽度”下拉列表中，选择“无”选项。
- 在工具属性栏中“轮廓宽度”下拉列表框中，选择“无”选项。

4.6　应用实践——制作建筑平面户型图

要创造出美的空间环境，就必须遵循美的法则来设计构图，直到将它变为现实，设计中必须遵循一个共同的法则——多样统一，就是在统一中求对比，在变化中求统一。

- 平衡

平衡是指在空间构图中各素材的视觉分量给人以平衡的美感。平衡分为对称平衡和非对称。对称平衡是指画面的元素具有相等的视觉分量，通过对称给人安全稳定的感觉。非对称平衡是指各元素比例不等，但是利用视觉规律，通过大小、形状、远近和色彩等因素来调节构图的视觉分量，从而达到一种平衡状态。通过视觉的调整，整个画面给人一种稳重的感觉，如图 4-81 所示。

图 4-81　平衡构图原

● 主从和重点

在一个有机统一的整体中，各组成部分应当有主与从的差别，有重点与一般的差别，有核心与外围组织的差别，如图 4-82 所示。否则，各要素平均分布、同等对待，即使排列得整整齐齐、很有秩序，也难免会松散、单调而失去统一性。

● 比例与尺度

一切造型艺术都存在着比例关系是否和谐的问题，和谐的比例可以给人以美感。和比例相连的另一个范畴是尺度。尺度是研究室内整体或局部给人感觉上的大小印象和其真实大小之间的关系问题。比例主要表现为各部分的数量关系之比，它是相对的，在不涉及具体尺寸的情况下，两者应当是一致的。图 4-83 所示为比例与尺度构图原则的示意图。

图 4-82　主从和重点构图原则

图 4-83　比例与尺度构图原则

本例以绘制如图 4-84 所示的建筑平面户型图为例，介绍平面户型图的设计流程。相关要求如下。

- 平面户型图尺寸为“160mm×230mm”。
- 综合考虑各个主导要素，利用艺术手法和技术手段协调各个因素之间的关系，使各个要素结合成一个统一的有机体，为实现装饰设计目的和表现设计创意服务。
- 以个性简单的色彩和简单的图形勾勒出墙体、窗户、门、地板砖等图形。

完成效果：效果文件\第 4 章\平面户型图.cdr
素材文件：第 4 章\素材文件\家具和文字.cdr

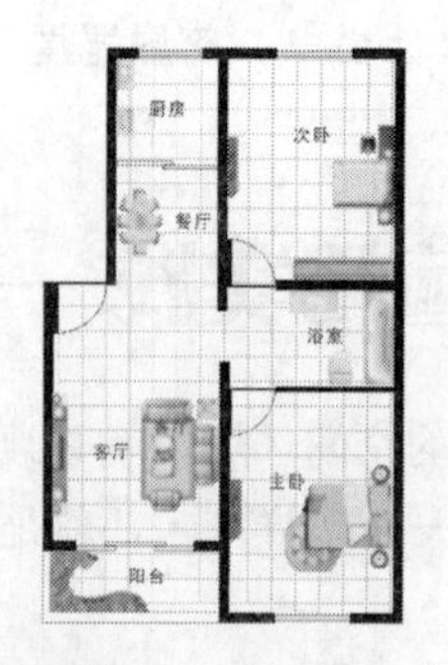

B 面积:86.5M

图 4-84　绘制的平面户型图效果

4.6.1　户型图的设计特点分析

随着社会经济的发展，居民生活水平的不断提高，人们在选择购买住房时对环境和艺术性的要求也越来越高，人们不仅重视楼体的美观设计，也非常重视自己室内环境的艺术。

在平面户型图设计过程中，面对各式各样的空间形式及纷繁复杂的风格和装饰材料，设计者往往需要通过巧妙构思、精心安排来创造完美、和谐的空间形象。和谐，并不是指某一个形式（如一种形状、一个颜色）在设计中的单一表现，而是通过对立的和谐，将长短、大小、深浅等各种要素根据美学原理与法则组合起来，构成具有基本共通性和融合性的居住空间。

4.6.2　平面户型图创意分析与设计思路

户型图特指反映住宅楼的一个住户的各房间位置关系、空间大小、通风采光情况及房间布局的图形。德国设计大师 Peter Maly 说过："迎合潮流的设计是不负责的。"设计应该从居住者本身的需要出发，温馨而淡雅，有着极为深厚的自然生活气息；具有稳重大气的色调，细腻而富有文化韵味的构架。经过精心设计，尽显主人品位，使一切都显得高贵又能脱俗、典雅而宁静，人久居于此，心灵定会在安宁中得到升华。

根据本例的制作要求，对将要绘制的平面户型图进行如下分析。

- 由于是平面户型图，因此户型图中的各种对象应尽量以最为简单直观的方式来表现。
- 住宅是一种生活形式的体现，是一种真实存在的浪漫宣言，是主人内心世界的体现，在设计的过程中注重表现户型空间整体的渲染与营造，即"建筑意境"的表达，而且要"意境逼真"。
- 整合东西文化精粹，以现代东方情调派为设计理念，展示独有的"雅致"气质，营造现代人向往的优美居住环境。

本例的设计思路如图 4-85 所示，具体设计如下。

（1）使用【矩形】工具、【填充】工具、"复制"和"粘贴"命令、【移动】工具等绘制户型图墙体。

（2）使用【矩形】工具、【填充】工具、"垂直镜像"按钮、【移动】工具、【图纸】工具、"取消全部群组"命令和"删除"命令等，制作出户型图的窗户门、地板砖部分。

（3）使用"导入"命令、【移动】工具制作户型图的家具和文字部分。

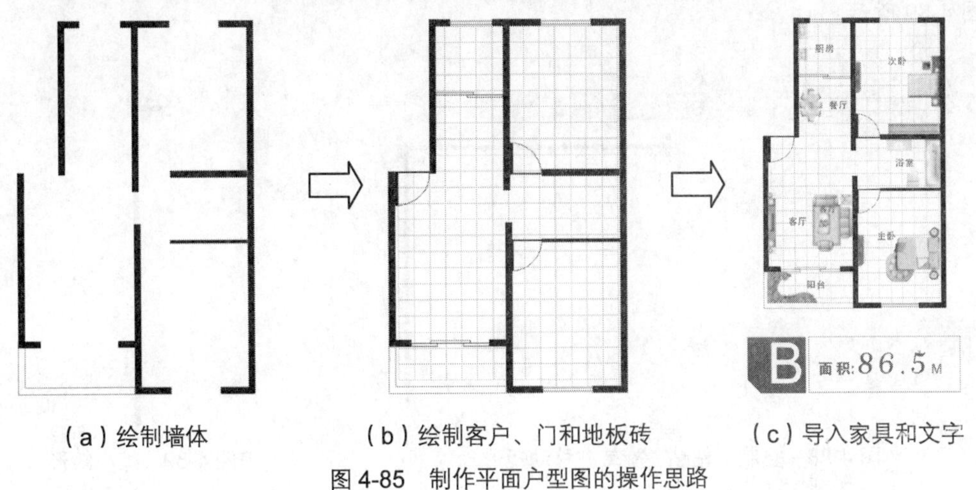

（a）绘制墙体　（b）绘制客户、门和地板砖　（c）导入家具和文字

图 4-85　制作平面户型图的操作思路

4.6.3　制作过程

1. 绘制墙体

Step 1　启动 CorelDRAW 并新建一个尺寸大小为 160mm×230mm 的文件，选择【矩形】工具，

绘制一个“2.4mm × 132mm”的矩形，如图 4-86 所示。

Step 2 在状态栏中双击“填充”图标无，在弹出的“均匀填充”对话框，设置颜色为黑色（C:100;M:100;Y:100;K:100），单击“确定”按钮，填充颜色为黑色，如图 4-87 所示。在工具属性中的“轮廓宽度”对话框.2 mm中设置参数为“无”选项，去掉轮廓。

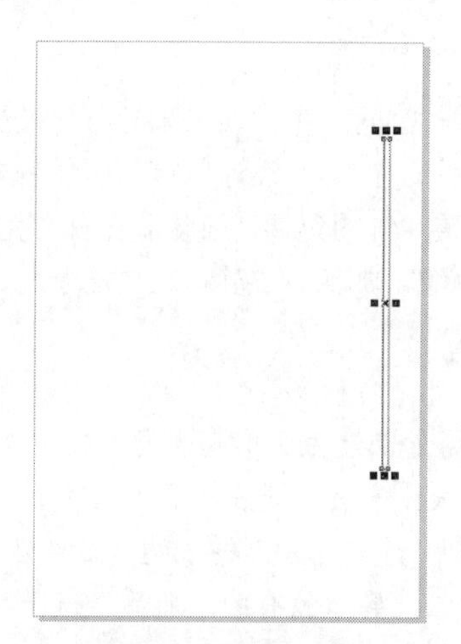

图 4-86　绘制矩形

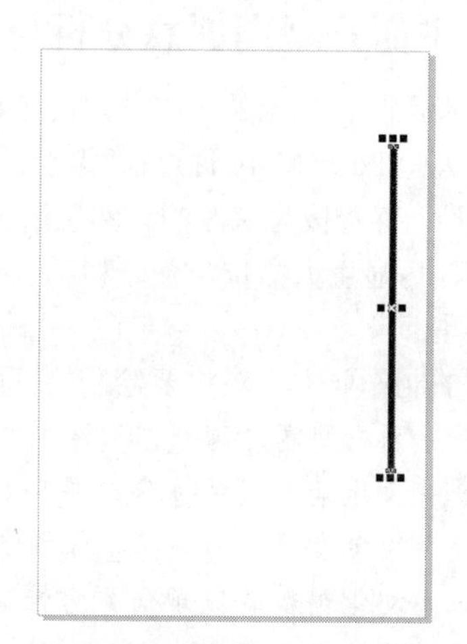

图 4-87　填充颜色并去掉轮廓

Step 3 选择【编辑】/【复制】命令，复制矩形；选择【编辑】/【粘贴】命令，粘贴复制的矩形，在工具属性栏中设置“旋转角度”为 90°，在绘图页面中移动鼠标指针至中心点处，单击并按住鼠标左键拖曳至合适位置，移动矩形，如图 4-88 所示。

Step 4 移动鼠标指针至左侧中间的控制框上单击并按住鼠标左键向右拖曳至合适位置，缩小矩形，如图 4-89 所示。

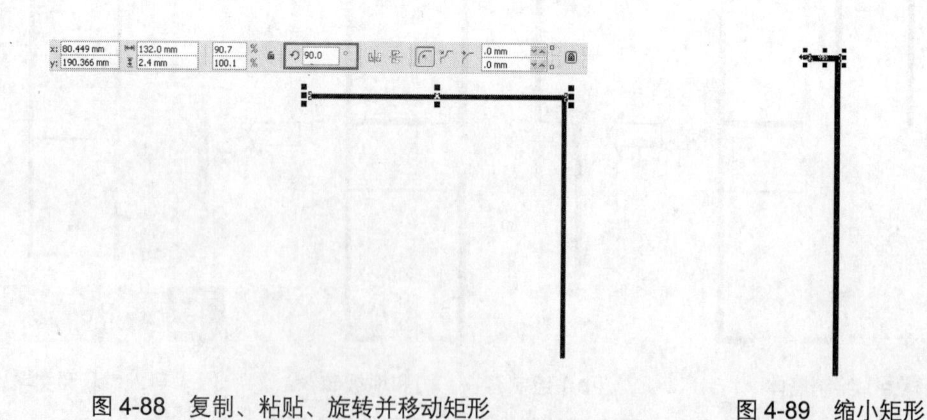

图 4-88　复制、粘贴、旋转并移动矩形

图 4-89　缩小矩形

Step 5 用与上述同样的方法，复制、粘贴其他的墙体矩形，并旋转和缩小墙体矩形，移动至合适位置，如图 4-90 所示。

Step 6 选择工具箱中的【矩形】工具，绘制一个“28.56mm × 1.2mm”的矩形，如图 4-91 所示。

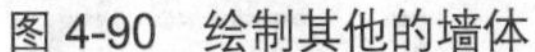

图 4-90　绘制其他的墙体

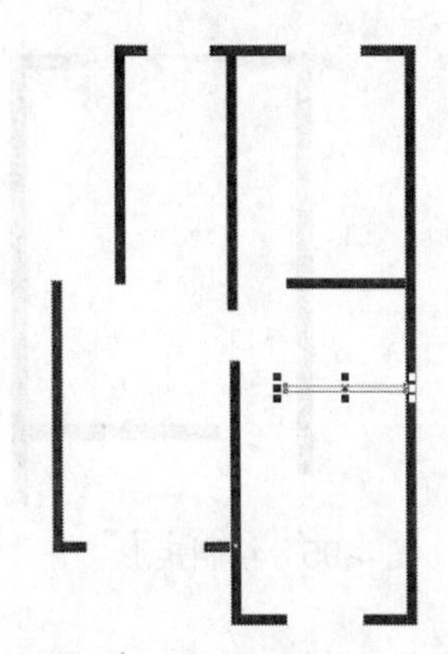

图 4-91　绘制矩形

Step 7　在状态栏中双击“填充”图标，在弹出的“均匀填充”对话框中，设置颜色为黑色（C:100;M:100;Y:100;K:100），单击“确定”按钮，在【工具】属性中的“轮廓宽度”对话框 .2 mm 中设置参数为“无”选项，并去掉轮廓，如图 4-92 所示。

Step 8　选择工具箱中的【贝塞尔】工具，绘制闭合曲线，如图 4-93 所示。

Step 9　用鼠标右键在绘图页面右侧的调色板的 70%黑上单击，更改轮廓颜色，如图 4-94 所示。

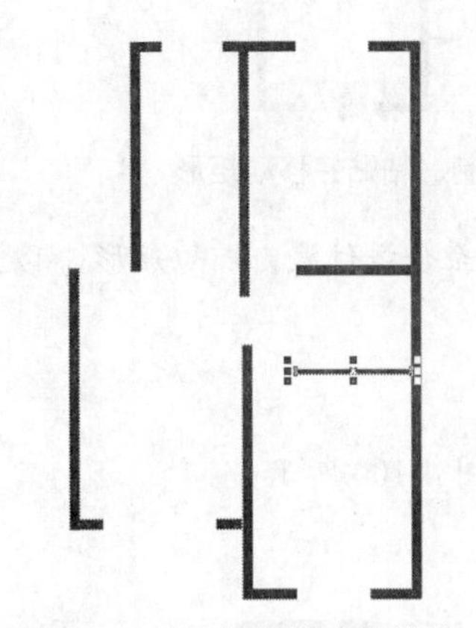

图 4-92　填充颜色并去掉轮廓

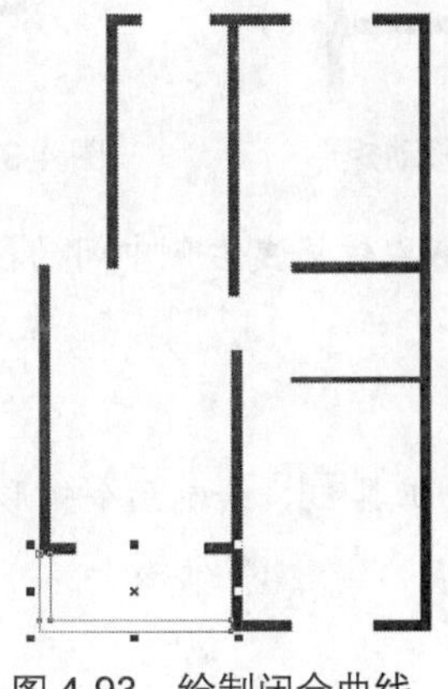

图 4-93　绘制闭合曲线

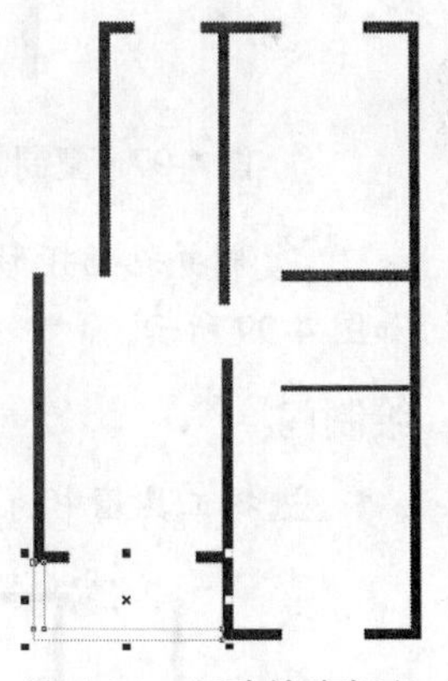

图 4-94　更改轮廓颜色

2. 绘制窗户

Step 1　选择工具箱中的【矩形】工具，绘制一个“17.99mm × 0.612mm”的矩形，如图 4-95 所示。

Step 2　用鼠标左键在绘图页面右侧的调色板的 50%色块上单击，填充颜色，用鼠标右键在调色板的【无图标】☒上单击，去掉轮廓，如图 4-96 所示。

Step 3　选择【编辑】/【复制】命令，复制矩形；选择【编辑】/【粘贴】命令，粘贴复制的矩形，在绘图页面中向下调整至合适位置，如图 4-97 所示。

Step 4　选择工具箱中的【移动】工具，单击并拖曳框选刚绘制的小矩形，选择【编辑】/【复制】命令，复制矩形；选择【编辑】/【粘贴】命令，粘贴复制的矩形，在绘图页面中向下调整至合适位置，如图 4-98 所示。

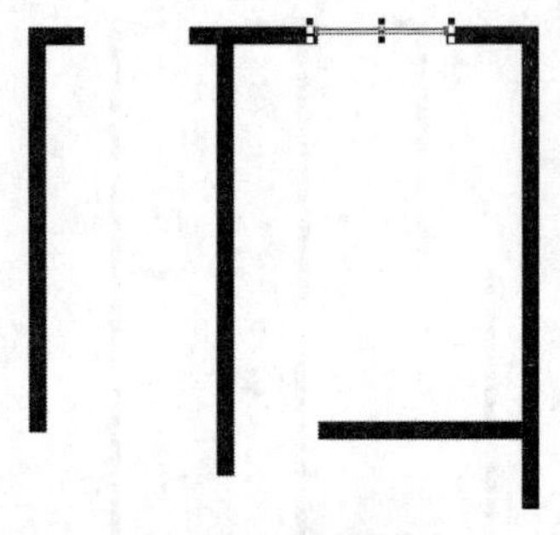

图 4-95　绘制矩形

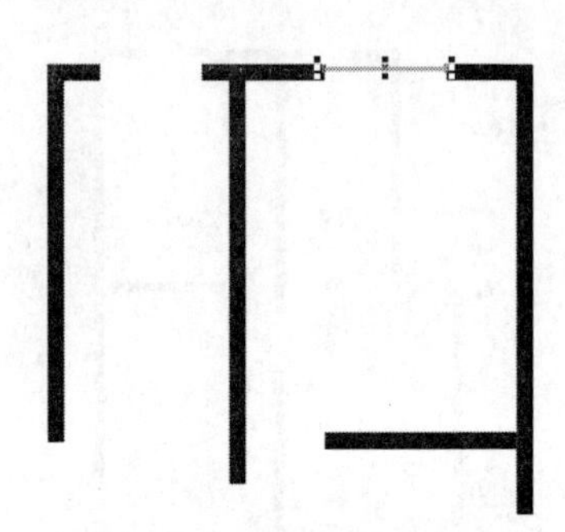

图 4-96　填充颜色并去掉轮廓

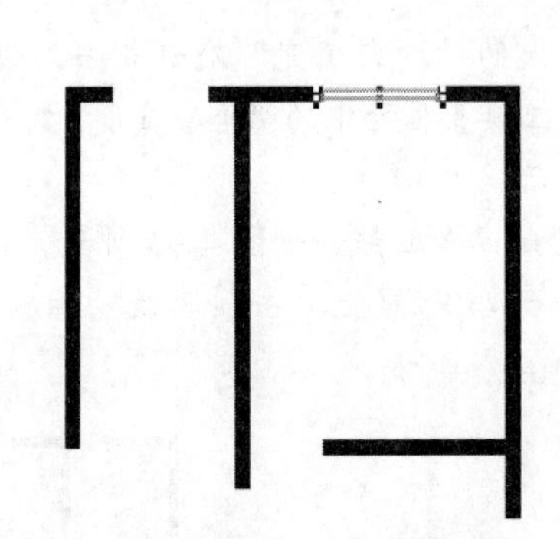

图 4-97　复制、粘贴、移动矩形

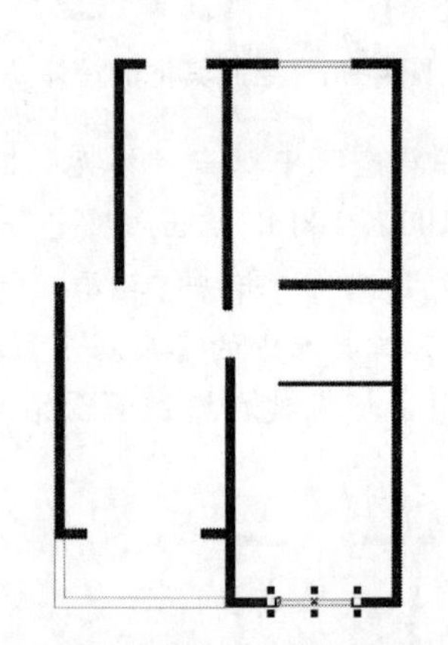

图 4-98　复制、粘贴并移动矩形

Step 5　复制并粘贴矩形，用鼠标左键拖曳右侧中间的控制柄至合适位置，缩短矩形，移至合适位置，如图 4-99 所示。

3. 绘制门

Step 1　选择工具箱中的【矩形】工具□，绘制两个矩形，如图 4-100 所示。

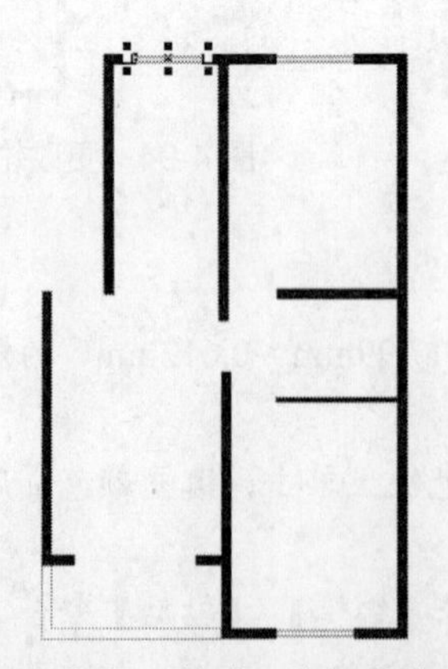

图 4-99　复制、粘贴、缩短并移动矩形

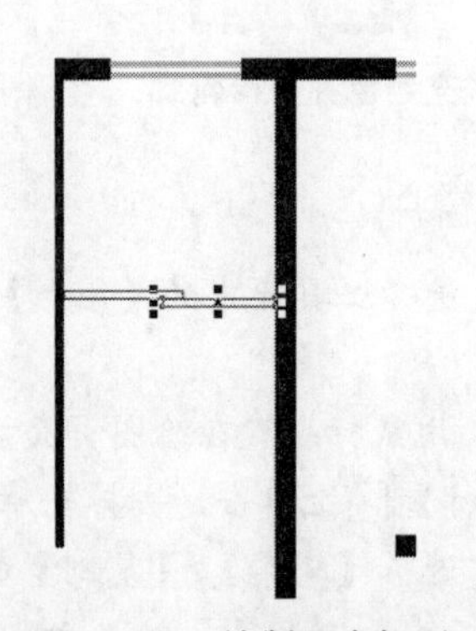

图 4-100　绘制两个矩形

Step 2　选择工具箱中的【矩形】工具□，绘制 3 个矩形，如图 4-101 所示。

Step 3　选择工具箱中的【矩形】工具□，绘制两个矩形，如图 4-102 所示。

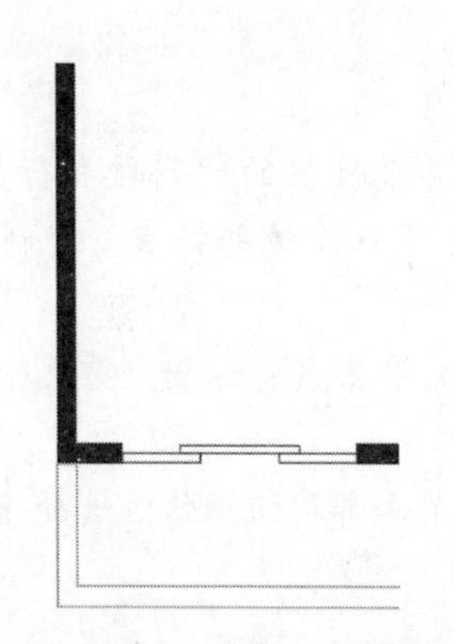

图 4-101　绘制 3 个矩形

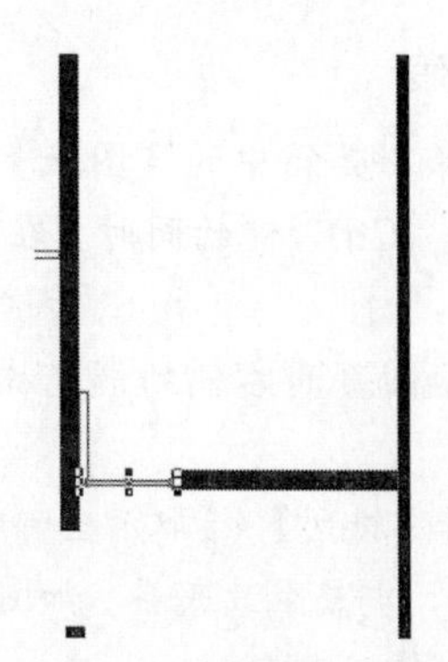

图 4-102　绘制两个矩形

Step 4　选择工具箱中的【矩形】工具，绘制两个矩形，填充颜色为黑色（C:100;M:100;Y:100;K:100），并去掉轮廓，如图 4-103 所示。

Step 5　选择工具箱中的【贝塞尔】工具，绘制一个开放曲线，如图 4-104 所示。

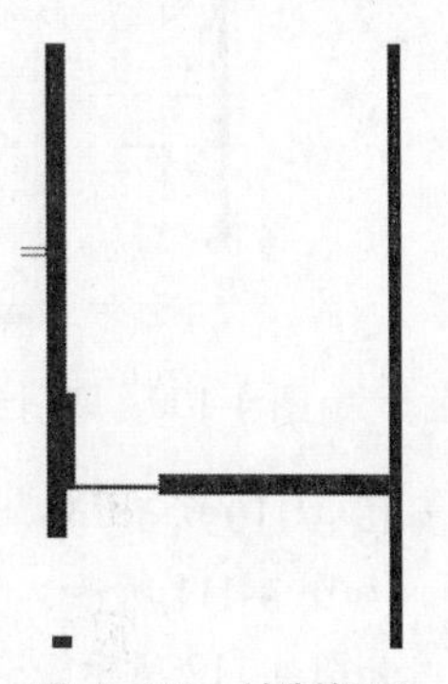

图 4-103　绘制矩形

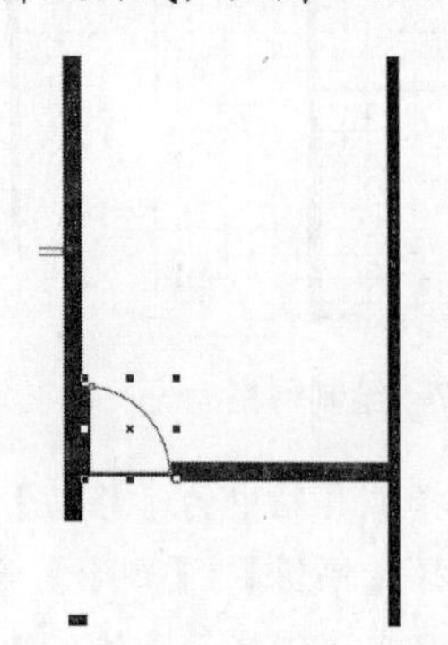

图 4-104　绘制开放曲线

Step 6　选择工具箱中的【移动】工具，框选刚绘制的门，选择【编辑】/【复制】命令，复制门；选择【编辑】/【粘贴】命令，粘贴复制的门，在工具属性栏中单击“垂直镜像”按钮，并移动至合适位置，如图 4-105 所示。

Step 7　用与上述同样的方法，使用【矩形】工具，绘制两个矩形，填充颜色为黑色，去掉轮廓，然后使用【贝塞尔】工具，绘制开放曲线，绘制门，如图 4-106 所示。

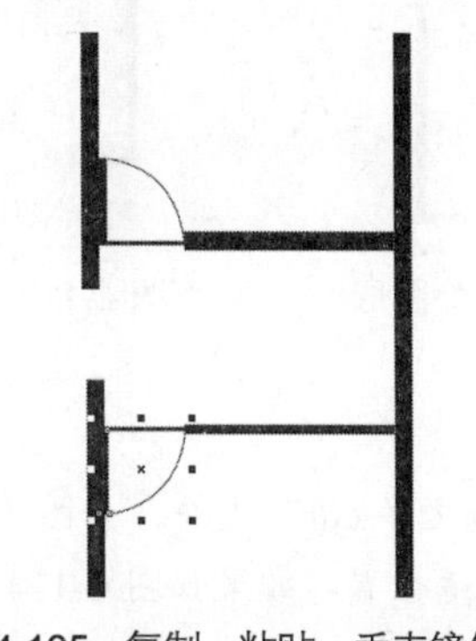

图 4-105　复制、粘贴、垂直镜像门

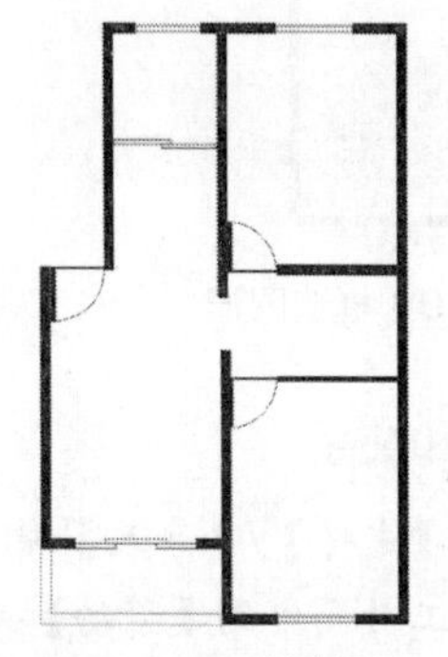

图 4-106　绘制门

4. 绘制地板砖

Step 1 选择工具箱中的【图纸】工具，在工具属性栏的“列数和行数”数值框中分别输入23，按住“Ctrl”键的同时，在绘图页面中单击鼠标左键并拖曳，绘制网格，如图4-107所示。

Step 2 在绘图页面右侧的调色板的30%黑色块上单击鼠标右键，更改轮廓色，如图4-108所示。

Step 3 选择【排列】/【取消全部群组】命令，取消全部群组操作；选择【排列】/【顺序】/【到图层后面】命令，调整至最底层，如图4-109所示。

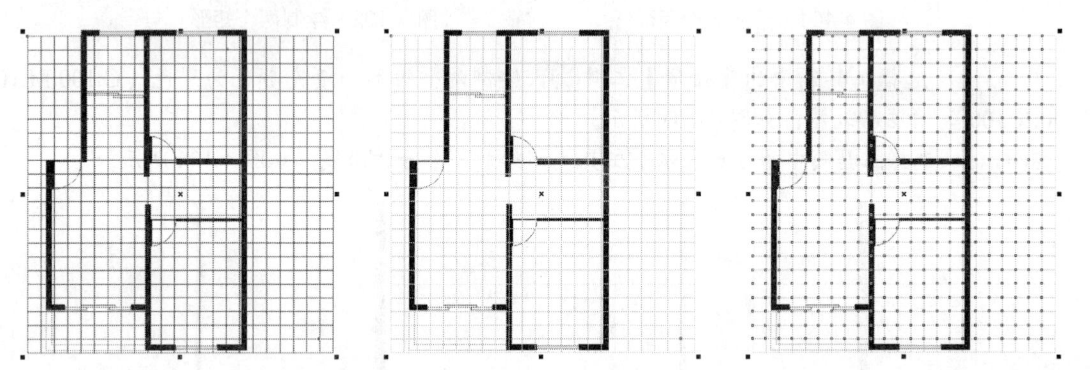

图4-107 绘制网格　　图4-108 更改轮廓色　　图4-109 取消全部群组并调整顺序

Step 4 选择工具箱中的【移动】工具，框选图形，如图4-110所示。

Step 5 选择【编辑】/【删除】命令，删除选择的图形，如图4-111所示。

Step 6 用与上述同样的方法，选择相应的图形并删除，如图4-112所示。

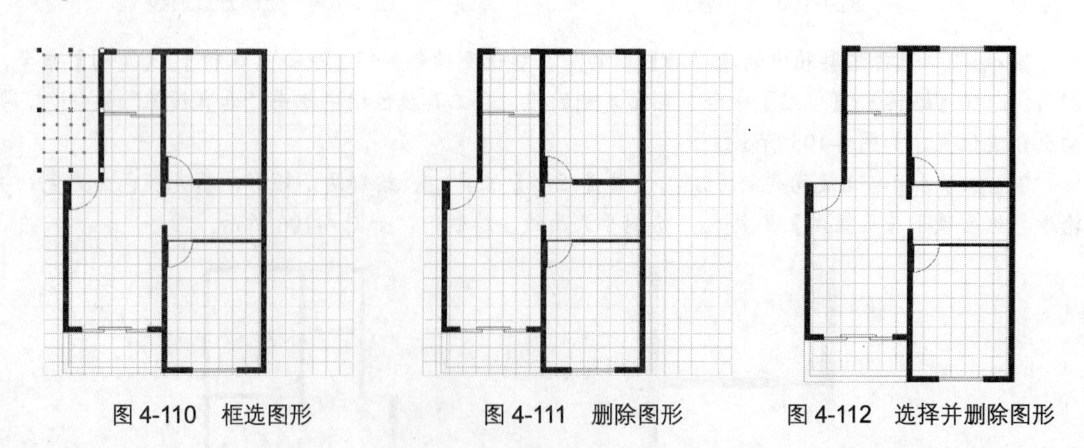

图4-110 框选图形　　图4-111 删除图形　　图4-112 选择并删除图形

5. 导入家具和文字

Step 1 选择【文件】/【导入】命令，导入“家具和文字.cdr”文件，如图4-113所示。

Step 2 选择工具箱中的【移动】工具，移动至合适位置，效果如图4-114所示，至此，本案制作完毕。

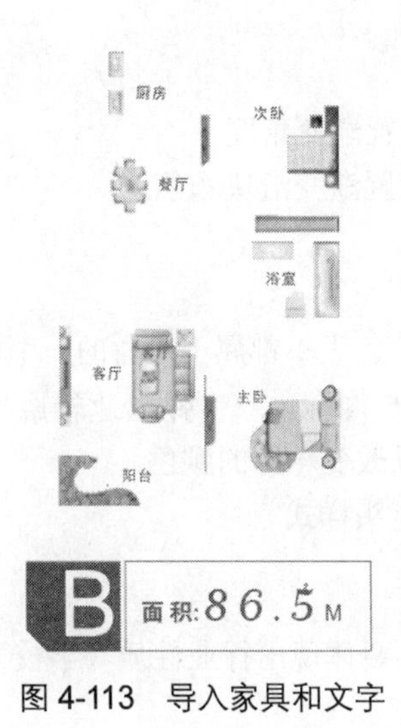

图 4-113　导入家具和文字

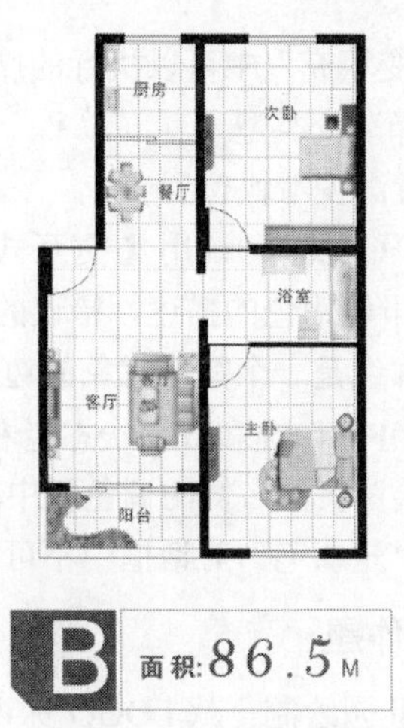

图 4-114　完成效果

4.7 练习与上机

1. 单项选择题

（1）选择【窗口】/【调色板】命令中的子菜单命令将其打开，其中最常使用的是默认（　　）调色板和默认（　　）的调色板。

A．RGB　CMYK　　B．CMYK　RGB

C．RGB　SHB　　D．CMYK　Lab

（2）使用（　　），可以吸取页面中任何对象的颜色，还可以采集多个点的混合色，然后可使用（　　）为目标对象进行相同的填充，类似于直接复制源对象的填充。

A.【颜色滴管】工具　油漆桶　　B．油漆桶　【颜色滴管】工具

C．智能填充　【颜色滴管】工具　　D.【底纹】工具　油漆桶

（3）（　　）也称喷泉式填充，在 CorelDRAW 中，为用户提供了线性、射线、圆锥和方角等四种渐变填充类型。

A．均匀填充　B．单色填充　C．全图填充　D．渐变填充

（4）交互式网状填充是一种较为特殊的填充方式，它通过在图形上建立（　　），然后在各个网格点上填充不同的颜色，从而得到一种特殊的填充效果。

A．中心点　B．双色图样　C．网格　D．位色图样

2. 多项选择题

（1）使用“颜色”泊坞窗时，下面操作中正确的是（　　）。

A．单击“填充”按钮，可以填充颜色

B．按“显示颜色滑块”按钮，自动切换至颜色滑块调整

C．单击“轮廓”按钮，可以填充轮廓色

D．当呈状态时，表示可以为所选图形自动进行填充上色

（2）在“渐变填充”中可以执行的操作包括（　　）。

A．选择渐变类型　　B．设置渐变角度

C．设置渐变滑块位置　　D．设置渐变滑块颜色

E．按“G”键，调用【交互式填充】工具

（3）下列关于轮廓色的描述，错误的是（　　）。

A．轮廓线是一个图形对象的边缘，与形状、颜色、大小都属于对象的一个属性

B．按“F12”键和双击状态栏右下角的“轮廓笔”图标，将弹出“轮廓笔”对话框

C．在绘图页面右侧的调色板中单击鼠标左键可以改变轮廓的颜色。

D．在“轮廓笔”对话框中不可以设置轮廓线的箭头样式

3. 上机操作题

（1）为某幼儿园绘制一款 LOGO 标识，要求该 LOGO 要体现出行业性质（学校）、朝气、蓬勃发展、人文等主题和元素，参考效果如图 4-115 所示。

完成效果：效果文件\第 4 章\LOGO. cdr

素材文件：第 4 章\素材文件\无

图 4-115　LOGO

（2）绘制网页图标，参考效果如图 4-116 所示。

完成效果：效果文件\第 4 章\网页图标. cdr

素材文件：第 4 章\素材文件\无

图 4-116　网面图标

第 5 章 图形对象的操作与编辑

📖 学习目标

学习在 CorelDRAW X5 中对绘制的对象进行反复的形状编辑和调整，如移动对象、变换对象、排列与对齐对象、群组和结合对象、修整和精确剪裁对象。了解 POP 海报的分类、设计技巧以及绘制手法，并掌握 POP 海报的特点与绘制方法。

📖 学习重点

掌握对象的常见操作、变换对象、修饰和造型对象，以及精确剪裁对象等各种技巧，以获得满意的造型效果，从而达到设计的需要。

📖 主要内容

- 对象的常见操作
- 变换对象
- 排列与对齐对象
- 群组、结合和锁定对象
- 修整对象
- 精确剪裁图框
- 绘制 POP 海报广告

5.1 对象的常见操作

对象的常见操作包括选择对象、移动对象、复制对象及属性、删除对象等。

5.1.1 选择对象

对象是指在绘图中创建或者放置的任何项目，若想处理对象必须首先选择对象，选择对象最方便快捷的方法就是使用【挑选】工具进行选定。使用【挑选】工具可以选择单个对象也可选择多个对象。

1. 选择单个对象

在CorelDRAW X5中，选择对象是图形绘制过程中最基本的操作，若需要选择单个对象，其方法很简单。

【例5-1】使用【挑选】工具选择单个对象。

所用素材：素材文件\第5章\棒棒糖.cdr

Step 1 按"Ctrl + O"组合键，打开"棒棒糖.cdr"文件，如图5-1所示。

Step 2 选择工具箱中的【挑选】工具，将鼠标指针移至黄色图形上，如图5-2所示。

Step 3 单击鼠标左键，即可将单击处的黄色图形选中，对象选择后会出现8个控制节点，如图5-3所示。

图5-1 打开素材

图5-2 确认鼠标指针位置

图5-3 黄色图形被选择

提示：选择对象时，也可以在工作区中对象以外的地方按住鼠标左键不放并拖曳鼠标，出现一个虚线矩形框，如图5-4所示，框选完所要选择的对象并释放鼠标左键，即可看到对象处于被选择状态，如图5-5所示。

图5-4 虚线矩形框

图5-5 框选单个对象

【知识补充】若对象是处于组合状态的图形，要选择对象中的单个图形元素，可在按住“Ctrl”键的同时单击该图形，此时图形四周将出现圆形的控制点，则表示该图形已经被选择，如图 5-6 所示。

图 5-6　选择组合中的单个对象

2. 选择多个对象

在编辑图形时，经常需要同时选择多个对象进行编辑和修改，以便提高工作效率。

【例 5-2】使用“Shift”键选择多个对象。

所用素材：素材文件\第 5 章\爱情信封..cdr

Step 1　打开“爱情信封.cdr”文件，选择工具箱中的【挑选】工具，单击绿色到黄色渐变的倒三角形，将其选中，如图 5-7 所示。

Step 2　按住“Shift”键的同时，依次单击心形和圆形的对象，即可选择多个对象，如图 5-8 所示。

图 5-7　选择一个对象

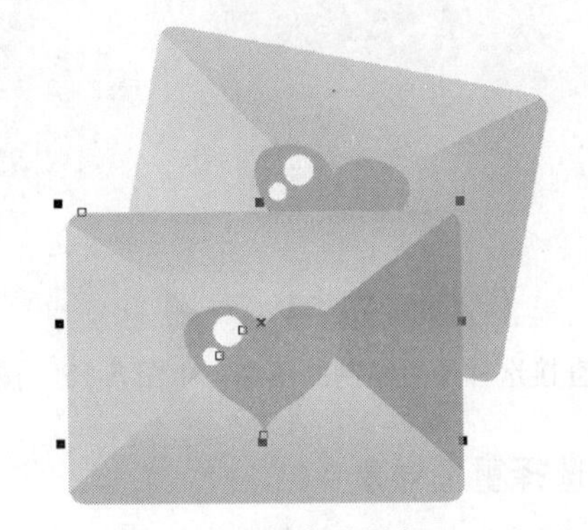

图 5-8　选择多个对象

提示：用户也可以与选择单个对象一样，在工作区中对象以外的地方按住并拖曳鼠标左键创建一个虚线矩形框，如图 5-9 所示，框选出所要选择的所有对象，释放鼠标左键后，即可看到选框范围内的对象都被选取，如图 5-10 所示。

在框选多个对象时，如选取了多余的对象，按住“Shift”键的同时单击多选的对象，即可取消该对象的选取状态。

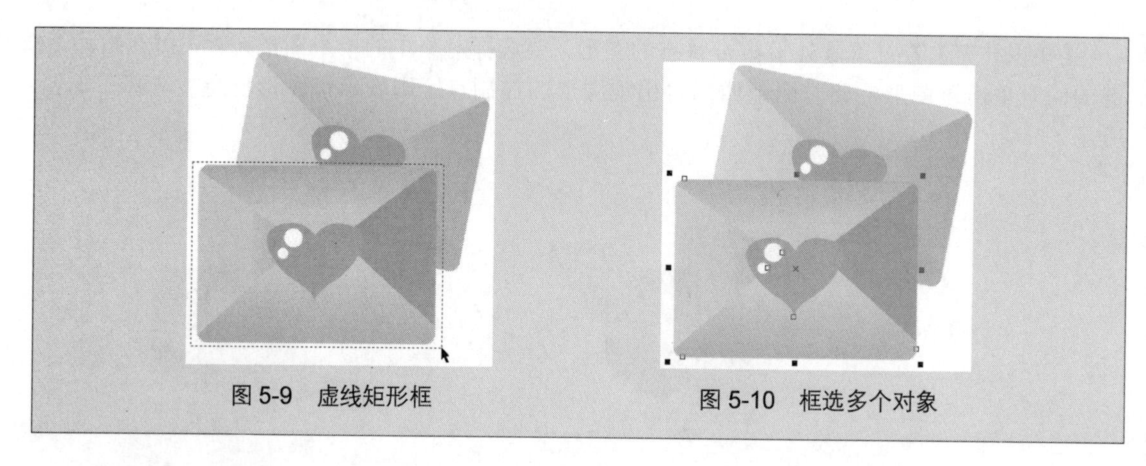

图 5-9　虚线矩形框　　图 5-10　框选多个对象

3. 按顺序选择对象

使用“Tab”键可以很方便地按图形的图层关系，在工作区中从上到下快速地依次选择对象，并依次循环选取。

【例 5-3】使用“Tab”键按顺序选择对象。

Step 1　继续使用上一例的素材图形，选择工具箱中的【挑选】工具，按“Tab”键，直接选择最后绘制的圆形图形，如图 5-11 所示。

Step 2　再次按“Tab”键，系统会按用户绘制图形的先后顺序从后到前依次选择对象，如图 5-12 所示。

Step 3　继续按“Tab”键，系统会按用户绘制图形的先后顺序从后到前依次选择对象，如图 5-13 所示。

图 5-11　直接选择最后绘制的图形

图 5-12　按先后顺序选择对象

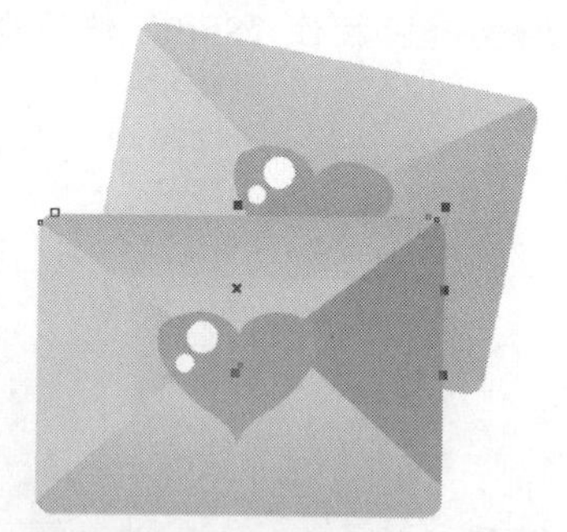

图 5-13　按先后顺序选择对象

4. 选择重叠对象

利用【挑选】工具选择被覆盖在对象下面的图形时，总是会选择到最上层的对象。

【例 5-4】使用“Alt”键选择重叠对象。

所用素材：素材文件\第 5 章\饮料.cdr

Step 1　打开“饮料.cdr”文件，选择工具箱中的【挑选】工具，按住“Alt”键的同时，在重叠处单击鼠标左键，即可选择被覆盖的图形，如图 5-14 所示。

Step 2　再次单击鼠标左键，则可选择下一层的对象如图 5-15 所示，依次类推，重叠在后面的图形都可以被选择。

图 5-14　选择重叠的对象

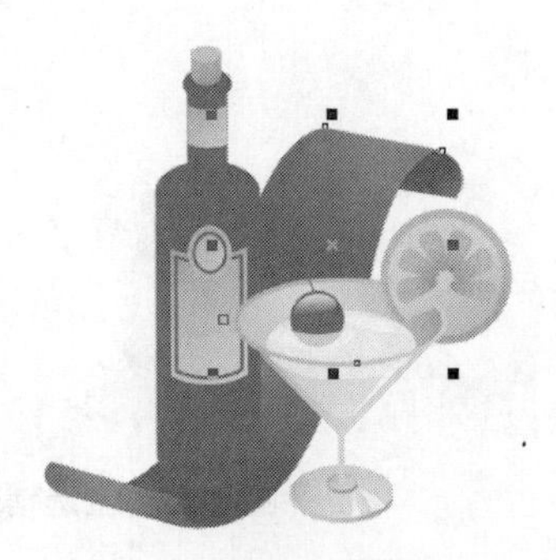

图 5-15　选择重叠的对象

5. 全部选择对象

全选对象就是指选择工作窗口中所有的对象，包括所有的图形对象、文本、辅助线和相应对象上的所有节点。选择【编辑】/【全选】命令，系统将会自动弹出如图 5-16 所示的子菜单，通过选择子菜单中的选项，可以将文档中的对象、文本、辅助线或节点全部选择。

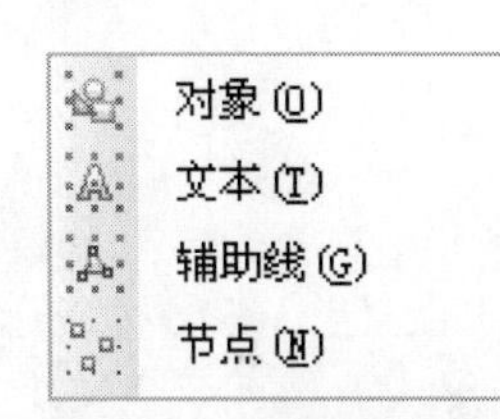

图 5-16　全选子菜单命令

- 对象：选择该命令后，可以选择工作窗口中所有的对象，如图 5-17 所示。

图 5-17　全选对象和全选对象前后的对比效果

- 文本：文档中既有图形又有文本，选择该命令后，可以只选择工作窗口中所有的文本对象，如图 5-18 所示。

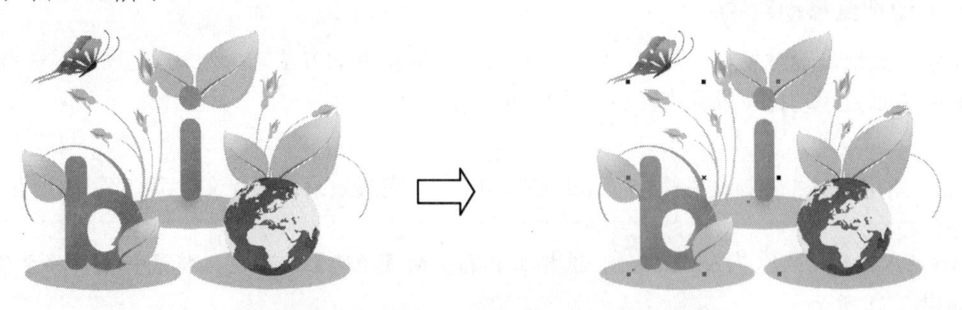

图 5-18　全选文本和全选文本前后的对比效果

- 辅助线：在没有选择时呈现蓝色，选择时呈现红色；选择该命令后，将选择工作窗口中的所有辅助线，被选择的辅助线呈红色状态显示，如图 5-19 所示。

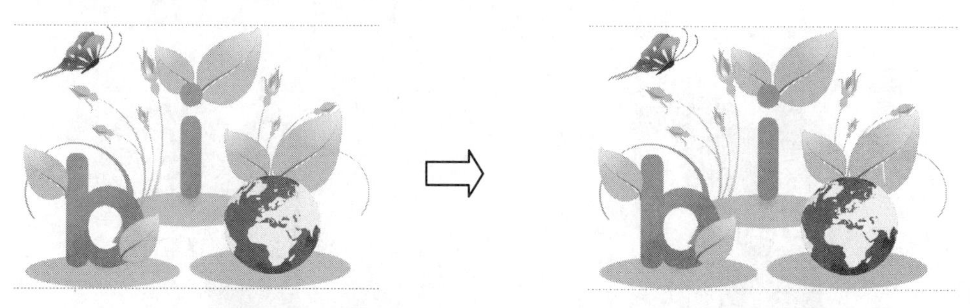

图 5-19　全选辅助线和全选辅助线前后的对比效果

- 节点：矢量图形包含许多节点，选择该命令，需先选择有节点的矢量图形，该命令才能被使用，且被选择的对象必须是曲线对象，所选对象中的全部节点都将被选中，如图 5-20 所示。

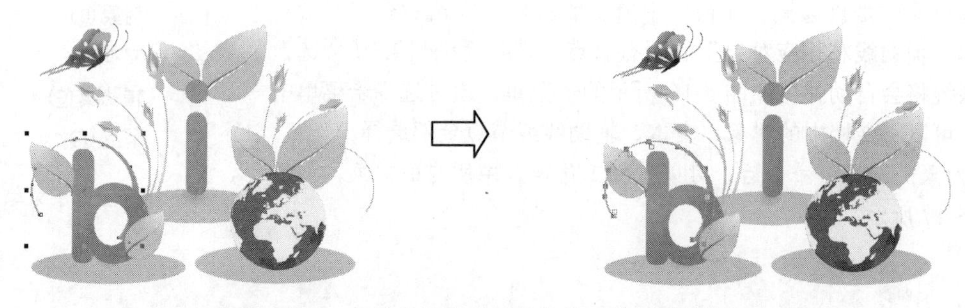

图 5-20　全选节点和全选节点前后的对比效果

提示：使用【挑选】工具，可以通过框选的方式，对所有需要的图形对象进行选择；双击工具箱的【挑选】工具，则可以快速地选择工作区中的所有对象。

5.1.2　移动对象

在设计的作品时经常需要移动对象的位置，有时只需大概地移动对象的位置，而有时却需要精确地移动位置，使用不同的方法可以得到不同的结果。

1. 手动拖曳移动对象

如果想随意地设置对象的位置，可以使用鼠标单击并拖曳的方法。

【例 5-5】通过手动拖曳鼠标指针的方法移动对象。

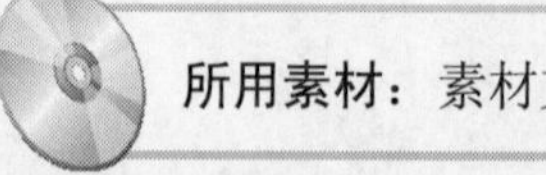

所用素材：素材文件\第 5 章\玫瑰花.cdr　　**完成效果**：效果文件\第 5 章\玫瑰花.cdr

Step 1　打开“玫瑰花.cdr”文件，选择工具箱中的【挑选】工具，将鼠标指针移至玫瑰花对象上，如图 5-21 所示。

Step 2　单击并按住鼠标左键向左拖曳，如图 5-22 所示。

Step 3　拖曳至合适位置，释放鼠标左键，即可将对象移动到所需的位置，如图 5-23 所示。

图 5-21　移动鼠标指针至对象上　　图 5-22　拖曳对象　　图 5-23　移动后的对象

2. 微调方式移动对象

如果想微移对象的位置，则可以使用键盘上的“↑”、“↓”、“←”、“→”4 个方向键，按上下左右的方向移动对象。

【例 5-6】使用键盘上的 4 个方向键移动对象。

所用素材：素材文件\第 5 章\礼品盒.cdr　　**完成效果：**效果文件\第 5 章\礼品盒.cdr

Step 1　打开“礼品盒.cdr”文件，选择工具箱中的【挑选】工具，选择小礼品盒对象，如图 5-24 所示。

Step 2　按键盘上“↑”、“↓”、“←”、“→”4 个方向键，即可微移对象，如图 5-25 所示。

图 5-24　选择需要微移的对象

图 5-25　微移后的对象效果

【知识补充】使用【挑选】工具在绘图页面的空白处单击鼠标左键，则可取消页面中的所有选择，此时的工具属性栏如图 5-26 所示，在系统默认情况下每按一次方向键将移动 2.54mm，可以在“微调距离”数值框 .1 mm 中设置微调偏移量。

图 5-26　设置微调的偏移量

3. 精确定位移动对象

使用“变换”泊坞窗的“位置”面板可以精确定地位移动对象。

【例 5-7】使用“位置”面板精确定位移动对象。

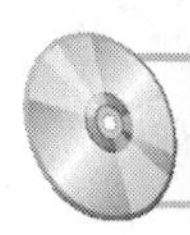

所用素材：素材文件\第 5 章\记事本.cdr　　**完成效果**：效果文件\第 5 章\记事本.cdr

Step 1　打开“记事本.cdr”文件，使用【挑选】工具选择需要精确移动的对象，如图 5-27 所示。

Step 2　选择【排列】/【变换】/【位置】命令或按“Alt + F7”组合键，打开”变换”泊坞窗中的“位置”面板，设置水平为 132mm、垂直为 146mm，如图 5-28 所示。

Step 3　单击“应用”按钮，即可精确移动对象，如图 5-29 所示。

图 5-27　打开的素材

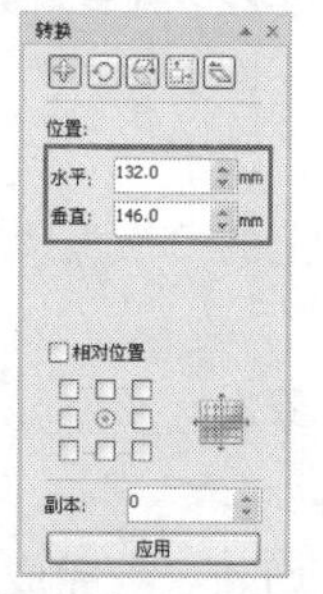

图 5-28　“变换”泊坞窗中的“位置”面板

图 5-29　精确移动对象

提示：除了使用”变换”泊坞窗的“位置”面板精确地定位移动对象的位置外，还可以使用工具属性栏来实现，方法是：选择需要精确定位移动的对象后，在工具属性栏中“对象的位置”数值框中输入 *X* 和 *Y* 的相应参数，按“Enter”键或者在页面中单击鼠标左键确认即可。

【知识补充】下面补充说明“位置”面板中的一些参数的作用，具体内容如下。

- “水平”数值框：用于设置水平坐标的位置。
- “垂直”数值框：用于设置垂直坐标的位置。
- “相对位置”选项区，用于将对象或者对象副本，以原对象的锚点作为相对的坐标原点，沿某一方向移动到相对于原位置指定距离的新位置上。
- “副本”数值框：用于设置需要复制的份数。
- “应用”按钮：将所做的设置应用到对象上。

5.1.3 复制对象及属性

经常会有一个对象多次出现在画面中，用户可以通过复制方法得到，以免重复绘制。

1. 复制对象

用户可以使用多种方法将一个图形对象复制出多个副本。

【例 5-8】使用“复制”命令、“粘贴”命令复制对象。

所用素材：素材文件\第 5 章\梅花.cdr　　**完成效果**：效果文件\第 5 章\梅花.cdr

Step 1　打开“梅花.cdr”文件，使用【挑选】工具，选择需要复制的对象，如图 5-30 所示。

Step 2　选择【编辑】/【复制】命令，复制对象，再选择【编辑】/【粘贴】命令，粘贴复制的图形，并在绘图页面中的控制框中单击并按住鼠标左键向右拖曳，移动其位置，如图 5-31 所示。

图 5-30　选择需要复制的对象

图 5-31　复制的对象

提示：用户还可以使用以下 5 种方法复制对象。

- 选择对象后按小键盘上的“+”键，即可在原地复制对象。
- 选择对象，按“Ctrl + C”组合键；再按“Ctrl + V”组合键即可复制对象。
- 选择对象，单击标准栏中的“复制”按钮，再单击“粘贴”按钮。
- 选择对象，按住鼠标左键将对象拖动一定位置时单击鼠标右键。
- 在对象上单击并按住鼠标右键拖曳，释放鼠标右键，弹出快捷菜单，如图 5-32 所示，选择“复制”选项，即可复制对象。

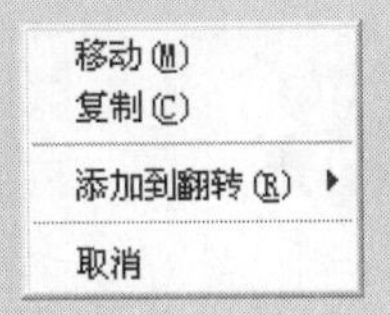

图 5-32　快捷菜单

2. 再制对象

再制对象是指快捷地将对象按一定的方式复制为多个对象。再制对象的原理与复制对象不同，系统将副本对象放置在绘图页面中，而不再通过剪切板。这时，用户对副本对象大小、位置和旋转角度等属性的改变将被系统记录下来，应用到接下来的再制操作中。

【例 5-9】使用“再制”命令再制对象。

所用素材：素材文件\第 5 章\玫瑰花纹.cdr　　**完成效果**：效果文件\第 5 章\玫瑰花纹.cdr

Step 1　打开“玫瑰花纹.cdr”文件，使用【挑选】工具，选择需要再制的对象，按住鼠标左键将对象向右拖动，如图 5-33 所示。

Step 2 拖曳至合适位置，单击鼠标右键，即可复制一个对象副本，如图 5-34 所示。

Step 3 选择【编辑】/【再制】命令，即可按与上一步相同的间距和角度再制出新的对象，如图 5-35 所示。

图 5-33 拖曳对象　　图 5-34 复制一个对象副本　　图 5-35 再制的对象

提示：当进行复制对象操作后，按“Ctrl + D”组合键，也可以再制对象。

3. 复制对象属性

复制对象属性是一种比较特殊、重要的复制方法，可以方便快捷地将指定对象中的轮廓、颜色及文本属性通过复制的方法应用到所选对象中。

【例 5-10】使用“复制属性”命令复制对象属性。

所用素材：素材文件\第 5 章\蝶恋花.cdr　　**完成效果**：效果文件\第 5 章\蝶恋花.cdr

Step 1 打开“蝶恋花.cdr”文件，使用【挑选】工具，选择要获取其他对象属性的源对象，如图 5-36 所示。

Step 2 选择【编辑】/【复制属性自】命令，弹出“复制属性”对话框，如图 5-37 所示。用户可以在对话框中选择要复制的属性：轮廓笔、轮廓色、填充及文本属性复选框。

图 5-36 选择对象

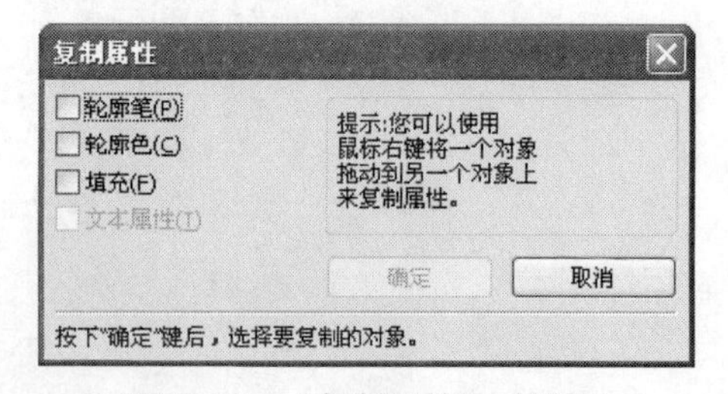

图 5-37 “复制属性”对话框

Step 3 分别选择“轮廓色”和“填充”复选框，单击“确定”按钮，此时光标将成为黑色箭头形状➡，移动光标到其他对象上，如图 5-38 所示。

Step 4 单击鼠标左键，即可将该对象的属性复制到所选对象上，如图 5-39 所示。

图 5-38 移动光标到其他对象上

图 5-39 复制对象属性

提示：按住鼠标右键将一个对象拖曳至另一个对象上，释放鼠标右键后，弹出快捷菜单，可选择“复制填充”、“复制轮廓”、“复制所有属性”选项，即可将源对象中的填充、轮廓或所有属性复制到所选对象上，如图 5-40 所示。

图 5-40　复制对象属性

【知识补充】下面补充说明“复制属性”对话框中的一些参数的作用，具体内容如下。

- “轮廓笔”复选框：用于复制对象的轮廓属性，包括轮廓线的宽度、样式等。
- “轮廓色”复选框：用于复制对象轮廓线的颜色属性。
- “填充”复选框：用于复制对象内部的颜色属性。
- “文本”复选框：只能应用于文本对象，可复制指定文本的大小、字体等文本属性。

5.1.4　删除对象

在 CorelDRAW X5 中用户可以非常轻松地将不需要的对象删除。删除对象有以下 3 种方法。

- 选择要删除的单个或多个对象，按“Delete”键直接删除，如图 5-41 所示。

图 5-41　删除对象前后的对比效果

- 选择要删除的对象，选择【编辑】/【删除】命令，即可删除对象。
- 在要删除的对象上单击鼠标右键，在弹出的快捷菜单中选择“删除”选项即可。

5.2　变换对象

对象的变换主要是在不影响对象基本形状及其特点的情况下，对对象的位置、方向以及大小等方面进行改变操作。

5.2.1 缩放对象

如果对绘制的对象大小不满意，可以缩放对象的大小。

1. 手动拖曳缩放对象

使用手动直接拖曳控制框中四角的控制柄可以快速地缩放对象的大小。

【例 5-11】使用拖曳控制柄缩放对象。

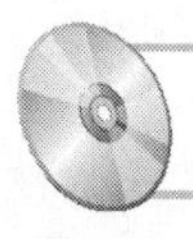

所用素材： 素材文件\第 5 章\熊猫.cdr　　**完成效果：** 效果文件\第 5 章\熊猫.cdr

Step 1 打开“熊猫.cdr”文件，使用【挑选】工具，选择需要缩放的对象，如图 5-42 所示。

Step 2 将鼠标指针移至右上角的控制柄上，单击鼠标并按住左键向右上角拖曳，成比例放大对象，如图 5-43 所示。

图 5-42　选择需要缩放的对象

图 5-43　成比例放大对象

提示：使用【挑选】工具选择对象后，若按住“Shift”键的同时，拖曳对象四角处的控制柄，可以使对象按中心点位置等比例缩放；若按住“Ctrl”键的同时，拖曳对象四角处的控制柄，可以按原始大小的倍数来等比例缩放对象；若按住“Alt”键的同时，拖曳对象四角处的控制柄，可以按任意长宽比例延展对象。另外，通过设置工具属性栏中的“对象大小”数值框中的数值，也可以精确地设置对象的大小，如图 5-44 所示。

图 5-44　“对象大小”数值框

2. 精确定位缩放对象

使用“变换”泊坞窗的“大小”面板可以精确地调整对象的大小。

【例 5-12】使用“大小”面板缩放对象。

所用素材： 素材文件\第 5 章\皇冠.cdr　　**完成效果：** 效果文件\第 5 章\皇冠.cdr

Step 1 打开“皇冠.cdr”文件，使用【挑选】工具，选择需要精确调整大小的对象，如图 5-45 所示。

Step 2　执行【排列】/【变换】/【大小】命令或按“Alt + F10”组合键，打开“变换”泊坞窗中的“大小”面板，设置各选项如图5-46所示。

Step 3　单击“应用”按钮，即可精确设定对象的大小，如图5-47所示。

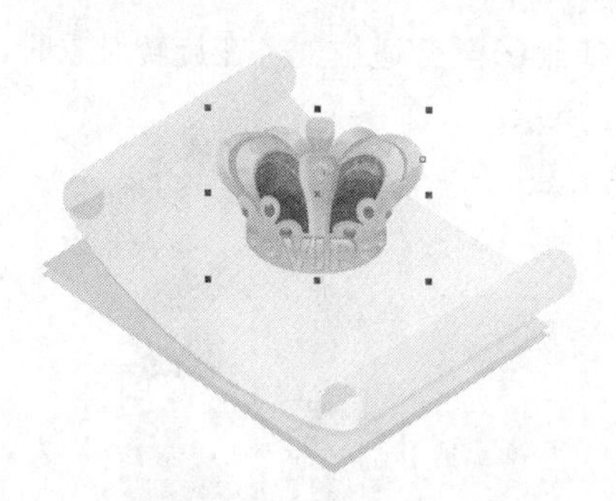
图5-45　选择对象

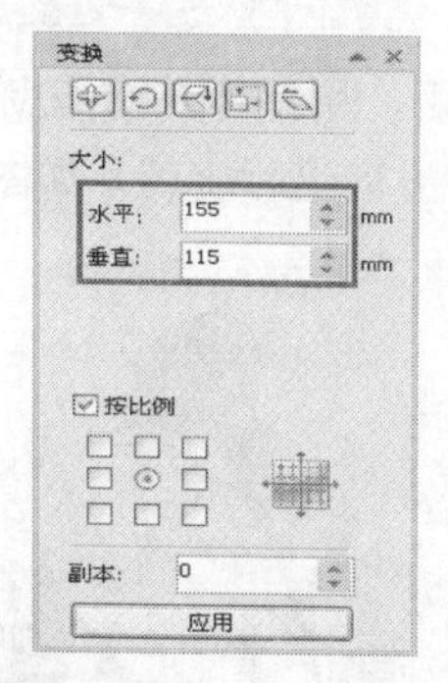

图5-46　“大小”面板

图5-47　精确设定对象的大小

【知识补充】“大小”面板中的“水平”数值框用于设置对象水平方向的大小；“垂直”数值框用于设置对象垂直方向的大小。

5.2.2　旋转对象

用户可以将对象旋转一定的角度，从而达到不同的效果。

1. 手动拖曳旋转对象

手动拖曳控制框四周的控制柄，可以快速地随意旋转对象。

【例5-13】使用拖曳控制柄旋转对象。

所用素材：素材文件\第5章\康乃馨.cdr　　**完成效果**：效果文件\第5章\康乃馨.cdr

Step 1　打开“康乃馨.cdr”文件，使用【挑选】工具，在需要旋转的对象上单击两次鼠标左键，进入旋转状态，对象四周的控制点将变成双箭头形状，如图5-48所示。

Step 2　将鼠标指针置于控制柄上，此时鼠标指针呈旋转双向圆形箭头形状，单击并按住鼠标左键拖曳，出现一个虚的对象副本，如图5-49所示。

Step 3　拖曳鼠标指针至合适位置后释放鼠标，即可旋转对象，如图5-50所示。

图5-48　鼠标指针形状

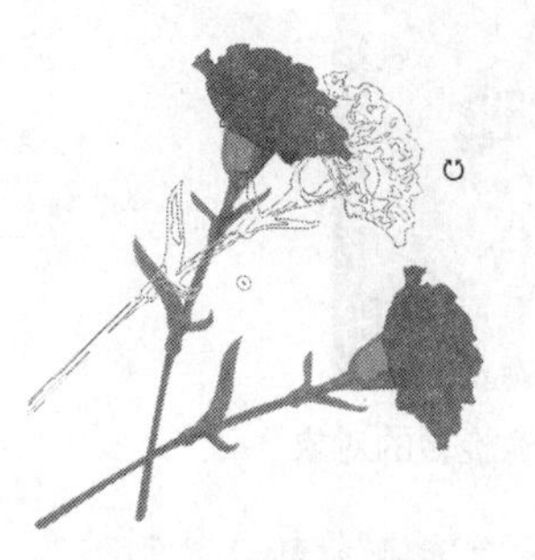
图5-49　虚的对象副本

图5-50　旋转的对象

提示：使用【挑选】工具选择对象后，用户在工具属性栏中的“旋转角度”数值框 .0 ° 中输入相应的参数，按“Enter”键确认，也可以在中心点指定所需的角度旋转对象。

【知识补充】当对象进入旋转状态后，用鼠标左键拖曳旋转基点⊙至合适位置，在旋转对象时，对象将围绕新的基点按顺时针或逆时针方向进行旋转，如图 5-51 所示。

图 5-51　改变基点后的旋转效果

2. 精确定位旋转对象

使用“变换”泊坞窗中的“旋转”面板可以精确地旋转对象。

【例 5-14】使用“旋转”面板旋转对象。

所用素材： 素材文件\第 5 章\ Happy.cdr　　**完成效果：** 效果文件\第 5 章\ Happy.cdr

Step 1　打开“Happy.cdr”文件，使用【挑选】工具，框选花朵和阴影效果，如图 5-52 所示。

Step 2　选择【排列】/【变换】/【旋转】命令或按“Alt + F8”组合键，打开“变换”泊坞窗中的“旋转”面板，设置各选项如图 5-53 所示。

图 5-52　选择需要精确旋转的对象

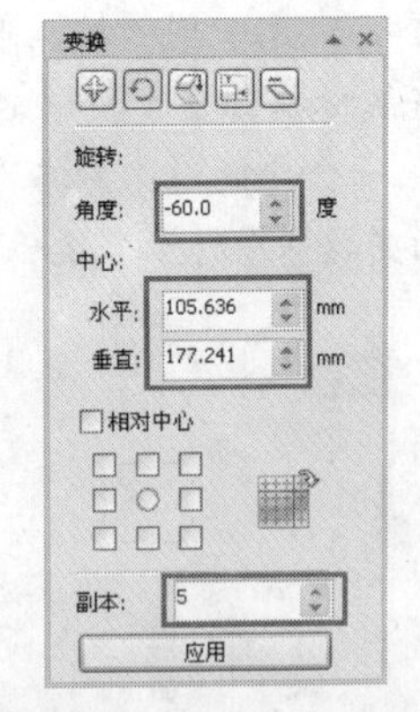

图 5-53　“旋转”面板

Step 3　单击“应用”按钮，即可精确旋转并复制对象，如图 5-54 所示。

Step 4　选择【排列】/【顺序】/【至图层前面】命令，将其置于最顶层，如图 5-55 所示。

图 5-54　精确旋转并复制对象

图 5-55　调整顺序

【知识补充】“旋转”面板中的“角度”数值框：用于设置旋转的角度；中心”选项区下的两个数值框：通过设置水平和垂直方向上的参数值可以确定对象的旋转中心。在默认值的情况下，旋转中心为对象的中心；选择“相对中心”复选框，可以在下方的指示器中选择旋转中心的相对位置。

5.2.3　倾斜对象

倾斜对象与旋转对象的操作方法基本相似，倾斜对象只能在上下、左右方向变换图形。

1. 手动拖曳倾斜对象

手动拖曳控制框四周的控制柄，可以快速地朝左右、上下方向倾斜对象。

【例 5-15】使用拖曳控制柄倾斜对象。

所用素材：素材文件\第 5 章\招贴海报广告.cdr　**完成效果：**效果文件\第 5 章\招贴海报广告.cdr

Step 1　打开“招贴海报广告.cdr”文件，使用【挑选】工具，选择需要倾斜的对象，将鼠标指针移至对象的的中心位置，单击鼠标左键，对象的四周中心出现倾斜控制点，将光标移至倾斜控制点上，此时光标变为倾斜形状⇌，如图 5-56 所示。

Step 2　单击并按住鼠标左键拖曳至合适的位置，释放鼠标左键即可倾斜对象，如图 5-57 所示。

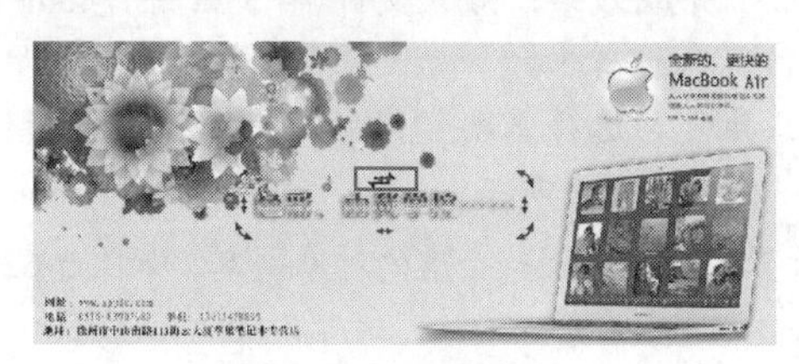

图 5-56　鼠标位置

图 5-57　倾斜对象

提示：使用鼠标拖曳倾斜对象时按住“Ctrl”键，可以在水平和垂直方向上倾斜对象。

2. 精确定位倾斜对象

使用“变换”泊坞窗的“倾斜”面板可以精确地倾斜对象。

【例 5-16】使用“倾斜”面板倾斜对象。

所用素材：素材文件\第 5 章\刷子.cdr　　完成效果：效果文件\第 5 章\刷子.cdr

Step 1 打开“刷子.cdr”文件，使用【挑选】工具，选择需要精确倾斜的对象，如图 5-58 所示。

Step 2 选择【排列】/【变换】/【倾斜】命令，打开“变换”泊坞窗中的“倾斜”面板，设置各选项如图 5-59 所示。

Step 3 单击“应用”按钮，即可精确倾斜对象，如图 5-60 所示。

图 5-58 选择需要精确倾斜的对象

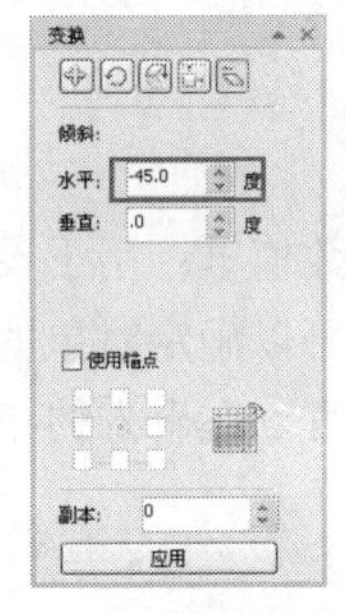

图 5-59 “倾斜”面板

图 5-60 精确倾斜对象

【知识补充】“大小”面板中的“水平”数值框用于设置水平方向的倾斜角度；“垂直”数值框用于设置对象垂直方向的倾斜角度。

5.2.4 镜像对象

用户可以沿水平方向、垂直方向和对角方向镜像对象。

1. 手动拖曳镜像对象

使用手动直接拖曳控制框四周的控制柄可以快速地镜像对象。

【例 5-17】使用拖曳控制柄镜像对象。

所用素材：素材文件\第 5 章\铅笔.cdr　　完成效果：效果文件\第 5 章\铅笔.cdr

Step 1 打开“铅笔.cdr”文件，使用【挑选】工具，选择需要镜像的对象，将鼠标指针移至左侧中间的控制柄上，此时光标变为双向箭头形状↔，如图 5-61 所示。

Step 2 单击并按住鼠标左键向右拖曳至合适的位置，即可出现一个虚的对象副本，如图 5-62 所示。

Step 3 释放鼠标左键，即可完成水平镜像，如图 5-63 所示。

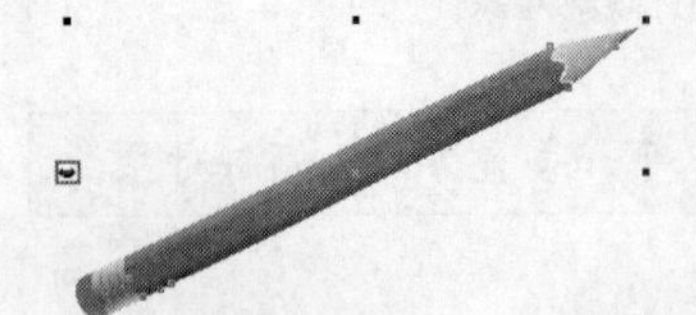

图 5-61 鼠标指针位置

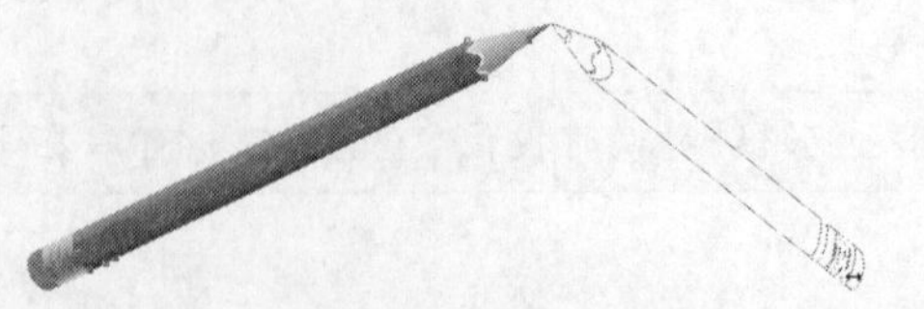

图 5-62 出现一个虚的对象副本

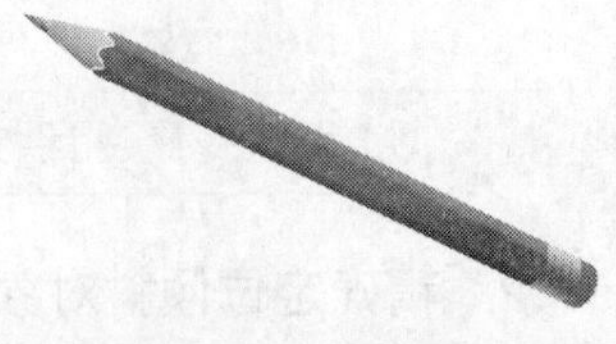

图 5-63 水平镜像的对象

【知识补充】继续使用上一例的水平镜像的效果，如果想垂直镜像对象，将鼠标指针移至上方或下方中间的控制柄上，然后向下或者向上拖曳鼠标指针，即可垂直镜像对象，如图 5-64 所示；如果想沿对角线镜像对象，则需要将鼠标指针移至任意四角处，单击并按住鼠标左键向对角线的方向拖曳，即可沿对象线镜像对象，效果如图 5-65 所示。

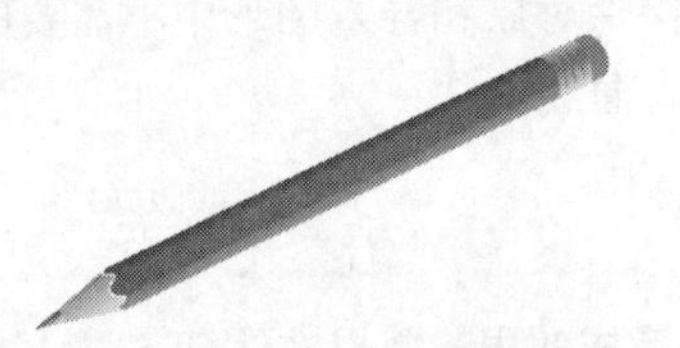

图 5-64　垂直镜像对象

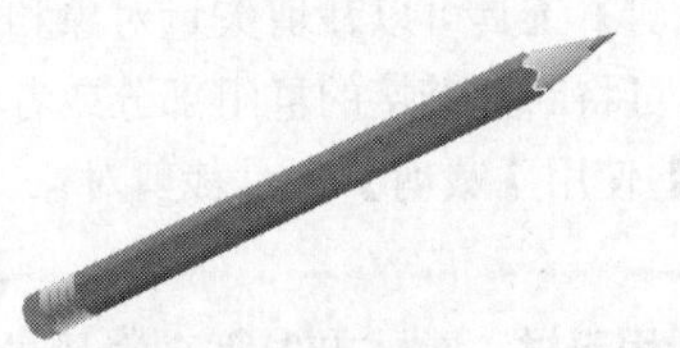

图 5-65　沿对角线镜镜对象

提示：按住“Ctrl”键的同时，单击并按住鼠标左键拖曳，即可按等比例镜像对象。另外，单击属性栏中的“水平镜像”按钮和“垂直镜像”按钮，也可以水平或者垂直镜像对象。

2. 精确缩放镜像对象

使用“变换”泊坞窗的“缩放和镜像”面板可以精确地缩放镜像对象。

【例 5-18】使用“缩放和镜像”面板镜像对象。

所用素材：素材文件\第 5 章\蝴蝶.cdr　　　　完成效果：效果文件\第 5 章\蝴蝶.cdr

Step 1　打开“蝴蝶.cdr”文件，使用【挑选】工具，选择需要缩放镜像的对象，如图 5-66 所示。

Step 2　选择【排列】/【变换】/【比例】命令或按“Alt + F9”组合键，打开“变换”泊坞窗中的“缩放和镜像”面板，设置各选项如图 5-67 所示。

Step 3　单击“应用”按钮，即可水平镜像复制并缩放对象，如图 5-68 所示。

Step 4　向右拖曳控制框的中心点至合适的位置，移动图形，如图 5-69 所示。

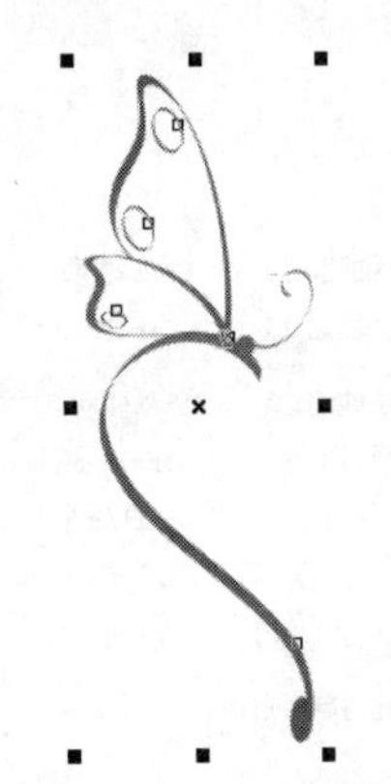

图 5-66　选择对象

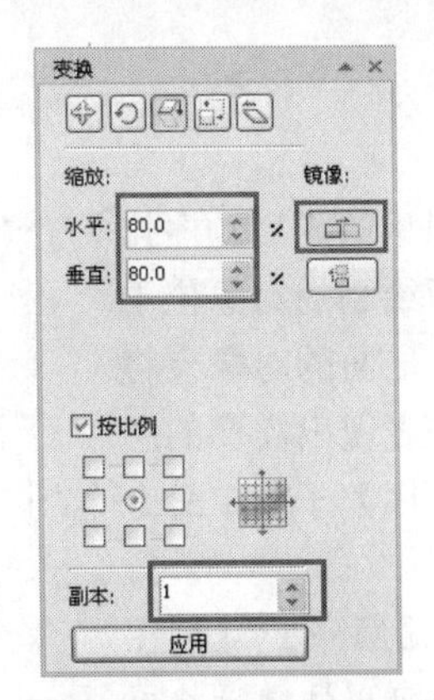

图 5-67　“比例”面板

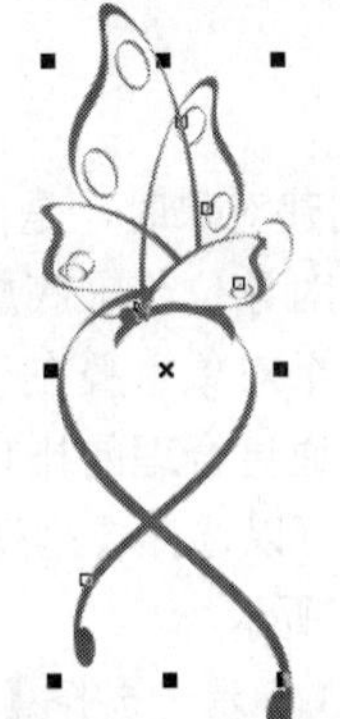

图 5-68　水平镜像缩放对象

图 5-69　移动位置

【知识补充】“缩放和镜像”面板中的“水平”数值框用于设置对象水平方向的缩放比例；“垂直”

数值框用于设置对象垂直方向的缩放比例；“水平镜像”按钮可以使对象沿水平方向翻转镜像；“垂直镜像”按钮可以使对象沿垂直方向翻转镜像。

5.2.5 裁剪对象

使用【裁剪】工具可以裁剪矢量对象和位图，可以移除对象和导入图形中不需要的区域而无需取消对象分组，可将断开链接的群组部分或者将对象转换为曲线。

【例 5-19】使用【裁剪】工具裁剪对象。

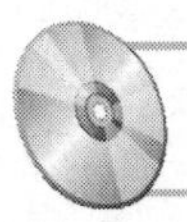

所用素材：素材文件\第 5 章\风景插画.cdr　　**完成效果**：效果文件\第 5 章\风景插画.cdr

Step 1 打开“风景插画.cdr”文件，选择工具箱中的【裁剪】工具，移动鼠标指针至页面中确定要裁剪的位置，单击鼠标左键并拖曳出一个矩形裁剪框，如图 5-70 所示。

Step 2 按 Enter 键进行操作，即可裁剪图像，效果如图 5-71 所示。

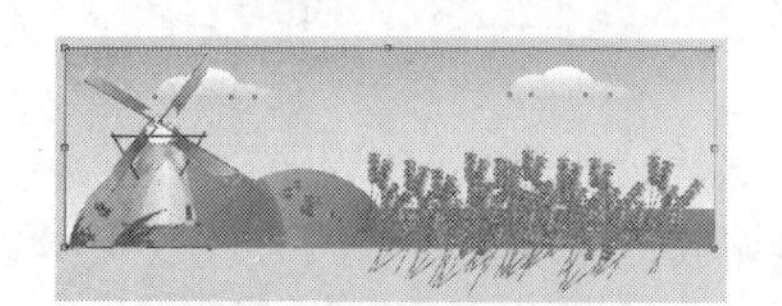

图 5-70　矩形裁剪框

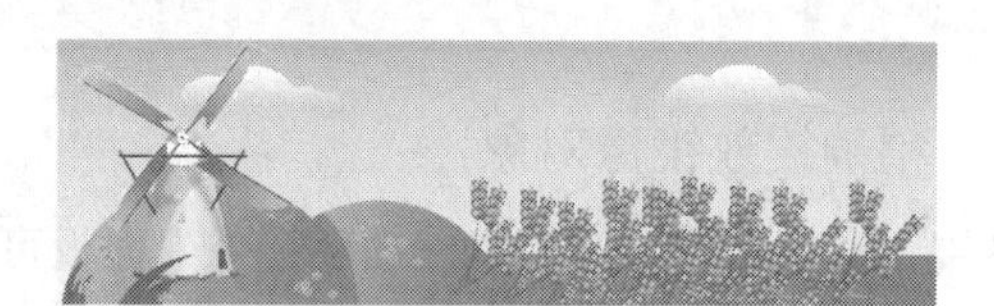

图 5-71　裁剪后的图形

提示：在裁剪对象时，当创建矩形裁剪框后，在控制框内双击鼠标左键，也可以确认裁剪操作。

5.3 排列与对齐对象

在设计作品时，用户经常需要将某些图形对象按照一定的规则进行排列，使画面更整齐、美观，此时就需要用到顺序、对齐和分布等命令。

5.3.1 排序对象

在 CorelDRAW X5 中创建对象时，是按创建对象的先后顺序排列在页面中的，最先绘制的对象位于最底层，最后绘制的对象位于最上层。在绘制过程中，多个对象重叠在一起时，上面的对象会将下面的对象遮住，这时就要通过合理的排列顺序来表现出需要的层次关系。在 CorelDRAW 中可以选择【排列】/【顺序】子菜单命令调整图形的顺序，如图 5-72 所示。

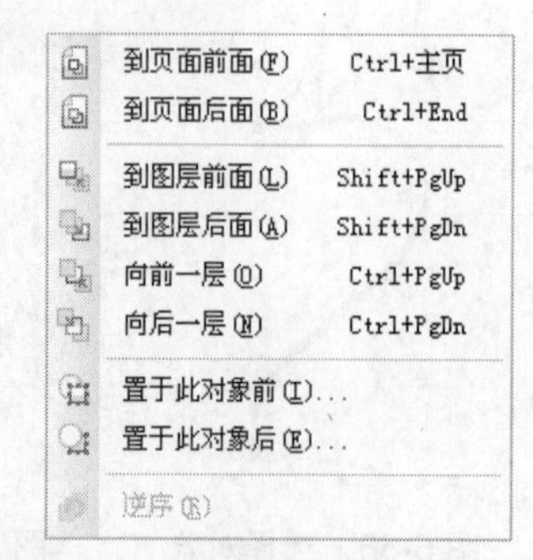

图 5-72　【顺序】子菜单命令

- 选择对象，如图 5-73 所示，选择【排列】/【顺序】/【到图层前面】命令或按【Shift + PgUp】组合键，可以快速地将对象移到最前面，如图 5-74 所示。

图 5-73　选择对象

图 5-74　移动对象到最前面

- 选择对象，如图 5-75 所示，选择【排列】/【顺序】/【到图层后面】命令或按【Shift + PgDn】组合键，即可快速地将对象移到最后面，如图 5-76 所示。

图 5-75　选择对象

图 5-76　移动对象到最后面

- 选择对象，如图 5-77 所示，选择【排列】/【顺序】/【向前一层】命令或按【Ctrl + PgUp】组合键，可以使选择的对象上移一层，如图 5-78 所示。

图 5-77　选择对象

图 5-78　向前一位

- 选择对象，如图 5-79 所示，选择【排列】/【顺序】/【向后一层】命令或按【Ctrl + PgDn】组合键，可以使选择的对象下移一层，如图 5-80 所示。

图 5-79　选择对象

图 5-80　向后一位

- 选择对象，选择【排列】/【顺序】/【置于此对象前】命令，此时鼠标指针呈黑色箭头形状➡，如图 5-81 所示。将光标放到另一对象上，单击鼠标左键，选择的对象就移到了另一对象的上面，如图 5-82 所示。

图 5-81　将光标放到另一对象上

图 5-82　置于此对象前

- 选择对象，选择【排列】/【顺序】/【置于此对象后】命令后，此时鼠标指针呈黑色箭头形状➡，如图 5-83 所示，把光标放到另一对象上，单击鼠标左键，选择的对象就移到了另一对象的下面，如图 5-84 所示。

图 5-83　将光标放到另一对象上

图 5-84　置于此对象后

- 按【Ctrl + A】组合键全选对象，如图 5-85 所示，选择【排列】/【顺序】/【逆序】命令，即可使所选对象按照相反的顺序排列，如图 5-86 所示。

图 5-85　全选对象

图 5-86　反转顺序

- 选择对象，选择【排列】/【顺序】/【到页面前面】或【排列】/【顺序】/【到页面后面”命令，即可使所选对象调整到当前页面的最前面或最后面。

提示：使用【挑选】工具，在需要移动叠加顺序的对象上单击鼠标右键，在弹出的快捷菜单中，也可选择相应的选项来完成调整叠放顺序的操作，如图 5-87 所示。

图 5-87　排列顺序快捷菜单

5.3.2　对齐对象

CorelDRAW X5 的对齐功能，可以使多个对象在水平或垂直方向上对齐，也可以同时沿水平和垂直方向对齐，对齐对象的参考点可以选择对象的中心或边缘，使画面更整齐、美观。

选择需要对齐的所有对象后，选择【排列】/【对齐和分布】命令，弹出子菜单如图 5-88 所示，单击相应的命令，即可使对象按一定的方式对齐。

图 5-88　对齐和分布菜单命令

【例 5-20】使用“对齐与分布”命令对齐对象。

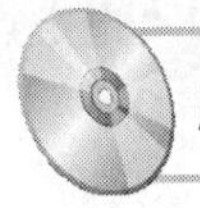

所用素材：素材文件\第 5 章\画卷.cdr　　**完成效果**：效果文件\第 5 章\画卷.cdr

Step 1　打开“画卷.cdr”文件，选择【挑选】工具，在页面中同时选择两个或两个以上的对象，如图 5-89 所示。

Step 2　选择【排列】/【对齐和分布】/【对齐与分布】命令，弹出“对齐与分布”对话框，默认选择“对齐”选项卡，并选择“上”复选框，如图 5-90 所示。

Step 3　单击“应用”按钮，即可按“上”方向对齐对象，如图 5-91 所示。

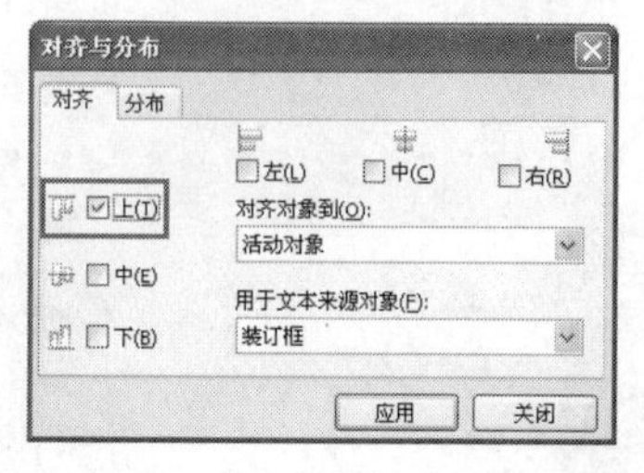

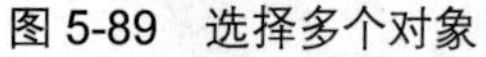

图 5-89 选择多个对象　　图 5-90 “对齐与分布”对话框　　图 5-91 上对齐效果

【知识补充】在工具属性栏中单击“对齐与分布”按钮，也可以弹出“对齐与分布”对话框，设置选择对象在水平或垂直方向的对齐方式，其中水平方向提供了左、中、右 3 个对齐方式；垂直方向提供了上、中、下 3 种对齐方式。用来对齐左、右、上端或下端边缘的参照对象，是由对象的创建顺序或选择顺序决定的；若在对齐前已经框选对象，则最后对象将成为对齐其他对象的参考点；若每次选择一个对象，则最后选定的对象将成为对齐其他对象的参考点。选择相应的复选框后，单击“应用”按钮，即可按指定的方向对齐对象，如图 5-92 所示。

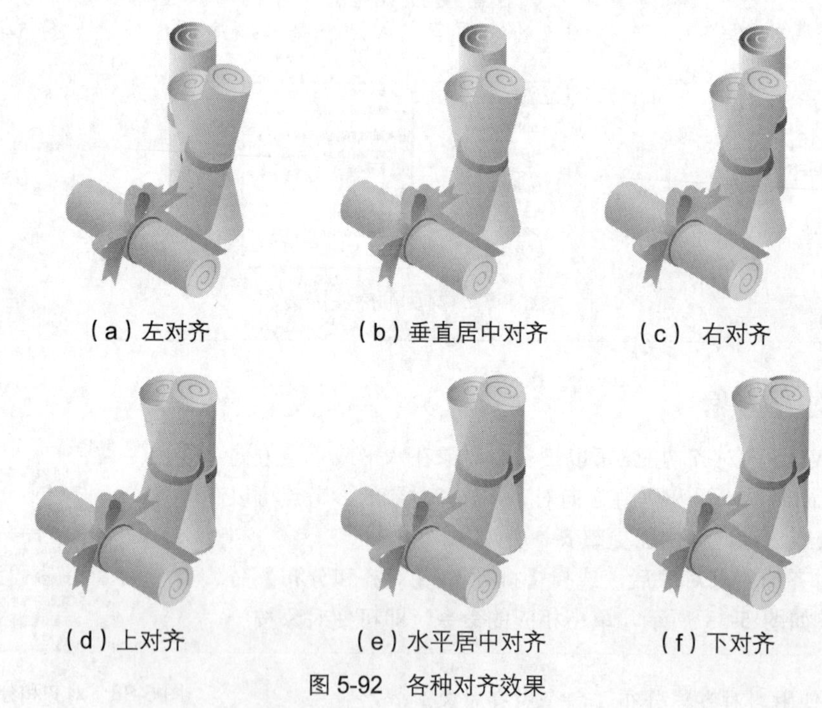

（a）左对齐　（b）垂直居中对齐　（c） 右对齐

（d）上对齐　（e）水平居中对齐　（f）下对齐

图 5-92 各种对齐效果

“对齐对象到”列表框中还提供了“对齐到激活对象”“页边缘”“页中心”“网格”和“指定点”等多种对齐方式，如图 5-93 所示。

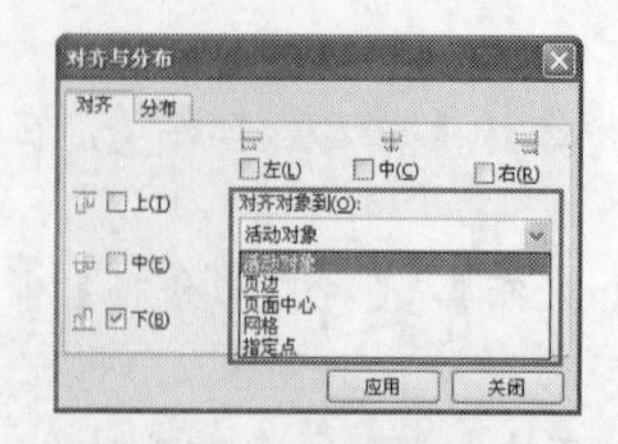

图 5-93 “对齐对象到”列表框

提示：各种对齐方式都有相应的快捷键，上对齐的快捷键是“T”，下对齐的快捷键是“B”，垂直居中对齐的快捷键是“E”，左对齐的快捷键是“L”，右对齐的快捷键是“R”，水平居中对齐的快捷键是“C”。

5.3.3　分布对象

CorelDRAW X5 提供的分布功能，可以使多个对象在水平或垂直方向上以规律分布。

【例 5-21】使用“对齐与分布”命令分布对象。

所用素材：素材文件\第 5 章\箭靶.cdr　　　**完成效果**：效果文件\第 5 章\箭靶.cdr

Step 1　打开“箭靶.cdr”文件，选择【挑选】工具，在页面中同时选择两个或两个以上的对象，如图 5-94 所示。

Step 2　选择【排列】/【对齐和分布】/【对齐与分布】命令，弹出“对齐与分布”对话框，单击“分布”选项卡，切换至“分布”选项卡，选择“左”复选框和左侧的“间距”复选框，如图 5-95 所示。

Step 3　单击“应用”按钮，即可以左侧为等间距分布对象，如图 5-96 所示。

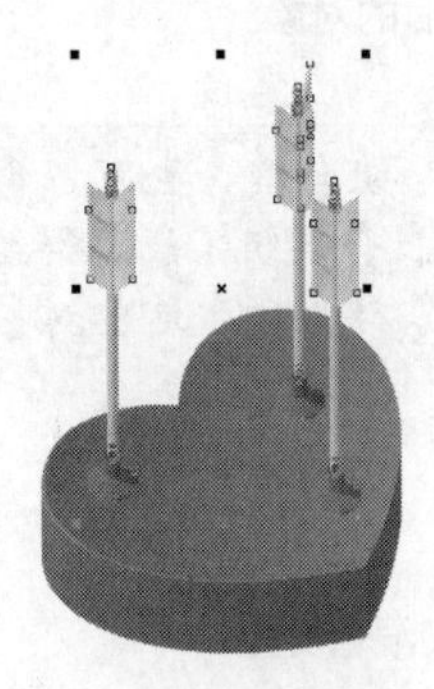

图 5-94　选择对象

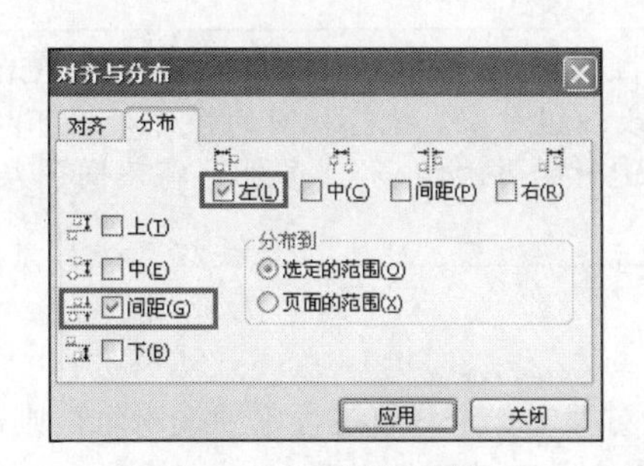

图 5-95　选择复选框

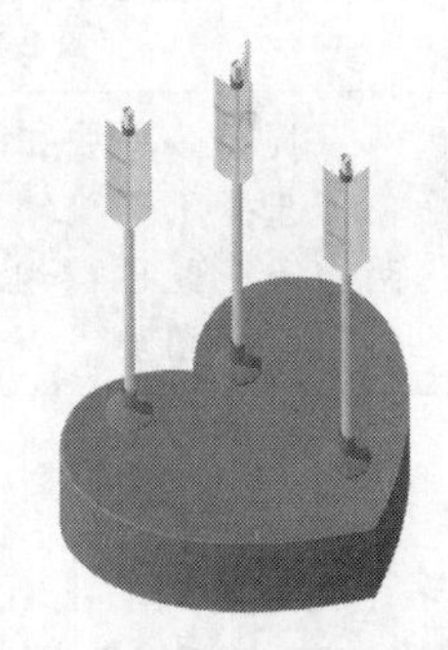

图 5-96　以左侧为等间距分布对象

注意：同时选择水平和垂直方向上的不同分布方式，可以使对象产生不同的分布效果。用户可随意进行设置，并观察不同设置下对象的分布效果。

5.4　群组、结合与锁定对象

用户可以将对象进行群组、结合、拆分和锁定等控制操作，掌握好这些控制操作，可以更好、更快地完成绘图操作。

5.4.1　群组与取消群组对象

为了方便操作，可以对一些对象进行群组，群组以后的多个对象，将被作为一个单独的对象被处理。

1. 群组对象

群组就是将多个对象或一个对象的各个组成部分组合成一个整体，群组后的对象是一个整体对象。

【例 5-22】使用“群组”命令群组对象。

所用素材：素材文件\第 5 章\指南针.cdr　**完成效果：**效果文件\第 5 章\指南针.cdr

Step 1 打开“指南针.cdr”文件，选择【挑选】工具，框选需要群组的对象，如图 5-97 所示。

Step 2 选择【排列】/【群组】命令，即可群组对象，如图 5-98 所示。

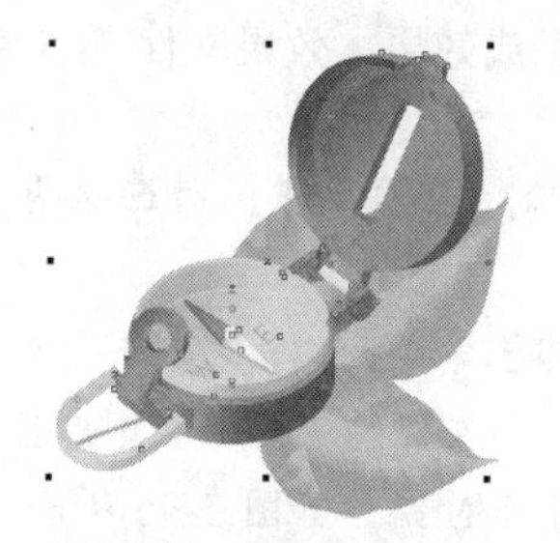

图 5-97　选择需要群组的对象

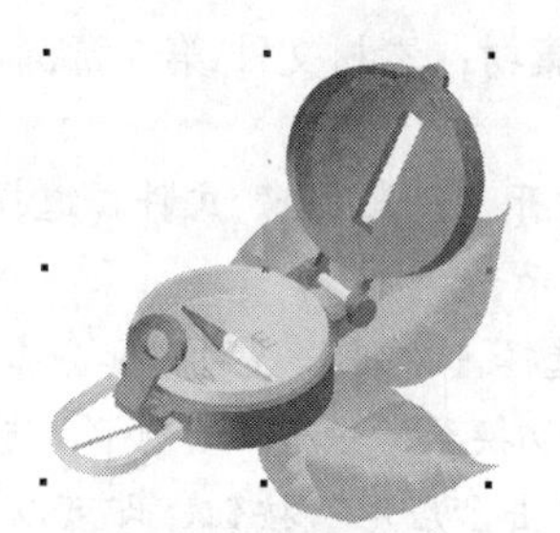

图 5-98　群组后的对象

提示：单击工具属性栏中的“群组”按钮或者按“Ctrl + G”组合键，也可以群组对象。选择已群组的对象或多组对象，执行相同的操作后，可以创建嵌套群组（嵌套群组是将两组或多组已群组对象进行的再次组合）。另外，将不同图层的对象群组后，这些对象会存在同一个图层。

2. 取消群组对象

当多个对象群组后，若需要对其中一个对象进行单独编辑时，则需要取消群组。

【例 5-23】使用“取消群组”命令取消群组对象。

完成效果：效果文件\第 5 章\指南针（1）.cdr

Step 1 继续使用上一例设置后的图形，选择需要取消群组的对象，如图 5-99 所示。

Step 2 选择【排列】/【取消群组】命令，即可取消群组对象，如图 5-100 所示。

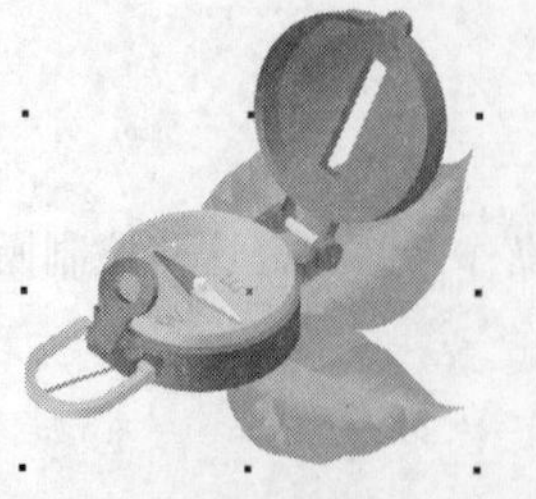

图 5-99　选择需要取消群组的对象

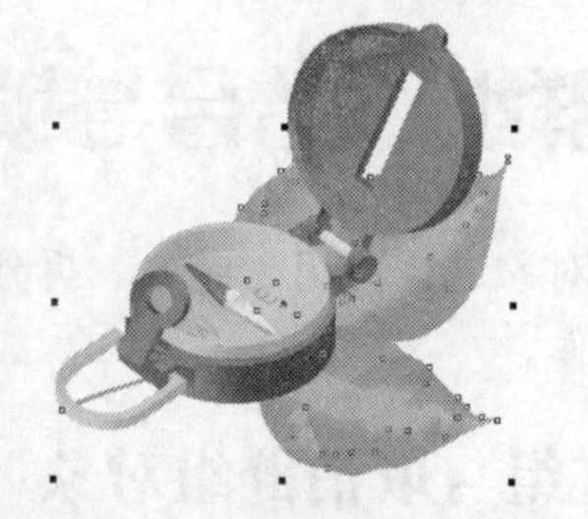

图 5-100　取消群组后的对象

提示：单击工具属性栏中的“取消群组”按钮或者按“Ctrl + U”组合键，也可以取消群组对象。若要将嵌套群组对象全部解散为各个单一的对象，在选取该嵌套群组对象后，单击工具属性栏上的“取消全部群组”按钮或者选择【排列】/【取消全部群组】命令。

5.4.2　结合与拆分对象

结合与群组的功能比较相似，不同的是结合是将多个不同的对象结合为一个对象，其对象属性也随之发生改变。

1. 结合对象

结合对象是指将多个不同对象结合成一个新的对象，如果合并时的原始对象是重叠的，则合并后的重叠区域将会出现透明的状态。

【例 5-24】使用“合并”命令结合对象。

所用素材：素材文件\第 5 章\ MOVIE.cdr　　完成效果：效果文件\第 5 章\ MOVIE.cdr

Step 1　打开“MOVIE.cdr”文件，选择【挑选】工具，选择需要结合的对象，如图 5-101 所示。

Step 2　选择【排列】/【合并】命令，即可结合对象，如图 5-102 所示。

图 5-101　选择需要结合的对象

图 5-102　结合后的对象

提示：单击工具属性栏中“合并”按钮或者按“Ctrl + L”组合键，也可以结合对象。

【知识补充】结合后的对象属性与选取对象的先后顺序有关，若采用点选的方式选择所要结合的对象，则结合后的对象属性与选择的对象属性保持一致；若采用框选的方式选取所要结合的对象，则结合后的对象属性与位于最下层的对象属性保持一致。

2. 拆分对象

对于结合后的对象，可以通过“拆分”命令来取消对象的结合。

【例 5-25】使用“拆分曲线”命令拆分对象。

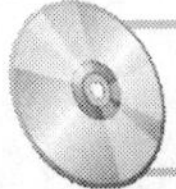

所用素材：素材文件\第 5 章\树木.cdr　　完成效果：效果文件\第 5 章\树木.cdr

Step 1　打开“树木.cdr”文件，选择【挑选】工具，选择需要拆分的对象，如图 5-103 所示。

Step 2 选择【排列】/【拆分曲线】命令，即可拆分对象，选择其中的一个对象，如图 5-104 所示。

图 5-103 选择需要拆分的对象

图 5-104 拆分后的对象

提示：单击工具属性栏中的“拆分”按钮或者按“Ctrl + K”组合键，也可以拆分对象。

5.4.3 锁定与解锁对象

如果需要将页面中暂时不需要修改的对象设置为不能被移动、变换或者进行其他的编辑操作，可以考虑将该对象锁定。被锁定后的对象不能被执行任何操作。

1. 锁定对象

为了避免对象受到操作的影响，可以对已经编辑好的对象进行锁定。

【例 5-26】使用“锁定对象”命令锁定对象。

所用素材：素材文件\第 5 章\喇叭花.cdr **完成效果**：效果文件\第 5 章\喇叭花.cdr

Step 1 打开“喇叭花.cdr”文件，选择【挑选】工具，选择需要锁定的对象，如图 5-105 所示。

Step 2 选择【排列】/【锁定对象】命令，即可锁定对象，如图 5-106 所示。

图 5-105 选择需要锁定的对象

图 5-106 锁定后的对象

2. 解锁对象

锁定后的对象，可以利用“解除锁定对象”命令来取消对象的锁定状态。

【例 5-27】使用“解除锁定对象”命令解除锁定对象。

完成效果：效果文件\第 5 章\喇叭花（1）.cdr

Step 1　继续使用上一例设置后的图形，选择需要解锁的对象，如图 5-107 所示。

Step 2　选择【排列】/【解除锁定对象】命令，即可解锁对象，如图 5-108 所示。

图 5-107　选择需要解锁的对象

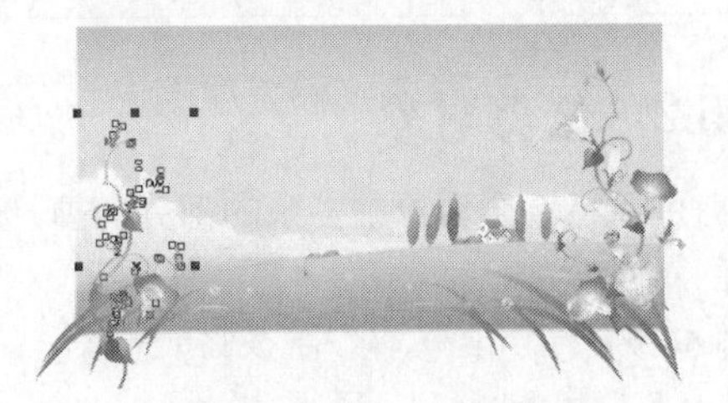

图 5-108　解锁后的对象

5.5 修整对象

修整对象是指对多个选择的对象进行焊接、修剪、相交、简化或者移除后面对象、移除前面对象等操作。

5.5.1　焊接对象

焊接可以将多个图形对象结合成为一个图形，新的图形的轮廓由被焊接图形的边界组成。如果被焊接的对象有相交的部分，焊接后的交叉线会消失，图形将保留目标对象的属性。

【例 5-28】使用“焊接”命令焊接对象。

所用素材：素材文件\第 5 章\公共标识.cdr　　**完成效果**：效果文件\第 5 章\公共标识.cdr

Step 1　打开“公共标识.cdr”文件，选择【挑选】工具，选择需要焊接的对象，如图 5-109 所示。

Step 2　选择【排列】/【造形】/【焊接】命令，即可焊接对象，如图 5-110 所示。

图 5-109　选择需要焊接的对象

图 5-110　焊接后的对象

提示：除了上述焊接对象的方法外，还可以使用以下两种方法。

● 单击工具属性栏中的“焊接”按钮，也可以焊接对象。

● 选择【排列】/【造形】/【造形】命令，打开“造形”泊坞窗，在“类型”列表框中选择“焊接”选项，单击“焊接到”按钮，也可以焊接对象。使用泊坞窗焊接对象可以任意地保留或者清除“来源对象”和“目标对象”。

5.5.2 修剪对象

修剪可以将一个对象中多余的部分剪掉，修剪的两个对象必须是重叠的，修剪后的图形将保留目标对象的属性。

【例 5-29】使用“修剪”命令修剪对象。

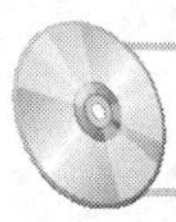

所用素材：素材文件\第 5 章\餐盘.cdr　　**完成效果**：效果文件\第 5 章\餐盘.cdr

Step 1 打开“餐盘.cdr”文件，选择【挑选】工具，先选择小渐变色圆形，再按“Shift”键，加选花纹图形，如图 5-111 所示。

Step 2 选择【排列】/【造形】/【修剪】命令，即可修剪对象，如图 5-112 所示。

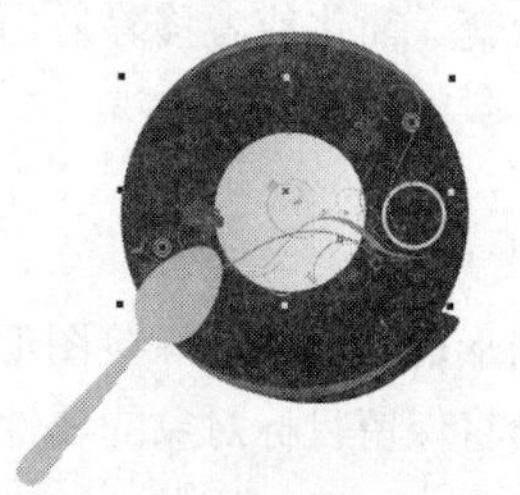

图 5-111　选择需要修剪的对象

图 5-112　修剪后的对象

提示：除了上述修剪对象的方法外，还可以使用以下两种方法。

● 单击属性栏中的“修剪”按钮，也可以修剪对象。

● 选择【排列】/【造形】/【造形】命令，打开“造形”泊坞窗，在“类型”列表框中选择“修剪”选项，单击“修剪”按钮，也可以修剪对象。使用泊坞窗修剪对象可以任意地保留或者清除“来源对象”和“目标对象”。

【知识补充】修剪是将目标对象与来源对象相交的部分修剪掉，被修剪的是目标对象。

5.5.3 相交对象

相交对象将得到源对象和目标对象之间重叠的部分，目标对象与来源对象必须相交。

【例 5-30】使用“相交”命令相交对象。

所用素材：素材文件\第 5 章\眼睛标识.cdr　　**完成效果**：效果文件\第 5 章\眼睛标识.cdr

Step 1 打开“眼睛标识.cdr”文件，选择【挑选】工具，先选择轮廓圆形，再按“Shift”键，加选渐变圆形，如图 5-113 所示。

Step 2　选择【排列】/【造形】/【相交】命令，即可相交对象，如图 5-114 所示。

Step 3　同时选择轮廓圆形和渐变圆形，按“Delete”键，删除图形，如图 5-115 所示。

图 5-113　选择需要相交的对象

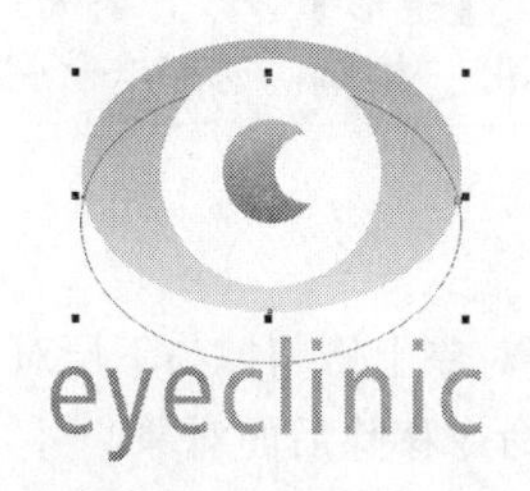

图 5-114　相交后的对象

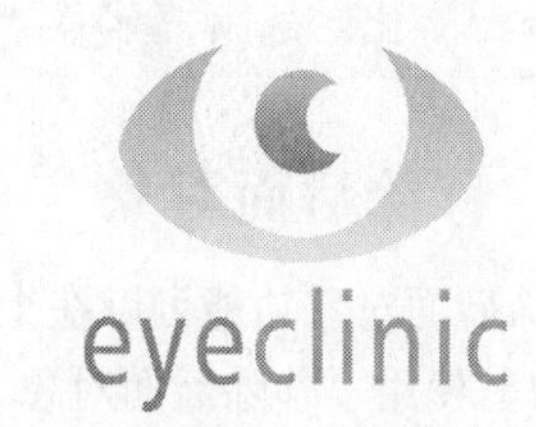

图 5-115　删除图形

提示：除了上述相交对象的方法外，还可以使用以下两种方法。

- 单击属性栏中的“相交”按钮，也可以相交对象。
- 选择【排列】/【造形】/【造形】命令，打开“造形”泊坞窗，在“类型”列表框中选择“相交”选项，单击“相交对象”按钮，也可以相交对象。使用泊坞窗相交对象可以任意地保留或者清除“来源对象”和“目标对象”。

【知识补充】使用“相交”命令可以提取来源对象和目标对象之间重叠的部分，使它成为一个单独的新对象，且新对象的属性取决于目标对象的属性。如果目标对象与来源对象并未相交，就无法使用此命令。同样，对段落文本和仿制对象不能使用相交命令。

5.5.4　简化对象

应用简化对象功能会将目标对象和来源对象相交的部分修剪掉，在上面的对象会被视为来源对象，在下面的对象会被视为目标对象。

【例 5-31】使用“简化”命令简化对象。

所用素材：素材文件\相交第 5 章\禁烟广告.cdr　**完成效果**：效果文件\第 5 章\禁烟广告.cdr

Step 1　打开“禁烟广告.cdr”文件，选择【挑选】工具，先选择轮廓圆形，再按住“Shift”键，加红色圆形，如图 5-116 所示。

Step 2　选择【排列】/【造形】/【简化】命令，即可简化对象，如图 5-117 所示。

Step 3　在调色板的╳上单击鼠标右键，去掉轮廓，如图 5-118 所示。

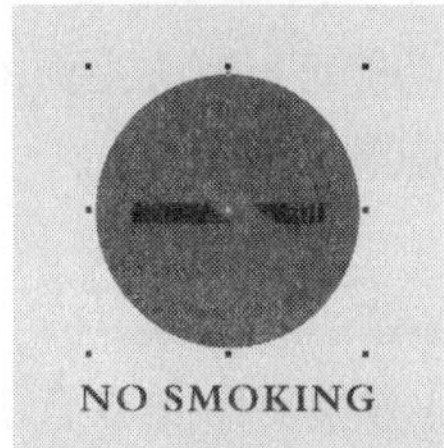

图 5-116　选择需要简化的对象

图 5-117　简化后的对象

图 5-118　去掉轮廓

提示：除了上述简化对象的方法外，还可以使用以下两种方法。

● 单击属性栏中的“简化”按钮，也可以简化对象。

● 选择【排列】/【造形】/【造形】命令，打开“造形”泊坞窗，在“类型”列表框中选择“简化”选项，单击“应用”按钮，也可以简化对象。

5.5.5 移除后面对象

应用移除后面对象功能可以在上层对象上修剪掉与下层对象的重叠范围。

【例 5-32】使用“移除后面对象”命令移除后面对象。

所用素材：素材文件\相交第 5 章\邮票.cdr　　完成效果：效果文件\第 5 章\邮票.cdr

Step 1　打开“邮票.cdr”文件，选择【挑选】工具，先选择矩形轮廓图形，再按“Shift”键，加选圆形群组图形，如图 5-119 所示。

Step 2　选择【排列】/【造形】/【移除后面对象】命令，即可移除后面对象，如图 5-120 所示。

Step 3　在调色板的╳上单击鼠标右键，去掉轮廓，如图 5-121 所示。

图 5-119　选择需要移除的后面对象　　图 5-120　移除后面对象　　图 5-121　去掉轮廓

提示：除了上述移除后面对象的方法外，还可以使用以下两种方法。

● 单击属性栏中的“移除后面对象”按钮，也可以移除后面对象。

● 选择【排列】/【造形】/【造形】命令，打开“造形”泊坞窗，在“类型”列表框中选择“移除后面对象”选项，单击“应用”按钮，也可以移除后面的对象。

5.5.6 移除前面对象

移除前面对象与移除后面对象在功能上正好相反，移除前面对象功能可以减去上面图层中所有的图形对象以及上层对象与下层对象的重叠部分，而只保留最下层对象中剩余的部分。

【例 5-33】使用“移除前面对象”命令移除前面对象。

所用素材：素材文件\相交第 5 章\月亮岛.cdr　　完成效果：效果文件\第 5 章\月亮岛.cdr

Step 1　打开“月亮岛.cdr”文件，选择【挑选】工具，先选择轮廓图形，再按住“Shift”键，加选黄色圆形，如图 5-122 所示。

Step 2　选择【排列】/【造形】/【移除前面对象】命令，即可移除前面对象，如图 5-123 所示。

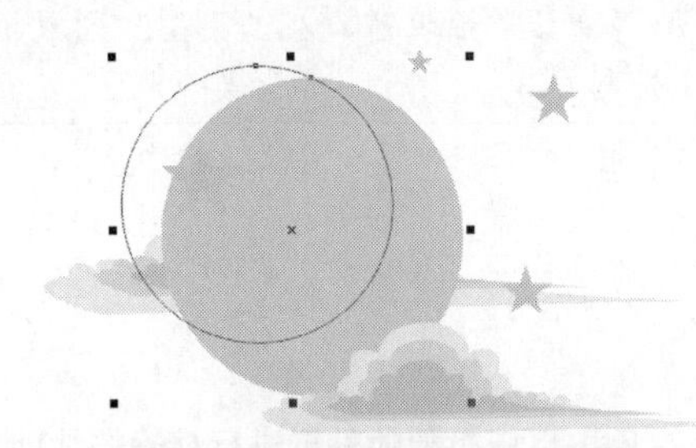

图 5-122　选择需要移除前面的对象

图 5-123　移除前面的对象

提示：除了上述移除前面对象的方法外，还可以使用以下两种方法。

- 单击属性栏中的“移除前面对象”按钮，也可以移除前面对象。
- 选择【排列】/【造形】/【造形】命令，打开“造形”泊坞窗，在“类型”列表框中选择“移除前面对象”选项，单击“应用”按钮，也可以移除前面的对象。

5.5.7　边界对象

应用边界对象功能可以得到上层对象与下层对象不重叠部分的轮廓线，并同时保留上层和下层对象，且得到的轮廓线可以更改轮廓颜色。

【例 5-34】使用“移除前面对象”命令移除前面对象。

所用素材：素材文件\相交第 5 章\心形气球.cdr　**完成效果**：效果文件\第 5 章\心形气球.cdr

Step 1　打开“心形气球.cdr”文件，选择【挑选】工具，并结合“Shift”键，选择黄色和红色心形气球，如图 5-124 所示。

Step 2　选择【排列】/【造形】/【边界】命令，即可边界对象，如图 5-125 所示。

Step 3　在页面右侧调色板中的黄色色块上单击鼠标右键，更改轮廓颜色，如图 5-126 所示。

图 5-124　选择需要边界的对象

图 5-125　边界后的对象

图 5-126　更改轮廓颜色

提示：除了上述边界对象的方法外，还可以使用以下两种方法。

● 单击属性栏中的“创建边界”按钮，也可以边界对象。

● 选择【排列】/【造形】/【造形】命令，打开“造形”泊坞窗，在“类型”列表框中选择“边界”选项，单击“应用”按钮，也可以边界对象。

5.6 精确剪裁图框

精确剪裁图框可以将对象置入到目标对象的容器内部，使对象按目标对象的外形进行精确的裁剪。

5.6.1 将图片放在容器中

将图片放在容器中有两种方法：使用菜单命令创建图框精确剪裁效果和手动创建图框精确剪裁效果。

1. 使用命令创建图框精确剪裁效果

使用命令创建图框精确剪裁效果的方法非常简单。

【例 5-35】使用“图框精确剪裁”命令创建图框精确剪裁效果。

所用素材：素材文件\相交第 5 章\壁画.cdr　**完成效果**：效果文件\第 5 章\壁画.cdr

Step 1 打开“壁画.cdr”文件，选择【挑选】工具，选择需要创建图框精确剪裁的对象，如图 5-127 所示。

Step 2 选择【效果】/【图框精确剪裁】/【放置在容器中】命令，将鼠标指针移至页面中的矩形上，此时指针呈黑色箭头形状，如图 5-128 所示。

Step 3 单击鼠标左键，图像就会自动置于另一个容器中，如图 5-129 所示。

图 5-127　选择对象

图 5-128　鼠标指针形状

图 5-129　将对象置于容器中

2. 手动创建图框精确剪裁效果

手动创建图框精确剪裁效果是使用鼠标右键结合快捷选项来完成的。

【例 5-36】使用鼠标右键结合“图框精确剪裁内部”选项创建图框精确剪裁效果。

所用素材：素材文件\相交第 5 章\壁画(1).cdr　**完成效果**：效果文件\第 5 章\壁画(1).cdr

Step 1 打开“壁画（1）.cdr”文件，按住鼠标右键拖曳内置对象置于容器对象上，此时出现一个灰色矩形框，鼠标指针呈圆圈十字架形状⊕，如图 5-130 所示。

Step 2 释放鼠标右键，弹出快捷菜单，选择“图框精确剪裁内部”选项，如图 5-131 所示。

Step 3 这样就可将图像自动置于容器中，效果如图 5-132 所示。

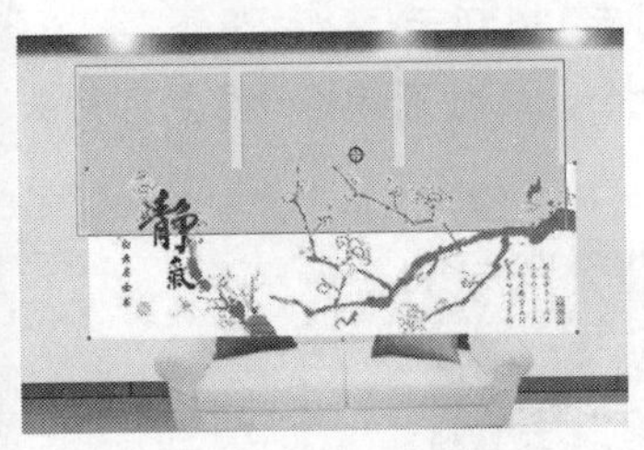

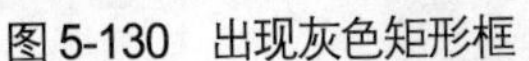

图 5-130　出现灰色矩形框

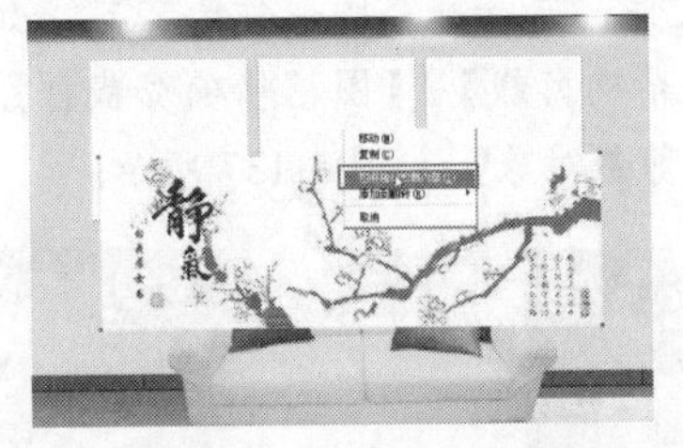

图 5-131　选择“图框精确剪裁内部”选项

图 5-132　将对象置于容器中

5.6.2　编辑剪裁内容

当对象精确剪裁后，用户还可以进入容器内，并对容器内的对象进行缩放、旋转和位置等的调整。

【例 5-37】使用“编辑内容”命令编辑剪裁内容。

完成效果：效果文件\第 5 章\壁画（2）.cdr

Step 1 继续使用上一例设置后的图形，使用【挑选】工具，选择图框精确剪裁对象，如图 5-133 所示。

Step 2 选择【效果】/【图框精确剪裁】/【编辑内容】命令，进入容器内部后，容器对象变成浅色的轮廓，内置的对象会被完整地显示出来，如图 5-134 所示。

Step 3 对内置对象进行修改缩放、移动操作，然后选择【效果】/【图框精确剪裁】/【结束编辑】命令，即可结束对内置对象的编辑操作，效果如图 5-135 所示。

图 5-133　选择图框精确剪裁对象

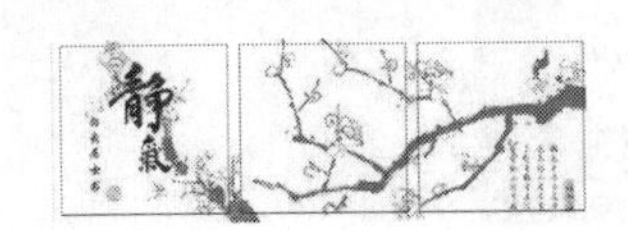

图 5-134　编辑内置对象时的显示

图 5-135　编辑完成后的效果

> 提示：在页面中的图框精确剪裁对象上单击鼠标右键，在弹出的快捷菜单中选择“编辑内容”选项，也可以进行内容编辑。在图框精确剪裁对象上单击鼠标右键，在弹出的快捷菜单中选择“结束编辑”选项，也可以结束对内置对象的编辑操作。

5.6.3　复制剪裁内容

利用复制剪裁内容对象功能，可以将一个图框精确剪裁对象的内置内容应用到另个一个容器中。

【例 5-38】使用“图框精确剪裁自”命令复制剪裁内容。

所用素材：素材文件\相交第 5 章\名片夹.cdr　**完成效果：**效果文件\第 5 章\名片夹.cdr

Step 1　打开“名片夹.cdr”文件，选择一个图形作为容器，如图 5-136 所示。

Step 2　选择【效果】/【图框精确剪裁】/【图框精确剪裁自】命令，此时鼠标指针呈黑色箭头形状➡，移动希望复制的图框精确剪裁对象，如图 5-137 所示。

图 5-136　选择新容器

图 5-137　鼠标指针位置

Step 3　单击鼠标左键，即可完成内置对象的复制，如图 5-138 所示。

Step 4　选择【效果】/【图框精确剪裁】/【编辑内容】命令，进入容器内部后，调整内置对象的位置，选择【效果】/【图框精确剪裁】/【结束编辑】命令，结束编辑，如图 5-139 所示。

图 5-138　复制内置对象

图 5-139　编辑内容

5.6.4　锁定剪裁内容

在编辑的过程中，可以将图框精确剪裁对象的内置对象锁定，这样可以控制内置对象与容器的交互作用。

【例 5-39】使用“锁定图框精确剪裁内容”选项锁定剪裁内容。

完成效果：效果文件\第 5 章\名片夹（1）.cdr

Step 1　继续使用上一例设置后的图形，选择图框精确剪裁后的对象，在页面中的图框精确剪裁对象上单击鼠标右键，在弹出的快捷菜单中选择“锁定图框精确剪裁内容”选项即可锁定剪裁内容，如图 5-140 所示。

Step 2　当移动、旋转、缩放和倾斜图框精确剪裁对象时，内置对象也会做同样的修改，如图 5-141 所示（该图为缩放操作后的效果）。

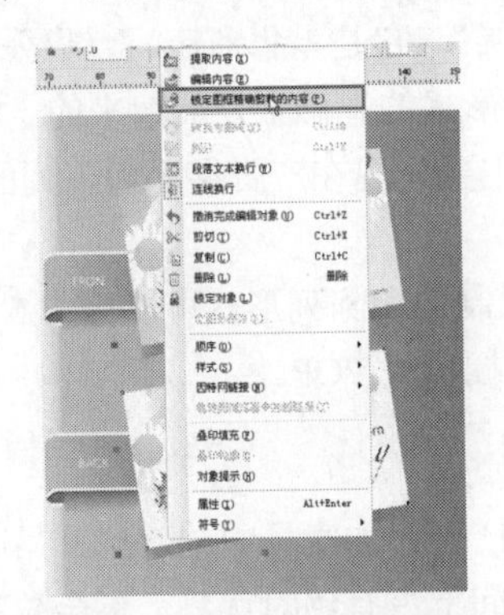

图 5-140　选择“锁定图框精确剪裁内容”选项

图 5-141　锁定剪裁对象

5.6.5　提取内置对象

用户可以将图框精确剪裁对象的内置对象从容器中提取出来，以成为独立的对象。

【例 5-40】使用“提取内容”命令提取内置对象。

完成效果：效果文件\第 5 章\名片夹（2）.cdr

Step 1　继续使用上一例设置后的图形，选择图框精确剪裁后的对象，如图 5-142 所示。

Step 2　选择【效果】/【图框精确剪裁】/【提取内容】命令，即可将内置对象提取出来，移动内置对象，如图 5-143 所示。

图 5-142　选择需要的对象

图 5-143　提取内置对象

提示：在页面中的图框精确剪裁对象上单击鼠标右键，在弹出的快捷菜单中选择“提取内容”选项，也可以提取内容。

5.7 应用实践——制作 POP 海报广告

POP（Point of Purchase）意为“店面广告”或“市场购买”，它是零售商店、百货公司、超级市场等场所所做的一切广告的统称。POP 海报广告是在一般广告形式的基础上发展起来的一种新型的商业广告形式，具有惊人的传播力，与一般的广告相比，其特点主要体现在广告展示和陈列的方式、地点、时间 3 个方面。

POP 海报广告的种类和形式繁多，常见的 POP 海报制作和陈列形式可以分为 5 大类，即悬挂式 POP．柜台式 POP、壁面式 POP、立地式（展架）POP、橱窗式 POP。

1. 悬挂式 POP 海报

悬挂式 POP 海报可以是店外，也可以是店内 POP 海报广告，如卖场中的气球、吊牌、吊旗、装饰物，其主要功能是创造卖场活泼、热烈的气氛，在视觉空间上占有绝对优势，不会被商品货架及行人遮挡，消费者可以从各个角度看到，如图 5-144 所示。该类广告是使用最多、效率最高的一种 POP 海报广告。

2. 柜台式 POP 海报

柜台是消费者选择、购买商品时接触较多的场合，柜台式 POP 海报的广告形式最能吸引顾客的注意力，便于顾客直接地确认商品及品质、了解使用方法，它在 POP 海报广告中是最普及的广告形式。图 5-145 所示为朗格多红酒柜台式 POP 海报广告。

图 5-144 悬挂式 POP 海报

图 5-145 柜台式 POP 海报

3. 壁面式 POP 海报

壁面式 POP 海报广告是陈列在商场或商店的壁面上的 POP 海报广告形式，如各种招牌、旗帜、布幕、灯箱（如图 5-146 所示的三面翻广告）、霓虹灯等。其中商场内部或外部的墙壁、柱子、门窗的玻璃等也是壁面式 POP 海报广告可以展示的地方。

4. 立地式（展架）POP 海报

立地式式 POP 海报广告是置于商场地面上的广告体，如商场外的广场和空地、商场入口及通往商场的主要通道等都可以作为立地式 POP 海报广告所陈列的场地。

由于立地式 POP 海报广告放置于地面，而地面上又有柜台存在和行人流动，因此高度一般要求要超过人的高度，通常在 1.8m 以上。另外，立地式 POP 海报广告由于其体积庞大，为了支撑和具有良好的视觉传达效果，一般都为立体造型，如图 5-147 所示。

图 5-146　壁面式 POP 海报

图 5-147　立地式（展架）POP 海报

5. 橱窗式 POP 海报

橱窗式 POP 海报是最常见也是最重要的 POP 海报广告形式。它的最大特点是反映商品的真实性，由于一般商场的橱窗面积都比较大，因此设计师可以充分利用其有效的展示空间，尽可能地陈列真实的商品，再加以道具、色彩、灯光、文字和图片等元素，营造一种特有的环境和气氛，以此来充分体现商品的品牌特征，捕捉和刺激消费者的消费心理，图 5-148 所示为橱窗式 POP 海报广告。

图 5-148　橱窗式 POP 海报

除了以上 5 大分类外，现在比较流行的 POP 海报广告形式还有大型的户外充气气球、人体活动广告、利用声光等现代科技手段制作的各种促销形式等。

本例以绘制图 5-149 所示的商场 POP 海报广告为例，介绍 POP 广告的设计流程。相关要求如下。

- POP 海报尺寸为“223.1mm×310.56mm”。
- 以新颖的图案、绚丽的色彩，营造强烈的节日气氛，引起顾客注意，极大地调动顾客的兴趣，诱发购买动欲望。
- 以独特的构思，与准确而生动的广告语进行有机结合，衬托出商品的价值和格调。

完成效果：效果文件\第 5 章\POP 海报广告.cdr

素材文件：第 5 章\素材文件\POP 图案和文字.ai

图 5-149　POP 海报广告效果

5.7.1 POP 海报设计的特点分析

商场店庆这类活动的 POP 广告，可以起到树立和提升企业形象，进而保持与消费者良好关系的作用。在设计定位时要营造一种喜庆、活跃的节日氛围，体现一种感恩情感和喜庆气氛，色彩和素材的选取是创意的关键，再加以文字说明，使画面中极力展现视觉张力。

5.7.2 POP 海报创意分析与设计思路

POP 海报广告在商业活动中，是一种极为活跃、直观的促销广告形式，它是以多种手段将各种传播媒介的集成效果在销售场所中。POP 广告具有很高的经济价值，对于任何经营形式的商业场所，都具有招揽顾客、促销商品的作用。在设计过程中，尽量用图片解说，该法对不能用语言说服或用语言无法表达的情感特别有效。图片解说的内容，可以传达给浏览者更多的心理因素。根据本例的制作要求，可以对将要绘制的 POP 广告进行如下一些分析。

- 由于商场 POP 海报与其他广告相比，该广告以促成现场最终交易为目的，因此广告中应以强烈的色彩、美丽的图案、突出的造型、准确而生动的广告语言，营造出强烈的销售气氛，吸引消费者的视线，使其产生购买冲动。
- 以暖色调（红、黄色）为基调，营造一种极为强烈的喜庆气氛。
- 采用灰色渐变色背景，使画面整体、和谐，并总体上体现文字的情感和格律的风格倾向。

本例的设计思路如图 5-150 所示，具体设计如下。

（1）使用过【矩形】工具绘制背景图形，并利用【交互式填充】工具填充渐变色。

（2）使用【椭圆形】工具、复制操作、“再制”命令，再制圆形，绘制企业标识图案，然后利用【矩形】工具，绘制装饰图案来装饰画面。

（3）使用“打开”命令、全选操作、“复制”和“粘贴”命令，复制图案和文字，再切换窗口，粘贴图形，导入并编辑主体图案和说明文字。

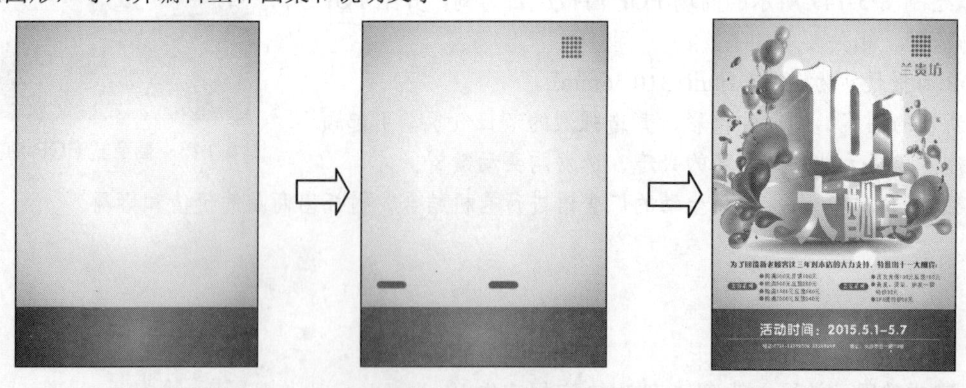

（a）绘制渐变背景　（b）绘制商标和装饰图案　（c）置于主体图案和文字说明

图 5-150　制作 POP 广告的操作思路

5.7.3 制作过程

1. 绘制背景图形

Step 1　启动 CorelDRAW X5 并新建文件，按“F6”键调用【矩形】工具，在绘图页面中单击并拖曳鼠标指针，绘制一个“对象大小”为223.1mm×310.56mm的矩形，如图5-151所示。

Step 2　按“G”键调用【交互式填充】工具，在矩形的中心处单击鼠标左键并向左下角拖曳鼠标指针，进行交互式渐变填充，如图5-152所示。

Step 3　在状态栏的右侧双击“渐变填充”图标，弹出“渐变填充”对话框，设置各参数如图5-153所示，其中位置0%的颜色为青灰色（C:64;M:44;Y:35;K:0）、位置23%的颜色为灰色（C:37;M:25;Y:20;K:0）、位置41%的颜色为灰色（C:16;M:11;Y:9;K:0）、位置72%的颜色为白色（C:0;M:0;Y:0;K:0）和位置100%的颜色为灰白色（C:2;M:2;Y:2;K:0）。

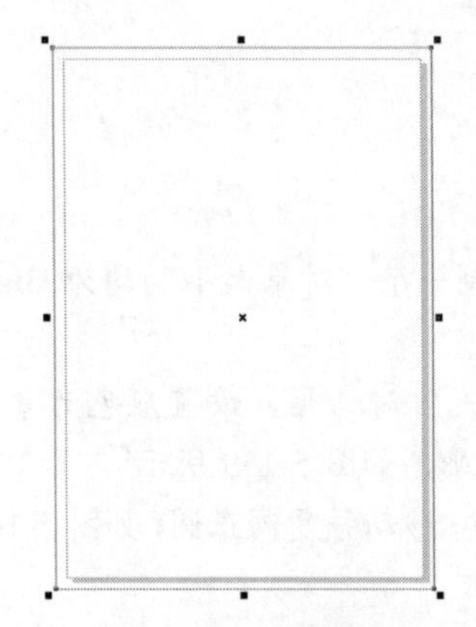

图5-151　绘制矩形

图5-152　交互式渐变填充

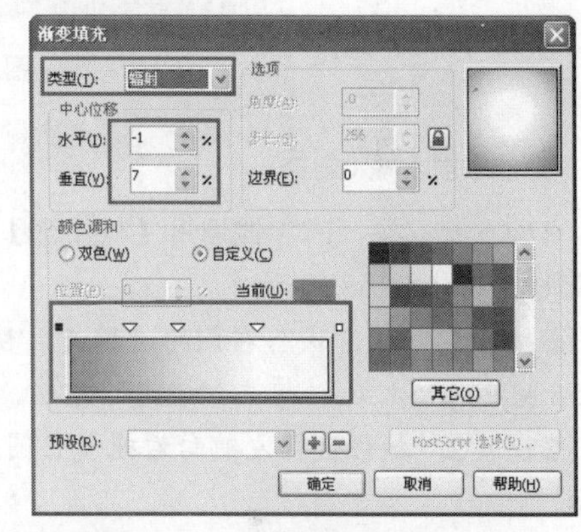

图5-153　“渐变填充”对话框

Step 4　单击“确定”按钮，更改渐变色，在页面中的线性控制线上调整各颜色控制方框至合适位置，如图5-154所示。

Step 5　在页面右侧调色板上方的无图标⊠上单击鼠标右键，去掉轮廓，如图5-155所示。

Step 6　按空格键调用【挑选】工具，将鼠标指针移到上方中间的控制柄上单击鼠标左键并向下拖曳至合适位置，单击鼠标右键，缩短并复制渐变矩形，如图5-156所示。

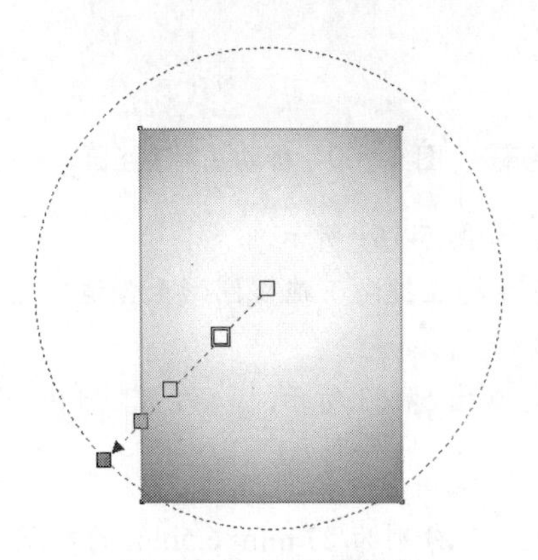

图5-154　更改渐变色

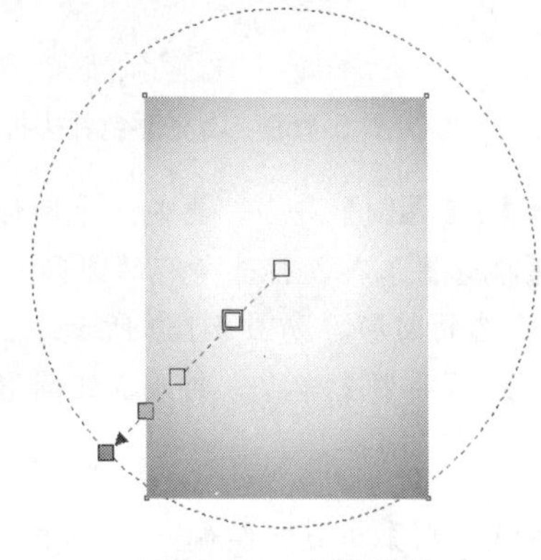

图5-155　去掉轮廓

图5-156　缩短并复制渐变矩形

Step 7　参照Step 3～Step 4的操作方法，更改渐变色，如图5-157所示，其中“从”的颜色为深黑色（C:89;M:80;Y:65;K:45）、“到”的颜色为灰色（C:0;M:0;Y:0;K:59）。

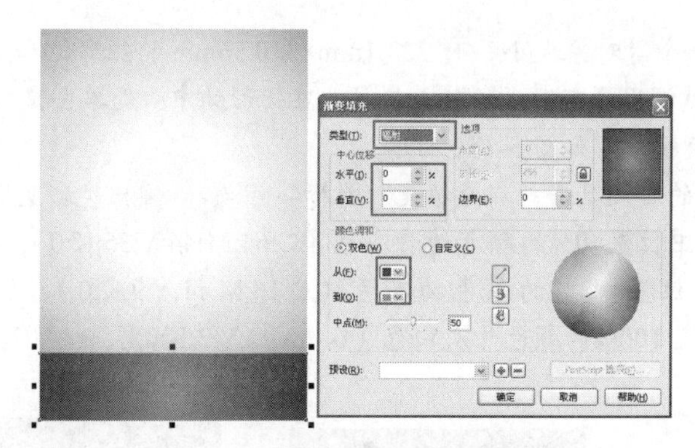

图 5-157　更改渐变色

2. 绘制标识图案

Step 1　按“F7”键调用【椭圆形】工具，结合“Ctrl”键，绘制一个“对象大小”均为 3mm 的圆形，如图 5-158 所示。

Step 2　双击状态右侧的“填充”图标 无，弹出“均匀填充”对话框，设置颜色为素色（C:56;M:94;Y:5;K:0），单击“确定”按钮，填充颜色为紫色，并去掉轮廓，如图 5-159 所示。

Step 3　按住鼠标左键向右拖曳正圆至合适位置，并单击鼠标右键，移动并复制正圆，如图 5-160 所示。

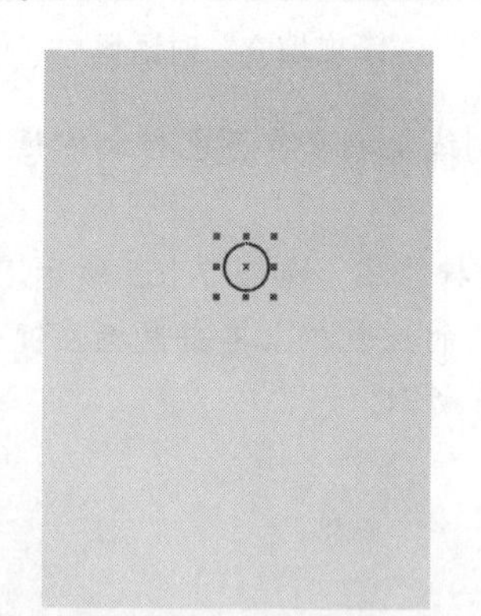

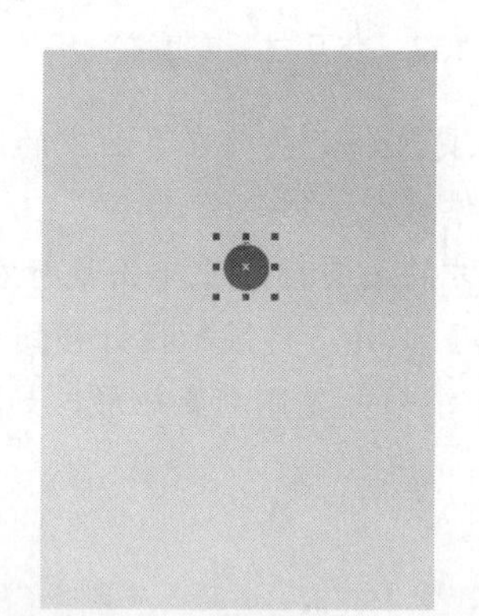

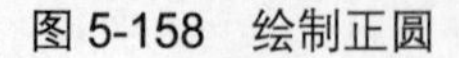
图 5-158　绘制正圆

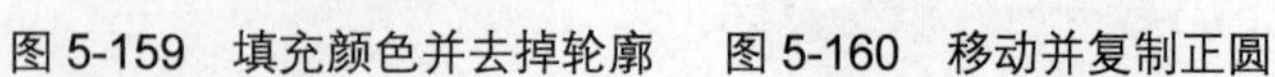
图 5-159　填充颜色并去掉轮廓　图 5-160　移动并复制正圆

Step 4　选择 3 次【编辑】/【再制】命令，再制 3 个圆形，如图 5-161 所示。

Step 5　按空格键调用【挑选】工具，框选所有的圆形，用鼠标左键向下拖曳圆形至合适位置，并单击鼠标右键，移动并复制框选的圆形，如图 5-162 所示。

Step 6　选择 3 次【编辑】/【再制】命令，再制 3 组圆形，如图 5-163 所示。

3. 绘制装饰图案

Step 1　按“F6”键调用【矩形】工具，绘制一个“对象大小”分别为 27 mm×6.5mm 的矩形，在工具属性栏中“圆角半径”均为 5mm，按“Enter”键确认，如图 5-164 所示。

Step 2　在调色板中的 90%黑色块上单击鼠标左键，填充颜色，并在“无”图标上单击鼠标右键，去掉轮廓，如图 5-165 所示。

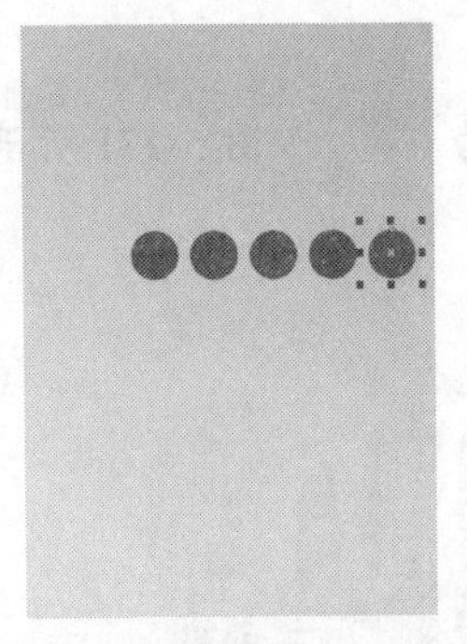

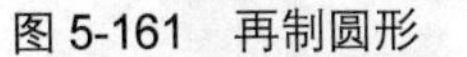

图 5-161 再制圆形

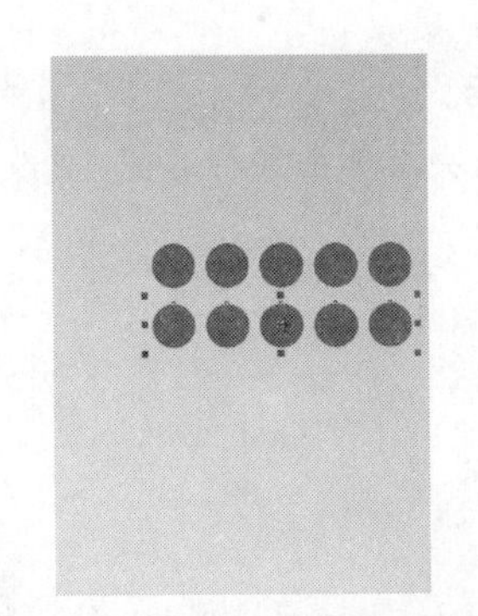

图 5-162 移动并复制框选的圆形

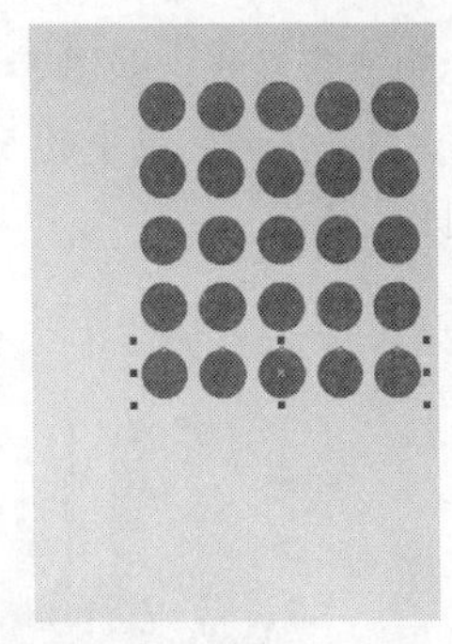

图 5-163 再制 3 组圆形

Step 3 按住鼠标左键向右拖曳圆角矩形至合适位置，并单击鼠标右键，移动并复制圆角矩形，如图 5-166 所示。

图 5-164 绘制圆角矩形

图 5-165 填充颜色并去掉轮廓

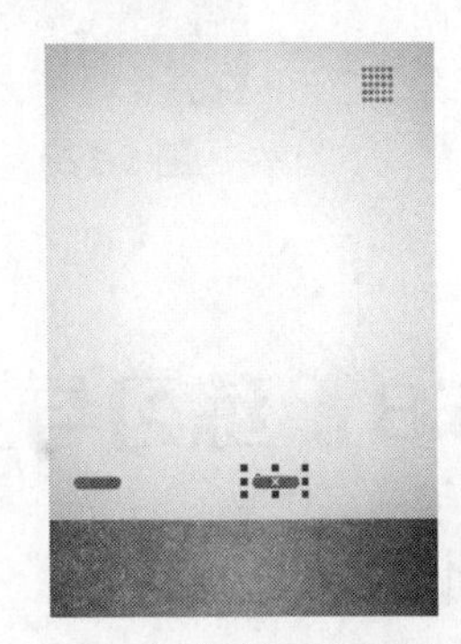

图 5-166 移动并复制圆角矩形

4. 置于主体图案和文字

Step 1 选择【文件】/【打开】命令，打开“POP 图案和文字.ai”文件，如图 5-167 所示。

Step 2 选择【编辑】/【全选】/【对象】命令，全选所有对象，如图 5-168 所示。

Step 3 选择【编辑】/【复制】命令，复制全选的对象，按“Ctrl + Tab”组合键，切换至 POP 海报广告窗口中，选择【编辑】/【粘贴】命令，粘贴复制的对象，如图 5-169 所示。

图 5-167 打开 POP 图案

图 5-168 全选所有的对象

图 5-169 粘贴复制的对象

Step 4 选择工具箱中的【2 点直线】工具，结合“Shift”键，在绘制图页面中单击并拖曳鼠标指针，绘制一条直线，如图 5-170 所示。

Step 5 在调色板中的 50%黑色块上单击鼠标右键，更改轮廓色为灰色，如图 5-171 所示。至此，本案例制作完毕。

图 5-170　绘制直线

图 5-171　完成效果

5.8 练习与上机

1. 单项选择题

（1）使用（　　）可以选择单个对象也可选择多个对象。

A.【形状】工具　　B.【手形】工具　　C.【挑选】工具　　D.【手绘】工具

（2）如果想微移设置对象的位置，则可以使用键盘上的（　　）4 个方向键，按上下左右的方向移动对象。

A．“Tab”、“↑”、“↓”、“←”、　　B．“↑”、“↓”、“←”、“→”

C．“Alt”、“Tab”、“Shift”、“空格键”　　D．“Shift”、“Ctrl”、“空格键”、“Enter”

（3）（　　）对象是指将多个不同对象结合成一个新的对象，如果合并时的原始对象是重叠的，则合并后的重叠区域将会出现透明的状态。

A．焊接　　B．相交　　C．边界　　D．结合

2. 多项选择题

（1）以下关于选择对象的操作，正确的是（　　）。

A．若只需单选一个图形，直接使用【挑选】工具单击即可

B．选择对象时，在工作区中对象以外的地方按住鼠标左键并拖曳鼠标指针，出现一个虚线矩形框，即可框选所需的对象

C．结合“Shift”键可以选取多个对象

D．按“Tab”键可按顺序选择对象

（2）下列关于移动对象的操作，正确的是（　　）。

A．如果想随意地设置对象的位置，可以使用鼠标单击并拖曳

B．微调距离”数值框 中可以设置微调偏移量，在系统默认情况下每按一次方向键将移动 1.2mm

C．按键盘上的 4 个方向键也可移动对象

D．利用“位置”面板可以精确定位移动对象

（3）下列关于修整对象的描述，正确的是（　　）。

A．可以对多个选择的对象执行焊接、修剪、相交、简化等操作

B．修整对象包括对齐、分布等的操作

C．可以对多个选择的对象执行前剪后或者后剪前等操作

D．修整对象包括排序、群组等的操作

3. 上机操作题

（1）为某超市绘制一款悬挂式 POP 海报广告，要求该广告要体现出喜庆、活跃的节日氛围主题和元素，参考效果如图 5-172 所示。

完成效果：效果文件\第 5 章\悬挂式 POP.cdr
素材文件：第 5 章\素材文件\悬挂式 POP.cdr

图 5-172　悬挂式 POP

（2）为某汽车用品公司绘制一款壁画式 POP 海报，参考效果如图 5-173 所示。

完成效果：效果文件\第 5 章\壁画式 POP. cdr
素材文件：第 5 章\素材文件\汽车.jpg

图 5-173　壁画式 POP

第6章 图形对象特效制作

📖 学习目标

学习在CorelDRAW X5为绘制的图形添加各种特殊效果，包括调和效果、轮廓图效果、立体效果、阴影效果、封套效果、透明效果等。了解DM广告的分类、特点以及绘制手法，并掌握DM广告的特点与绘制方法。

📖 学习重点

掌握【交互式调和】工具、【交互式轮廓图】工具、【交互式扭曲】工具、【交互式阴影】工具、【交互式立体化】工具、【交互式封套】工具等的使用，并能运用这些工具为添加各种特殊的效果。

📖 主要内容

- 调和效果
- 轮廓图效果
- 变形效果
- 阴影效果
- 立体效果
- 封套效果
- 透明效果
- 透镜效果
- 透视效果
- 制作DM广告

6.1 调和效果

使用【交互式调和】工具可以对两个或两个以上对象之间不同形状、颜色和轮廓的对象进行调和，制作出逐渐过渡的效果。

6.1.1 创建调和效果

调和效果与渐变填充有些类似，但比填充的过渡效果更完善。创建调和效果有 3 种方式，分别为直线调和、沿路径调和和复合调和。

1. 创建直线调和效果

直线调和效果是指显示形状和大小从一个对象到另一个对象的渐变，中间对象的轮廓色和填充颜色在色谱中沿直线路径渐变，中间对象的轮廓显示厚度和形状的渐变。

【例 6-1】使用【交互式调和】工具创建直线调和效果。

所用素材：素材文件\第 6 章\铃铛.cdr　　**完成效果：**效果文件\第 6 章\铃铛.cdr

Step 1　打开“铃铛.cdr”文件，选择工具箱中的【交互式调和】工具，将鼠标指针移至上方的珠子上当光标变为形状时，单击并按住鼠标左键将其拖动到另一个珠子图形上，如图 6-1 所示。

Step 2　释放鼠标左键后，即可在两个对象之间创建直线调和，效果如图 6-2 所示。

Step 3　在【调和】工具栏属性栏中设置“调和对象”为 15，按“Enter”键确认，更改两个对象之间的调和步数，如图 6-3 所示。

图 6-1　创建直线调和路径

图 6-2　直线调和效果

图 6-3　设置调和步数

【知识补充】要在对象之间创建调和效果，还可以在选择用于创建调和效果的两个或两个以上的对象后，选择【效果】/【调和】命令或【窗口】/【泊坞窗】/【调和】命令，打开“调和”泊坞窗，如图 6-4 所示，在其中设置调和的步长和旋转角度，然后单击“应用”按钮，即可创建调和效果。

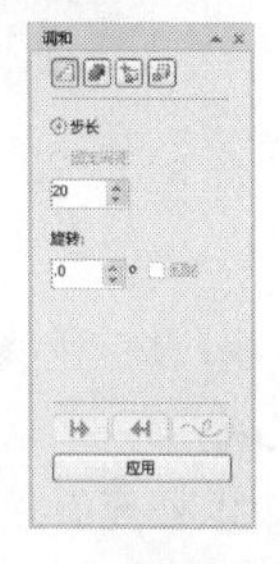

图 6-4　“调和”泊坞窗

2. 创建沿路径调和效果

沿路径调和效果是指沿着任意的路径来创建调和对象，其中路径可以是图形、线条或文本。

【例 6-2】使用【交互式调和】工具并结合“Alt”键创建沿手绘路径调和效果。

所用素材：素材文件\第 6 章\多彩星形.cdr **完成效果**：效果文件\第 6 章\多彩星形.cdr

Step 1 打开“多彩星形.cdr”文件，选择工具箱中的【交互式调和】工具，按住“Alt”键的同时，在起始图形的上方单击并按住鼠标左键，以任意路径拖曳光标至终止对象上，在拖曳的路径上会显示出一系列的混合对象，如图 6-5 所示。

Step 2 释放鼠标左键，即可看到创建的沿手绘路径调和的效果，如图 6-6 所示。

图 6-5 绘制调和路径

图 6-6 创建的沿手绘路径调和效果

用户也可以使用对象绑定到路径的方法来实现沿路径调和效果。

【例 6-3】使用“新路径”选项创建沿路径调和效果。

所用素材：素材文件\第 6 章\多彩星形（1）.cdr **完成效果**：效果文件\第 6 章\多彩星形（1）.cdr

Step 1 打开“多彩星形（1）.cdr”文件，如图 6-7 所示。

Step 2 选择工具箱中的【挑选】工具，选择调和对象，在【交互式调和】工具属性栏中单击“路径属性”按钮，在弹出的下拉菜单中选择“新路径”选项，如图 6-8 所示。

图 6-7 打开的素材

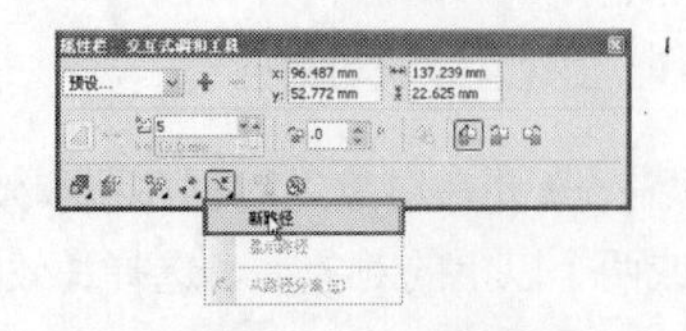

图 6-8 工具属性栏

Step 3 移动鼠标指针至页面中的路径上，如图 6-9 所示。

Step 4 单击鼠标左键，即可将直线调和的对象绑定到路径上，如图 6-10 所示。

【知识补充】使用调和对象绑定到绘制的路径，也可以使用鼠标右键拖曳的方法来实现，其方法：是选择一个已创建好的调和对象，用鼠标右键将调和对象拖曳到一条路径上，如图 6-11 所示，此时鼠标指针呈状态时，释放鼠标右键，在弹出的快捷菜单中选择“使调和适合路径”选项，如图 6-12 所示，即可使调和对象绑定到绘制的路径，如图 6-13 所示。

图 6-9　鼠标位置

图 6-10　将调和的对象绑定到路径上

图 6-11　将调和对象拖曳到一条路径上

图 6-12　快捷菜单

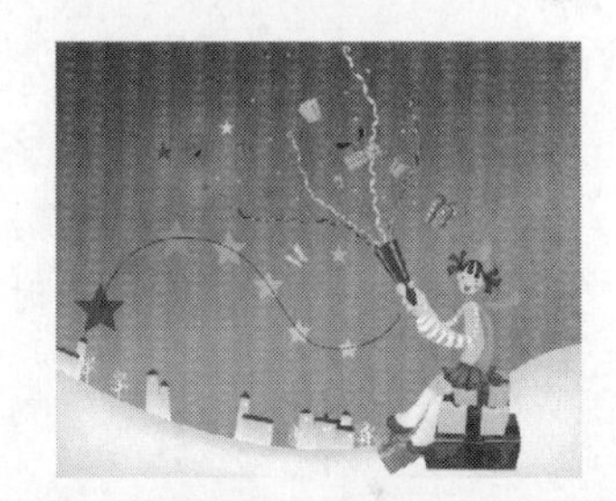

图 6-13　调和对象绑定到绘制的路径

3. 创建复合调和效果

复合调和效果是指由两个或两个以上相互连接的调和所组合的调和，这样的结果是生成链头的系列调和。

【例 6-4】使用【交互式调和】工具创建复合调和效果。

所用素材：素材文件\第 6 章\可爱女孩.cdr　　**完成效果：**效果文件\第 6 章\可爱女孩.cdr

Step 1　打开“可爱女孩.cdr”文件，其中创建两个对象的调和效果、绘制一个心形，选择工具箱中的【交互式调和】工具，在心形图形上单击并按住鼠标左键拖曳至调和对象两端的起始图形（如图 6-14 所示）或者终止图形上。

Step 2　释放鼠标左键，即可创建出 3 个图形之间的复合调和效果，如图 6-15 所示。

图 6-14　拖曳心形图形至调和对象上

图 6-15　复合调和效果

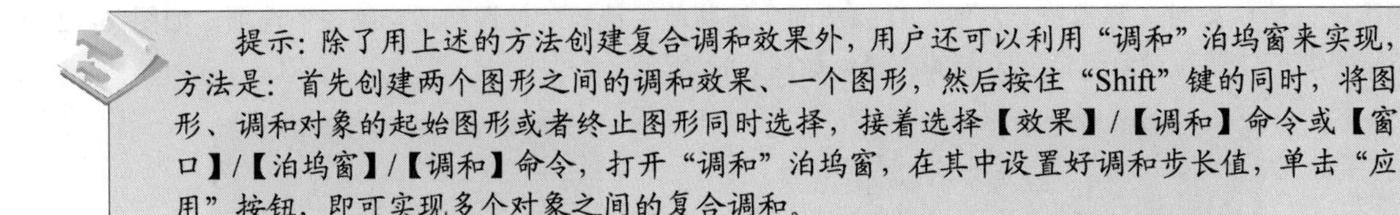

提示：除了用上述的方法创建复合调和效果外，用户还可以利用“调和”泊坞窗来实现，方法是：首先创建两个图形之间的调和效果、一个图形，然后按住“Shift”键的同时，将图形、调和对象的起始图形或者终止图形同时选择，接着选择【效果】/【调和】命令或【窗口】/【泊坞窗】/【调和】命令，打开“调和”泊坞窗，在其中设置好调和步长值，单击“应用”按钮，即可实现多个对象之间的复合调和。

6.1.2 控制调和效果

在【交互式调和】工具属性栏中可以改变调和步数、调和形状等属性。如图 6-16 所示，为【交互式调和】工具属性栏，各参数的作用分别如下。

图 6-16 【交互式调和】工具属性栏

- “预设列表”列表框 预设... ：可以选择系统预置的调和样式。
- “调和对象”数值框 20 ：可以设定两个对象之间的调和步数及过渡对象之间的间距值。调和步长数为 20 和 3 时的效果如图 6-17 所示。

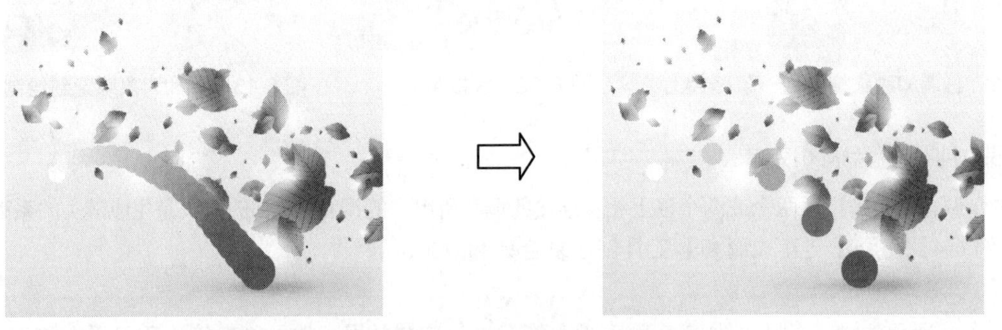

图 6-17 调和步长数为 20 和 3 时的效果

- “调和方向”数值框 .0 °：用来设定过渡中对象旋转的角度。角度为 0°和 60°时的效果如图 6-18 所示。

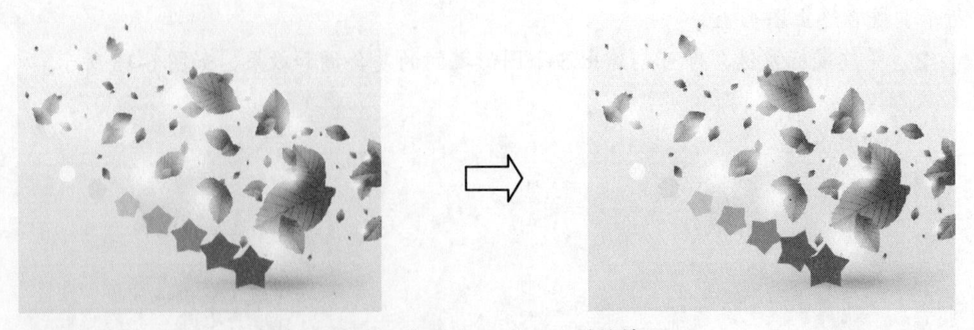

图 6-18 角度为 0°和 60°时的效果

- “环绕调和”按钮：可以将调和中产生旋转的过渡对象拉直的同时，以两个对象的中间位置作为旋转中心进行环绕分布，该按钮只有在为调和对象设置了调和方向后才能使用，如图

6-19所示。

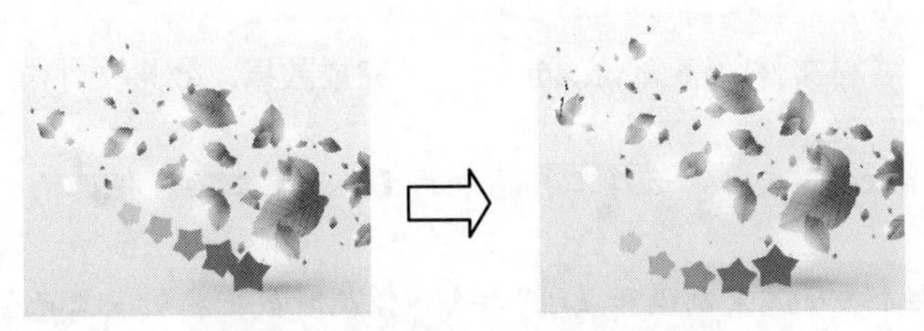

图6-19　环绕调和前后的对比效果

- “直接调和”按钮、“顺时针调和”按钮和“逆时针调和”按钮：用来设定调和对象之间颜色过渡的方向，如图6-20所示。

图6-20　直接调和效果、顺时针调和效果和逆时针调和效果

- “对象和色彩加速”按钮：用来调整调和对象及调和颜色的加速度。单击该按钮，在打开的面板中拖动滑块到图6-21所示的位置，对象的调和变为图6-22所示的效果。
- “调整加速大小”按钮：用来设定调和时过渡对象调和尺寸的加速变化，如图6-23所示。

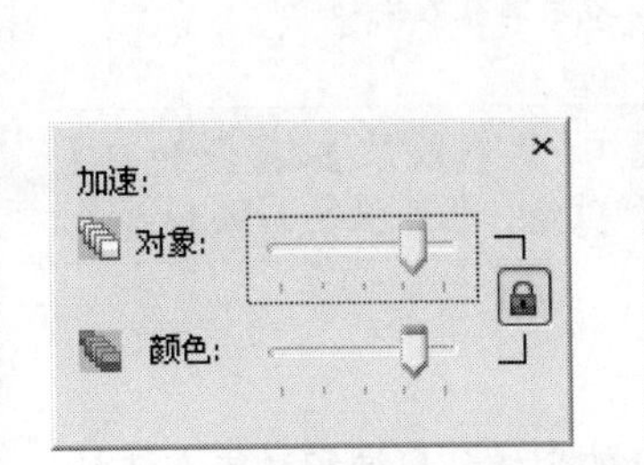

图6-21　“对象和色彩加速”面板

图6-22　对象和色彩加速调和效果

图6-23　调整加速大小和效果

- “起始和结束对象属性”按钮：可以显示或重新设定调和的起始及终止对象。
- “路径属性”按钮：可以使调和对象沿绘制好的路径分布。
- “复制调和属性”按钮：可以复制对象的调和效果。

6.1.3　复制调和效果

调和的复制功能是指将选择的调和对象的设置应用到另外两个被选择的对象上，复制调和效果后，两个新对象的填充及轮廓线属性保持不变。

【例 6-5】使用“复制调和属性”按钮复制调和效果。

所用素材：素材文件\第 6 章\茶.cdr　　**完成效果**：效果文件\第 6 章\茶.cdr

Step 1　打开“茶.cdr”文件，选择工具箱中的【挑选】工具，框选两个心形图形，如图 6-24 所示。

Step 2　单击属性栏中的“复制调和属性”按钮，此时鼠标指针呈黑色箭头形状➡，如图 6-25 所示。

图 6-24　框选心形图形

图 6-25　鼠标指针形状

Step 3　单击需要复制的调和对象，如图 6-26 所示。

Step 4　该调和对象的调和效果即可复制到所选择的两个单独的图形对象上，如图 6-27 所示。

图 6-26　单击复制的调和对象

图 6-27　复合调和效果

提示：选中需要复制调和效果的图形，然后选择【效果】/【复制效果】/【调和自】命令，此时鼠标指针呈黑色箭头形状➡，单击需要复制的调和对象，也可以复制调和效果。

6.1.4　拆分调和效果

创建了调和效果后的对象，可以通过菜单命令将其分离为相互独立的个体分离调和对象方法是：选择调和对象后，选择【排列】/【拆分调和群组】命令，即可拆分调和效果，分离后的各个独立对象仍保持分离前的状态，如图 6-28 所示。

图 6-28　拆分调和效果前后的对比效果

提示：按“Ctrl + K”组合键，或者在调和对象上单击鼠标右键，在弹出的快捷菜单中选择“打散调和群组”选项，也可完成拆分调和对象。

【知识补充】当调和对象被分离后，之前调和效果中的起端对象和末端对象都可以被单独选取，而位于两者之间的其他图形将以群组的方式组合在一起，按“Ctrl＋U”组合键，即可解散群组对象，从而方便用户进行下一步操作，如图 6-29 所示为移动分离后的其中一个对象。

图 6-29　移动分离后的其中一个对象

6.1.5　取消调和效果

用户清除对象的调和效果，只保留起端对象和末端对象。清除调和效果有以下两种方法。

- 选择调和对象后，选择【效果】/【清除调和】命令即可。如图 6-30 所示为清除调和效果前后的对比效果。
- 选择调和对象后，单击【交互式调和】工具属性栏的“清除调和”按钮。

图 6-30　清除调和效果前后的对比效果

6.2　轮廓图效果

使用【互式轮廓图】工具可以为线条、美术字和图形等对象，添加轮廓向内或向外放射而形成的同心图形效果。

6.2.1　创建轮廓图效果

创建轮廓图效果只需要在一个图形对象上就可以完成。

【例 6-6】使用【交互式轮廓图】工具创建轮廓图效果。

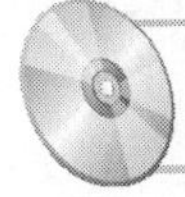

所用素材：素材文件\第 6 章\凉鞋广告.cdr　　**完成效果**：效果文件\第 6 章\凉鞋广告.cdr

Step 1　打开“凉鞋广告.cdr”文件，如图 6-31 所示。

Step 2　选择工具箱中的【交互式轮廓图】工具，在左上角的文字群组对象上单击并按住鼠标左键向外拖曳，此时鼠标指针呈如图 6-32 所示的状态。

Step 3　释放鼠标左键，即可创建出图形边缘向外放射的轮廓图效果，如图 6-33 所示。

图 6-31　打开的素材

图 6-32　向外拖曳鼠标指针

图 6-33　向外放射的轮廓图效果

【知识补充】当为对象建立轮廓图效果后，【交互式轮廓图】工具属性栏如图 6-34 所示，通过设置相应的参数可以得到需要的轮廓效果。

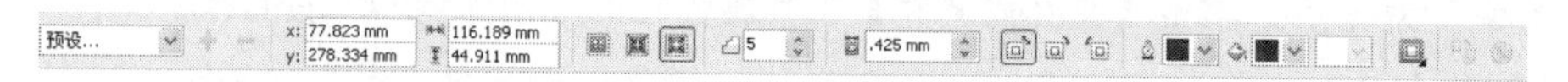

图 6-34　【交互式轮廓图】工具属性栏

- “预置”列表框：可以选择系统预置的样式。
- “至中心”、“内部轮廓”、“外部轮廓”按钮：能使对象产生至中心、向内或向外的轮廓图。
- “轮廓图步长”数值框：用来设置轮廓线圈的级数。图 6-35 所示为不同发射数量的效果。

图 6-35　不同发射数量的效果

- “轮廓图偏移”数值框：用于设置各个轮廓线圈之间的间距离。如图 6-36 所示，为不同偏移量的效果。

图 6-36　不同偏移量的效果

- “线性轮廓色”按钮、“顺时针轮廓色”按钮、“逆时针轮廓色”按钮：可以在色谱中分别用直线、顺时针和逆时针曲线所通过的颜色来填充原始对象和最后一个轮廓形状。

- “轮廓色”按钮：可以在其下拉列表框中选择最后一个同心轮廓线的颜色。
- “填充色”按钮：可以在其下拉列表框中选择最后一个同心轮廓的填充色。
- “渐变填充结束色”按钮：当原始对象使用了渐变效果，可以通过单击该按钮来改变渐变填充的最后终止颜色。
- “对象与颜色加速度”按钮：用于调节轮廓对象与轮廓颜色的加速度。

6.2.2　复制轮廓图效果

复制轮廓图效果是指可以将选择的轮廓图设置应用到另一个被选择的对象上，但新的对象的填充和轮廓属性保持不变。

【例 6-7】使用“轮廓图自”命令复制轮廓图效果。

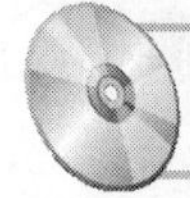

所用素材：素材文件\第 6 章\烟花（1）.cdr　**完成效果：**效果文件\第 6 章\烟花（1）.cdr

Step 1　打开“烟花（1）.cdr”文件，选择需要复制轮廓图效果的正圆，选择工具箱中的【交互式轮廓图】工具，单击工具属性栏中的“复制轮廓图属性”按钮，或选择【效果】/【复制效果】/【轮廓图自】命令，此时鼠标指针呈黑色箭头形状➡，移动鼠标指针到需要复制的轮廓图对象上，如图 6-37 所示。

Step 2　单击鼠标左键，即可复制轮廓图效果，如图 6-38 所示。

图 6-37　鼠标指针位置

图 6-38　复制轮廓图效果

6.2.3　拆分轮廓图效果

如果需要拆分轮廓图效果，在选择轮廓图对象后，选择【排列】/【拆分轮廓图群组】命令或按“Ctrl＋K”组合键，即可拆分轮廓图效果，且对象仍保持拆分前的状态。

6.2.4　清除轮廓图效果

如果需要清除轮廓图效果，在选择轮廓图对象后，在【交互式轮廓图】工具属性栏中单击“清除轮廓”按钮，或者选择【效果】/【清除轮廓】命令即可。

6.3　变形效果

使用【交互式变形】工具可以对对象进行推拉、拉链和旋转等变形，从而创建各种奇妙的图形效果。

6.3.1 推拉变形

创建推拉变形可以通过推拉对象的节点产生不同的变形效果。

【例 6-8】使用“推拉变形”按钮创建推拉变形效果。

所用素材：素材文件\第 6 章\七夕.cdr　　完成效果：效果文件\第 6 章\七夕.cdr

Step 1 打开“七夕.cdr”文件，选择绘制的复杂星形，如图 6-39 所示。

Step 2 选择工具箱中的【交互式变形】工具，在工具属性栏单击“推拉变形”按钮，在图形对象上单击并按住鼠标左键拖曳，如图 6-40 所示。

Step 3 释放鼠标左键，即可使图形产生推拉变形效果，如图 6-41 所示。

图 6-39　选择图形

图 6-40　拖曳鼠标指针

图 6-41　推拉变形效果

【知识补充】当为对象建立推拉变形效果后，用户拖曳变形控制线柄上的□控制点，可任意调整变形的失真振幅，如图 6-42 所示，拖曳◇控制点，可调整对象的变形角度，如图 6-43 所示。

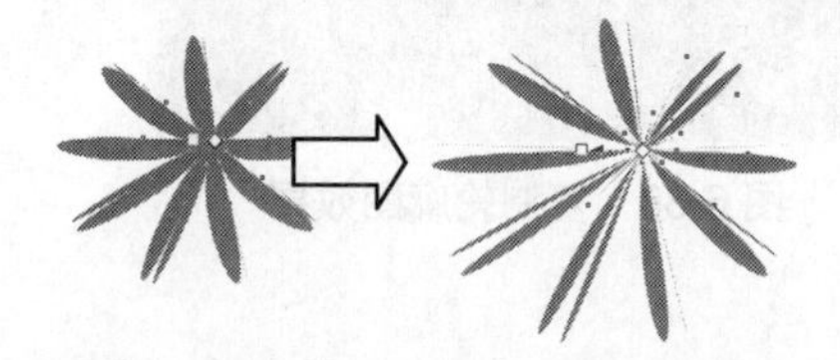

图 6-42　调整失真振幅后的变形效果

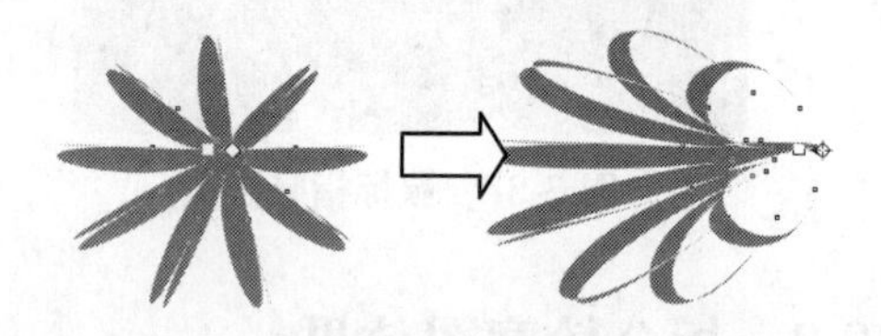

图 6-43　调整变形角度后的变形效果

6.3.2 拉链变形

创建拉链变形可以在对象的内侧和外侧产生节点，使对象的轮廓变成锯齿的效果。

【例 6-9】使用“拉链变形”按钮创建拉链变形效果。

所用素材：素材文件\第 6 章\装饰品.cdr　　完成效果：效果文件\第 6 章\装饰品.cdr

Step 1 打开“装饰品.cdr”文件，选择需要创建拉链变形的对象，如图 6-44 所示。

Step 2 选择工具箱中的【交互式变形】工具，在工具属性栏单击“拉链变形”按钮，并向任意方向拖曳，对象就会以鼠标单击点为中心点创建出拉链变形效果，如图 6-45 所示。

图 6-44　选择对象

图 6-45　拉链变形效果

6.3.3　扭曲变形

创建扭曲变形可以将对象围绕自身旋转形成螺旋效果。

【例 6-10】使用“扭曲变形”按钮创建扭曲变形效果。

所用素材：素材文件\第 6 章\棒棒糖.cdr　　**完成效果：**效果文件\第 6 章\棒棒糖.cdr

Step 1　打开“棒棒糖.cdr”文件，选择需要创建扭曲变形的对象，如图 6-46 所示。

Step 2　选择工具箱中的【交互式变形】工具，在工具属性栏单击“扭曲变形”按钮，在图形上单击并按住鼠标左键沿顺时针方向拖曳，如图 6-47 所示。

Step 3　依次按顺时针方向拖曳，释放鼠标左键，使图形在顺时针方向产生扭曲变形效果，移动其位置，如图 6-48 所示。

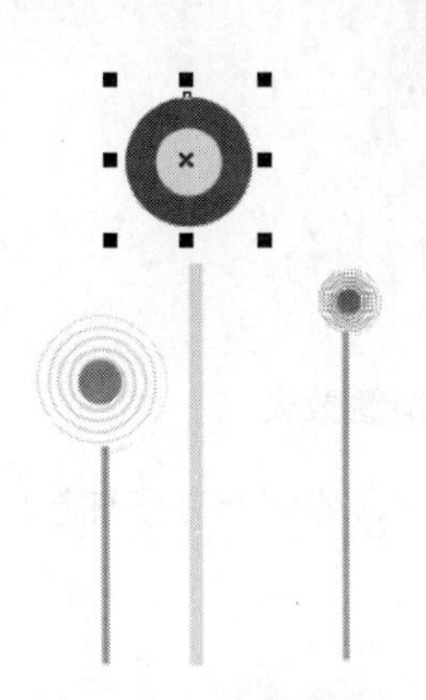

图 6-46　选择对象

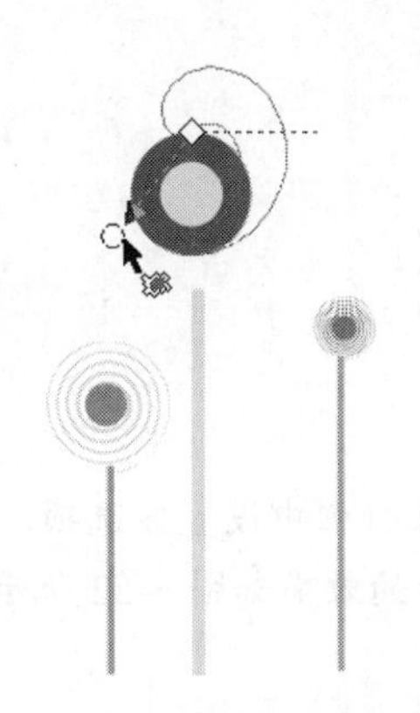

图 6-47　沿顺时针方向拖曳鼠标指针

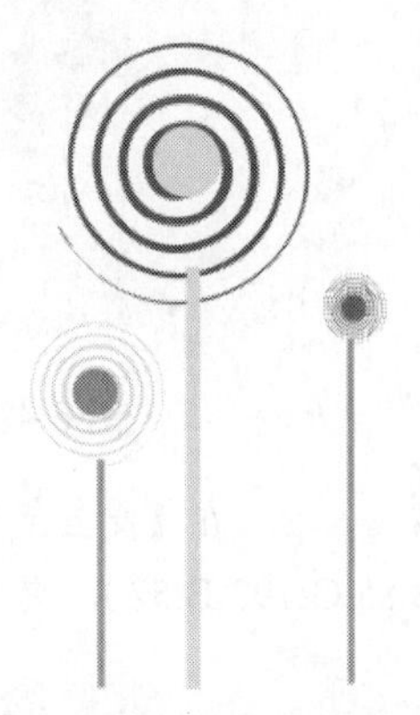

图 6-48　扭曲变形效果

【知识补充】在对象的控制点上单击并按住鼠标左键逆时针方向拖曳，释放鼠标左键，使图形在逆时针方向产生扭曲变形效果。

6.3.4　清除变形效果

若要清除对象上创建的变形效果，方法是：使用工具箱中的【交互式变形】工具单击需要清除变形效果的对象，选择【效果】/【清除变形】命令，或者在【交互式变形】工具属性栏中单击“清除变形”按钮即可。

6.4 阴影效果

使用【交互式阴影】工具可以给对象添加逼真的、柔和的阴影效果，从而得到更加生动直观的效果。阴影效果是与对象链接在一起的，对象外观改变的同时，阴影效果也会随之产生变化。

6.4.1 创建阴影效果

可以快速地为图形、文本、位图添加阴影效果。

【例 6-11】使用【交互式阴影】工具创建阴影效果。

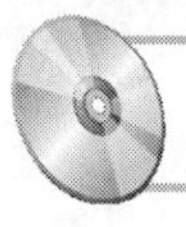

所用素材：素材文件\第 6 章\美容广告.cdr　**完成效果**：效果文件\第 6 章\美容广告.cdr

Step 1 打开“美容广告.cdr”文件，选择需要创建阴影效果的对象，如图 6-49 所示。

Step 2 选择工具箱中的【交互式阴影】工具，在对象上单击并按住鼠标左键拖曳至合适位置后，释放鼠标左键，即可为对象创建阴影效果，如图 6-50 所示。

图 6-49　选择对象

图 6-50　创建阴影效果

Step 3 在【交互式阴影】工具属性栏中设置各选项，如图 6-51 所示，其中“阴影颜色”为绿色（B:85;G:192;B:52），更改阴影属性后的效果如图 6-52 所示。

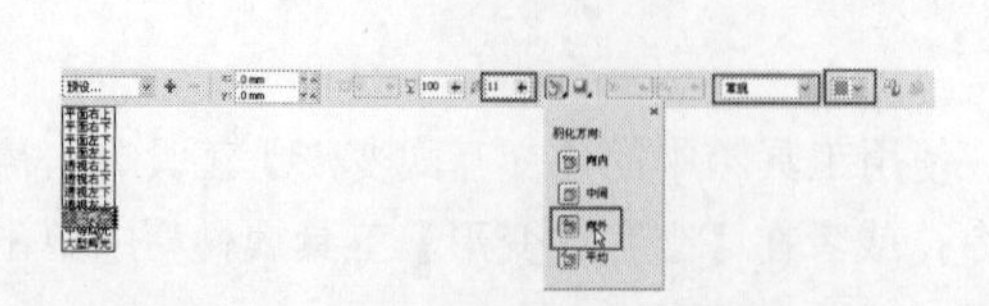

图 6-51　【交互式阴影】工具属性栏

图 6-52　更改阴影属性后的效果

【知识补充】当对象创建阴影效果后，用户通常都需要对阴影属性进行编辑，以达到需要的阴影效果，【交互式阴影】工具属性栏中的相应参数的含义如下。

- "预设"列表框：用于选择系统自带的阴影类型。
- "阴影偏移量"数值框：用来设定阴影相对于对象的坐标值。正数代表向上或向右偏移，负数代表向左或向下偏移。在对象上创建与对象相同形状阴影，该选项才可以使用。
- "阴影角度"数值框：用来设定阴影效果的角度。在对象上创建了透视的阴影效果后，该选项才可使用。将阴影角度分别设置为20°和100°时，对象中的阴影效果如图6-53所示。

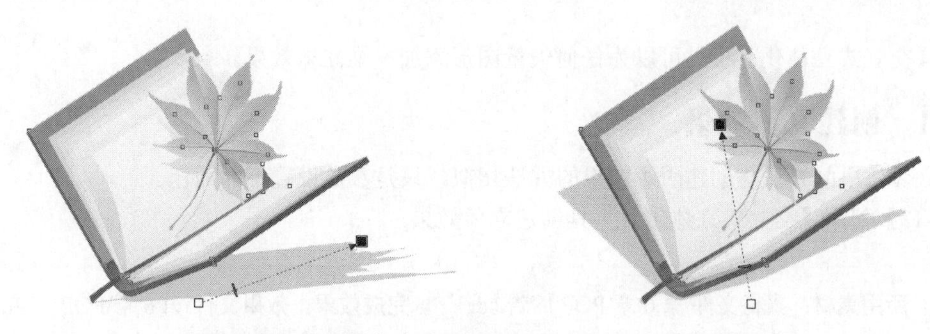

图6-53　将阴影角度分别设置为20°和100°时的效果

- "阴影的不透明度"数值框：用来设定阴影的不透明度，数值越大，透明度越弱，阴影颜色越深；反之，则不透明度越强，阴影颜色越浅。图6-54所示为调整不同透明度后的阴影效果。

图6-54　调整不同透明度后的阴影效果

- "阴影羽化效果"数值框：用来设定阴影的羽化效果，使阴影产生不同程度的边缘柔和效果。
- "阴影羽化方向"按钮：用来设定阴影的羽化方向为在内、中间、在外或平均。
- "阴影羽化边缘"按钮：用来设定阴影羽化边缘的类型为直线型、正方形、反转方形。
- "阴影淡化/伸展"数值框：用来设定阴影的淡化及伸展。
- "阴影颜色"按钮：用来设定阴影的颜色。

6.4.2　拆分阴影效果

拆分阴影效果的方法是：使用【挑选】工具框选对象图形和阴影效果，选择【排列】/【拆分阴影群组】命令或按"Ctrl+K"组合键即可。

6.4.3 清除阴影效果

清除阴影效果与清除其他效果的方法相似，只需要同时选择图形和阴影效果，然后选择【效果】/【清除阴影】命令或者单击【交互式阴影】工具属性栏中的“清除阴影”按钮即可。

6.5 立体效果

使用【交互式立体化】工具可以为任何矢量图形添加三维立体效果。

6.5.1 创建立体效果

创建立体效果的方法与创建阴影效果的方法相似，只是参数设置不同而已。

【例6-12】使用【交互式立体化】工具创建立体效果。

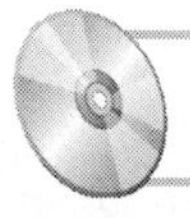

所用素材：素材文件\第6章\POP广告.cdr　**完成效果：**效果文件\第6章\POP广告.cdr

Step 1 打开“POP广告.cdr”文件，选择需要创建立体效果的对象，如图6-55所示。

Step 2 选择工具箱中的【交互式立体化】工具，在对象上单击并按住鼠标左键按图6-56所示的方向在图形的下方向左下角的方向拖曳，为图形创建立体效果。

图6-55 选择对象

图6-56 拖曳鼠标

Step 3 释放鼠标左键后，即可创建立体效果，如图6-57所示。

Step 4 在【交互式立体化】工具属性栏中设置各选项，如图6-58所示，其中“从”为墨绿色(C:90;M:53;Y:91;K:24)、“到”为绿色(C:86;M:40;Y:88;K:8)。

图6-57 立体效果

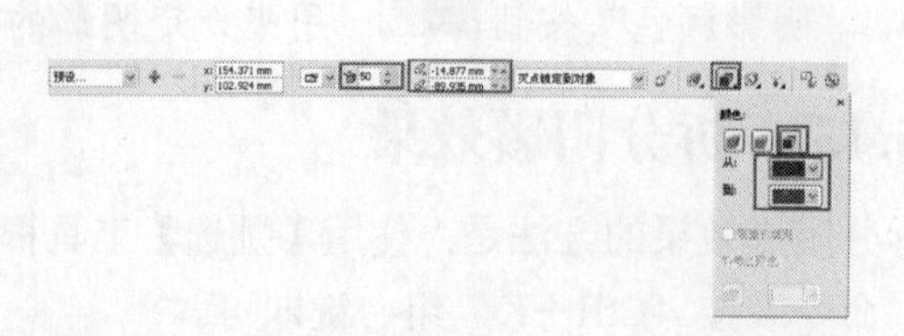

图6-58 【交互式立体化】工具属性栏

Step 5 设置好参数后，更改立体属性后的效果，如图6-59所示。

图6-58　更改立体效果

【知识补充】在【交互式立体化】工具属性栏中，可以精确地改变对象的立体化效果，相应参数的含义如下：

- "预设"列表框：用于立体化预设样式。
- "立体化类型"按钮：单击该按钮，可弹出如图6-60所示的立体化类型，在其中可选择系统提供的立体类型。图6-61所示为选择类型后的立体效果。

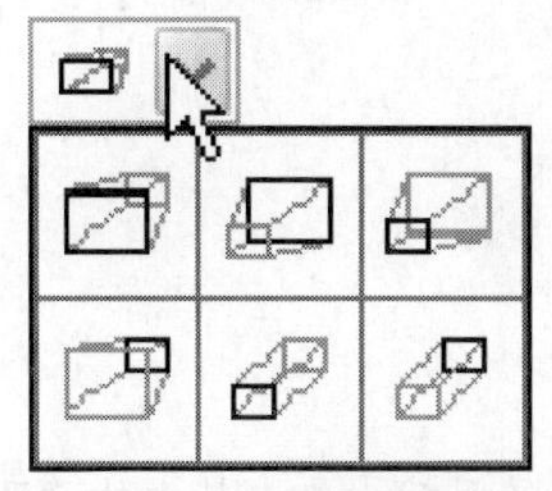
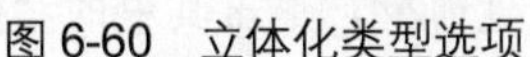
图6-60　立体化类型选项

图6-61　更改立体化类型前后的对比效果

- "深度"数值框：用来设置立体化效果的纵深度。数值越大，深度越深，如图6-62所示。
- "灭点坐标"数值框：用于设置立体化灭点的坐标位置，如图6-63所示。

图6-62　设置立体化深度

图6-63　调整立体化灭点的坐标位置

- "灭点属性"列表框：提供了锁定灭点到对象、锁定灭点到页面、共享灭点等方式。
- "立体的方向"按钮：用于改变立体效果的角度。单击该按钮，弹出下拉面板，如图6-64所示，在其中的圆形范围内单击并按住鼠标左键拖曳，立体化对象的效果也随之发生改变，如图6-65所示。单击面板中的按钮，在面板中显示对象所应用的旋转值，用户可以在各选项数值框中输入精确的旋转值来调整立体化效果。

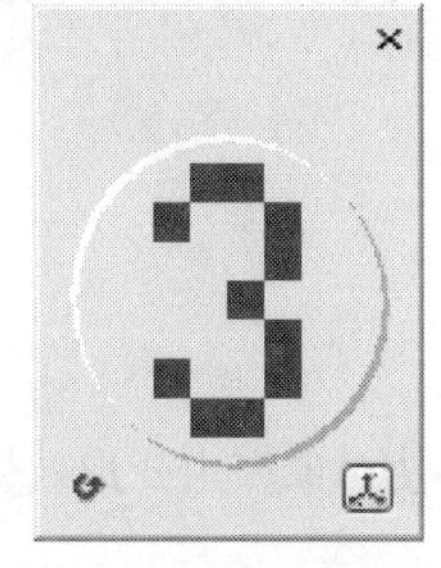
图6-64　"立体的方向"下拉面板

图6-65　调整立体化方向

- “立体化颜色”按钮：用于设置立体化效果的颜色，如使用对象填充、使用纯色填充、使用递减的颜色 3 种方式。
- “斜角修饰边”按钮：单击该按钮，在弹出的下拉面板中选中“使用斜角修饰边”复选框后，对象的立体化效果如图 6-66 所示。其中“斜角修饰边深度”数值框 2.0 mm，用于设置斜角修饰边的深度；“斜角修饰边角度”数值框 45.0°，用于设置斜角修饰边的角度。

图 6-66 “斜角修饰边”面板设置及立体化效果

- “立体化照明”按钮：单击该按钮，弹出如图 6-67 所示的照明设置面板，单击其中的“照明 3”按钮后，对象的立体效果如图 6-68 所示。

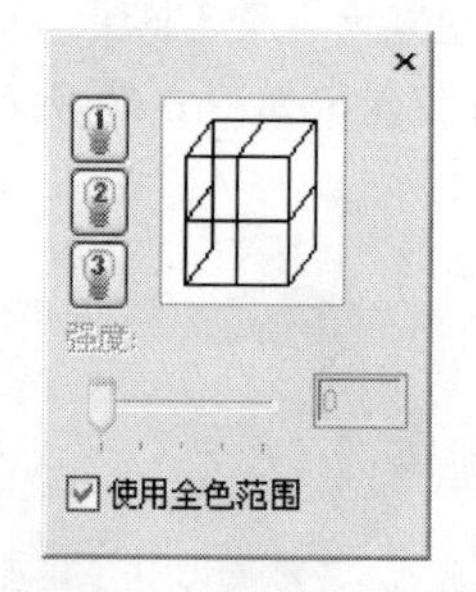

图 6-67 照明设置面板

图 6-68 选择光源 1 的立体化效果

6.5.2 拆分立体效果

拆分立体效果的方法是：使用【挑选】工具框选对象图形和立体效果，选择【排列】/【拆分立体化群组】命令或按“Ctrl＋K”组合键即可。

6.5.3 清除立体效果

同时选择图形和立体效果，然后选择【效果】/【清除立体化】命令或者单击【交互式立体化】工具属性栏中的“清除立体化”按钮即可。

6.6 封套效果

使用【交互式封套】工具通过修改封套上的节点来改变封套的形状，从而使对象产生变形效果。

【例 6-13】使用【交互式封套】工具创建封套效果。

所用素材：素材文件\第 6 章\彩虹.cdr　　　　**完成效果**：效果文件\第 6 章\彩虹.cdr

Step 1　打开“彩虹.cdr”文件，选择需要创建封套效果的对象，如图 6-69 所示。

Step 2　选择工具箱中的【交互式封套】工具，在对象上随即会出现蓝色的封套编辑框，移动鼠标指针至上方中间的控制柄处，单击并按住鼠标左键向上拖曳，编辑封套编辑框，矩形也随之变化，如图 6-70 所示。

图 6-69　选择对象

图 6-70　编辑封套编辑框

Step 3　移动鼠标指针至右侧角的控制柄处，单击并按住鼠标左键向上拖曳，编辑封套编辑框，效果如图 6-71 所示。

Step 4　用与上述同样的方法，随意调整各控制点，变形矩形，效果如图 6-72 所示。

图 6-71　编辑封套编辑框

图 6-72　编辑完成后的封套效果

提示：选择对象后，选择【效果】/【封套】命令或【窗口】/【泊坞窗】/【封套】命令，打开“封套”泊坞窗，单击“添加预设”按钮，如图 6-73 所示，在其下方的样式下拉列表框中选择一种预设的封套样式，单击“应用”按钮，即可将该封套样品应用到图形对象中，调整封套编辑框，效果如图 6-74 所示。

图 6-73　“封套”泊坞窗

图 6-74　创建封套效果

【知识补充】在对象四周出现封套编辑框后，可以结合其工具属性栏对封套形状进行编辑，相应参数的含义如下。

- 预设”列表框：用于选择系统预置的 6 个样式，如圆形、直线型、直线倾斜、挤远、上推和下推。图 6-75 所示为部分预设样式的效果。

（a）原图

（b）圆形

（c）挤远

（d）上推

图 6-75　预设样式

- “添加新封套”按钮：单击该按钮后，封套形状恢复为未进行任何编辑时的状态，而封套对象仍保持变形后的效果。
- “直线模式”按钮、“单弧线模式”按钮、“双弧线模式”按钮、“非强制模式”按钮：单击各按钮，可以选择相应的封套编辑模式。
- “映射模式”列表框：提供了 4 种映射模式，即水平、原始、自由变换、垂直。
- “保持线条”按钮：可以将对象的线条保持为直线，或者转换为曲线。

注意：复制和清除封套效果的操作方法，与前面介绍的复制和清除其他效果的操作方法相似，这里不再重复讲解。

6.7 透明效果

【交互式透明度】工具可以使矢量图形或者位图产生像玻璃一样透明的效果。在 CorelDRAW X5 中，不但能够对矢量图应用标准、渐变、图样和底纹等透明效果，还能对位图应用这些透明效果。

6.7.1 创建透明效果

创建透明效果时，使用黑色编辑隐藏对象，使用白色编辑显示对象，使用灰色编辑呈半透明状显示对象。

【例 6-14】使用【交互式透明度】工具创建透明效果。

所用素材：素材文件\第 6 章\饮料.cdr　　**完成效果**：效果文件\第 6 章\饮料 cdr

Step 1 打开“饮料.cdr”文件，选择需要创建透明效果的对象，如图 6-76 所示。

Step 2 选择工具箱中的【交互式透明度】工具，在工具属性栏的“透明度类型”列表框中选择“标准”选项，在“开始透明度”文本框中输入 27，如图 6-77 所示，添加标准透明效果，如图 6-78 所示。

图 6-76　选择对象

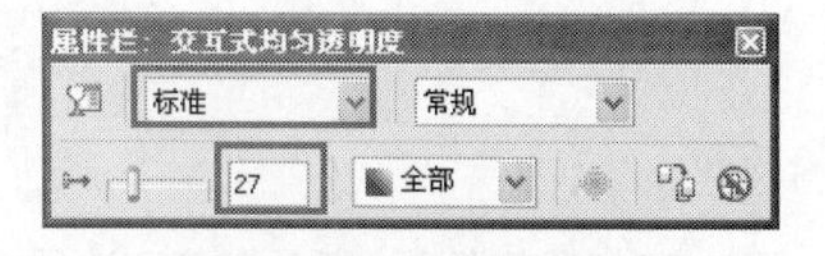

图 6-77　工具属性栏

图 6-78　添加标准透明效果

【知识补充】在【交互式透明度】工具属性栏中可以设置交互式透明的透明度，各参数含义如下。

- "透明度类型"列表框：用于选择产生透明度的类型，包括无、标准、射线、圆锥、方角、双色图样、全色图样、位图图样、底纹。图 6-79 所示为部分透明度类型的透明效果。

（a）原图　（b）标准类型　（c）线性类型　（d）底纹类型

图 6-79　部分透明度类型的透明效果

- "透明度操作"列表框：用于设置透明对象与下层对象进行叠加的模式。图 6-122 所示为选择"减少"和"色相"选项后的透明效果。
- "透明中心点"数值框：用于设置对象的透明度强度，数值越大，透明度越强，反之则透明度越弱。
- "渐变透明角度和边界"数值框：用于设置渐变透明的角度方向和边界范围。
- "透明度目标"列表框：用于设置对象应用透明的范围，包括"填充""轮廓"和"全部"选项。
- "冻结"按钮：单击该按钮后，可以对图形的透明效果进行冻结。这时使用【挑选】工具移动图形，移动后图形叠加所产生的颜色透明效果不变。

6.7.2　编辑透明效果

除了通过工具属性栏设置透明效果外，还可通过手动调节的方式对透明效果进行调整。手动调节调节透明效果的方法如下。

- 将鼠标指针移至透明控制线的起点或终点控制点上，单击并按住鼠标左键拖曳至合适位置，释放鼠标左键，即可调整渐变透明的角度和边界，如图 6-80 所示。

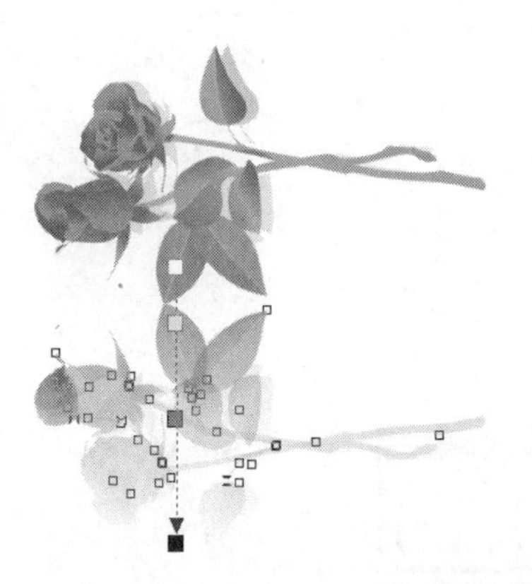
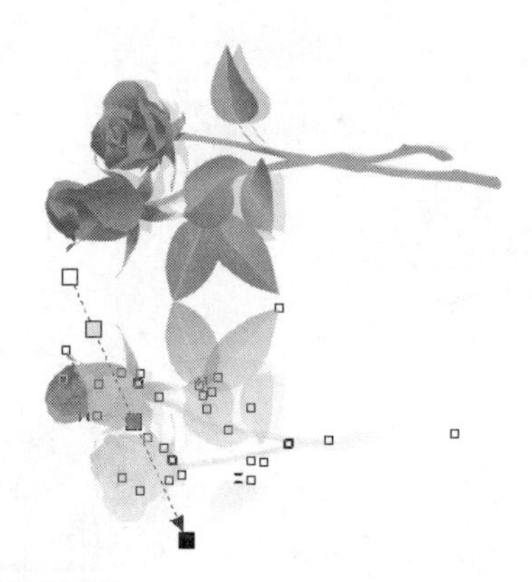

图 6-80　调整渐变透明的角度和边界

- 用鼠标左键可调整控制点在控制线上的位置，该透明度也跟着变化，如图 6-81 所示；在除起点和终点外的控制点上单击鼠标右键，可删除该控制点，如图 6-82 所示。

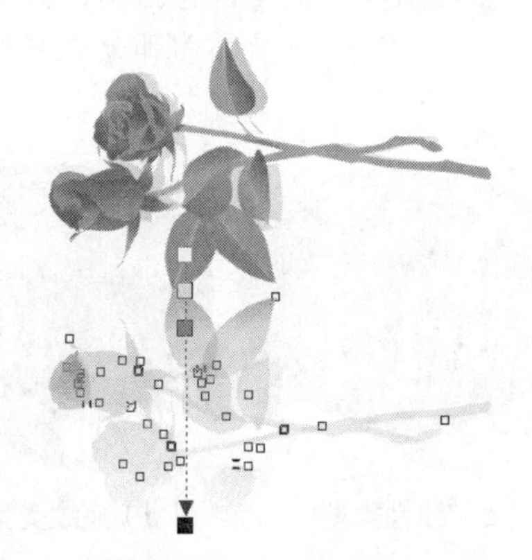

图 6-81　调整控制点在控制线上的位置

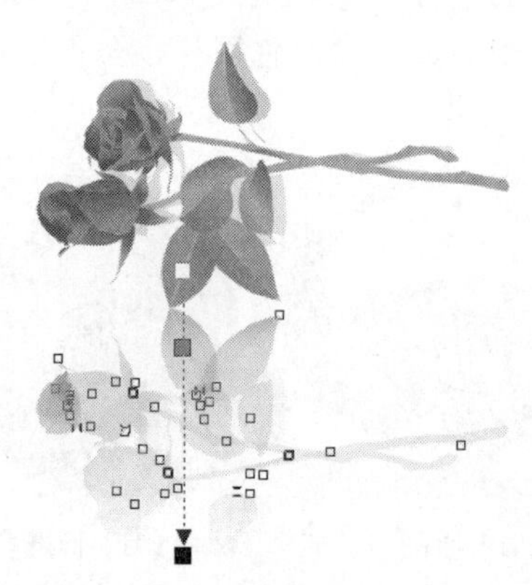

图 6-82　删除控制点

- 将页面右侧调色板中所需的颜色拖曳至对应的起点或终点控制点，当鼠标指针呈形状时，如图 6-83 所示，直接将调色板中的颜色拖曳至透明控制线上，即可在该位置上添加一个透明控制点并将该颜色所对应的透明参数应用于该控制点上，如图 6-84 所示。

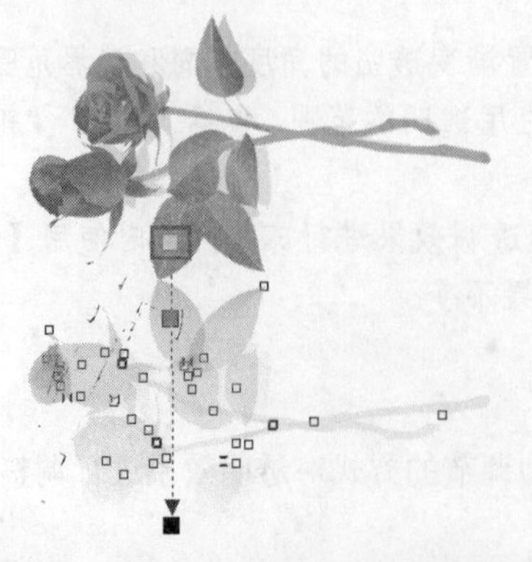

图 6-83　调整该控制点上的透明参数

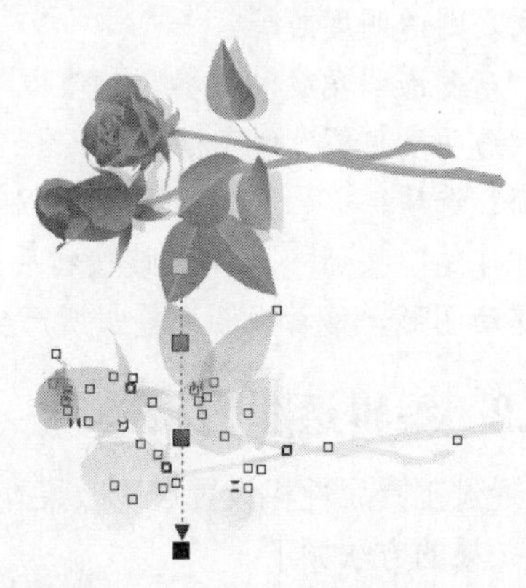

图 6-84　添加一个透明控制点

6.8 透镜效果

CorelDRAW X5 提供了 12 种功能不同的透镜，每种透镜所产生的效果各异。

【例 6-15】使用“透镜”命令创建透镜效果。

所用素材：素材文件\第 6 章\陌上花开.cdr　**完成效果：**效果文件\第 6 章\陌上花开 cdr

Step 1 打开“陌上花开.cdr”文件，选择需要创建透镜效果的对象，如图 6-85 所示。

Step 2 选择【效果】/【透镜】命令或按“Alt + F3”组合键，打开“透镜”泊坞窗，选择一种透镜效果，如图 6-86 所示。

Step 3 完成设置后，分别单击“解锁”按钮和“应用”按钮，即可将选定的透镜效果应用于对象，如图 6-87 所示。

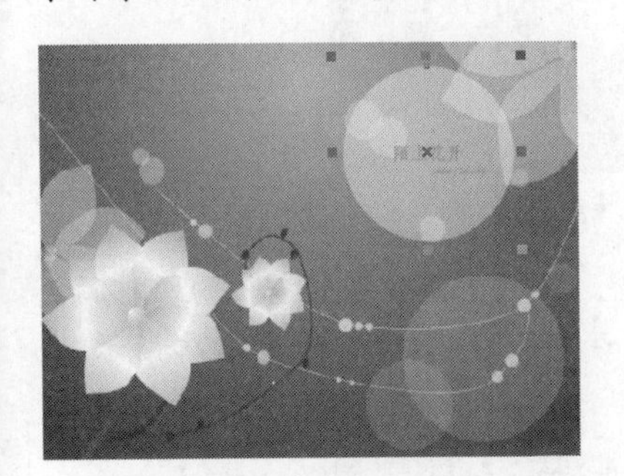

图 6-85 选择对象

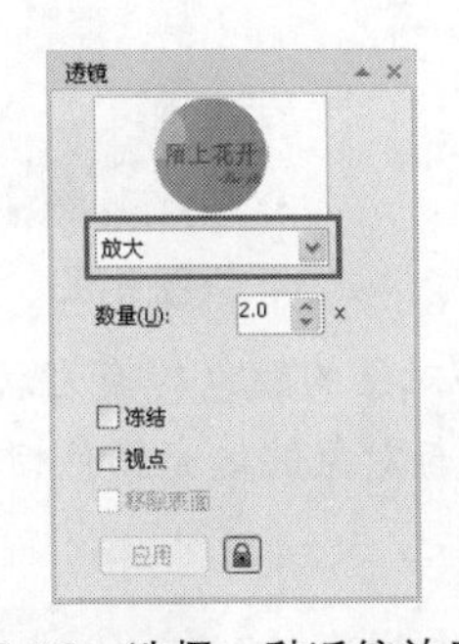

图 6-86 选择一种透镜效果

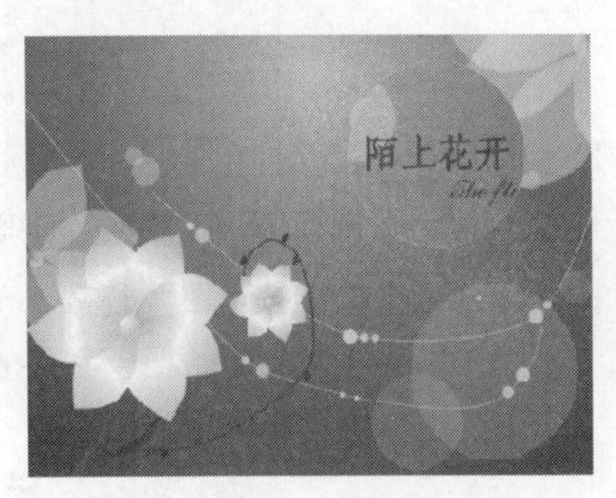

图 6-87 应用透镜效果

【知识补充】在“透镜”泊坞窗中提供了 12 种透镜效果选项，包括无透镜、使明亮、颜色添加、色彩限度、自定义彩色图、鱼眼、热图、放大、反显、灰度浓度、透明度和线框，各种透镜效果的含义如下。

- “无透镜”选项：可以用来取消已经应用的透镜效果。
- “使明亮”选项：可以改变对象在透镜范围下的亮度，使对象变亮或变暗。参数设置如图 6-88 所示时，效果如图 6-89 所示。

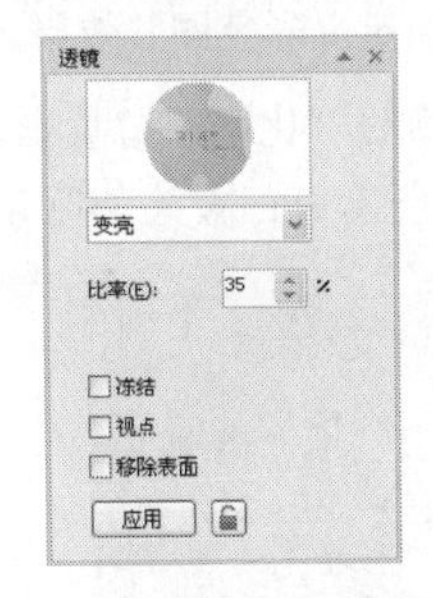

图 6-88 “透镜”泊坞窗

图 6-89 应用“使明亮”效果

- “颜色添加”选项：可以给对象添加指定颜色，产生类似有色滤镜的效果。增量框中的数值越大，透镜的颜色就越深。参数设置如图 6-90 所示时，效果如图 6-91 所示。

图 6-90 “透镜”泊坞窗

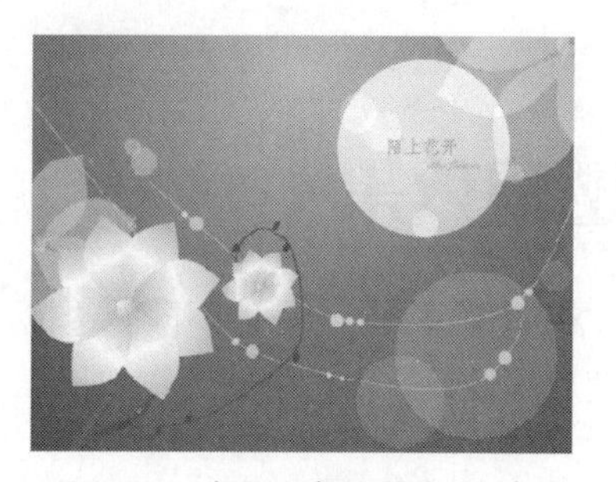

图 6-91 应用“颜色添加”效果

● “色彩限度”选项：可以将对象上的颜色转换为透镜的颜色。参数设置如图 6-92 所示时，效果如图 6-93 所示。

图 6-92 “透镜”泊坞窗

图 6-93 应用“色彩限度”效果

● “自定义彩色图”选项：可以将对象的颜色转换为双色调。应用透镜效果后显示的两种颜色是用设定的起始颜色和终止颜色与对象的填充颜色相对比获得的。参数设置如图 6-94 所示时，效果如图 6-95 所示。

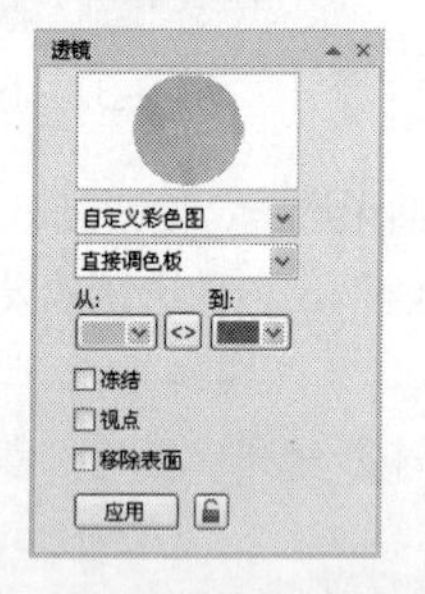

图 6-94 “透镜”泊坞窗

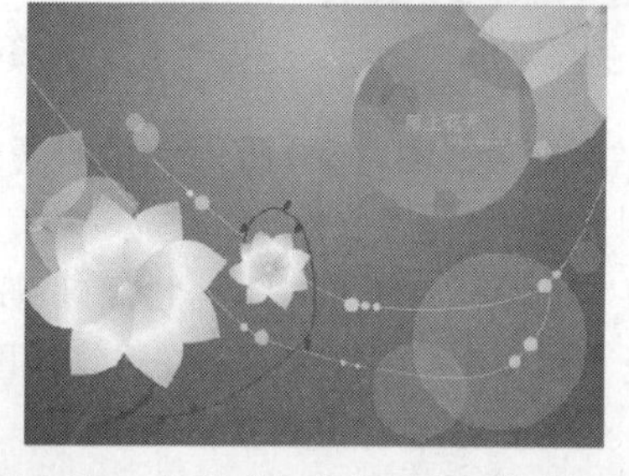

图 6-95 应用“自定义彩色图”效果

● “鱼眼”选项：可以使透镜下的对象产生扭曲的效果。可以通过“比率”增量框来设定扭曲程度，正数值为向上凸起，负数值为向下凹陷。参数设置如图 6-96 所示时，效果如图 6-97 所示。

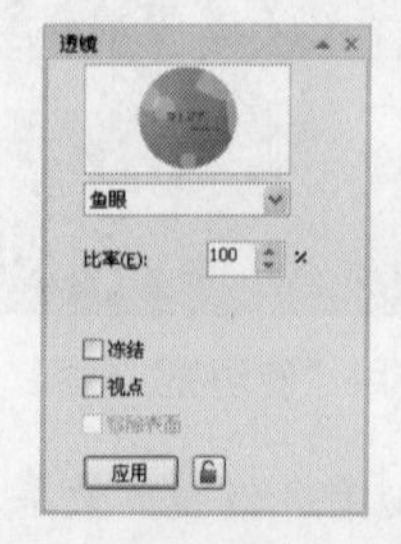

图 6-96 “透镜”泊坞窗

图 6-97 应用“鱼眼”效果

- “热图”选项：可以产生类似红外线成像的效果。参数设置如图6-98所示时，效果如图6-99所示。

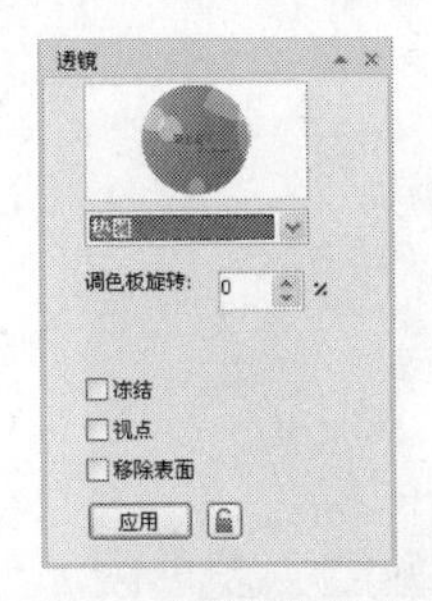

图6-98 “透镜”泊坞窗

图6-99 应用热图

- “反显”选项：使对象的色彩反相，产生类似照片底片的效果。“倍数”增量框中的数值越大，放大的程度越高。参数设置如图6-100所示时，效果如图6-101所示。

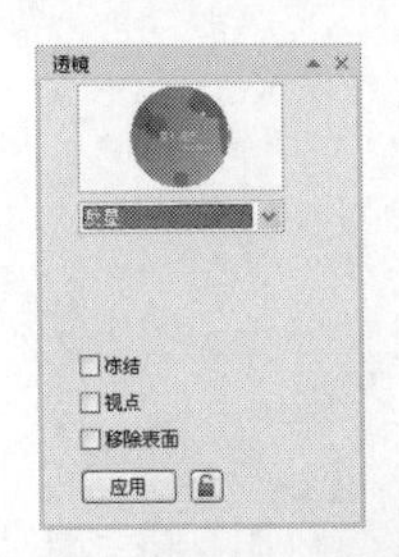

图6-100 “透镜”泊坞窗

图6-101 应用“反显”效果

- “放大”选项：可以产生类似放大镜的效果。参数设置如图6-102所示时，效果如图6-103所示。

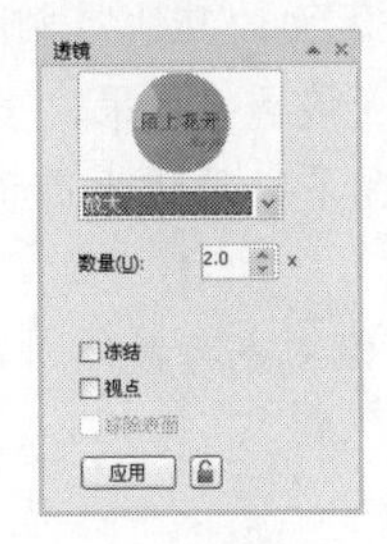

图6-102 “透镜”泊坞窗

图6-103 应用“放大”效果

- “灰度浓度”选项：可以将透镜下对象的颜色转换为透镜色的灰度等特效色。参数设置如图6-104所示时，效果如图6-105所示。

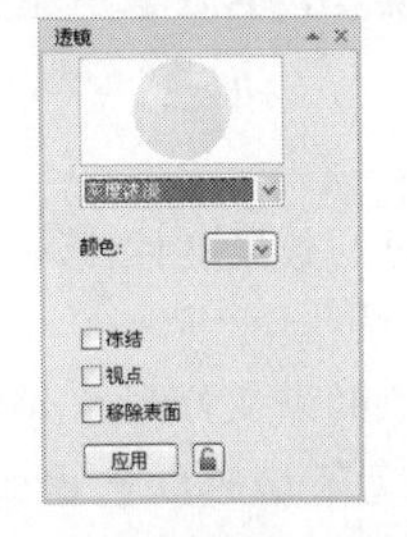

图6-104 “透镜”泊坞窗

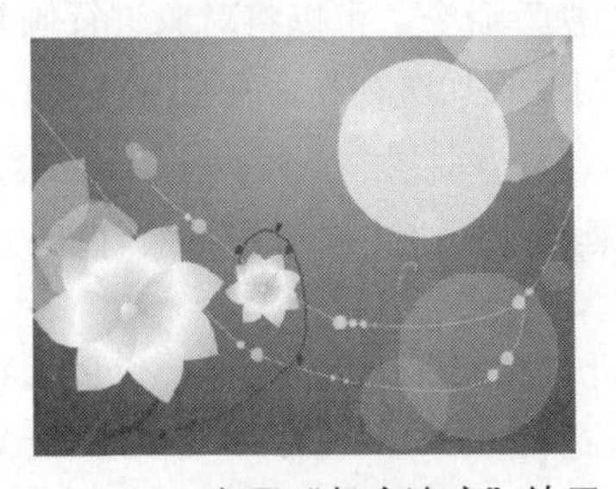

图6-105 应用“灰度浓度”效果

- “透明度”选项：可以产生类似通过有色玻璃看物体的效果。参数设置如图 6-106 所示时，效果如图 6-107 所示。

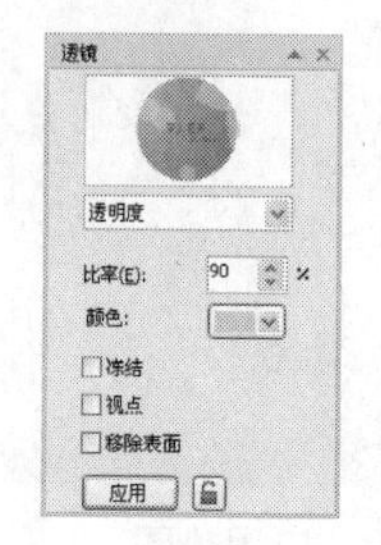

图 6-106 “透镜”泊坞窗

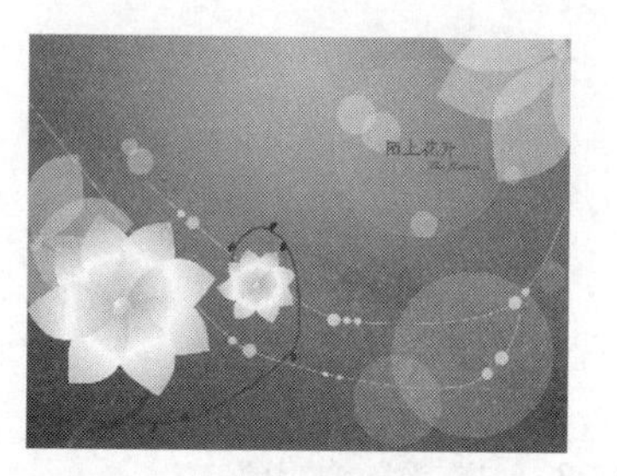

图 6-107 应用“透明度”效果

- “线框”选项：可以用来显示对象的轮廓，并且可以为轮廓指定的填充色。参数设置如图 6-108 所示时，效果如图 6-109 所示。

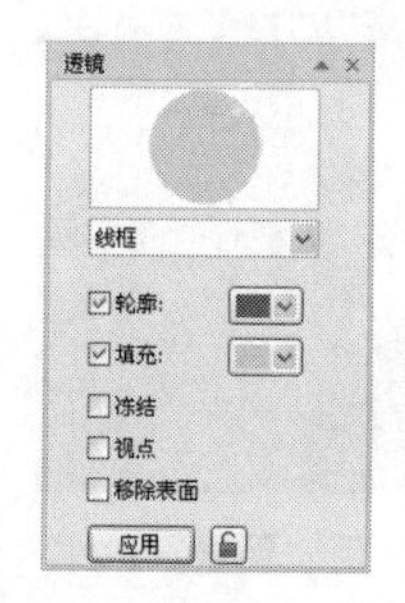

图 6-108 “透镜”泊坞窗

图 6-109 应用“线框”效果

- “冻结”复选框：选择该复选框后，将应用透镜效果对象下面的其他对象所产生的效果添加成透镜效果的一部分，不会因为透镜或者对象的移动而改变该透镜效果。
- “视点”复选框：选择该复选框后，在不移动透镜的情况下，只弹出透镜下面的对象的一部分。
- “移除表面”复选框：选择该复选框后，透镜效果只显示该对象与其他对象重合的区域，而被透镜覆盖的其他区域不可见。

6.9 透视效果

使用“添加透视”命令，可以将对象进行倾斜和拉伸等变形操作，且对象产生空间透视效果。

【例 6-16】使用“添加透视”命令创建透视效果。

所用素材：素材文件\第 6 章\新世纪.cdr　　**完成效果**：效果文件\第 6 章\新世纪 cdr

Step 1 打开“新世纪.cdr”文件，使用【挑选】工具选择侧的渐变矩形，如图 6-110 所示。

Step 2 选择【效果】/【添加透视】命令，在矩形上出现网格的红色虚线框，同时在矩形的四周出现黑色的控制柄，按住鼠标左键向下拖曳左上角的控制柄至合适位置，进行透视变形，如图 6-111 所示。

图 6-110　选择矩形

图 6-111　透视变形

Step 3　按住鼠标左键向上拖曳左下角的控制柄至合适位置，进行透视变形，如图 6-112 所示。

Step 4　用与上述同样的方法，对右侧的矩形进行透视变形，如图 6-113 所示。

图 6-112　透视变形

图 6-113　透视变形

6.10　应用实践——制作 DM 广告

DM 广告是英文 Direct Mail 的简称，即直邮广告、邮送广告，也称小报广告，是指通过邮政系统将广告直接送给广告受众的广告形式。

由于 DM 广告的设计具有自由度高、多样化、运用范围广等特点，因此 DM 广告分类非常广泛，几乎涉及商业广告文化的每一个领域。DM 广告的分类如下。

1. 按内容和形式分

DM 广告按内容和形式可分为优惠赠券、样品目录、单张海报，其含义如下。

- 优惠赠券。当开展促销活动时，为吸引广大消费者参加的而附有优惠条件和措施的赠券，如图 6-114 所示的酒店优惠赠券。
- 单张海报。单张海报是指经精心设计和印制的宣传企业形象、商品、劳务等内容的单张海报，如宣传单、明信片、贺年片、企业介绍卡、推销信等。如图 6-115 所示为食品产品的单张海报。
- 产品样本。产品样本指是折叠或订成册的印刷物，零售企业可将经营的各类商品的样品、照片、商标、内容详尽地进行介绍，如图 6-116 所示为实木地板的产品样本。

图 6-114　优惠赠券　　图 6-115　单张海报　　图 6-116　产品样本

2. 按传递方式分

DM 广告按传递方式可分为报刊夹页、根据顾客名录信件寄送和雇佣人员派送等形式，其含义如下。

- 报刊夹页。与报社、杂志编辑或当地邮局合作，将企业广告作为报刊的夹页（见图 6-117），随报刊投递到读者手中。该种方式现在已为不少企业所应用。
- 根据顾客名录信件寄送。多适用于大宗商品买卖，如从厂家到零售商，或从批发商到零售商的信件寄送。图 6-118 所示为寄送的房地产公司请柬。

图 6-117　报刊夹页

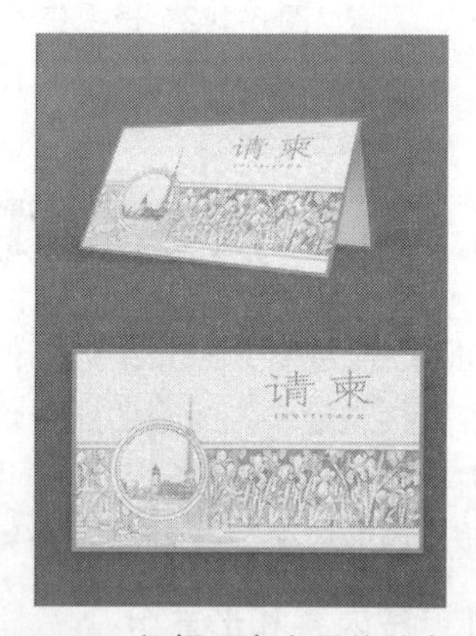

图 6-118　根据顾客名录信件寄送

- 雇佣人员派送。企业雇佣人员，按要求直接向潜在的目标顾客本人或其住宅、单位派送 DM 杂志。

由此看来，内容繁多的广告刊登在其他的媒介物上，不易达到全面、详实的地定向宣传的目的。DM 广告却是以一个完整的宣传形式，针对销售季节或流行期，针对有关企业和人员，针对展销传动、洽谈会，针对购买货物的消费都进行邮寄、派发、赠送，可扩大企业、商品的知名度，加强购买者对商品的了解，强化了广告的作用。

本例以绘制如图 6-119 所示的企业 DM 广告为例，介绍 DM 广告的设计流程。相关要求如下。

- DM 广告尺寸为“230mm×160mm（长×宽）”，且为净尺寸，在进行印刷稿的实际制作时，四周需要各设置 3mm 的出血边。

● 以写实的摄影图像与水墨图案巧妙融合，来布局画面的视觉秩序，体现该地方的人类文明与辉煌。

● 矩形和圆形图形巧妙运用，加以色彩和素材的选取以及文字说明，使画面中展现出视觉张力。

完成效果：效果文件\第 6 章\DM 广告.cdr

素材文件：第 6 章\素材文件\风景.jpg、水黑纹理.psd、说明文件.cdr

图 6-119　绘制的 DM 广告效果

6.10.1　DM 广告设计的特点分析

DM 广告的设计是一种文化品味的展现，作品应具有较强的视觉冲击力，要求给人的第一印象强烈，创意独特、制作精美、形式丰富，从而给人以强烈的艺术感染力。如今在现实生活中，能够真正坐下来仔细阅读广告中文案的人少之又少，那么就应该用最精简的语言对突出企业的文化和内涵，以及商品的优点进行陈述，让消费者以最快的速度了解商品，从而在第一时间让消费者对商品产生兴趣。

6.10.2　企业画册创意分析与设计思路

对于企业宣传类的 DM 广告设计的主要目的是将商品的优点向大家展示出来，因此其设计的形式与产品的特征巧妙融合，通过产品来体现企业文化，或时尚或庄重，通过艺术处理拉近服务者与被服务者之间的距离。让受众能够在各个元素相互切换、流动，整个广告的效果显得一目了然。

● 明确主与次、虚与实、明与间、鲜与灰的关系，灵活地应用“多样而统一”的艺术原则，使其有节奏、有韵律地统一在整个画面中。

● “水墨国画”是中华民族古老而灿烂的文化艺术瑰宝，作为画面的创意图像并配写实摄影图像，恰到好处地体现了画册浓郁的文化内涵。

● 以彩色叠加的圆形和古朴庄重的鼎来点缀画面，再现东方文化的神韵。

本例的设计思路如图 6-120 所示，具体设计如下。

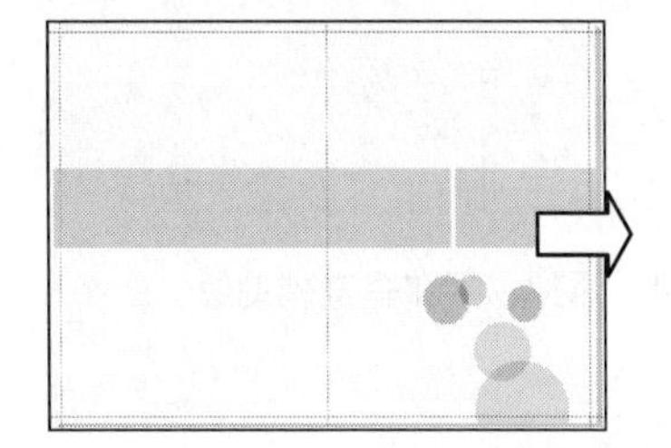

（a）设置出血边、绘制矩形和圆色块

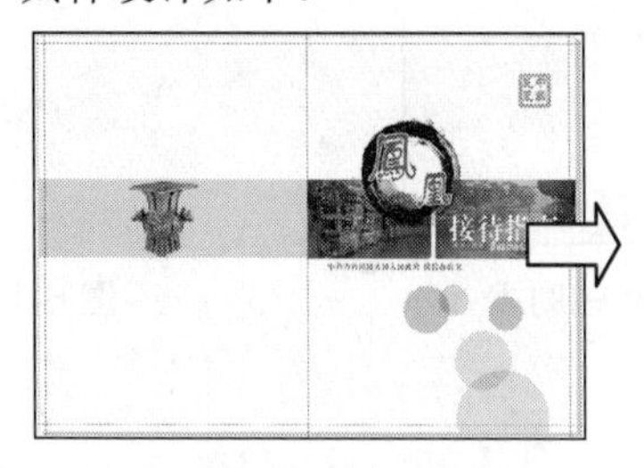

（b）置于创意图像和文字

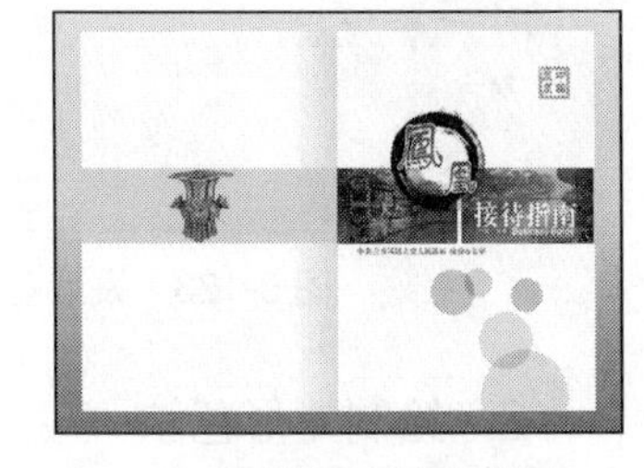

（c）绘制阴影和背景

图 6-120　制作 DM 广告的操作思路

（1）利用文本工具，绘制文字。通过“辅助线设置”命令，设置出血参考线。利用矩形工具、椭圆形工具，绘制矩形和圆形色块，填充单色，并添加镜透镜。

（2）利用“导入”按钮、图框精确剪裁操作，置于创意图像和文字。

（3）利用复制和粘贴操作、交互式透明工具，绘制阴影效果。利用矩形工具绘制背景，并利用渐变填充工具填充渐变色。

6.10.3 制作过程

1. 设置出血参考线

Step 1 启动 CorelDRAW X5 并新建大小为 236mm×166mm 空白文件，然后选择【视图】/【设置】/【辅助线设置】命令，弹出“选项”对话框，在左侧的树状结构上展开“水平”选项，在右侧的“水平”下方的数值框中输入 3，单击“添加”按钮，添加 3mm 辅助线，如图 6-121 所示。

Step 2 在 “水平”下方的数值框中输入“163”，单击“添加”按钮，添加 163 mm 辅助线，如图 6-122 所示。

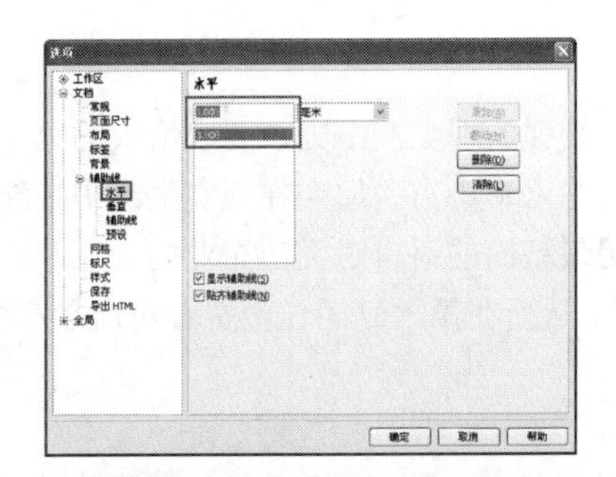

图 6-121　添加 3mm 辅助线

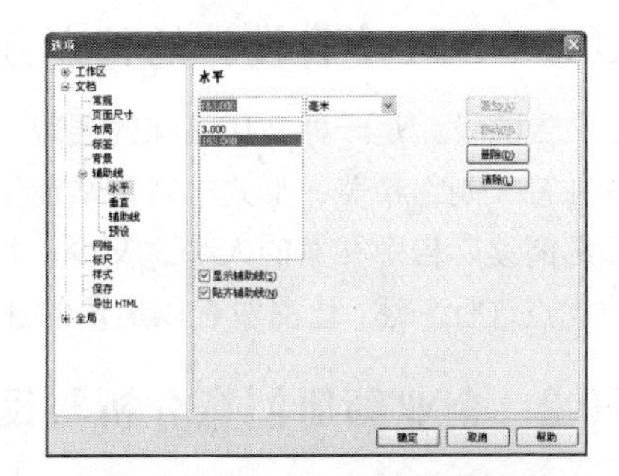

图 6-122　添加 163mm 辅助线

Step 3 在左侧的树状结构上展开“垂直”选项，分别添加 3mm、118mm、233mm 的垂直辅助线，如图 6-123 所示。

Step 4 单击“确定”按钮，添加水平和垂直辅助线，如图 6-124 所示。

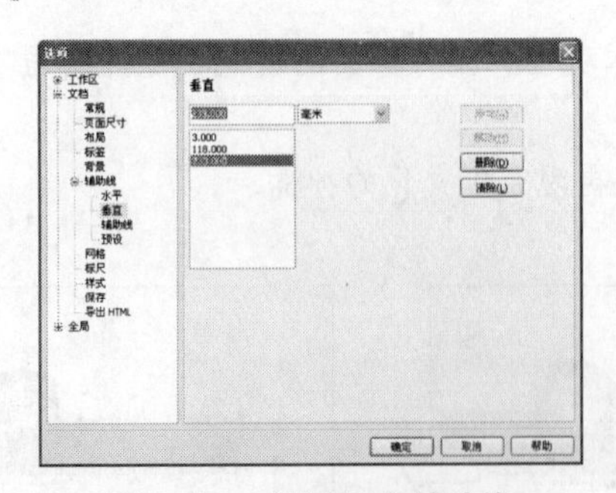

图 6-123　设置垂直辅助线

图 6-124　添加水平和垂直辅助线

2. 绘制矩形色块

Step 1 双击工具箱中的【矩形】工具，绘制一个与页面大小相同的矩形，如图 6-125 所示。

Step 2 在调色板的白色上单击鼠标左键，填充白色，并在“无”图标╳上单击鼠标右键，去

掉轮廓，如图 6-126 所示。

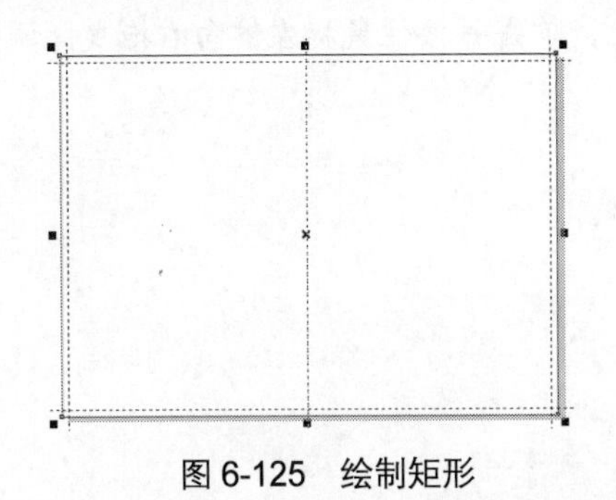

图 6-125　绘制矩形

图 6-126　填充颜色并去掉轮廓

Step 3　选择【视图】/【贴齐辅助线】命令，贴齐辅助线，然后将鼠标指针移至右侧中间的控制柄上，单击并按住鼠标左键向左拖曳至中间的垂直线上，单击鼠标右键，复制矩形，如图 6-127 所示。

Step 4　按住 “Ctrl” 键的同时，将鼠标指针移至左侧中间的控制柄上，单击并按住鼠标左键向右侧拖曳，并单击鼠标右键，复制一个相同大小的矩形，如图 6-128 所示。

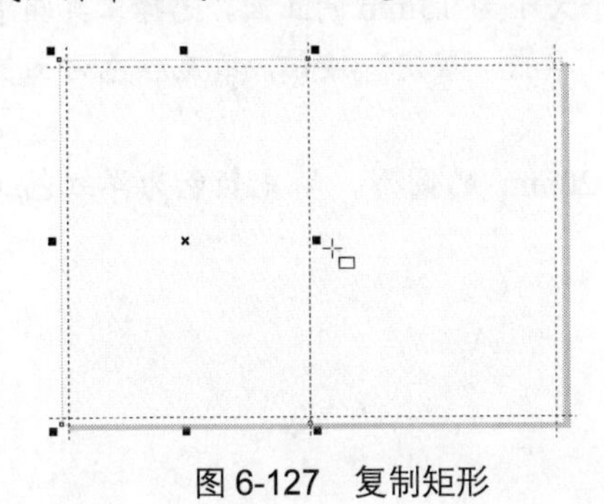

图 6-127　复制矩形

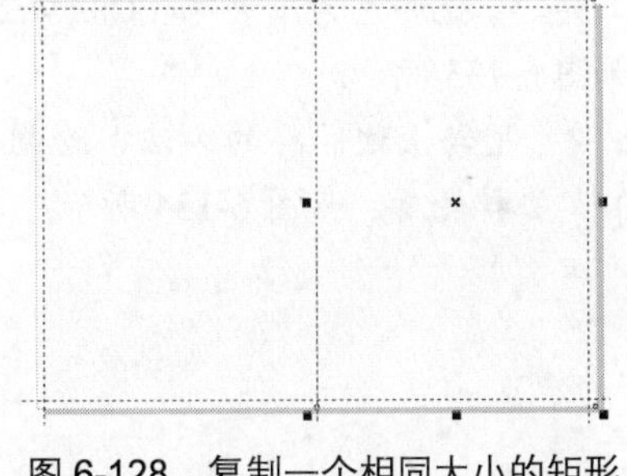

图 6-128　复制一个相同大小的矩形

Step 5　按住 “Shift” 键的同时，将鼠标指针移至上方中间的控制柄上，单击并按住鼠标左键向下拖曳，单击鼠标右键，以中心点缩小并复制矩形，如图 6-129 所示。

Step 6　在工具属性栏中设置 “对象大小” 为 118mm×33mm，设置矩形大小并向上移动其位置；选择工具箱中的【均匀填充】工具，在弹出 “均匀填充” 对话框中设置颜色为青色（C:38;M:0;Y:0;K:0），单击 “确定” 按钮，填充颜色为青色，如图 6-130 所示。

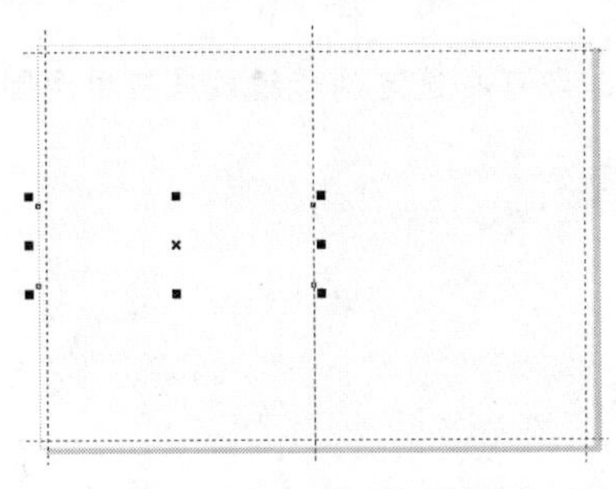

图 6-129　以中心点缩小并复制矩形

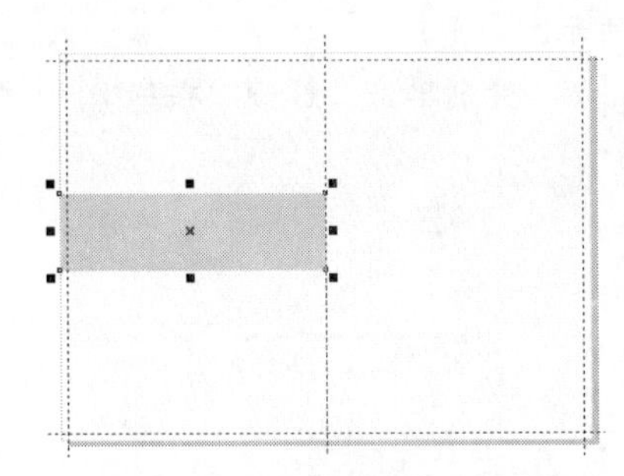

图 6-130　设置矩形大小并填充

Step 7　将鼠标指针移至左侧中间的控制柄上，单击并按住鼠标左键向右侧拖曳，单击鼠标右键，复制矩形，如图 6-131 所示。

Step 8 将鼠标指针移至左侧中间的控制柄上，单击并按住鼠标左键向右侧拖曳，单击鼠标右键，复制矩形，将鼠标指针移动至左侧的中间的控制柄上，单击并按住鼠标左键向右拖曳，调整矩形宽度，如图 6-132 所示。

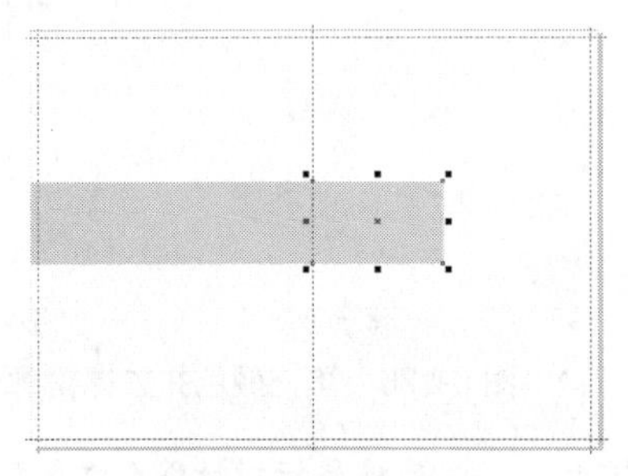

图 6-131　复制矩形

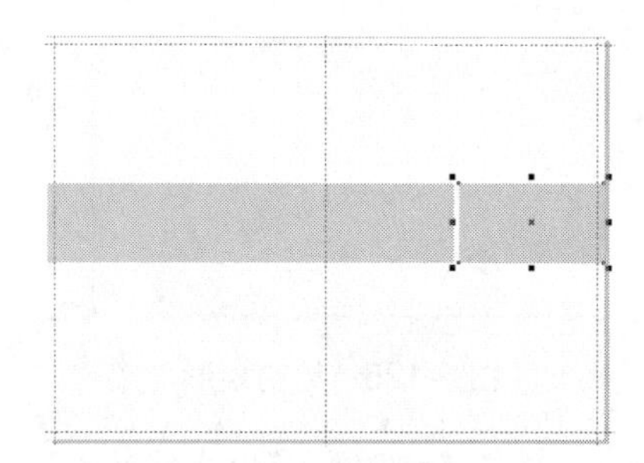

图 6-132　复制矩形

3. 绘制圆形色块

Step 1 选择工具箱中的【椭圆形】工具，绘制一个大小为 13mm 的正圆，选择工具箱中的【均匀填充】工具，填充颜色为土黄色（C:0;M:25;Y:45;K:0），单击“确定”按钮，填充颜色为土黄色，去掉轮廓，如图 6-133 所示。

Step 2 用与上述同样的方法，绘制一个大小为 20mm 的圆形，填充颜色为洋红色（C:0;M:82;Y:3;K:0），去掉轮廓，如图 6-134 所示。

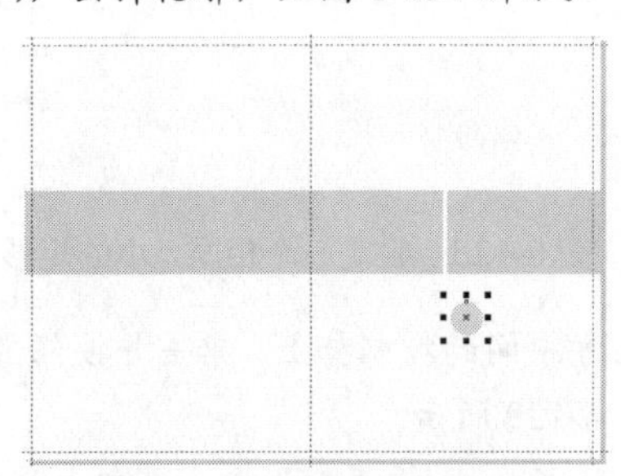

图 6-133　绘制土黄色圆形

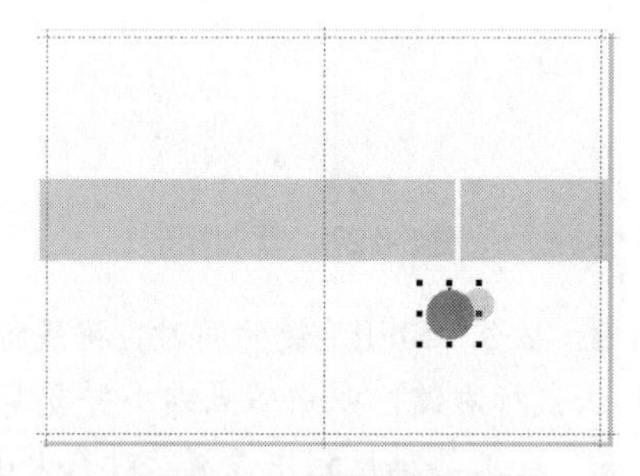

图 6-134　绘制洋红色圆形

Step 3 选择【效果】/【透镜】命令，打开“透镜”泊坞窗，选择“色彩限度”透镜效果，如图 6-135 所示。

Step 4 分别单击“解锁”按钮和“应用”按钮，即可将选定的透镜效果应用于圆形，如图 6-136 所示。

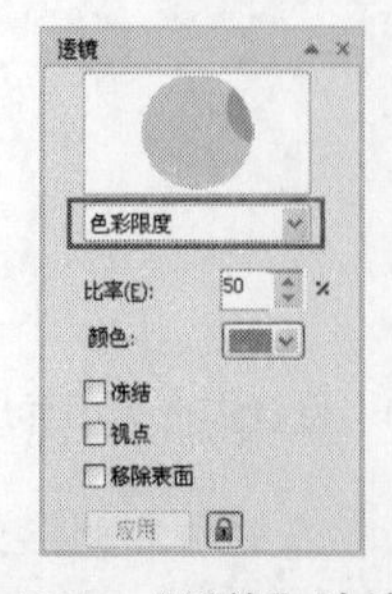

图 6-135　“透镜”泊坞窗

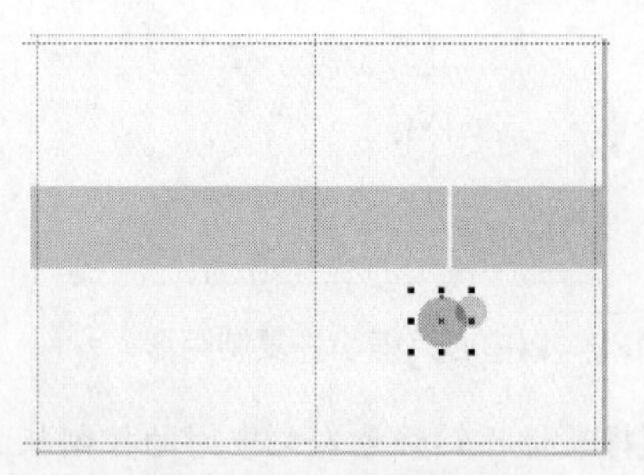

图 6-136　创建透镜效果

Step 5 用与上述同样的方法，使用【椭圆形】工具，绘制 3 个圆形并填充颜色，其中颜色分别为青色（C:48;M:0;Y:2;K:0）、灰色（C:0;M:0;Y:0;K:20）、黄绿色（C:31;M:0;Y:84;K:0），并将黄绿色添加“色彩限度”透镜效果，如图 6-137 所示。

Step 6 选择工具箱中的【挑选】工具，先选择右侧的白色矩形，按住“Shift”键的同时，加选灰色圆形，如图 6-138 所示。

图 6-137 绘制其他正圆并添加透镜效果

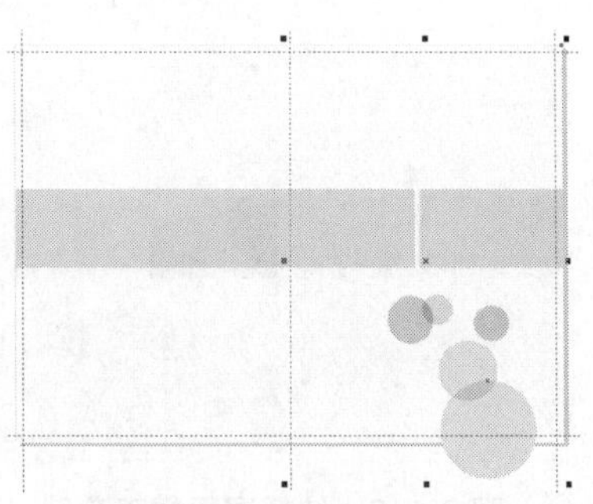

图 6-138 进行相交处理

Step 7 在【椭圆形】工具属性栏中单击“相交”按钮，进行相交处理，效果如图 6-139 所示。

Step 8 选择灰色圆形，按“Delete”键，删除选择的圆形，效果如图 6-140 所示。

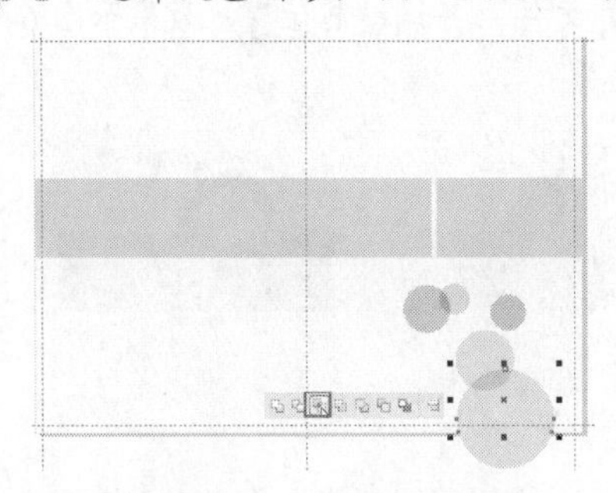

图 6-139 进行相交处理

图 6-140 删除灰色圆形

4. 置于图像和文字

Step 1 单击工具属性栏中的“导入”按钮，导入“风景.jpg”文件，如图 6-141 所示。

Step 2 用鼠标右键拖曳风景图像置于最小的青色矩形上，此时出现一个灰色矩形框，鼠标指针呈圆圈十字架形状，释放鼠标右键，弹出快捷菜单，选择“图框精确剪裁内部”选项，将风景置于小青色矩形容器中，如图 6-142 所示。

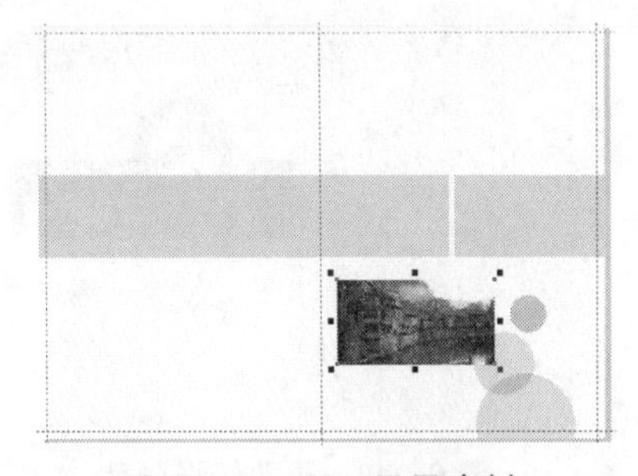

图 6-141 导入风景素材

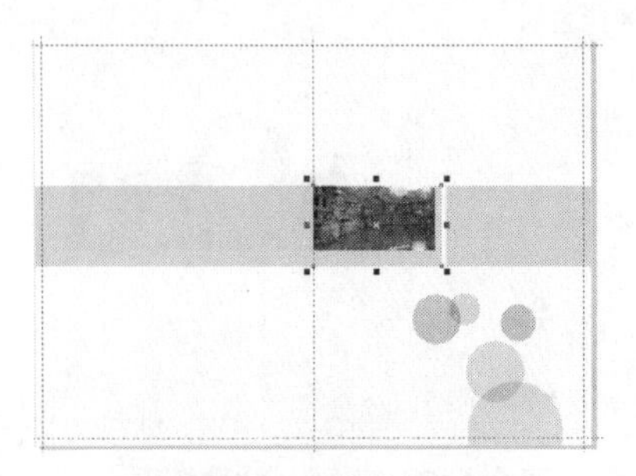

图 6-142 图框精确剪裁

Step 3 在图框精确剪裁对象上单击鼠标右键，在弹出的快捷菜单中选择“编辑内容”选项，进行内容编辑，调整对象的大小及位置，在图框精确剪裁对象上单击鼠标右键，在弹出的快捷菜单中选择“结束编辑”选项，完成图形精确剪裁编辑操作，如图 6-143 所示。

Step 4 用与上述同样的方法，导入“风景 1. pg”文件，并进行图框精确操作，效果如图 6-144 所示。

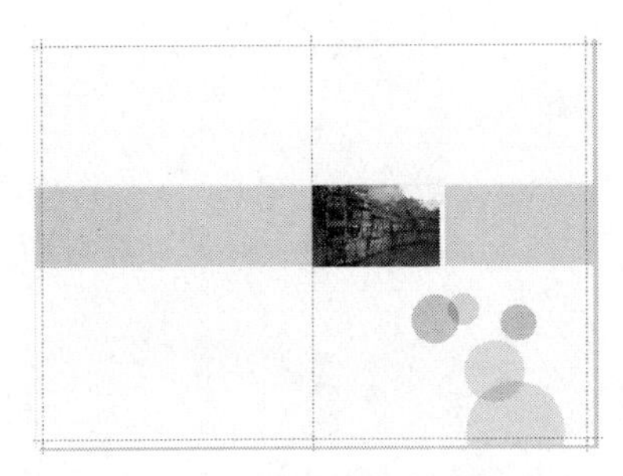

图 6-143　编辑图框精确剪裁

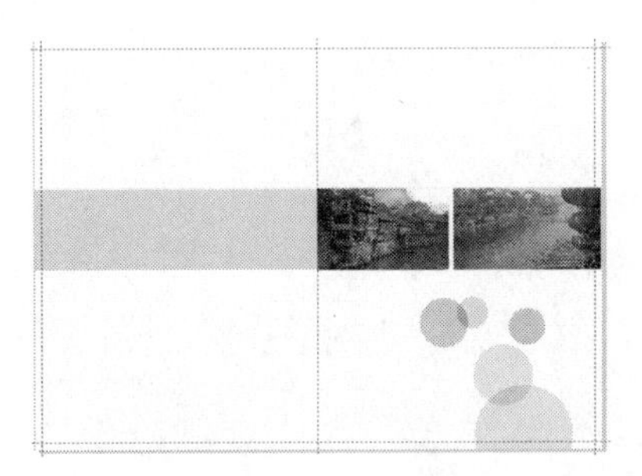

图 6-144　导入风景 1 素材并进行图框精确操作

Step 5 用与上述同样的方法，导入“水墨纹理.psd”文件，并调整其位置及大小，效果如图 6-145 所示。

Step 6 用与上述同样的方法，导入“说明文字.cdr”文件，并调整其位置，效果如图 6-146 所示。

图 6-145　导入水墨纹理

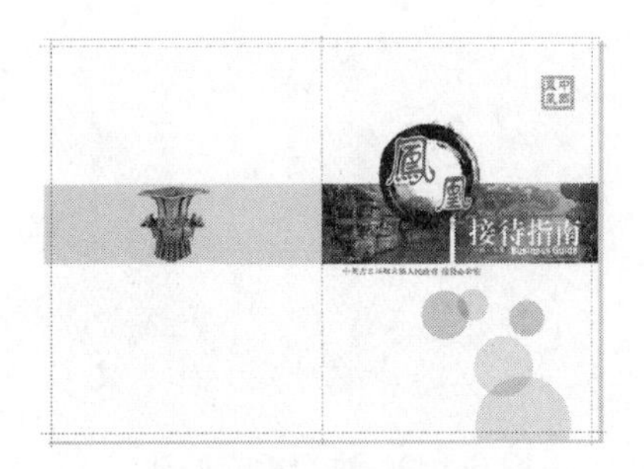

图 6-146　说明文字

5. 绘制阴影和背景

Step 1 选择左侧的白色矩形，按“Ctrl + C”组合键，复制矩形，然后按“Ctrl + V”组合键，粘贴复制的矩形，如图 6-147 所示。

Step 2 在调色板的 30%黑色处单击鼠标左键，更改填充颜色为灰色，如图 6-148 所示。

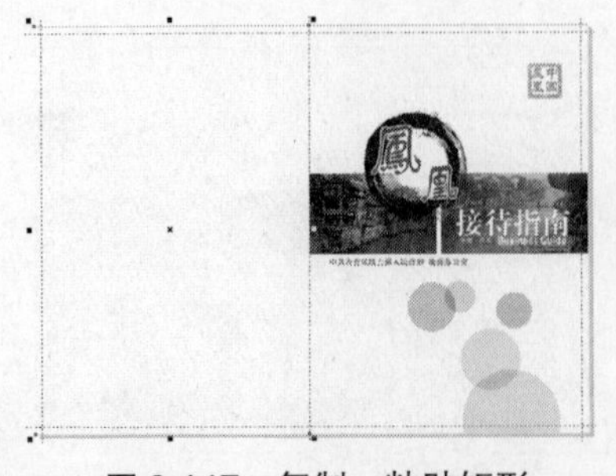

图 6-147　复制、粘贴矩形

图 6-148　更改矩形颜色

Step 3　选择工具箱中的【交互式透明度】工具，在灰色矩形的右侧单击并按住鼠标左键向左侧拖曳，添加线性透明效果，如图 6-149 所示。

Step 4　按住鼠标左键分别拖曳透明控制线的起点控制点或终点控制点至合适位置，调整线性透明效果，如图 6-150 所示。

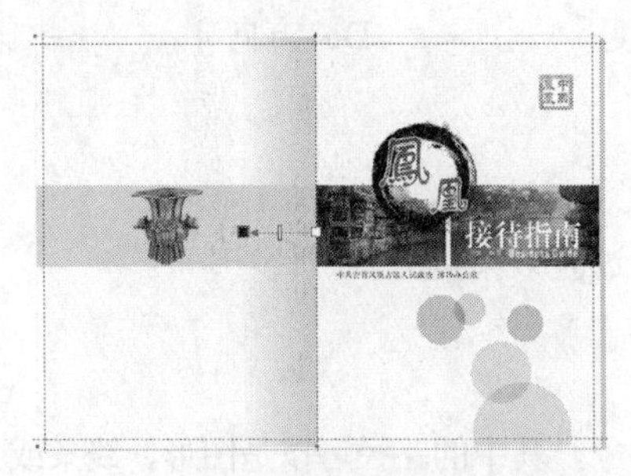

图 6-149　添加线性透明效果

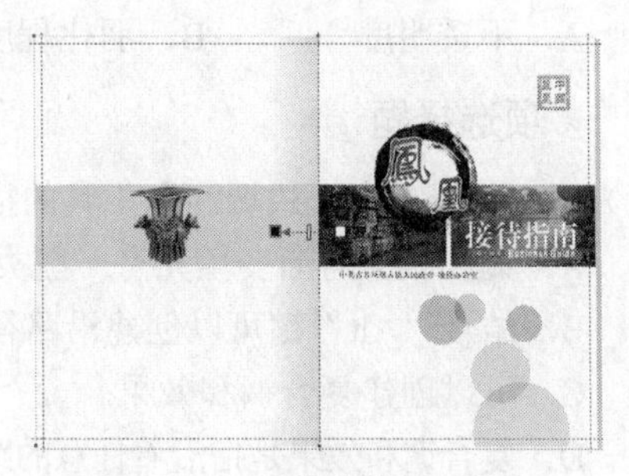

图 6-150　调整线性透明效果

Step 5　使用工具箱中的【矩形】工具，绘制一个“对象大小”为 260mm×184mm 的矩形，如图 6-151 所示，选择【排开】/【顺序】/【到图层后面】命令，将其置于最低层。

Step 6　选择工具箱中的【渐变填充】工具，填充“角度”为-90、0%位置为浅灰色（C:0;M:0;Y:0;K:10）、50%位置（C:0;M:0;Y:0;K:30）和 100%位置为黑色（C:0;M:0;Y:0;K:90）的线性渐变，并去掉轮廓，效果如图 6-152 所示。至此，本案例制作完毕。

图 6-151　绘制矩形

图 6-152　完成效果

6.11 练习与上机

1. 单项选择题

（1）使用（　　）工具可以对两个或两个以上对象之间不同形状、颜色和轮廓的对象进行调和，制作出逐渐过渡的效果。

A.【交互式阴影】　　B.【交互式轮廓图】

C.【交互式透明】　　D.【交互式调和】

（2）创建（　　）变形可以在对象的内侧和外侧产生节点，使对象的轮廓变成锯齿关的效果。

A. 推拉　　B. 扭曲　　C. 拉链　　D. 阴影

（3）使用（　　）工具可以为任何矢量图形添加三维效果。

A.【交互式调和】　　B.【交互式立体化】

C.【交互式封套】　　D.【交互式透明】

（4）为图形添加透明后，拖动透明控制线的控制点，可调整透明的（　　）。

A．不透明度　　B．羽化程度　　C．角度　　D．方向

2. 多项选择题

（1）下列关于【交互式调和】工具的描述，正确的是（　　）。

A．调和效果与渐变填充有一些类似，但比填充的过渡效果更完善

B．结合“Alt”键可以创建沿路径调和效果

C．可以创建复合调和效果

D．复合调和效果是指沿着任意的路径来创建调和对象，其中的路径可以是图形、线条或文本

（2）下列关于【交互式轮廓图】工具的描述，正确的是（　　）。

A．可以为线条、美术字和图形等对象，添加轮廓向内或向外放射而形成的同心图形效果

B．只需要在一个图形对象上就可以完成

C．选择【排列】/【拆分轮廓图群组】命令，即可折分轮廓图效果

D．选择【效果】/【清除轮廓】命令，即可清除轮廓图效果

（3）下列关于【交互式封套】工具的描述，正确的是（　　）。

A．可以对对象进行推拉、拉链和旋转等变形，从而创建各种奇妙的图形效果

B．通过修改封套上的节点来改变封套的形状，从而使对象产生变形效果

C．系统预置了 6 个样式，如圆形、直线、直线倾斜、挤远、上推和下推

D．提供了 4 种映射模式，即水平、原始、自由变换、垂直

（4）下列关于透镜效果的描述，错误的是（　　）。

A．可以将对象进行倾斜和拉伸等变形操作，且对象产生空间透视效果

B．使明亮效果以改变对象在透镜范围下的亮度，使对象变亮或变暗

C．反显效果可以产生类似放大镜的效果

D．线框效果可以产生类似通过有色玻璃看物体的效果

3. 上机操作题

（1）为某超市绘制一款优惠赠券，要求该广告要体现出喜庆、感恩的节日氛围主题和元素，参考效果如图 6-153 所示。

完成效果：效果文件\第 6 章\优惠赠券.cdr
素材文件：第 6 章\素材文件\礼品盒.ai

图 6-153　优惠赠券

（2）为某公司绘制一款产品样品，参考效果如图 6-154 所示。

完成效果：效果文件\第 6 章\产品样品.cdr
素材文件：第 6 章\素材文件\无

图 6-154　产品样品

第 7 章 文本编辑与版式设计

📖 学习目标

学习在 CorelDRAW X5 中制作出特殊效果的文字和漂亮的文字版式，如美术文本、段落文本、路径内置文本、沿路径排列文本、文本绕图等。了解网页设计的常见类型，以及绘制手法，并掌握网页设计的原则与绘制方法。

📖 学习重点

掌握美术文本、段落文本、路径内置文本、沿路径排列文本、文本绕图的创建，并能制作出漂亮的文字和精美的文字版式。

📖 主要内容

- 创建文本
- 编辑文本
- 文本的特殊编排
- 制作蛋糕网页

7.1 创建文本

文字是平面设计创作中的精灵，有了文字，作品才能更加充分地体现主题，拥有韵律与和谐之美。在 CorelDRAW 中的文本分为美术文本和段落文本两种。

7.1.1 创建美术文本

若要在页面中创建美术文本，只需选择工具箱中的【文本】工具后在页面上单击鼠标左键，然后输入相应文字即可。

【例 7-1】使用【文本】工具创建美术文本，效果如图 7-1 所示。

所用素材：素材文件\第 7 章\新品上市.cdr
完成效果：效果文件\第 7 章\新品上市.cdr

图 7-1　创建美术文本的效果

Step 1　单击标准栏中的“打开”按钮，打开“新品上市.cdr”文件，在工具箱中选择【文本】工具字或按“F8”键，在页面中的适当位置单击鼠标左键，出现输入文字的闪烁光标，如图 7-2 所示。

Step 2　输入文字“2015”，如图 7-3 所示。

图 7-2　输入文字的闪烁光标

图 7-3　输入美术文本

Step 3　单击并按住鼠标左键向左拖曳，选择文本，如图 7-4 所示。

Step 4　在【文本】工具属性栏的“字体列表”下拉列表框中选择“Arial Black”选项，设置文本的字体类型，在“字体大小”下拉列表框中选择“48pt”，设置文本的大小，然后在调色板的蓝色色块上单击鼠标左键，填充美术文本颜色为蓝色，如图 7-5 所示。

图 7-4　选择文本

图 7-5　设置文本的字体类型、大小和颜色

7.1.2 创建段落文本

为了适应编排各种复杂版面的需要，在CorelDRAW X5中的段落文本应用了排版系列的框架理念，可以任意地缩放、移动文字框架。美术文字与段落文本的主要区别在于，美术文字是以字元为最小单位，而段落文本则是以句子为最小单位。

【例 7-2】使用【文本】工具创建段落文本。

所用素材：素材文件\第 7 章\海报广告.cdr　　**完成效果：**效果文件\第 7 章\海报广告.cdr

Step 1 打开"海报广告.cdr"文件，选择工具箱中的【文本】工具，在页面中的合适位置单击并按住左键拖曳，绘制出一个矩形框，释放鼠标左键，此时在文本框的左上角将显示一个文本光标，如图 7-6 所示。

Step 2 输入需要的段落文本，如图 7-7 所示（在此框内输入的文本即为段落文本）。

图 7-6　拖曳出的矩形文本框

图 7-7　输入的段落文本

Step 3 在段落文本内双击鼠标左键，全选文本，在工具属性栏中设置字体为"文鼎中特广告体"、字号为 14，在调色板的绿色色块上单击鼠标左键，设置文本颜色为绿色，效果如图 7-8 所示。

Step 4 选择工具箱中的【挑选】工具，然后在页面的空白位置单击鼠标左键即可结束段落文本的输入状态，将文本的框架范围和控制点显示出来，如图 7-9 所示。

图 7-8　设置段落文本的属性

图 7-9　段落文本

7.1.3　切换美术文本与段落文本

美术文本与段落文本之间可以相互转换，以方便操作。

【例 7-3】使用“转换为美术文本”命令将段落文本转换为美术文本。

所用素材：素材文件\第 7 章\房产广告.cdr　　完成效果：效果文件\第 7 章\房产广告.cdr

Step 1　打开“房产广告.cdr”文件，使用【挑选】工具，选择需要切换的文本，如图 7-10 所示。

Step 2　选择【文本】/【转换为美术文本】命令或按“Ctrl + F8”组合键，即可将段落文本转换为美术文本，如图 7-11 所示。

图 7-10　选择需要切换的文本

图 7-11　将段落文本转换为美术文本

提示：用户也可以在需要转换的文本上单击鼠标右键，在弹出的快捷菜单中选择“转化为美术文本”或“转换到段落文本”选项，即可将段落文本与美术文本互相进行转换。

【知识补充】在以下几种情况下段落文本是不能转化为美术文本的。

- 段落文本的文本框与另一个文本框链接。
- 对段落文本应用过特殊效果。
- 段落文本超出了文本框。

7.2 编辑文本

在 CorelDRAW X5 中编辑文本有很多技巧，如调整文本的字符、行、段间的距离以及对齐文本等，本节将分别介绍。

7.2.1　文本属性

当创建了美术文本和段落文本后通常要设置文本字体类型、字号大小、粗细、对齐方式以及文本的排列方式等基本属性。【文本】工具的属性栏如图 7-12 所示，各参数的含义如下。

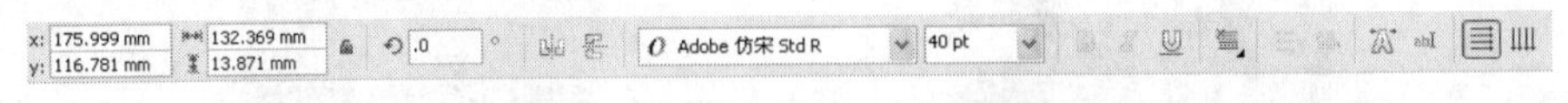

图 7-12　【文本】工具属性栏

- “字体类型”下拉列表框 Adobe 仿宋 Std R：用于选择需要的字体类型。

- “字体大小”列表框 24 pt：用于选择需要的字体大小。
- “粗体”、“斜体”、“下划线”按钮：单击相应的按钮，可以设定字体为粗体、斜体或下划线等属性。
- “文本对齐”按钮：单击该按钮，可以在其下拉列表框中选择文本的对齐方式。
- “字符格式化”按钮：单击该按钮后，弹出“字符格式化”泊坞窗，在其中可以设置文本的字体、字号、颜色、字间距、对齐方式等。
- “编辑文本”按钮：可以设置文本的字体、字号、对齐方式，以及导入外部文本等。
- 按钮：单击相应的按钮，可以设置文本的排列方式为水平或垂直。

7.2.2 调整文本字符、行、段间的距离

在设计作品的文本时，经常需要调整文本的字符、行、段间的距离，使用【形状】工具可以非常方便地调整间距，且可以使每个字符形成一个独立的单元，从而对每个字符进行不同的操作。

【例 7-4】使用【形状】工具调整文本字符、行、段间的距离。

所用素材：素材文件\第 7 章\公共标识.cdr　　**完成效果**：效果文件\第 7 章\公共标识.cdr

Step 1　打开“公共标识.cdr”文件，选择工具箱中的【形状】工具，在页面中的单击需要调整间距的文本，同时文本上出现两个调整图标，如图 7-13 所示。

Step 2　在右侧的图标上单击并按住鼠标左键向右拖曳至合适位置，即可调整字符间距，如图 7-14 所示。

图 7-13　文本上出现两个调整图标

图 7-14　调整字符间距

【知识补充】用相同的方法也可以调整段落文本，如图 7-15 所示，为拖动左侧的图标调整段落文本行间距的效果。向右拖动图标，可以增加文本的字符间距；向左拖动图标，则会减少字符间距；向下拖动图标可增加文本的行间距，而向上拖动图标则会减少文本行间距；拖曳左边侧图标可以调整行间距；拖曳□图标约一个字符的间距。

图 7-15　调整段落文本行间距的前后对比效果

7.2.3　对齐文本

在编辑文本时，由于不同的需要，会使用不同的对齐方式，以满足不同的版面要求。

【例 7-5】使用【文本】工具属性栏中“文本对齐”按钮对齐文本。

所用素材：素材文件\第 7 章\豆豆屋.cdr　　　完成效果：效果文件\第 7 章\豆豆屋.cdr

Step 1　打开“豆豆屋.cdr”文件，框选需要对齐的文本，如图 7-16 所示。

Step 2　在【文本】工具属性栏中单击“文本对齐”按钮，在弹出的列表框中选择“右”选项，如图 7-17 所示，即可右对齐文本，如图 7-18 所示。

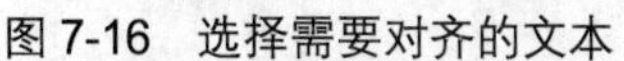

图 7-16　选择需要对齐的文本

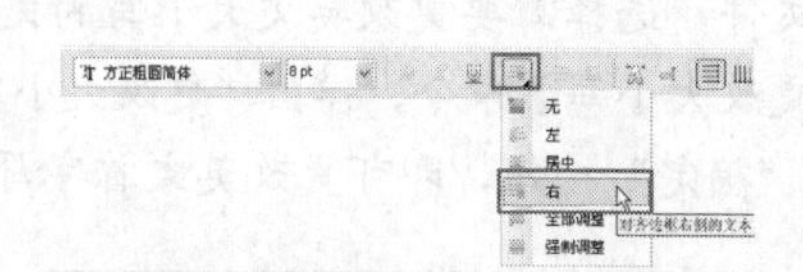

图 7-17　选择“右”选项

图 7-18　右对齐文本

【知识补充】“无”选项：表示使用不对齐方式；“左”选项：表示使用左对齐方式；“居中”选项：表示居中对齐方式；“右”选项：表示使用右对齐方式；“两端”选项：表示文本使用两端对齐方式；“强制全部”选项：表示使用强制对齐方式。

7.2.4　更改文本方向

通常输入的文本默认方向是水平显示，可以更改为垂直方向显示。

【例 7-6】使用工具属性栏的“将文本更改为垂直方向”按钮更改文本方向。

所用素材：素材文件\第 7 章\梅花.cdr　　　完成效果：效果文件\第 7 章\梅花.cdr

Step 1　打开“梅花.cdr”文件，选择需要更改文本方向的文本，如图 7-19 所示。

Step 2　在【文本】工具属性栏中单击“将文本更改为垂直方向”按钮或按“Ctrl + 。”组合键，即可将水平文字更改为垂直文字显示，如图 7-20 所示。

图 7-19　选择需要更改文本方向的文本

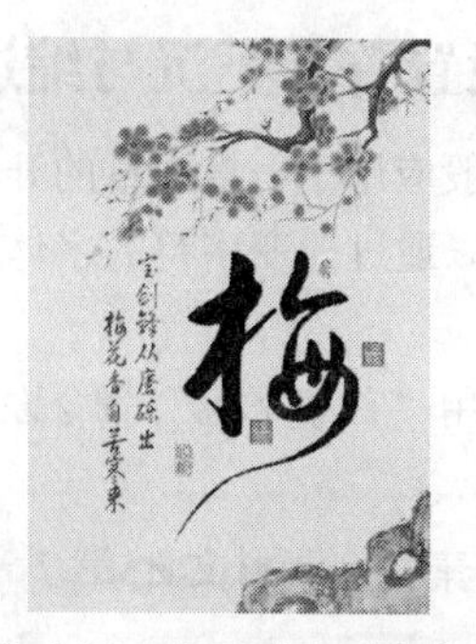

图 7-20　将水平文字更改为垂直文字显示

提示：单击工具属性栏中的“将文本更改为水平方向”按钮或按“Ctrl + ,”组合键，即可将垂直文本更改为水平显示。

7.2.5 更改英文大小写

在 CorelDRAW X5 中具有直接更改英文字母大小写的功能，用户可以根据需要选择句首字母大写、全部小写或全部大写等形式。

【例 7-7】使用“更改大小写”命令更改英文大小写。

所用素材：素材文件\第 7 章\路标.cdr　　完成效果：效果文件\第 7 章\路标.cdr

Step 1 打开“路标.cdr”文件，选择需要更改英文大小写的文本，如图 7-21 所示。

Step 2 选择【“文本】/【更改大小写】命令，弹出“更改大小写”对话框，选择“首字母大写”单选按钮，如图 7-22 所示，单击“确定”按钮，即可更改英文首字母的大小写，效果如图 7-23 所示。

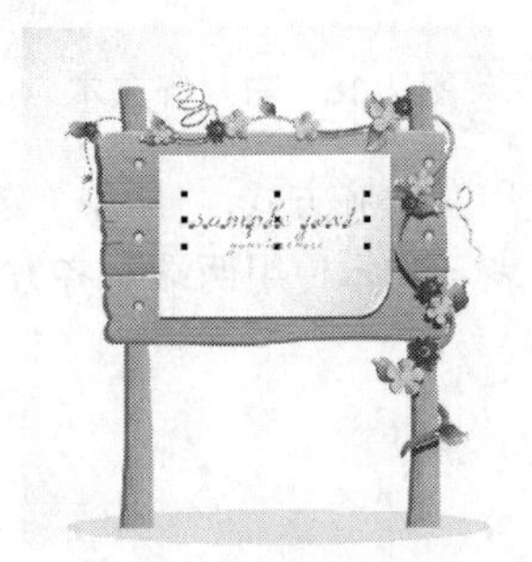

图 7-21　选择文本

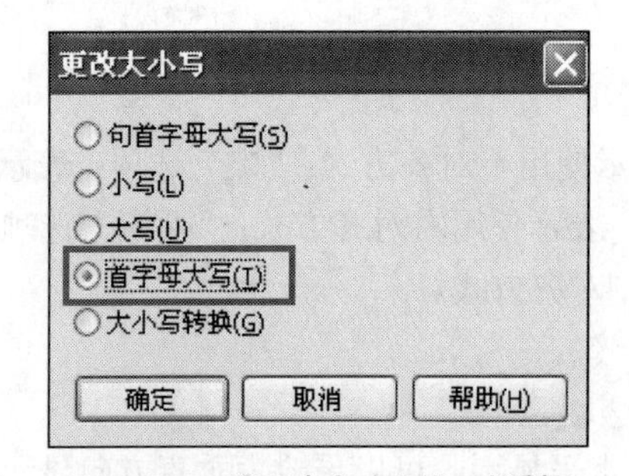

图 7-22　“更改大小写”对话框

图 7-23　更改英文大小写

【知识补充】“更改大小写”对话框中的各选项含义如下。

- “句首字母大写”单选按钮：可以将当前句子的第 1 个单词的首字母大写。
- “小写”单选按钮：可以将所有的字母转换为小写。
- “大写”单选按钮：可以将所有的字母转换为大写。
- “首字母大写”单选按钮：可以将每个单词的第 1 个字母大写。
- “大小写转换”单选按钮：可以将大小写字母进行互换。

7.2.6 设置首字下沉与缩进

首字下沉一般应用于一篇文章的开头或者一章的开始部分，主要目的是使文本醒目，加强文本的显示效果。还可以通过改变字符的字体、颜色或添加边框和底纹等创造性的设计，使章节或段落更有吸引力。

【例 7-8】使用“首字下沉”命令设置首字下沉和缩进。

所用素材：素材文件\第 7 章\书.cdr　　完成效果：效果文件\第 7 章\书.cdr

Step 1 打开“书.cdr”文件，选择需要首字下沉与缩进的文本，如图 7-24 所示。

Step 2　选择【文本】/【首字下沉】命令，弹出“首字下沉”对话框，设置各选项如图 7-25 所示，单击“确定”按钮，即可将文本设置首字正常和缩进效果，如图 7-26 所示。

图 7-24　选择文本

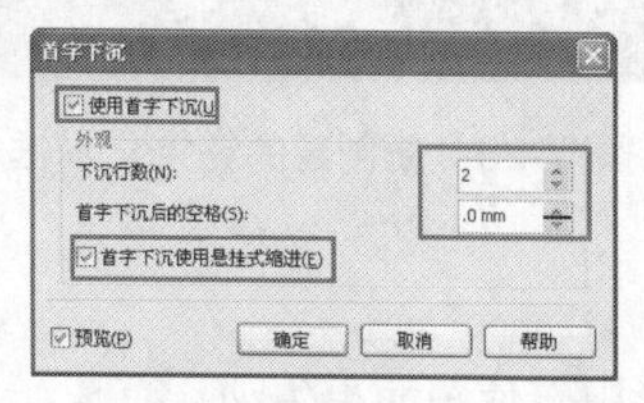

图 7-25　“首字下沉”对话框

图 7-26　首字下沉和缩进效果

7.2.7　段落文本链接

如果文本框中的文本比较长，在一个段落文本框中可能不会完全显示出来，这时就要用到段落文本框的链接操作。

1. 段落文本与文本框的链接

当段落文本中的文字过多，超出了绘制的文本框中所能容纳的范围，文本框下方将出现 ▣ 标记，则说明文字未被完全显示，此时可将隐藏的文字链接到其他的文本框中。

【例 7-9】使用【挑选】工具创建段落文本与文本框的链接。

所用素材：素材文件\第 7 章\月下独舞.cdr　　完成效果：效果文件\第 7 章\月下独舞.cdr

Step 1　打开“月下独舞.cdr”文件，使用【挑选】工具选择段落文本，移动光标至文本框下方的 ▣ 标记上，此时鼠标指针呈双向箭头形状↕，如图 7-27 所示。

Step 2　单击鼠标左键，光标变成▤形状后，在页面的其他位置按下鼠标左键拖曳出一个段落文本框，如图 7-28 所示。

图 7-27　光标状态

图 7-28　拖曳出一个段落文本框

Step 3　此时被隐藏的部分文本交自动转换到新创建的链接文本框中，如图 7-29 所示。

图 7-29　新创建的链接文本框

2. 段落文本与对象的链接

段落文本可以链接到绘制的图形中，使画面更生动、有趣。

【例 7-10】使用【挑选】工具和【文本】工具创建段落文本与对象的链接。

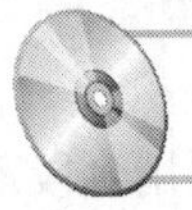

所用素材：素材文件\第 7 章\梦幻.cdr　　**完成效果**：效果文件\第 7 章\梦幻.cdr

Step 1　打开“梦幻.cdr”文件，使用【挑选】工具选择段落文本，移动光标至文本框下方的▼标记上，此时鼠标指针呈双向箭头形状↕，单击鼠标左键，光标变成▤形状，将光标移至图形对象上时将变成➡形状，如图 7-30 所示。

Step 2　单击圆形对象，即可将文本链接到图形对象中，如图 7-31 所示。

图 7-30　鼠标指针形状

图 7-31　链接文本到图形对象

Step 3　选择原段落文本，按“Delete”键，将其删除，如图 7-32 所示。

Step 4　选择工具箱中的【文本】工具，在链接后的图形对象上单击鼠标左键，在对象四周出现控制点后，在下方的▼标记上单击鼠标左键，并移动光标至下一个圆形上，当光标变成➡形状后单击该对象，即可创建第 2 个文本链接，如图 7-33 所示。

图 7-32　删除原段落文本

图 7-33　第 2 个链接文本效果

Step 5 用与上述同样的方法，在第 3 个圆形对象上创建链接文本，如图 7-34 所示。

Step 6 在文字内双击鼠标左键，选择所有文字，在属性栏中设置字号为 14，更改文字大小，效果如图 7-35 所示。

图 7-34 段落文本与对象的链接

图 7-35 更改字体大小

提示：用于链接的图形对象必须是封闭图形，用户也可以绘制任意形状的图形来对文本进行链接。使用【挑选】工具选择文本框或对象后，选择【排列】/【拆分】命令可取消链接。

3. 链接不同页面上的段落文本框

段落文本还可以链接到不同的页面上。

【例 7-11】使用【文本】工具链接不同页面上的段落文本框。

所用素材：素材文件\第 7 章\梦幻（1）.cdr **完成效果**：效果文件\第 7 章\梦幻（1）.cdr

Step 1 打开“梦幻（1）.cdr”文件，使用【文本】工具在段落文本上单击鼠标左键，然后移动鼠标指针至文本框下面的 ▣ 图标，如图 7-36 所示。

Step 2 单击鼠标左键，在页面控制栏上单击“页面 2”选项卡，切换至“页面 2”中，在页面中的图形上单击鼠标左键，即可建立页面间的链接，如图 7-37 所示。

图 7-36 单击 ▣ 图标

图 7-37 创建页面间的链接

Step 3 单击刚创建页面间的链接文本框下面的 ▣ 图标，返回到页面 1 窗口中，然后切换“页面 2”选项卡，在图形上述单击鼠标左键，即可建立页面间的链接，如图 7-38 所示。

Step 4 用与上述同样的方法，在小圆上建立页面间的链接，如图 7-39 所示。

图 7-38　将文本链接到各个图形对象上

图 7-39　将文本链接到各个图形对象上

7.2.8　文本分栏

文本分栏功能是按分栏的形式将段落文本分为两个或两个以上的文本框，在文本栏中进行排列。在文字篇幅较多情况下，使用文本栏可以方便读者进行阅读。

【例 7-12】使用“分栏”命令分栏文本。

所用素材：素材文件\第 7 章\冬雪花韵.cdr　　**完成效果**：效果文件\第 7 章\冬雪花韵.cdr

Step 1　打开“冬雪花韵.cdr”文件，使用工具箱中的【挑选】工具，选择需要分栏的段落文本，如图 7-40 所示。

Step 2　选择【文本】/【栏】命令，弹出“栏设置”对话框，在“栏数”数值框输入 2，选择“栏宽相等”复选框，如图 7-41 所示。

图 7-40　选择需要分栏的段落文本

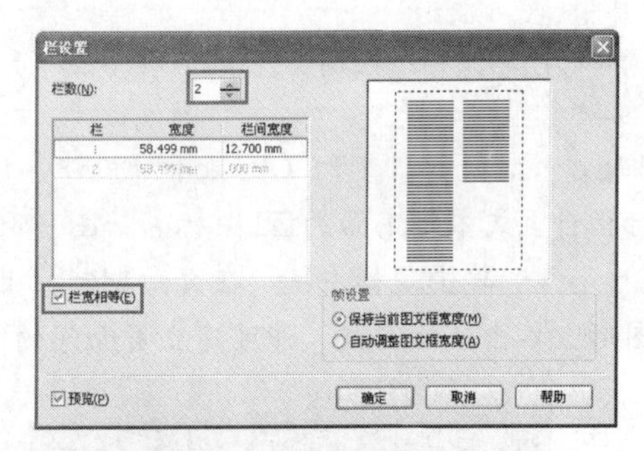

图 7-41　“栏设置”对话框

Step 3　完成设置后，单击“确定”按钮，即可将段落文本进行分栏，如图 7-42 所示。

图 7-42　将段落文本进行分栏

7.2.9　将文本转化为曲线

当作品设计好后，在传送给输出公司前，需要先将文本转化为曲线，以免输出公司缺少字库，影响作品的整体效果。

【例 7-13】使用“转换为曲线”命令将文本转化为曲线。

所用素材：素材文件\第 7 章\宣传海报.cdr　　**完成效果**：效果文件\第 7 章\宣传海报.cdr

Step 1　打开“宣传海报.cdr”文件，使用工具箱中的【文本】工具，选择需要转为曲线的文本，如图 7-43 所示。

Step 2　选择【排列】/【转换为曲线】命令或按“Ctrl + Q”组合键，即可将文本转化为曲线，如图 7-44 所示。用与上述同样的方法，选择其他的文本，转化为曲线。

图 7-43　选择需要转化为曲线的文本

图 7-44　将文本转化为曲线

注意：当美术文本和段落文本转化为曲线后，就无法进行任何文本格式的编辑修改了。

7.3　文本的特殊编排

编排设计中在有限范围内能使图形图像与文字达到规整、有序的排版效果，是专业排版人员和设计师必须掌握的技能。

7.3.1　沿路径分布文本

为了使文字与图案造型紧密地结合到一起，一般会应用将文本沿路径排列的方式来设计，使文字具有更多的变化外观。

【例 7-14】使用【文本】工具和路径创建沿路径分布文本。

所用素材：素材文件\第 7 章\企业标识.cdr　　**完成效果**：效果文件\第 7 章\企业标识.cdr

Step 1　打开“企业标识.cdr”文件，选择工具箱中的【文本】工具，将光标移至路径边缘，光

标呈I字形状，如图 7-45 所示。

Step 2 单击曲线路径，出现输入文本的光标，如图 7-46 所示。

Step 3 在路径上输入所需的文本，如图 7-47 所示。

图 7-45 光标形状

图 7-46 出现输入文本的光标

图 7-47 输入路径文本

Step 4 在路径文本上双击鼠标左键，选择文本，然后在属性栏中设置好字体、字号，效果如图 7-48 所示。

Step 5 使用【挑选】工具选择路径文本，在调色板中设置颜色，在调色板中的“无”图标上单击鼠标右键，隐藏路径，效果如图 7-49 所示。

图 7-48 设置文本属性

图 7-49 设置文本颜色及隐藏路径

提示：如果同时选择文本和路径，选择【文本】/【使文本适合路径】命令，也可以完成文本沿路径排列的操作，如图 7-50 所示。在文本上单击鼠标右键，此时鼠标指针呈十字形的圆环⊕形状，释放鼠标右键，弹出快捷菜单，“使文本适合路径”选项，也可以完成文本沿路径排列的操作。

如果同时选择文本和路径，选择【排列】/【拆分在一路径上的文本】命令，可以将文本与路径分离，且分离后文本仍然保持之前的状态，如图 7-51 所示。

图 7-50 文本沿路径排列的操作

图 7-51 分离路径和文本

沿路径分布文本可以是开放路径，也可以是闭合路径。

【知识补充】将文本沿路径排列后，将显示如图 7-52 所示的【文本】工具属性栏。通过对工具属性栏中各选项的设置，可以使文本沿着路径产生不同的变化。工具属性栏中各选项含义如下。

图 7-52　【文本】工具属性栏

- “文字方向”列表框：在该列表框中可以选择文本在路径上排列的方向。图 7-53 所示为选择不同方向后的排列效果。
- “与路径距离”数值框：用于设置文本沿路径排列后两者之间的距离。图 7-54 所示为设置数值为 5mm 时的效果。

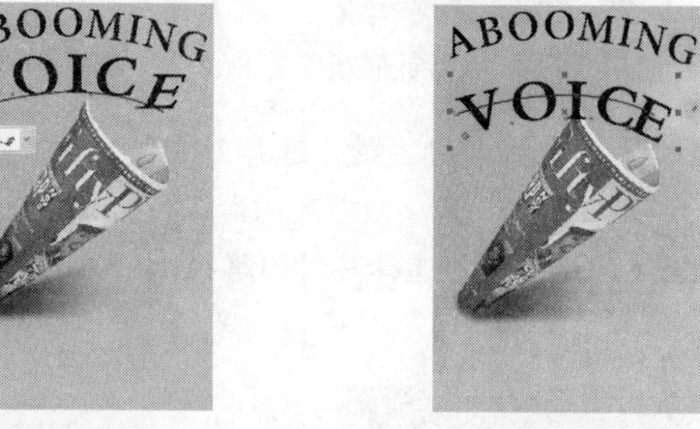

图 7-53　选择不同方向后的排列效果　　图 7-54　文本与路径的距离

- “水平偏移”数值框：用于设置文本起始点的偏移量。图 7-55 所示为设置数值为 3mm 时的效果。
- “水平镜像文本”按钮：单击该按钮后，可以使文本在曲线路径上水平镜像，如图 7-56 所示。
- “垂直镜像文本”按钮：单击该按钮后，可以使文本在曲线路径上垂直镜像，如图 7-57 所示。

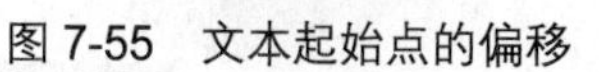

图 7-55　文本起始点的偏移　　图 7-56　水平镜像文本　　图 7-57　垂直镜像文本

7.3.2　在封闭路径内置文本

除了创建沿路路径排列文本外，还可以直接在封闭的路径中输入文本。

【例 7-15】使用【文本】工具和路径内置封闭路径文本。

所用素材：素材文件\第 7 章\篮球赛广告.cdr　**完成效果**：效果文件\第 7 章\篮球赛广告.cdr

Step 1　打开“篮球赛广告.cdr”文件，选择工具箱中的【文本】工具，将鼠标指针移至封闭路径轮廓内，此时鼠标指针呈形状，如图 7-58 所示。

Step 2 单击鼠标左键，然后输入文字，如图 7-59 所示，即可在封闭路径中输入文本。

图 7-58 鼠标指针形状

图 7-59 在封闭路径中输入文本

Step 3 在文本中双击鼠标左键，选择所有文本，在【文本】工具属性栏中设置文本的字体、字号，如图 7-60 所示。

Step 4 使用【挑选】工具选择路封闭路径，在调色板中单击☒图标，隐藏路径，效果如图 7-61 所示。

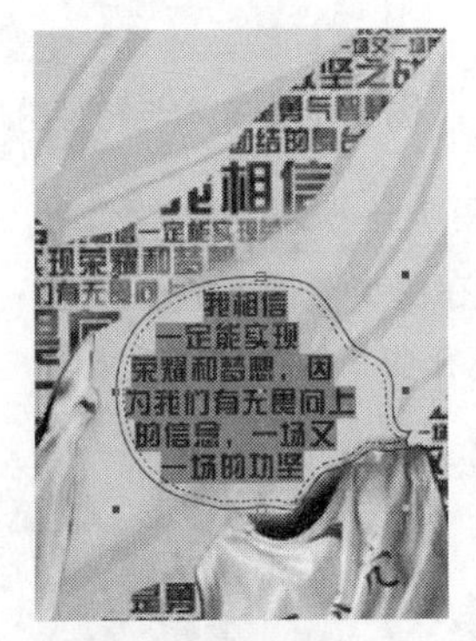

图 7-60 设置字体、字号

图 7-61 隐藏路径

【知识补充】如果同时有一段文字和一个封闭路径，在文字上单击鼠标右键并拖曳文本至封闭路径内，此时鼠标指针呈十字形的圆环⊕形状，如图 7-62 所示，释放鼠标右键，弹出快捷菜单，选择“内置文本”选项，如图 7-63 所示，文本将自动置入封闭的路径内，如图 7-64 所示。

图 7-62 鼠标指针形状

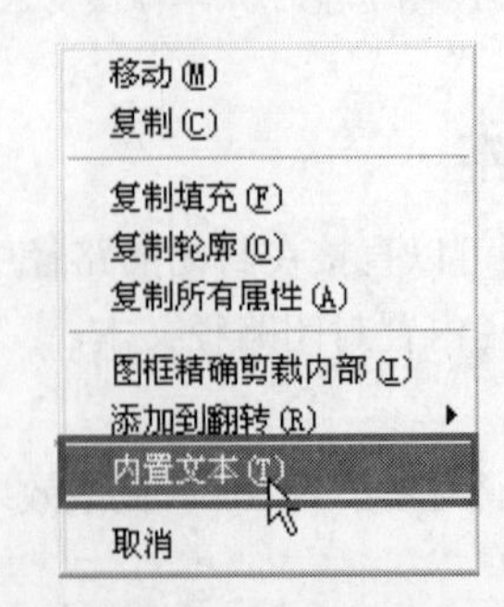

图 7-63 选择“内置文本”选项

图 7-64 文本自动置入封闭路径内

7.3.3　文本绕图排列

文本绕图是指在图形外部沿着图形的外框形状进行文本的排列，在杂志、报纸和书籍排版时经常应用到。

【例 7-16】使用“段落文本换行”选项进行文本绕图排列。

所用素材：素材文件\第 7 章\便是晴天.cdr　**完成效果**：效果文件\第 7 章\便是晴天.cdr

Step 1　打开“便是晴天.cdr”文件，其中有段落文本和一幅图像，如图 7-65 所示。

Step 2　使用【挑选】工具在图像上单击鼠标右键，弹出快捷菜单，选择“段落文本换行”选项，如图 7-66 所示。

Step 3　段落文本即可绕图像进行排列，移动图像的位置，效果如图 7-67 所示。

图 7-65　打开的素材

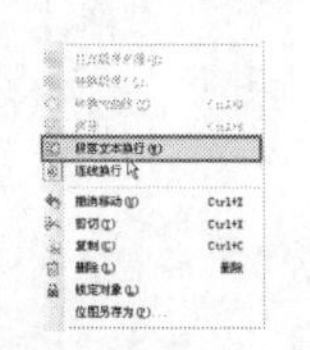

图 7-66　选择“段落文本换行”选项

图 7-67　段落文本绕图像进行排列

文本绕图功能不能应用于美术文本中，要执行该功能，必须先将美术文本转换为段落文本。

【知识补充】当进行了文本绕图操作后，保持图像的选择状态，单击【文本】工具属性栏中的“文本换行”按钮，弹出面板如图 7-68 所示，在其中可以对换行属性进行设置。图 7-69 所示为分别选择“无”选项和“上/下”选项后的排列效果。

图 7-68　“段落文本换行”面板

图 7-69　“无”和“上/下”选项的排列效果

7.4　应用实践——制作蛋糕网页

网页设计与报刊杂志等平面媒体的设计有很多相通之处，它在网页的艺术设计中占有重要地位。所谓网页设计，是指在有限的屏幕空间上将各种视听多媒体元素进行有机的排列组合，将理性思维以个性化的形式表现出来，是一种具有个人风格和艺术特色的视听传达媒体。它在传达信息的同时，也给人以美感和精神上的享受。

网页的布局千变万化，很难寻到几条固定的规则，下面只对常见的7种网页类型进行介绍，使读者能有一个基本的认识，实际上各种类型之间并没有严格的界限。

1. T型布局

T型布局是目前最常见的一种网页布局。它是以页面顶部为横条网站标志和广告条，下方左侧（也可放在右侧）为主菜单，右侧（左侧）显示内容的布局，菜单栏与背景的整体效果类似英文字母T，如图7-70所示的网页。该种布局页面结构清晰，主次分明；由于被使用得过多，显得缺乏创意，略显呆板。

2. 三型布局

三型布局多用于国外站点，国内用的不多。其特点是页面上横向两条色块，将页面整体分割为若干部分，色块中大多放广告图版，如图7-71所示的网页或者Flash动画。

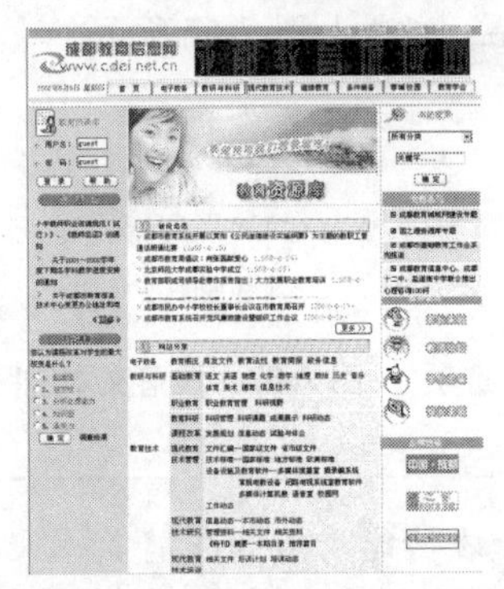

图7-70　T型布局示意图

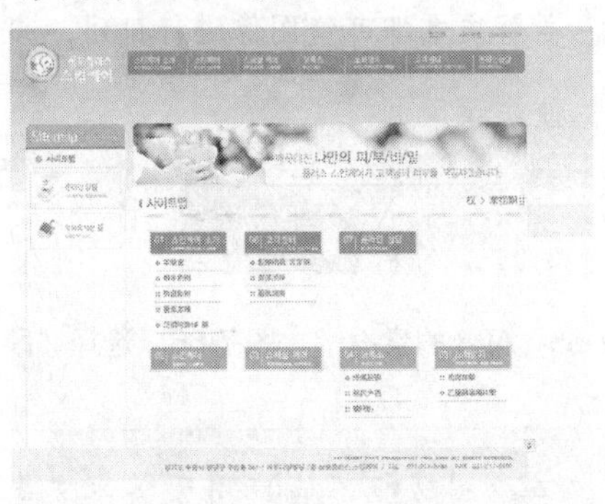

图7-71　三型布局示意图

3. 口型布局

口型布局一般是页面上下各有一个广告条，左侧是主菜单，右侧放友情连接等，中间是主要内容，如图7-72所示的网页。该种布局充分利用版面，信息量大；缺点是页面拥挤局促、不够灵活。

4. 对称对比布局

对称对比布局，顾名思义，采取左右或者上下对称的布局，一半深色，一半浅色，视觉冲击力强，如图7-73所示的网页。其中垂直布局给人以稳定的感觉；水平分割布局给人以平静沉着的感觉。

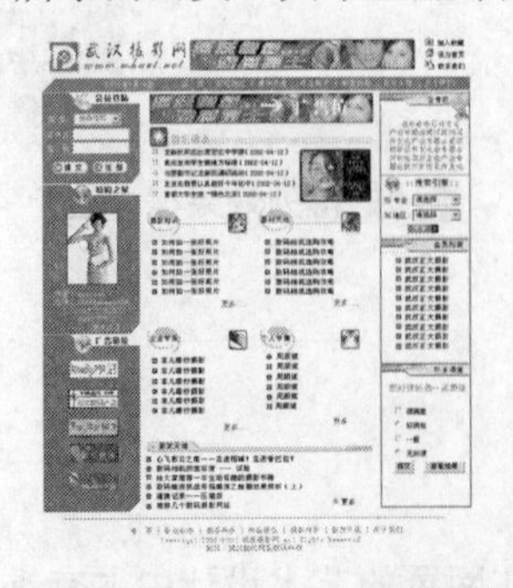

图7-72　口型布局示意图

图7-73　对称对比布局示意图

5. POP布局

POP引自广告术语，就是指页面布局像一张宣传海报，以一张精美图片作为页面的设计中心，漂亮吸引人，可以作为宣传单使用，如图 7-74 所示的网页，常用于个性类、时尚类站点。

6. 区块型布局

区块型布局类网页越来越多，该类网页上的各个区域具有封闭的边界，经过合理放置显得清晰美观，如图 7-75 所示的网页；但由于布局固定，各区域很难根据其中内容的多少而调整大小，因此不适宜于区域内容的长度经常变化的网页。

7. 门户型布局

门户型布局通常内容多，信息量大，没有明显的线条作为边界，图片用得也较少，主要通过文件的排列产生视觉上的分区效果，如图 7-76 所示的网页。

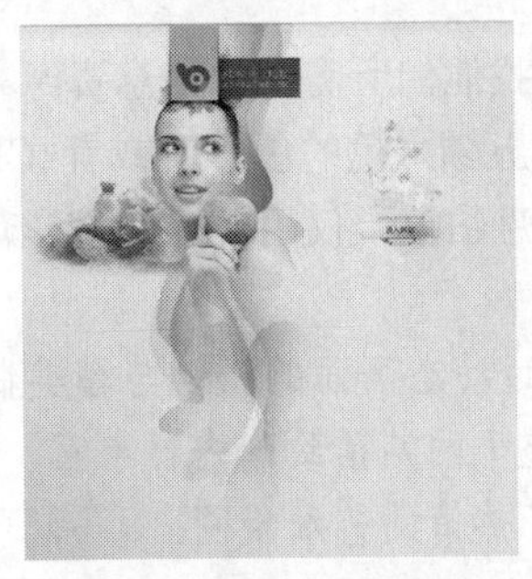

图 7-74　POP 布局示意图

图 7-75　区块型布局示意图

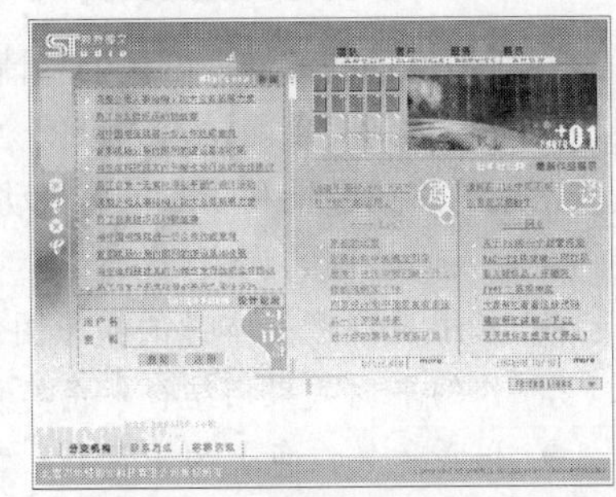

图 7-76　门户型网页布局示意图

以上总结了目前网络上常见的网页布局，其实还有许多别具一格的布局，关键在于创意和设计了。对于版面布局的技巧，这里提供一些建议，设计师可以自己推敲。

- 加强视觉效果。
- 加强文案的可视度和可读性。
- 统一感的视觉。
- 新鲜和个性是布局的最高境界。

本例以绘制如图 7-77 所示的蛋糕网页为例，介绍网页的设计流程。相关要求如下。

- 网页尺寸为“317.5mm×222mm”。
- 以产品本身（蛋糕）作为设计的切入点并作为画面主体创意，使人一看便产生食欲，有想购买的欲望。
- 页面整体布局大气、精致、温馨，以暖色为主。

完成效果： 效果文件\第 7 章\蛋糕网页.cdr

素材文件： 第 7 章\素材文件\蛋糕 1.jpg～蛋糕.s.jpg\网页文字.cfr

图 7-77　绘制的蛋糕网页效果

7.4.1 网页设计的特点分析

随着近几年网络的飞速发展，网页逐渐受到人们的重视，它本身以网络为载体，将各种信息以最快捷、方便的方式传达给受众。

每个网站的气质都因其不同的文化特点而与众不同，网站气质与风格设计相互呼应。对于美食类网站来说，在设计时应将商品的优点向大家展示出来，因此其设计的形式与产品的特征应巧妙融合，合理地编排插图、文字、色彩以及音乐（音乐可以使视觉更加完美，给浏览者留下深刻的印象），营造出符合人们心理的欢快气氛。

7.4.2 网页创意分析与设计思路

网络是信息的海洋，网民们尽情地在其中冲浪与漫游，网站无疑是寻找他们所需要的信息资源和娱乐场所。想到美食网站，大家就会想到那些引人瞩目的美味可口食品和五颜六色的色彩，或者 CD 里放出来的悠扬歌曲和 Flash 搞笑动画。浏览这类网站时，若没有插图，恐怕很难仅用文字或色彩营造出符合人们心理的欢快气氛。

- 采用表现产品本身的摄影图像，使人一看便知这是美食网站，通过动态画面的滚动与精美制作的平面效果相结合，将美食的原味文化表现得淋漓尽致，显得整个网站精致、内容丰富。
- 以暖色（红色）为主色调，营造出大气、温馨、美味可品、和煦、热情的艺术氛围。

本例的设计思路如图 7-78 所示，具体设计如下。

（1）使用【矩形】工具、【渐变填充】工具，绘制底部渐变色。利用【矩形】工具、【2 点线】工具，绘制网页的线条和色块。

（2）使用“导入”命令，导入网页的主体图像和辅助图像。利用【2 点线】工具、“步长和重复”命令，绘制网页的导航菜单。

（3）使用【矩形】工具、【箭头】工具、【贝塞尔】工具，绘制网页的按钮。利用“导入”命令，导入网页的文字。

（a）绘制线条和色块　（b）导入创意图像、绘制导航菜单　（c）绘制按钮、导入文字

图 7-78　制作蛋糕网页的操作思路

7.4.3 制作过程

1. 绘制网页的线条和色块

Step 1　新建大小为 317.5 mm×222mm 空白文件，然后在工具箱中的【矩形】工具上双击鼠标左键，绘制一个与页面大小相同的矩形，如图 7-79 所示。

Step 2　将鼠标指针移至上方中间的控制柄上，单击并按住鼠标左键向下拖曳至合适位置，单击鼠标右键，缩小并复制矩形，如图 7-80 所示。

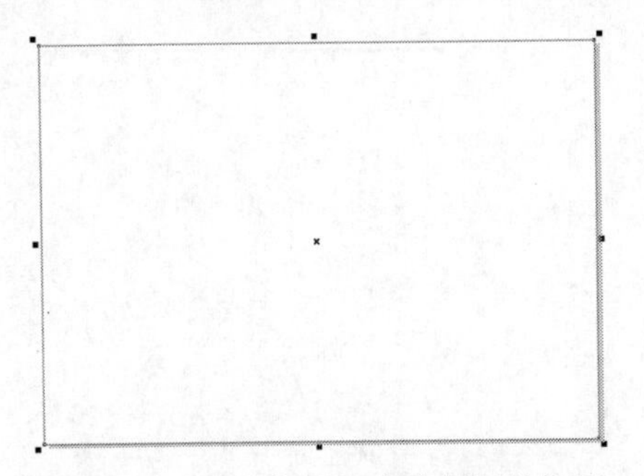

图 7-79　绘制与页面大小相同的矩形

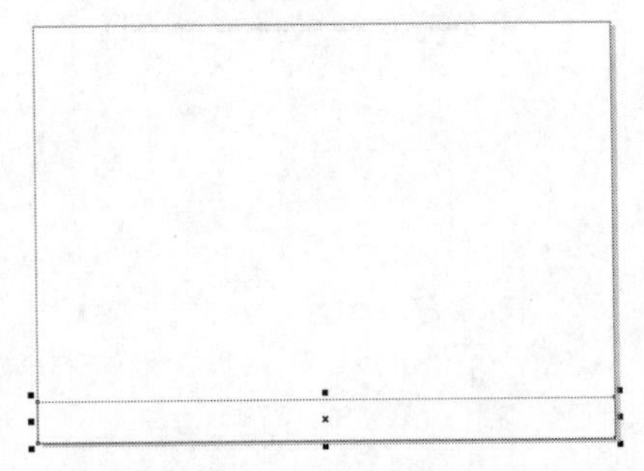

图 7-80　缩小并复制矩形

Step 3　按“F11”键，弹出“渐变填充”对话框，设置“角度”为-90°、“从”的颜色为淡红色（C:1;M:4;Y:10;K:0），如图 7-81 所示。

Step 4　设置好参数后，单击“确定”按钮，填充渐变色，并在【矩形】工具属性栏中设置“轮廓宽度”为“无”，去掉轮廓，如图 7-82 所示。

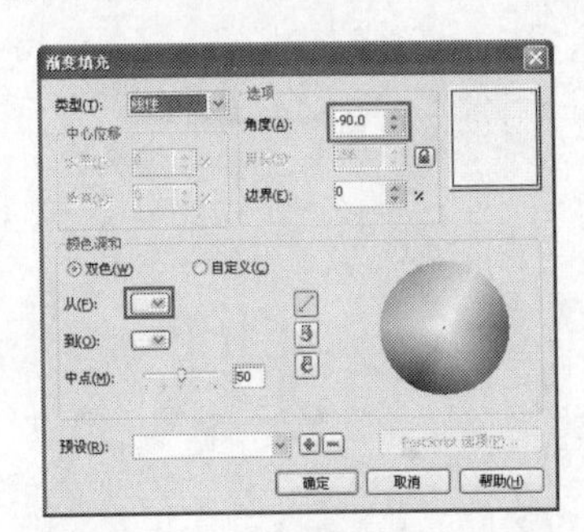

图 7-81　“渐变填充”对话框

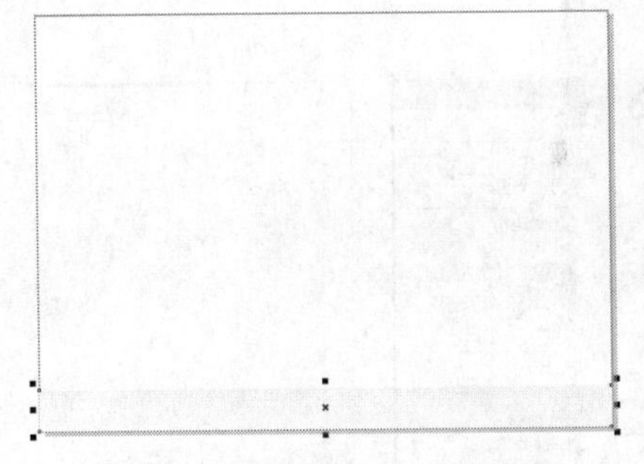

图 7-82　渐变填充并去掉轮廓

Step 5　使用【矩形】工具，绘制一个矩形，如图 7-83 所示。

Step 6　选择【窗口】/【泊坞窗】/【彩色】命令，打开“颜色”泊坞窗，设置各参数如图 7-84 所示。

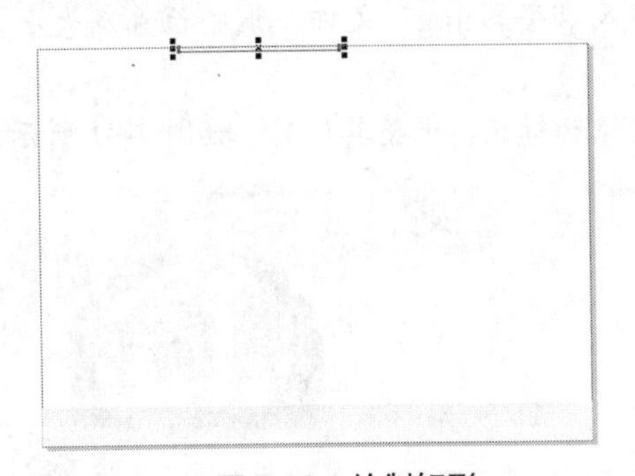

图 7-83　绘制矩形

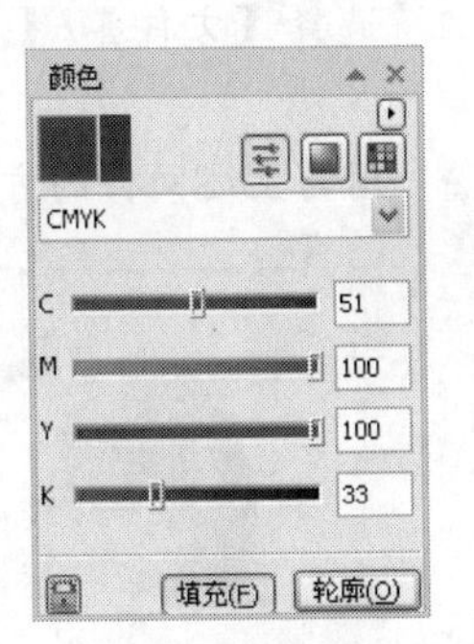

图 7-84　“颜色”泊坞窗

Step 7　分别单击“自动颜色”按钮和“填充”按钮 填充(F)，填充颜色为暗红色，并去掉轮廓，如图 7-85 所示。

Step 8 选择工具箱中的【2 点线】工具，绘制一条直线，如图 7-86 所示。

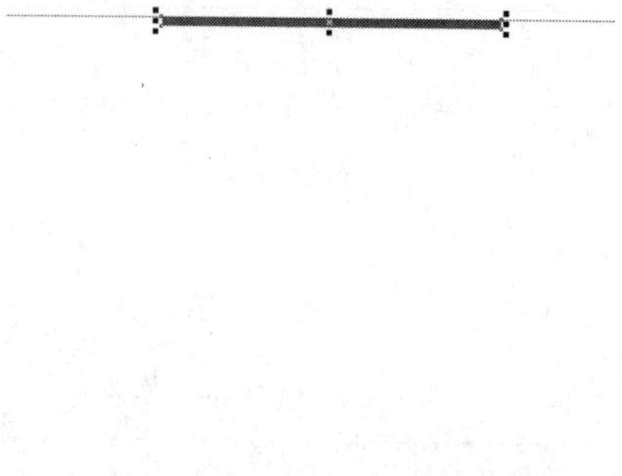

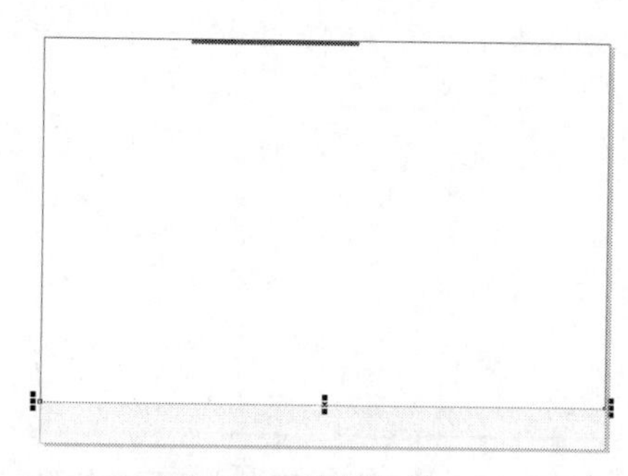

图 7-85 填充颜色并去掉轮廓

图 7-86 绘制直线

Step 9 按“F12”键，弹出“轮廓笔”对话框，设置各参数，其中“颜色”为红棕色（C:24;M:35;Y:35;K:0），如图 7-87 所示。

Step 10 单击“确定”按钮，更改轮廓属性，如图 7-88 所示。

Step 11 使用【矩形】工具，绘制一个矩形，并设置轮廓颜色为红棕色（C:24;M:35;Y:35;K:0），如图 7-89 所示。

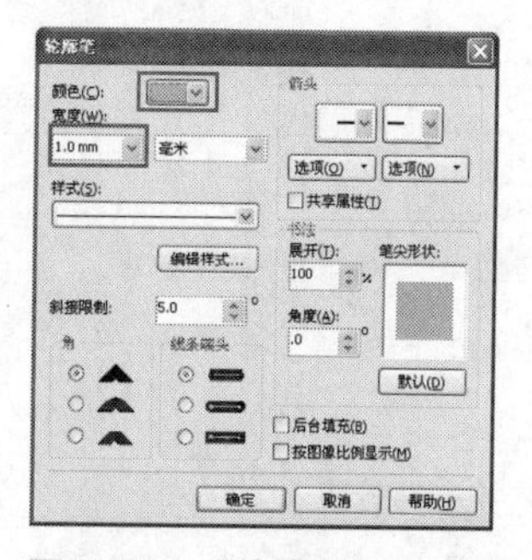

图 7-87 “轮廓笔”对话框

图 7-88 更改轮廓属性

图 7-89 绘制矩形

2. 置于网页的图像素材

Step 1 选择【文件】/【导入】命令，导入“蛋糕.jpg”文件，调整位置及大小，如图 7-90 所示。

Step 2 用与上述同样的方法，导入其他图像和标识，调整其位置，如图 7-91 所示。

图 7-90 导入蛋糕素材

图 7-91 导入其他的素材

3. 绘制网页的导航菜单

Step 1 选择工具箱中的【2 点线】工具，绘制直线，并设置轮廓颜色为棕红色（C:48;M:76;Y:99;K:13），如图 7-92 所示。

Step 2 选择【编辑】/【步长和重复】命令，打开“步长和重复”泊坞窗，在“水平设置”选项区中设置“距离”为 19mm、“垂直设置”选项区中设置“距离”为 0mm、“份数”为 2，如图 7-93 所示。

图 7-92 绘制直线

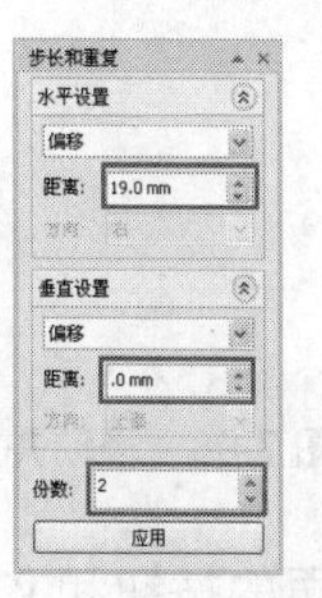

图 7-93 “步长和重复”泊坞窗

Step 3 单击“应用”按钮，移动并复制直线，如图 7-94 所示。

Step 4 使用【2 点线】工具，绘制直线，如图 7-95 所示。

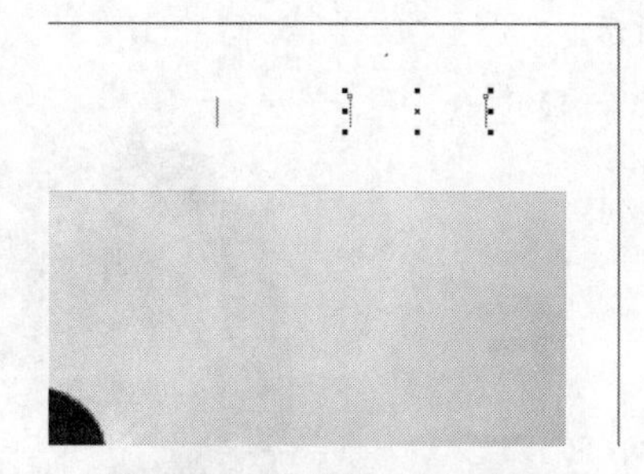

图 7-94 移动并复制直线

图 7-95 绘制直线

Step 5 按“F12”键，弹出“轮廓笔”对话框，设置“颜色”为棕红色（C:48;M:76;Y:99;K:13），在“样式”下拉列表框中选择一种样式，如图 7-96 所示。

Step 6 单击“确定”按钮，更改轮廓属性，如图 7-97 所示。

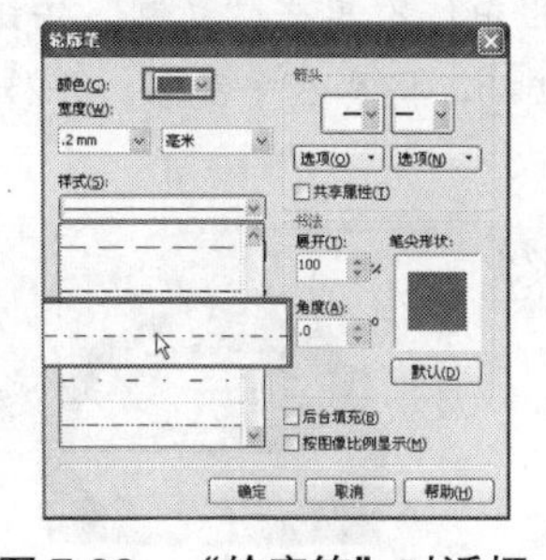

图 7-96 “轮廓笔”对话框

图 7-97 更改轮廓属性

Step 7 在“步长和重复”泊坞窗，在“水平设置”选项区中设置“距离”为 0mm、“垂直设置”选项区中设置“距离”为-9mm、“份数”为 6，单击“应用”按钮，移动并复制直线，如图 7-98 所示。

Step 8 用与上述同样的方法，使用【2 点线】工具，绘制相同颜色的直线，然后在“步长和重复”泊坞窗的“水平设置”选项区中设置“距离”为 32mm、“垂直设置”选项区中设置“距离”为 0mm、“份数”为 4，单击“应用”按钮，移动并复制直线，如图 7-99 所示。

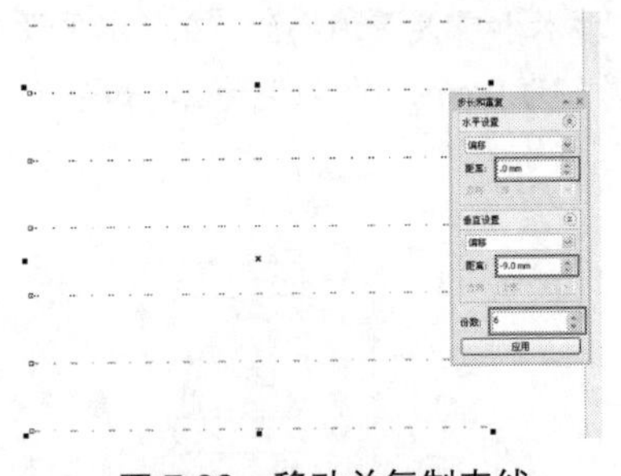

图 7-98 移动并复制直线

图 7-99 绘制其他导航菜单

4. 绘制网页的按钮和文字

Step 1 选择工具箱中的【矩形】工具，绘制一个矩形，在工具属性栏中单击“同时编辑所有角”按钮，并在右侧的数值框中均输入 2，按“Enter”键，将右侧变为圆角，如图 7-100 所示。

Step 2 按“Shift + F11”组合键，弹出“均匀填充”对话框，设置颜色为棕红色（C:16;M:25;Y:22;K:0），单击“确定”按钮，填充颜色，并去掉轮廓，如图 7-101 所示。

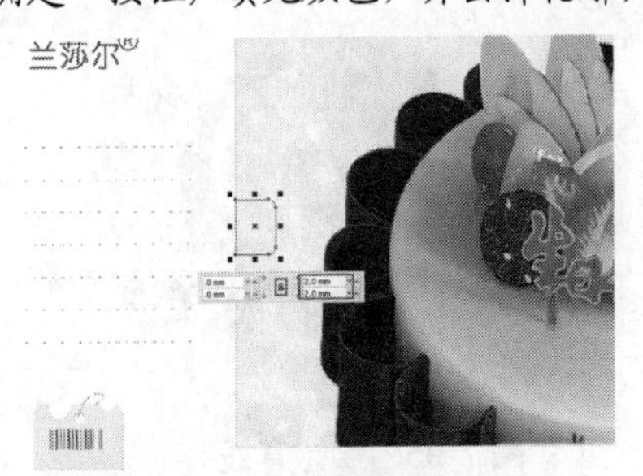

图 7-100 绘制圆角矩形

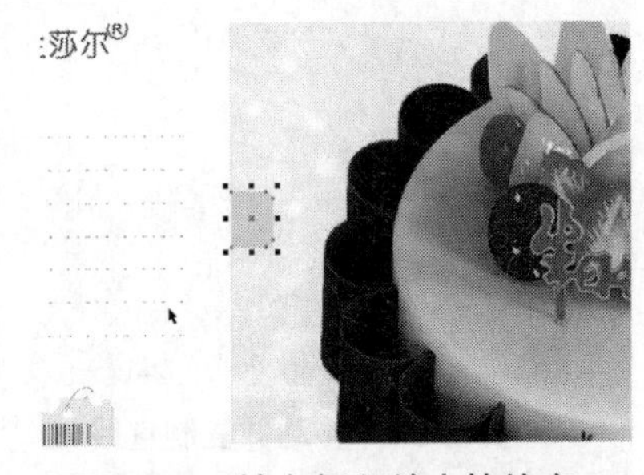

图 7-101 填充颜色并去掉轮廓

Step 3 选择工具箱中的【箭头形状】工具，在工具属性栏中单击“完美形状”按钮，在弹出的面板中选择向左箭头样式，在页面中绘制箭头，如图 7-102 所示。

Step 4 按住“Shift”键的同时加选圆角矩形，在标准栏中依次单击“复制”按钮和“粘贴”按钮，复制并粘贴选择的图形，然后单击“水平镜像”按钮，将其水平镜像，并移动位置，如图 7-103 所示。

图 7-102 绘制箭头图形

图 7-103 复制、粘贴并水平镜像

Step 5　选择工具箱中的【贝塞尔】工具，绘制图形，并设置轮廓宽度为 1.0mm、轮廓颜色为棕红色（C:48;M:76;Y:99;K:13），如图 7-104 所示。

Step 6　在标准栏中依次单击“复制”按钮和“粘贴”按钮，复制并粘贴选择的图形，然后单击“水平镜像”按钮，将其水平镜像，并移动位置，如图 7-105 所示。

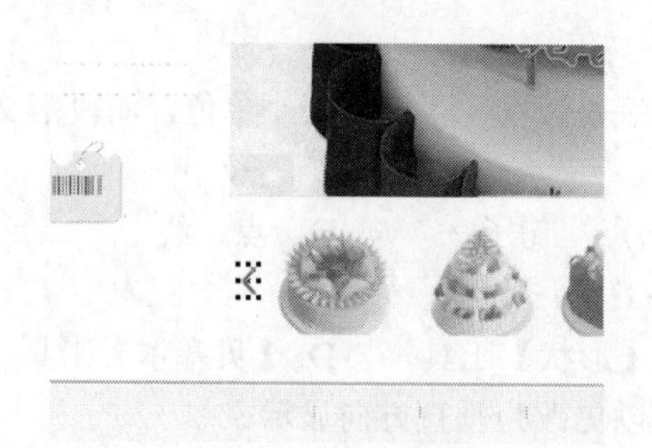

图 7-104　绘制图形

图 7-105　复制、粘贴并水平镜像

Step 7　使用【矩形】工具，绘制一个矩形，填充颜色为淡红色（C:2;M:6;Y:9;K:0），并去掉轮廓，如图 7-106 所示。

Step 8　选择工具箱中的【交互式透明度】工具，在工具属性栏中设置“透明度类型”为“标准”、“开始透明度”为 65，添加透明效果，如图 7-107 所示。

图 7-106　绘制填充矩形

图 7-107　添加透明效果

Step 9　选择【文件】/【导入】命令，导入“网页文字.cdr”文件，如图 7-108 所示。至此，本案例制作完毕。

图 7-108　完成效果

7.5 练习与上机

1. 单项选择题

（1）美术文字与段落文本的主要区别在于，美术文字是以（　　）为最小单位，而段落文本则是以（　　）为最小单位。

A．字符　逗号　　B．字元　句子　　C．点　句子　　D．点　线

（2）可以调整字符的间距和行距的工具是（　　）工具。

A．【文本】工具　　B．交互式封套　　C．【形状】工具　　D．【贝塞尔】工具

（3）通常输入的文本默认方向是（　　）显示，可以更改为垂直方向显示。

A．水平　　B．垂直　　C．左侧　　D．右侧

（4）在封闭路径内置文本时，需要将鼠标指针移到对象的（　　），当光标变为插入点时，即可输入文本。

A．轮廓上　　B．任何地方　　C．轮廓外　　D．轮廓内

2. 多项选择题

（1）下列关于切换美术文本与段落文本的描述，正确的是（　　）。

A．选择“转换为美术文本”或“转换为段落文本”命令来切换

B．可以通过用鼠标右键来执行，选择“转化为美术文本”或“转换到段落文本”选项

C．对段落文本应用过特殊效果，可切换为美术文本

D．段落文本超出了文本框，可切换为美术文本

（2）下列关于更改文本方向的操作，描述正确的是（　　）。

A．单击“将文本更改为垂直方向”按钮，将水平文本更改为垂直显示

B．按“Ctrl+,”组合键，将垂直文本更改为水平显示

C．单击“将文本更改为水平方向”按钮，将水平文本更改为垂直显示

D．按“Ctrl+。”组合键，将水平文本更改为垂直显示

（3）下列关于段落文本链接的描述，正确的是（　　）。

A．文本框下方将出现标记，则说明文字未被完全显示

B．用于链接的图形对象必须是开放路径

C．用于链接的图形对象必须是封闭图形

D．选择【排列】/【拆分】命令可取消链接状态

（4）下列关于沿路径分布文本的描述，错误的是（　　）。

A．沿路径分布文本可以是开放路径，也可以是闭合路径

B．沿路径分布的文本不可以进行拆分操作

C．如果同时选择文本和路径，选择【文本】/【使文本适合路径】命令，也可以完成文本沿路径排列的操作

D．沿路径分布的文本必须是开放路径，不可以是闭合路径

3. 上机操作题

（1）为某美容网站制一款网站主页，参考效果如图 7-109 所示。

完成效果：效果文件\第 7 章\美容网页.cdr
素材文件：第 7 章\素材文件\无

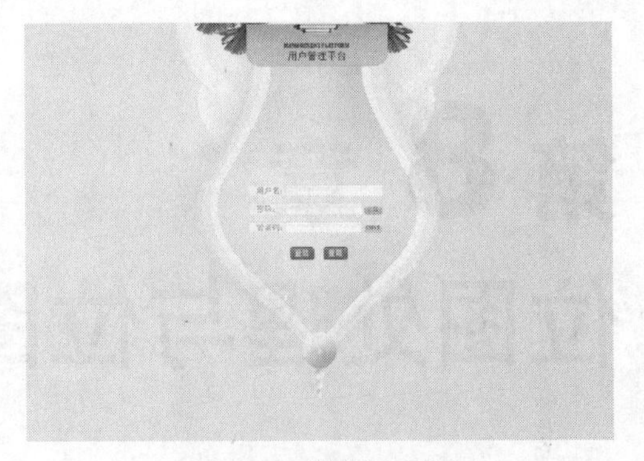

图 7-109　美容网页效果

（2）为某杂志绘制一个内页，参考效果如图 7-110 所示。

完成效果：效果文件\第 7 章\杂志内页. cdr
素材文件：第 7 章\素材文件\无

图 7-110　杂志内页

第 8 章 位图处理与位图滤镜特效

学习目标

学习在 CorelDRAW X5 中处理位图并添加滤镜特效，包括编辑位图、调整位图色调、位图滤镜等。了解书籍封面设计的原则、特点以及绘制手法，并掌握书籍封面设计的原则与绘制方法。

学习重点

掌握矢量图与位图互换、重新取样位图、裁剪位图、调整位图色调、为位图应用滤镜效果的操作，并能使用这些调色命令和滤镜制作出各种不同的艺术图像效果。

主要内容

- 编辑位图
- 调整位图色调
- 位图滤镜特效
- 绘制书籍封面

8.1 编辑位图

CorelDRAW X5 不仅可以编辑矢量图，还可以对位图进行简单的编辑操作，如位图和矢量图互换、重新取样位图、裁剪位图等。

8.1.1 将矢量图转换成位图

在编辑矢量图过程中，有时要对矢量图的某些细节进行修改，就必须先将矢量图转换为位图。

【例 8-1】使用“转换为位图”命令将矢量图转换成位图。

所用素材：素材文件\第 8 章\玫瑰花.cdr　　**完成效果**：效果文件\第 8 章\玫瑰花.cdr

Step 1　选择【文件】/【打开】命令，打开“玫瑰花.cdr”文件，使用工具箱中的【挑选】工具，选择需要转换的矢量图，如图 8-1 所示。

Step 2　选择【位图】/【转换为位图】命令，弹出“转换为位图”对话框，在“分辨率”列表框中选择合适的分辨率大小，如输入 150dpi，在“颜色模式”列表框中选择需要的颜色模式，如图 8-2 所示。

图 8-1　选择需要转换的矢量图

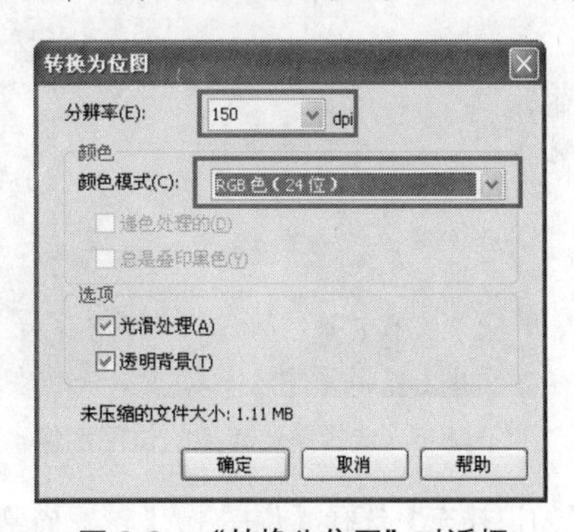

图 8-2　“转换为位图”对话框

Step 3　单击“确定”按钮，即可将矢量图转换为位图，如图 8-3 所示。

Step 4　使用【缩放】工具放大该图像的局部视图，可以看到构成位图的像素块，如图 8-4 所示。

图 8-3　转换为位图

图 8-4　放大显示效果

【知识补充】“转换为位图”对话框中的主要选项含义如下。

- 分辨率”数值框：用于选择转换成位图后的分辨率，数值越高，图像越清晰。
- “颜色模式”列表框：在该下拉列表中选择矢量图转换成位图后的颜色类型。
- “光滑处理”复选框：可以使图形在转换过程中消除锯齿，使边缘更加平滑。
- “透明背景”复选框：选择该复选框后，设置位图的背景为透明。
- “应用 TCC 预制文件”复选框：可以使用 ICC 色彩将矢量图转换为位图。

8.1.2 将位图转换为矢量图

用户也可以将位图转换为矢量图进行编辑处理。

【例 8-2】使用“快速描摹位图”命令将位图转换成矢量图。

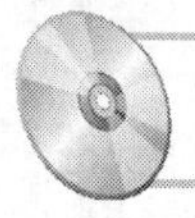

所用素材：素材文件\第 8 章\向日葵.jpg　　**完成效果**：效果文件\第 8 章\向日葵.cdr

Step 1 选择【文件】/【导入】命令，导入需要转换的位图图像，如图 8-5 所示，并选择导入的位图。

Step 2 选择【位图】/【快速描摹位图】命令，系统将自动根据位图临摹出一幅矢量图，如图 8-6 所示。

图 8-5　选择需要转换的位图图像

图 8-6　转换成矢量图形

【知识补充】选择【位图】/【轮廓描摹】命令，弹出子菜单命令，如图 8-7 所示，为用户提供了 6 种将位图转换为矢量图形的子菜单命令，如线条图、徽标、详细徽标、剪贴画、低品质图像、高质量图像，每一种命令的效果都不同，用户可以根据需要选择相应的命令进行操作。命令不同，属性栏中显示的设置选项也会不同。

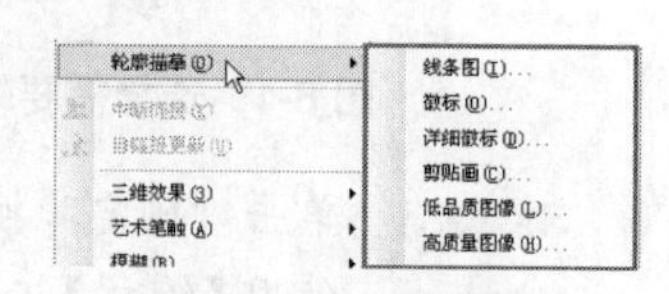

图 8-7　“轮廓描摹”命令子菜单命令

8.1.3 重新取样位图

通过重新取样位图操作，可以增加位图像素以保留原始图像的更多细节。

【例 8-3】使用“重新取样”命令重新取样位图。

所用素材：素材文件\第 8 章\葡萄.cdr　　**完成效果**：效果文件\第 8 章\葡萄.cdr

Step 1 打开“葡萄.cdr”文件，选择需要重新取样的位图图像，如图 8-8 所示。

Step 2　选择【位图】/【重新取样】命令，弹出“重新取样”对话框，如图 8-9 所示。

Step 3　单击“确定”按钮，即可显示重新取样结果，如图 8-10 所示。

图 8-8　选取位图图像

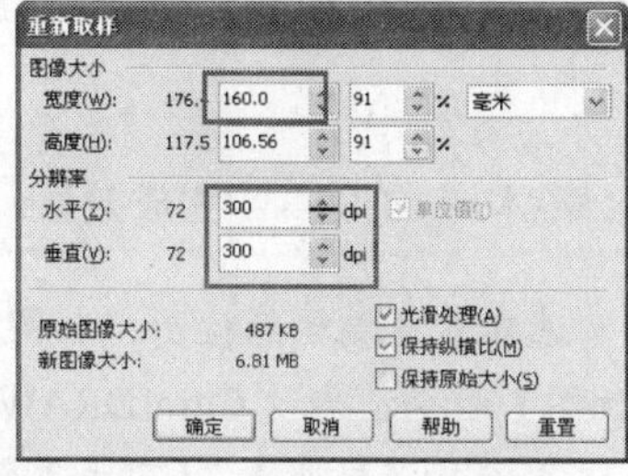

图 8-9　“重新取样”对话框

图 8-10　显示重新取样结果

【知识补充】“重新取样”对话框中的主要选项含义如下。

- “图像大小”选项区：用于设置图像的“宽度”和“高度”尺寸参数及使用单位。
- “分辨率”选项区：用于设置图像的“水平”和“垂直”方向的分辨率。
- “光滑处理”复选框：可消除图像中的锯齿，使图像边缘更为平滑。
- “保持纵横比”复选框：可以在变换过程中保持原图的大小比例。
- “保持原始大小”复选框：可以使变换后的图像仍保持原来的尺寸。

8.1.4　裁剪位图

当导入位图的过程中，只需要图像其中的一部分，则需将不需要的部分裁剪掉。

【例 8-4】使用“导入”命令裁剪位图。

所用素材：素材文件\第 8 章\玫瑰情缘.jpg　　**完成效果**：效果文件\第 8 章\玫瑰情缘.cdr

Step 1　选择【文件】/【导入】命令，弹出“导入”对话框，选择需要导入的位图，在“全图像”列表框中选择“裁剪”选项，如图 8-11 所示。

Step 2　单击“导入”按钮，弹出“裁剪图像”对话框，在预览区域中拖动裁剪框四周的控制柄，控制图像裁剪范围，如图 8-12 所示。

Step 3　单击“确定”按钮，此时鼠标指针呈⌈形状，同时在光标右下角将显示图像的相关信息，在合适的位置单击鼠标左键，即可将裁剪后的位图导入到工作区中，如图 8-13 所示。

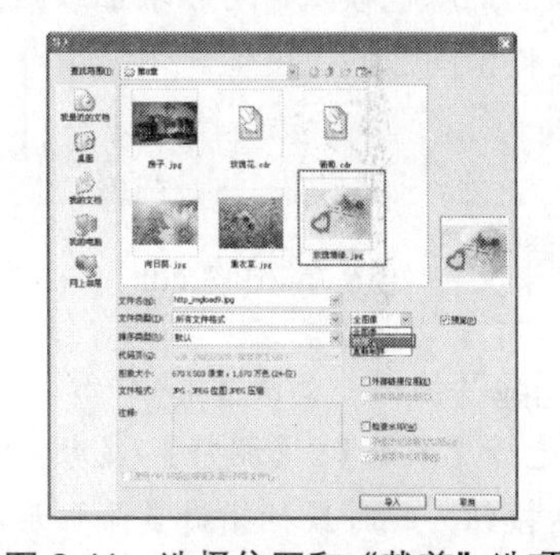

图 8-11　选择位图和“裁剪”选项

图 8-12　“裁剪图像”对话框

图 8-13　裁剪的图像

8.1.5 编辑位图

用户使用 CorelDRAW X5 提供的附加程序 CorePHOTO-PAINT X5 可以编辑位图。

【例 8-5】使用“编辑位图”命令编辑位图。

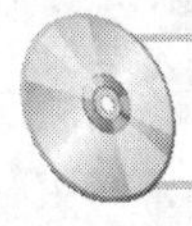

所用素材：素材文件\第 8 章\木屋.cdr　　**完成效果**：效果文件\第 8 章\木屋.cdr

Step 1 打开“木屋.cdr”文件，选择需要编辑的位图，如图 8-14 所示。

Step 2 选择【位图】/【编辑位图】命令，启动 CorelDRAW X5 提供的 CorePHOTO-PAINT X5 程序，对位图进行相应的编辑处理，这里选择【效果】/【艺术笔触】/【浸印画】命令，单击“浸印画”对话框，单击“确定”按钮，添加浸印画滤镜，效果如图 8-15 所示。

Step 3 在工具属性栏中单击“保存”按钮，关闭 CorelPHOTO-PAINT X5 程序，编辑后的浸印画效果如图 8-16 所示。

图 8-14　选择需要编辑的位图

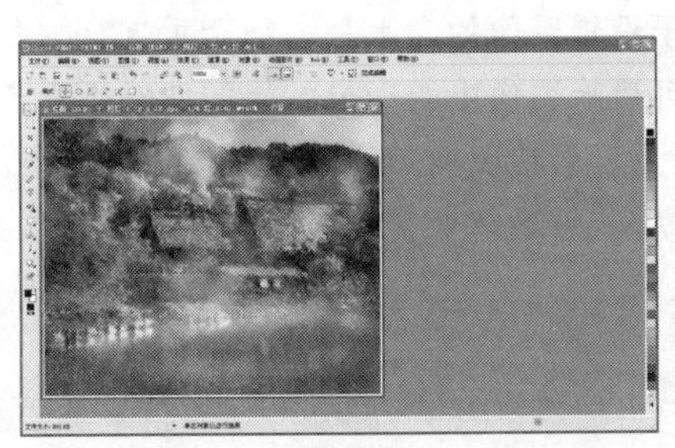

图 8-15　添加浸印画滤镜

图 8-16　浸印画效果

8.2 调整位图色调

在 CorelDRAW X5 中，根据设计的需要可以对位图进行调整，如调整图像的色调、饱和度、亮度等，从而得到完美的艺术效果。

8.2.1 颜色平衡

运用“颜色平衡”命令可以在 CMYK 和 RGB 颜色值之间变换绘图的颜色模式，可以增加或减少红色、绿色、蓝色色调的数量，还可以通过“颜色平衡”过滤器改变整个图像的色度值。

【例 8-6】使用“颜色平衡”命令调整位图色调。

所用素材：素材文件\第 8 章\植物.jpg　　**完成效果**：效果文件\第 8 章\植物.cdr

Step 1 新建文件，选择【文件】/【导入】命令，导入“植物.jpg”位图，如图 8-17 所示。

Step 2 使用工具箱中的【挑选】工具，选择刚导入的图像，选择【效果】/【调整】/【颜色平衡】命令，弹出“颜色平衡”对话框，单击左上角处的显示预览框按钮，此时鼠标指针呈手形形状，在预览显示区上单击右键，缩小图像显示，并设置各参数，如图 8-18 所示。

Step 3　单击“确定”按钮，即可调整位图的颜色平衡，如图 8-19 所示。

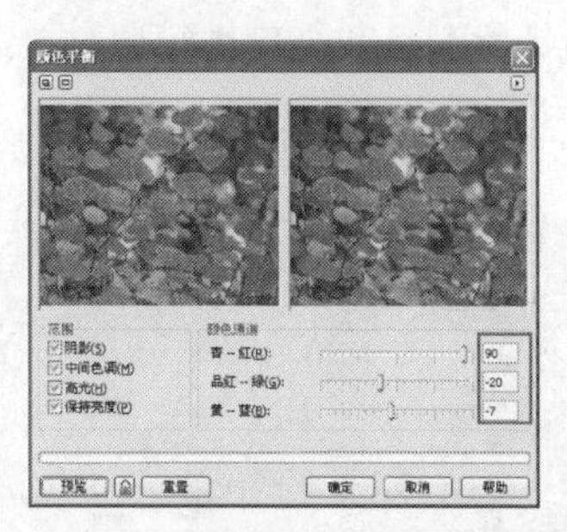

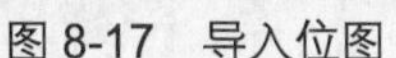

图 8-17　导入位图　　图 8-18　“颜色平衡”对话框　　图 8-19　调整位图的颜色平衡

【知识补充】“颜色平衡”对话框中的主要选项含义如下。

- “范围”选项区：用于选择色彩平衡的区域，主要包括阴影、中间色调、高光和保持亮度；若选择“保持亮度”复选框，表示在应用颜色校正的同时保持绘图的亮度级，禁用时表示颜色校正将影响绘图的颜色变深。
- “颜色通道”选项区：用于设置颜色的级别，拖动“青-红”滑块向右移动表示添加红色，向左移动表示添加青色；拖动“品红-绿”滑块向右移动表示添加绿色，向左移动表示添加洋红色；拖动“黄-蓝”滑块向右移动表示添加蓝色，向左移动表示添加黄色。单击“预览”按钮，可预览当前参数设置下的对象效果。
- “重置”按钮：可将参数值复原为默认值。

8.2.2　亮度/对比度/强度

运用“亮度/对比度/强度”命令可以调整位图中所有颜色的亮度亮度、对比度、强度。

选择【效果】/【调整】/【亮度/对比度/强度】命令，弹出“亮度/对比度/强度”对话框，如图 8-20 所示，在其中拖动滑杆可设置对象亮度、对比度、强度的调整值，也可在其后的文本框中直接输入数值。如图 8-21 所示，为图像调整亮度/对比度/强度前后的对比效果。

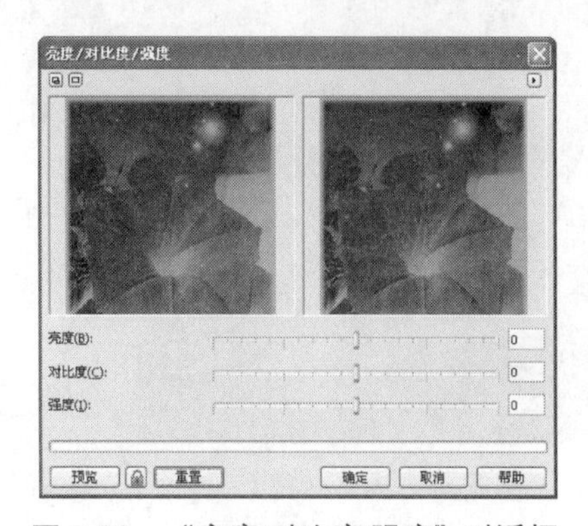

图 8-20　“亮度/对比度/强度”对话框

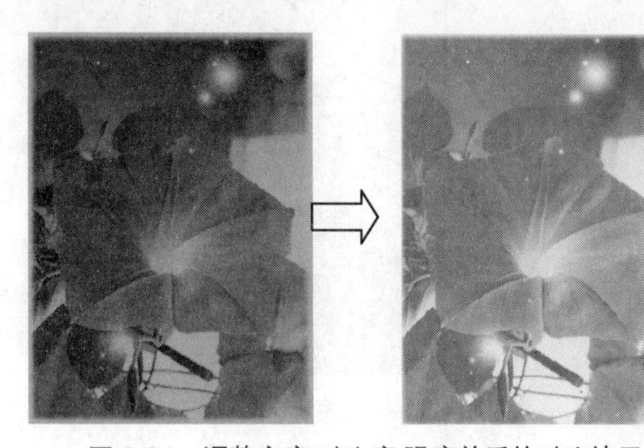

图 8-21　调整亮度/对比度/强度前后的对比效果

8.2.3　色度/饱和度/光度

运用“色度/饱和度/光度”命令通过改变色度、饱和度和光度的值，调整绘图中的颜色和浓度。

选择【效果】/【调整】/【色度/饱和度/亮度】命令，弹出“色度/饱和度/亮度”对话框，如图 8-22 所示，在对话框中可以对位图的色度、饱和度和亮度进行调整。

图 8-23 所示为图像调整色度/饱和度/亮度前后的对比效果。

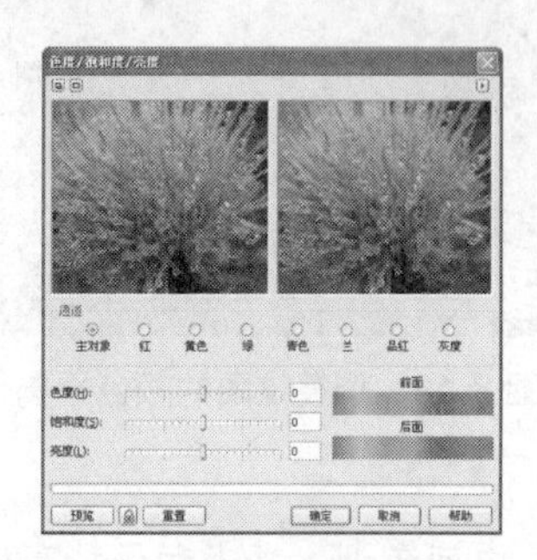

图 8-22 “色度/饱和度/亮度”对话框

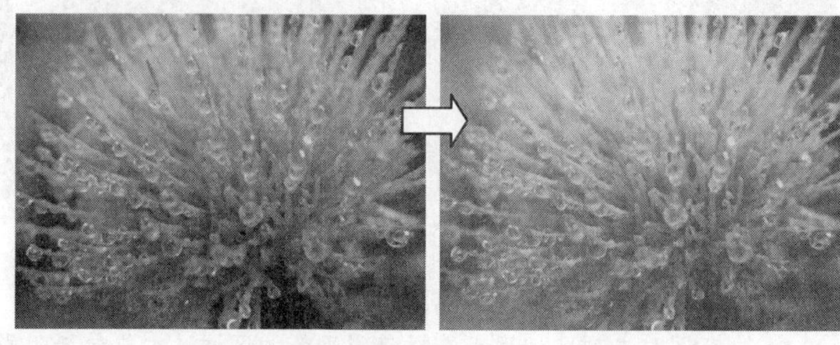

图 8-23 调色度/饱和度/光度前后的对比效果

8.2.4 替换颜色

运用“替换颜色”命令，可以对图像中的颜色进行替换。在替换的过程中可以对颜色的色度、饱和度、亮度进行控制，还可以对替换的范围进行灵活的控制。

【例 8-7】使用“替换颜色”命令替换位图的颜色。

所用素材：素材文件\第 8 章\百合.jpg **完成效果**：效果文件\第 8 章\百合.cdr

Step 1 选择【文件】/【导入】命令，导入“百合.jpg”位图，如图 8-24 所示。

Step 2 选择刚导入的图像，选择【效果】/【调整】/【替换颜色】命令，弹出“替换颜色”对话框。单击“原颜色”选项右侧的吸管按钮，移动鼠标指针至位图上的黄色处单击鼠标左键，如图 8-25 所示。

图 8-24 导入素材

图 8-25 取样颜色

Step 3 在“替换颜色”对话框中设置“新建颜色”为洋红色（R:233;B:59;G:112）、“色度”为 60、“饱和度”为 69、“亮度”为 15、“范围”为 40.，如图 8-26 所示。

Step 4 单击“确定”按钮，即可替换颜色，如图 8-27 所示。

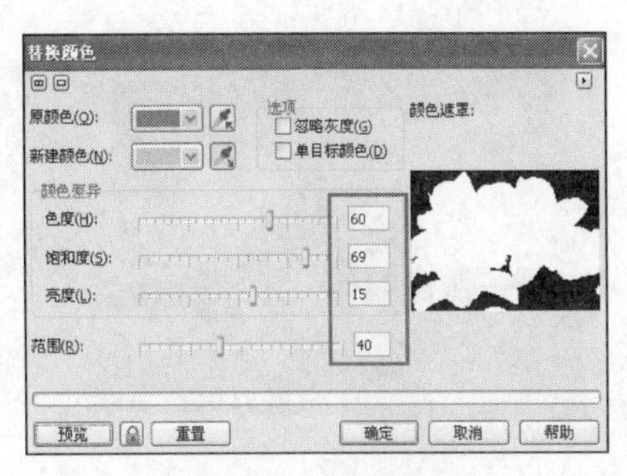

图 8-26　设置参数

图 8-27　替换颜色

8.3 位图滤镜特效

滤镜主要用于在位图中创建一些普通编辑难以完成的特殊效果，CorelDRAW X5 中的多数滤镜都使用对话框的形式来处理输入的参数，同时预览框可以方便读者观察使用滤镜后的效果。在 CorelDRAW X5 中共包括 10 组滤镜，它们都位于“位图”菜单中。

8.3.1 【三维效果】滤镜组

【三维效果】滤镜组主要用于使位图产生三维特效，可以为图像快速添加深度和维度，如三维旋转、柱面、浮雕、卷页、透视、挤远/挤近和球面。

选择【位图】/【三维效果】命令，弹出其子菜单，如图 8-28 所示，其中列出了 CorelDRAW X5 提供的 7 种三维效果。下面介绍其中常用的 4 种滤镜。

1.【三维旋转】滤镜

运用【三维旋转】滤镜可以为图像产生一种立体的画面旋转透视效果。选择【位图】/【三维效果】/【三维旋转】命令，弹出“三维旋转”对话框，如图 8-29 所示，通过拖放三维模型可以在三维空间中旋转图像，在水平或者垂直文本框中输入旋转值。

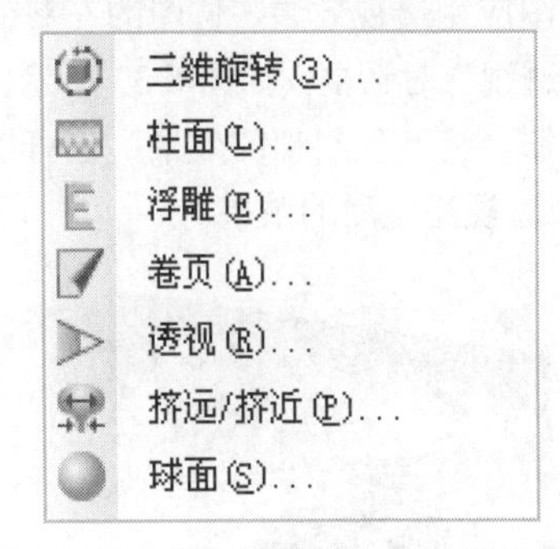

图 8-28　“三维效果”子菜单命令

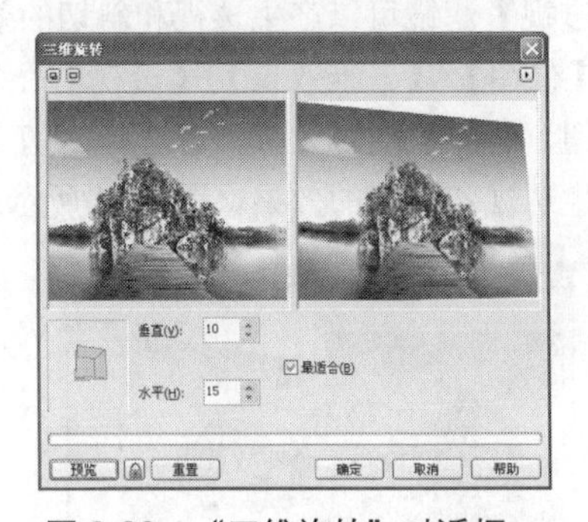

图 8-29　“三维旋转”对话框

图 8-30 所示为图像添加三维旋转滤镜前后的对比效果。

图 8-30　添加三维旋转滤镜前后的对比效果

2.【浮雕】滤镜

运用【浮调】滤镜可以在对象上创建突出或者凹陷的效果。选择【位图】/【三维效果】/【浮雕】命令，弹出“浮雕”对话框，如图 8-31 所示。其中的“深度”滑块，用于设置浮雕效果中凸起区域的深度；“层次”滑块，用于设置浮雕效果的背景颜色总量；“浮雕色”选项区，可以将创建浮雕所使用的颜色设置为原始颜色、灰色、黑色等。图 8-32 所示为图像添加浮雕滤镜后的效果。

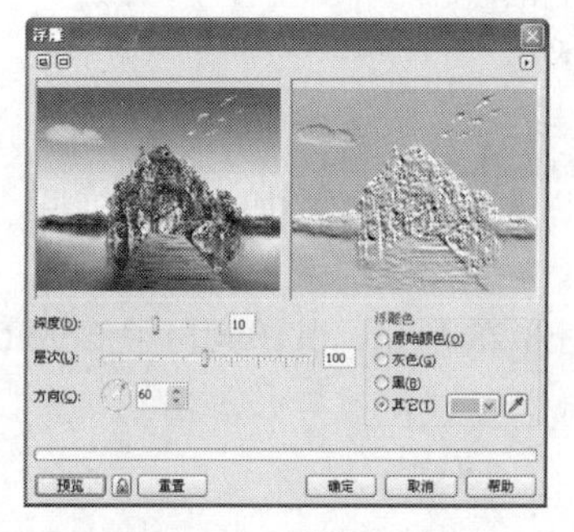

图 8-31　“浮雕”对话框

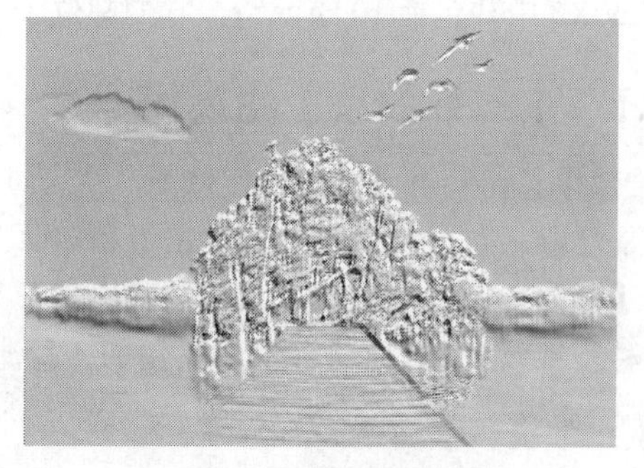

图 8-32　浮雕滤镜效果

3.【透视】滤镜

运用【透视】滤镜可以产生透视和斜切的效果。为位图应用透视效果，位图的左右或上下会同时变化。选择【位图】/【三维效果】/【透视】命令，弹出“透视”对话框，如图 8-33 所示。若选择“透视”单选按钮，将产生透视效果；若选择“切变”单选按钮，将产生斜切的效果；也可以通过拖放透视模型，产生透视和斜切的效果。图 8-34 所示为图像添加透视滤镜后的效果。

图 8-33　“透视”对话框

图 8-34　透视滤镜效果

4.【挤远/挤近】滤镜

运用【挤远/挤近】滤镜可以使图像相对于某个点弯曲，产生接近或拉远的效果。选择【位图】/【三维效果】/【挤远/挤近】命令，弹出“挤远/挤近”对话框，如图 8-35 所示，在该对话框中可以设置变形的中心位置，以及设置图像挤远或挤近变形的强度。图 8-36 所示为图像添加挤远/挤近滤镜后的效果。

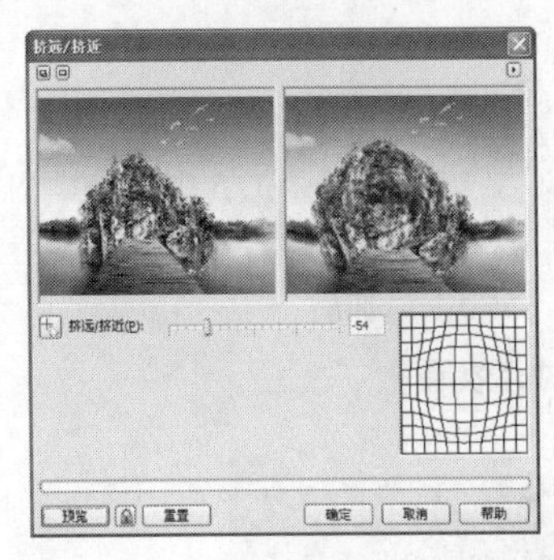

图 8-35　“挤远/挤近”对话框

图 8-36　挤远/挤近滤镜效果

8.3.2　【艺术笔触】滤镜组

【艺术笔触】滤镜组可以把图像转换成类似使用各种自然方法绘制的图像，如炭笔、印象派等。选择【位图】/【艺术笔触】命令，弹出子菜单命令，如图 8-37 所示，包含了 14 个滤镜。下面介绍其中常用的 3 种滤镜。

1.【炭笔画】滤镜

运用“炭笔画”滤镜可以使图像具有类似于炭笔绘制的画面效果。选择【位图】/【艺术笔触】/【炭笔画】命令，弹出“炭笔画”对话框，如图 8-38 所示，其中炭笔的大小和边缘的浓度可以在 1～10 的比例之间调整。

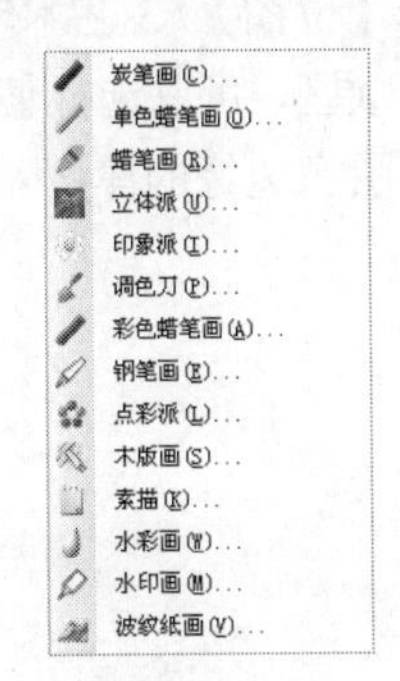

图 8-37　“艺术笔触”子菜单命令

图 8-38　“炭笔画”对话框

图 8-39 所示为图像添加炭笔画滤镜前后的对比效果。

2.【印象派】滤镜

印象派绘画是一种原始的艺术方式，【印象派】滤镜模拟了油性颜料生成的效果。选择【位图】/【艺术笔触】/【印象派】命令，弹出“印象派”对话框，如图 8-40 所示。其中的“样式”选项区可以用来在大笔触和小笔触间选择，“技术”选项区可以设置笔触的强度、彩色化的数量以及亮度总量。图 8-41 所示为图像添加印象派滤镜后的效果。

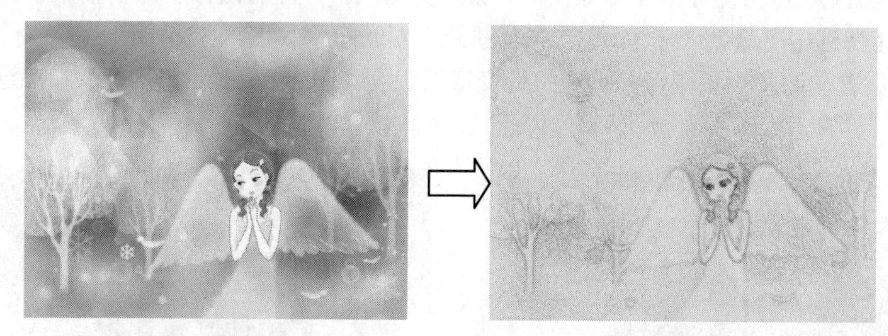

（a）添加前　　（b）添加后

图 8-39　添加炭笔画滤镜前后的对比效果

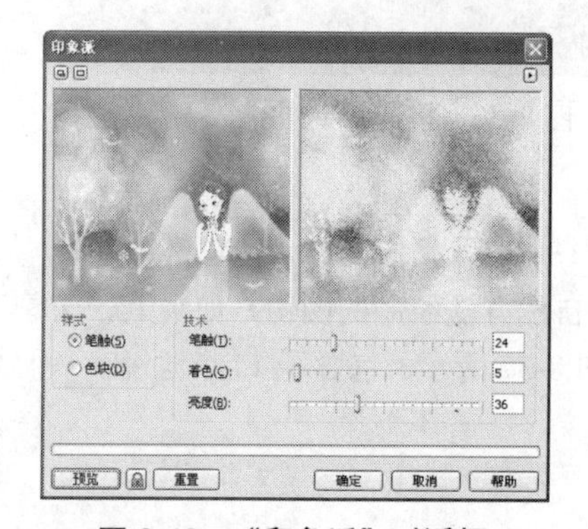

图 8-40　“印象派”对话框

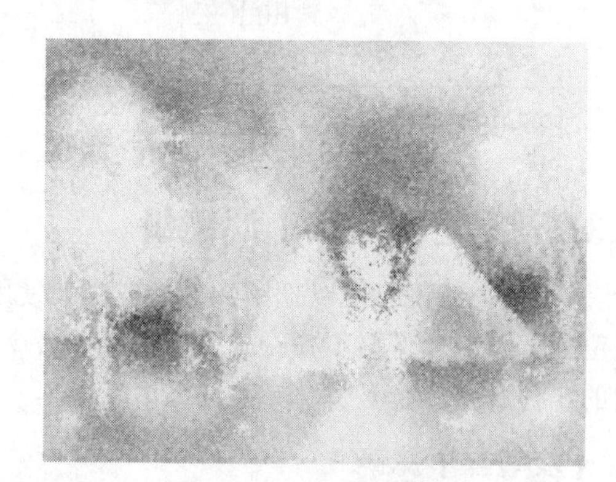

图 8-41　印象派滤镜效果

3.【素描】滤镜

运用【素描】滤镜可以模拟使用石墨或彩色铅笔的素描。选择【位图】/【艺术笔触】/【素描】命令，弹出“素描”对话框，如图 8-42 所示。其中在“铅笔类型”选项区，可以选择使用石墨铅笔（灰色外观）还是彩色铅笔生成图像的素描画；“轮廓”文本框可以调整图像边缘的厚度。如图 8-43 所示，为图像添加素描滤镜后的效果。

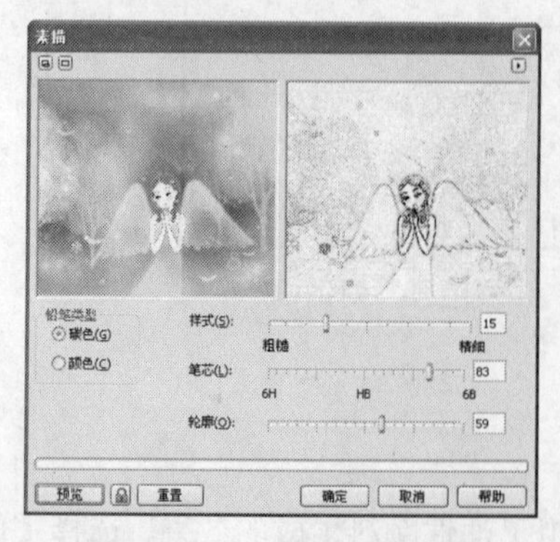

图 8-42　“素描”对话框

图 8-43　素描滤镜效果

8.3.3　【模糊】滤镜组

【模糊】滤镜组主要用来创建特殊的朦胧效果，“模糊”滤镜组的工作原理是平滑颜色上的尖锐突出。选择【位图】/【模糊】命令，弹出子菜单命令，如图 8-44 所示，提供了 9 种模糊滤镜。下面介绍其中常用的两种滤镜。

1.【高斯式模糊】滤镜

【高斯式模糊】滤镜是最常用的模糊效果，可以使图像中的像素点呈高斯分布，从而使得图像产生一种近似薄雾笼罩的高斯雾化效果。选择【位图】/【模糊】/【高斯式模糊】命令，弹出“高斯式模糊”对话框，如图 8-45 所示。其中的“半径”滑块可以用来调节高斯模糊的半径，半径数值越大，对象越模糊。

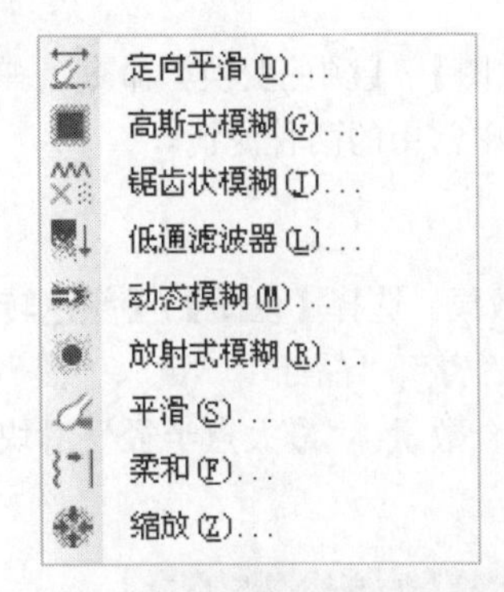

图 8-44　“模糊”子菜单命令

图 8-45　“高斯式模糊”对话框

图 8-46 所示为图像添加高斯式模糊滤镜前后的对比效果。

图 8-46　添加高斯式模滤镜前后的对比效果

2.【动态模糊】滤镜

【动态模糊】滤镜是一个非常受欢迎的滤镜，通常用来创建运动效果。动态模糊滤镜通过只在某一个角度上集中应用模糊效果，创建运动效果。选择【位图】/【模糊】/【动态模糊】命令，弹出“动态模糊”对话框，如图 8-47 所示。其中的“间距”滑块用于调整动态模糊效果图像与图像之间的距离，数值越大则表明距离越大，运动速度就显得越快，图像也就越模糊；“方向”数值框用于设置图像运动的方向。图 8-48 所示为图像添加动态滤镜后的效果。

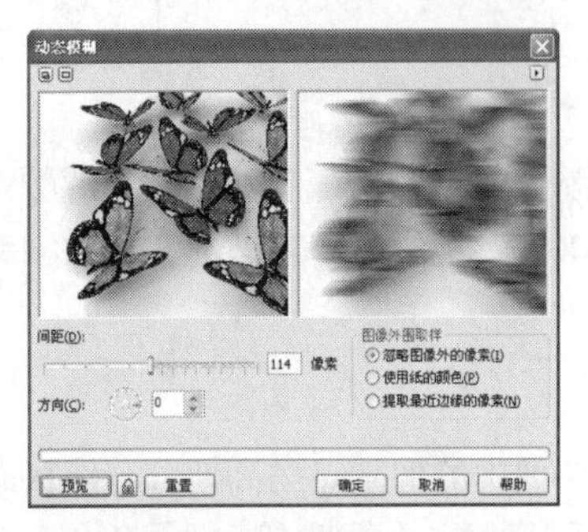

图 8-47 “动态模糊”对话框

图 8-48 动态滤镜效果

8.3.4 【颜色转换】滤镜组

【颜色转换】滤镜组主要用来转换图像中的颜色。选择【位图】/【颜色变换】命令，弹出子菜单命令，如图 8-49 所示，提供了 4 种颜色转换滤镜。下面介绍其中常用的两种滤镜。

1.【半色调】滤镜

运用【半色调】滤镜可以使图像产生套色印刷形成的点阵效果。选择【位图】/【颜色转换】/【半色调】命令，弹出“半色调”对话框，如图 8-50 所示。其中有“青”、“品红”、“黄”、“黑”滑块，拖曳滑块或者输入参数值，可以调整每一种颜色与其他颜色的混合数量；“最大点半径”滑块用于调整网格点半径的大小，数值越大，网格点越大。

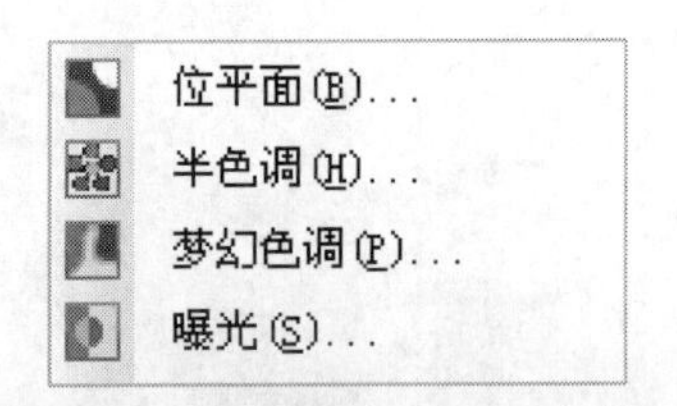

图 8-49 “颜色变换”子菜单命令

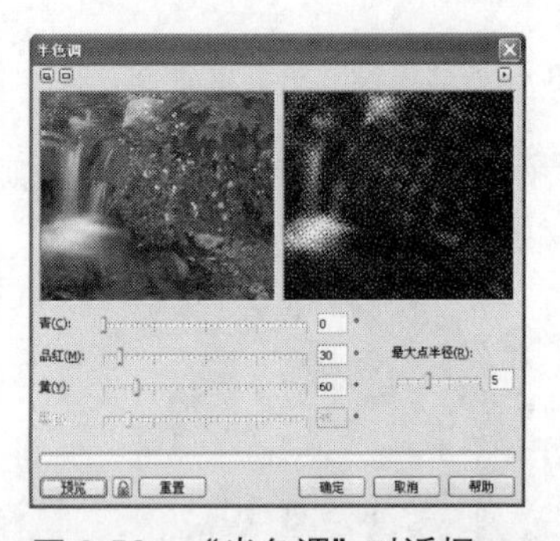

图 8-50 “半色调”对话框

图 8-51 所示为图像添加半色调滤镜前后的对比效果。

(a) (b)

图 8-51 添加半色调滤镜前后的对比效果

2.【梦幻色调】滤镜

运用【梦幻色调】滤镜可以为图像随机产生的原始颜色创建丰富的颜色变化。较低的值替换图像中较暗的颜色，较高的值替换图像中较亮的颜色。图 8-52 所示为“梦幻色调”对话框，图 8-53 所示为图像添加梦幻色调滤镜后的效果。

图 8-52　“梦幻色调”对话框

图 8-53　梦幻色调滤镜效果

8.3.5　【轮廓图】滤镜组

【轮廓图】滤镜组可以根据图像的对比度，使图像的轮廓变成特殊的线条效果。选择【位图】/【轮廓图】命令，弹出子菜单命令，如图 8-54 所示，提供了 3 种颜色转换滤镜。下面介绍其中常用的两种滤镜。

1.【边缘检测】滤镜

运用【边缘检测】滤镜会寻找到图像中的边缘，并使用线条和曲线替代边缘。这个滤镜通常会产生比其他轮廓更细微的效果，可以使用对话框中的背景颜色拾取工具设置图像的背景色。选择【位图】/【轮廓图】/【边缘检测】命令，弹出“边缘检测”对话框，如图 8-55 所示。其中的“背景色”选项区可以将背景颜色设置为白色、黑或其他颜色，若选择“其他”单选按钮可在颜色下拉列表框中选择一种颜色；“灵敏度”滑块用于调整探测的灵敏性。

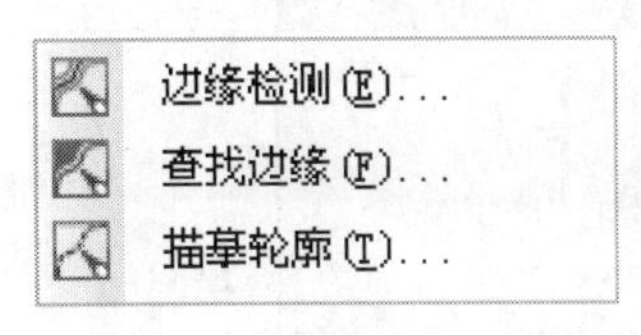

图 8-54　“轮廓图”子菜单命令

图 8-55　“半色调”对话框

图 8-56 所示为图像添加边缘检测滤镜前后的对比效果。

2.【查找边缘】滤镜

【查找边缘】滤镜同边缘检测非常相似，只是包含更多选项。查找边缘滤镜可以对柔和边缘或者更分明的边缘进行可靠的查找。图 8-57 所示为“查找边缘”对话框，图 8-58 所示为图像添加查找边缘滤镜后的效果。

（a）添加前　　　　（b）添加后

图 8-56　添加边缘检测滤镜前后的对比效果

图 8-57　“查找边缘”对话框

图 8-58　查找边缘滤镜效果

8.3.6 【创造性】滤镜组

运用【创造性】滤镜组可以快速生成织物、天气等创意效果。选择【位图】/【创造性】命令，弹出的子菜单命令如图 8-59 所示，在子菜单命令中列举了 CorelDRAW X5 提供的 14 种创造性滤镜。下面介绍其中常用的两种滤镜。

1.【框架】滤镜

运用【框架】滤镜可以使图像边缘产生艺术的抹刷效果。选择【位图】/【创造性】/【框架】命令，弹出“框架”对话框，如图 8-60 所示，其中有“选择”和“修改”两个标签。“选择”标签用来选择框架，并为选取列表添加新框架。一旦选择了一个框架，修改标签就会提供自定义框架外观选项。

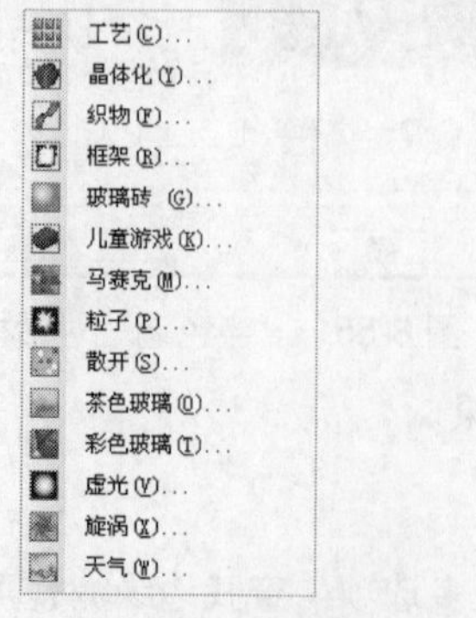

图 8-59　“创造性”子菜单命令

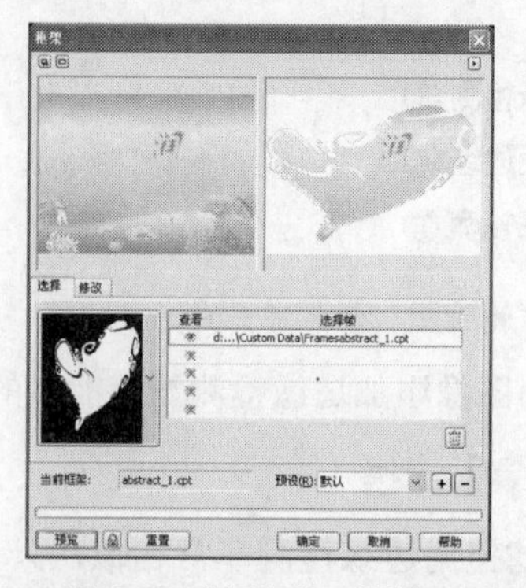

图 8-60“框架”对话框

图 8-61 所示为图像添加框架滤镜前后的对比效果。

图 8-61　添加框架滤镜前后的对比效果

2.【天气】滤镜

运用【天气】滤镜可以为图像添加雪花、雨、雾等天气效果。选择【位图】/【创造性】/【天气】命令，弹出“天气”对话框，如图 8-62 所示，其中的“预报”选项区，可以将添加的天气类型设置为雪、雨和雾；“浓度”滑块用于设置天气效果中雪、雨和雾的程度。图 8-63 所示为图像添加天气滤镜后的雨效果。

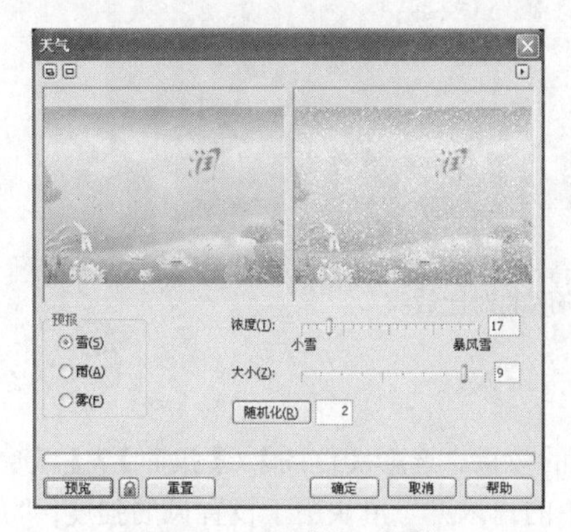

图 8-62　“天气”对话框

图 8-63　雨效果

8.3.7　【扭曲】滤镜组

【扭曲】滤镜组可以使图像生成块状、像素块等特殊的效果。选择【位图】/【扭曲】命令，弹出子菜单命令，如图 8-64 所示，其中提供了 10 种扭曲滤镜。

1.【置换】滤镜

运用【置换】滤镜可以用选择的图形样式变形置换效果。选择【位图】/【扭曲】/【置换】命令，弹出“置换”对话框，如图 8-65 所示。其中在“缩放模式”选项区可以选择“平铺”或“伸展适合”的缩放模式；在“缩放”选项区，设置“水平”和“垂直”数值框，可以调整转换的大小密度；“置换样式”下拉列表框用于选择程序预设的置换样式。

图 8-64 “扭曲”子菜单命令

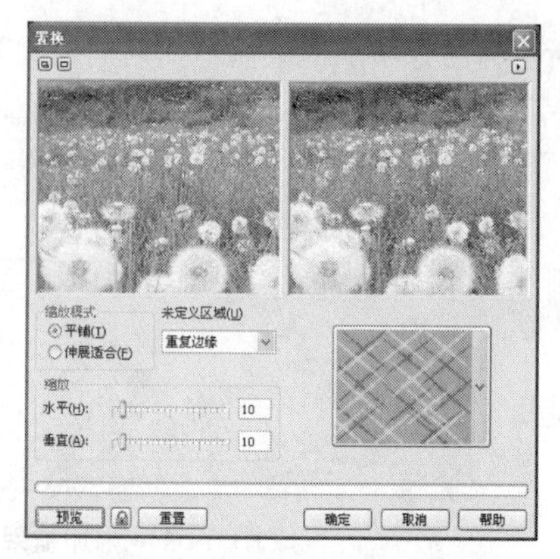

图 8-65 “置换”对话框

图 8-66 所示为图像添加置换滤镜前后的对比效果。

（a）添加前　　（b）添加后

图 8-66 添加置换滤镜前后的对比效果

2.【风吹效果】滤镜

运用【风吹效果】滤镜可以使图像产生类似于风吹的效果。选择【位图】/【扭曲】/【风吹效果】命令，弹出“风吹效果”对话框，如图 8-67 所示。其中的“浓度”滑块用于设置风的强度；“角度”数值框用于设置风吹的方向。图 8-68 所示为图像添加风吹效果滤镜后的效果。

图 8-67 “风吹效果”对话框

图 8-68 风吹效果滤镜效果

8.3.8　【杂点】滤镜组

“杂点”是指图像中不必要或位置不合适的像素点。把电视机拨到一个没有图像的频道，随机显示的雪花点就是电视机的杂点。选择“位图>杂点”命令，弹出子菜单命令，如图 8-69 所示，其中包含了 6 种杂点滤镜。

1.【添加杂点】滤镜

运用【添加杂点】滤镜可以将杂点添加到图像中，为平板或过分混杂的图像制作一种粒状的效果。

选择【位图】/【杂点】/【添加杂点】命令，弹出“添加杂点”对话框，如图 8-70 所示。其中的“杂点类型”选项区用于选择添加杂色的类型，如高斯式、尖突和均匀；“层次”滑块用于调整杂点的强度和颜色范围；“密度”滑块用于设置图像中杂点的密度。

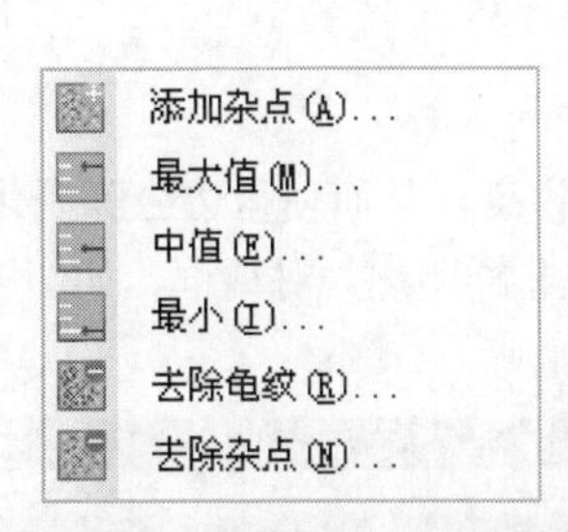

图 8-69　“杂点”子菜单命令

图 8-70　“添加杂点”对话框

图 8-71 所示为图像添加添加杂点滤镜前后的对比效果。

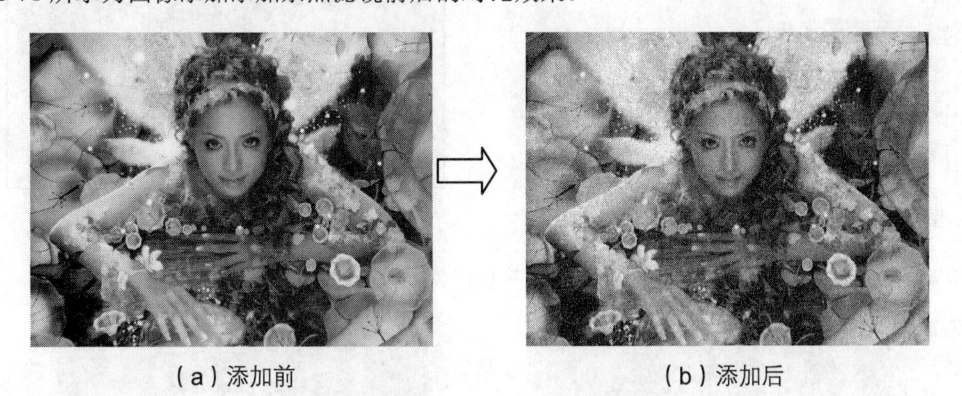

（a）添加前　　（b）添加后

图 8-71　添加添加杂点滤镜前后的对比效果

2.【去除龟纹】滤镜

运用【去除龟纹】滤镜可以去除扫描图像中的龟纹图像。选择【位图】/【杂点】/【去除龟纹】命令，弹出“去除龟纹”对话框，如图 8-72 所示，其中的“数量”滑块，设置得越高，去除龟纹数量越多，但同时画面模糊程度越大。图 8-73 所示为图像添加去除龟纹滤镜后的效果。

图 8-72 “去除龟纹”对话框

图 8-73 去除龟纹滤镜效果

8.3.9 【鲜明化】滤镜组

【鲜明化】滤镜组可以使图像的色彩更加鲜明，边缘更加突出。选择【位图】/【位图】/【鲜明化】命令，弹出子菜单命令，如图 8-74 所示，其中包含了 5 种鲜明化滤镜。

1.【适应非鲜明化】滤镜

运用【适应非鲜明化】滤镜可以增加图像中对象边缘的颜色锐度，从而使得边缘鲜明化。

选择【位图】/【位图】/【适应非鲜明化】命令，弹出“适应非鲜明化”对话框，如图 8-75 所示，通过调节百分比数值滑块，设置图像边缘的鲜明化，使图像更加清晰，

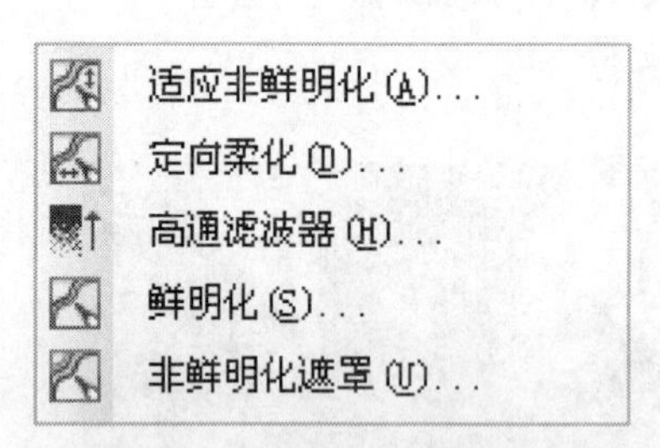

图 8-74 “鲜明化”子菜单命令

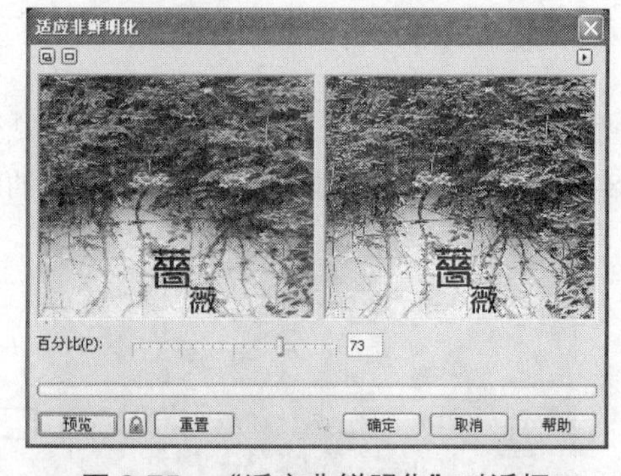

图 8-75 “适应非鲜明化”对话框

图 8-76 所示为图像添加适应非鲜明化滤镜前后的对比效果。

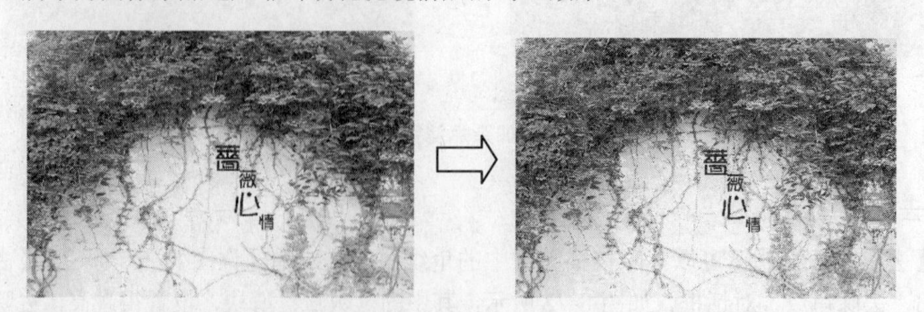

（a）添加前　　（b）添加后

图 8-76 添加适应非鲜明化滤镜前后的对比效果

2.【鲜明化】滤镜

运用“鲜明化”滤镜可以使图像产生旋转鲜明化效果，从而加强图像定义区域的鲜明化程度。

选择【位图】/【位图】/【鲜明化】命令，弹出“鲜明化”对话框，如图 8-77 所示，其中的“边缘层次”滑块，用于设置图像边缘层次的丰富程序；“阈值”滑块用于设置鲜明临界值，临界值越小，效果越明显。图 8-78 所示为图像添加鲜明化滤镜后的效果。

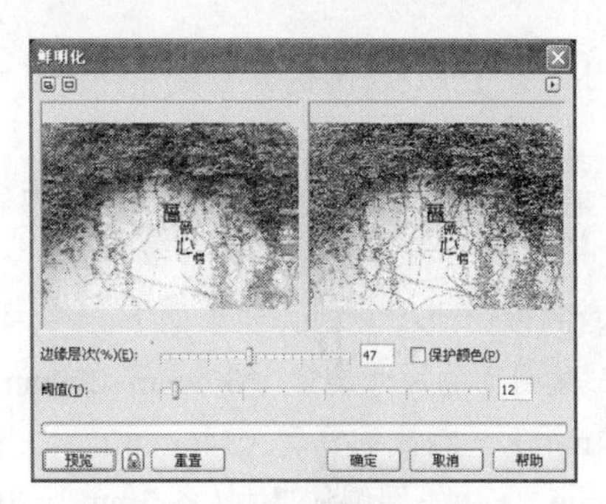

图 8-77　“鲜明化”对话框

图 8-78　鲜明化滤镜效果

8.4 应用实践——制作书籍封面

书籍是人类文明进步的阶梯，没有书籍人类的历史将是一片空白，它对人类文明的延续和发展起着重要作用，而书籍装帧艺术的发展则体现了人类对文明和美好事物的追求。

书籍装帧设计是指书籍的整体设计，书籍装帧设计的对象是构成书籍的必要物质材料和全部工艺活动的总和，包括纸张、开本、制版、印刷、装订、封面、腰封、护封、扉页、前勒口、后勒口、插图和封底等，如图 8-79 所示。

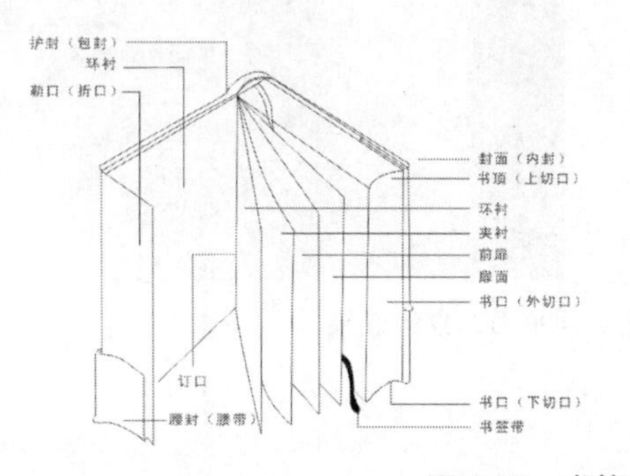

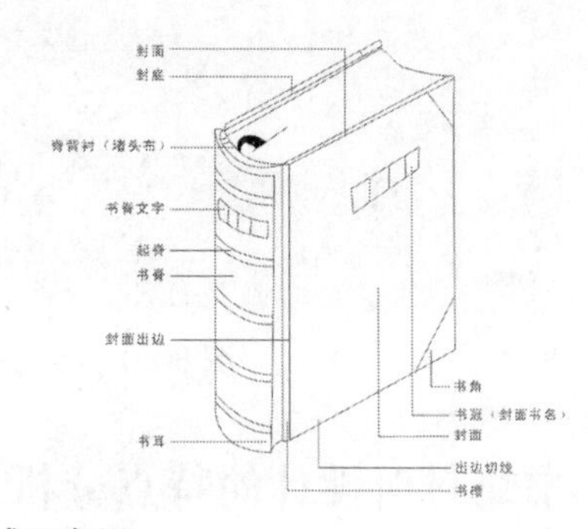

图 8-79　书籍的构成示意图

下面简要介绍书籍部分构成部件的含义和作用。

- 封面：又称为封一，包括书名、作者、译者姓名和出版社名称等元素，起到美化、宣传书刊和书芯的作用。
- 书脊：又称为封脊，是指连接封面和封底的书脊部。书脊一般包括书名、册次（集、卷、册）、作者、译者姓名和出版社名称，以便于查找。书脊的作用是形成统一的色彩，在视觉传达上有连续的完整性。

- 封底：又称为封四，在其右下方印有统一书号和定价，并印有版权及其他非正文部分的文字和图片。
- 扉页：又称为内封页，就是封面和衬页后面的一页。它的内容几乎和封面相同，主要作用是当封面损坏时，可以帮助读者找到书籍的名称、作者、出版社等内容，同时又对内文起到保护作用。
- 勒口：又称为折口，是指平装书的封面和封底切口处多留 15～30cm 的空白纸张，而且向里折叠。勒口上一般印有作者介绍或书籍简介。
- 插图：是活跃书籍内容的一个重要因素，插图设计能帮助读者发挥想象力，加强对内容的理解力，并获得艺术的享受。

本例以绘制图 8-80 所示的儿童书籍封面为例，介绍封面的设计流程。相关要求如下。

- 封面尺寸为“309mm×209mm”。本书的开本为 32 开，故封面的尺寸设置为 309mm×209mm（长×宽），即宽度数值=封面的宽度（146mm）+书脊（11mm）+封底的宽度（146mm）+左右两侧出血（各 3mm）=309mm; 高度数值=书籍的高度（203mm）+上下两侧的出血（各 3mm）=209mm; 本书的书脊厚度为 11mm，页数为 260 页。
- 在整体风格创意上应表现书籍内容的情感趋向为主，注重突出童真、趣味的文学韵味。
- 以鲜明轻快的色彩和充满童真的插画图形，体现出书籍的丰富内涵和内在精神的震撼力。

完成素材：素材文件\第 8 章\书籍封面平面效果、立体效果.cdr
素材文件：第 8 章\素材文件\

图 8-80　绘制的书籍封面平面、立体效果

8.4.1 书籍封面设计的特点分析

书籍封面设计需要从图书内容、市场定位、美学原则等多方面进行综合考虑，将封面设计的 4 大构成要素（即图形、色彩、文字和版式）根据书籍的不同性质、用途和读者，进行有机结合，以把握封面设计的风格和侧重点，将文学艺术的文字语言转化为具有生命力的视觉表现形式，从而准确传达书籍的丰富内涵和内在精神的震撼力。一般来说，儿童刊物封面色彩的色调往往处理成高调，减弱各种对比的力度，强调柔和的感觉，主要是针对儿童娇嫩、单纯、天真和可爱的特点而设计的。

8.4.2 书籍封面创意分析与设计思路

书籍不是一般的商品，而是一种文化。在当今琳琅满目的书籍中，书籍的封面就像一个无声的推销员，在一定程度上会直接影响人们的购买欲。封面设计中的一条线、一行字、一个抽象符号及一两块色彩，都要具有一定的设计思想；既要有内容、同时又要具有美感，达到雅俗共赏的效果。书籍封面设计时应根据不同的内容主题和体裁风格进行创意，将文字、色彩、图像和版式有机地结合在一起，使其有秩序地、完整地突出主题。在表达内容信息的同时加上艺术处理，使信息与美感统一，让人看后能感觉到一种气氛和意境。

- 由于是儿童刊物封面，因此在设计时采用充满单纯、天真的趣味插画为主图案，并与书名紧紧衔接。
- 将书名文字进行有趣的变形，并在视觉空间关系上达到统一的基调，从而体现出刊物的风格和侧重点。
- 整个画面的主色调以冷色为主、暖色为点缀，使其更能衬托出儿童刊物的可爱、娇嫩和天真的特点。

本例的设计思路如图 8-81 所示，具体设计如下。

（1）使用辅助线、【矩形】工具，绘制出封面的尺寸和背景，并填充渐变色和单色。

（2）使用“导入”命令，置于主体图像。利用【钢笔】工具、【星形】工具、【轮廓图】工具、复制和粘贴操作，绘制出装饰图案。利用【文本】工具、【交互式阴影】工具、【矩形】工具、【椭圆形】工具，绘制出封面书名和说明文字，填充相应的颜色。

（3）使用【裁剪】工具、复制和粘贴操作、切换窗口，绘制封面的立体效果；利用“转换为位图”命令、【交互透明度】工具，绘制倒影效果。

（a）绘制尺寸和背景　（b）置于创意图像、绘制装饰图案和书名以及说明文字　（c）绘制立体效果

图 8-81　制作书籍封面的操作思路

8.4.3 制作过程

1. 绘制封面的尺寸和背景

Step 1 新建大小为 309mm×209mm 空白文件，然后在标尺上双击鼠标左键，弹出“选项”对话框，在其左侧依次展开【辅助线】/【水平】选项，设置如图 8-82 所示的水平辅助线，参数分别是 0.000、3.000、206.000、209.000。

Step 2 展开【垂直】选项，设置如图 8-83 所示的垂直辅助线，参数分别是 0.000mm、3.000mm、149.000mm、160.000mm、306.000mm、309.000mm。

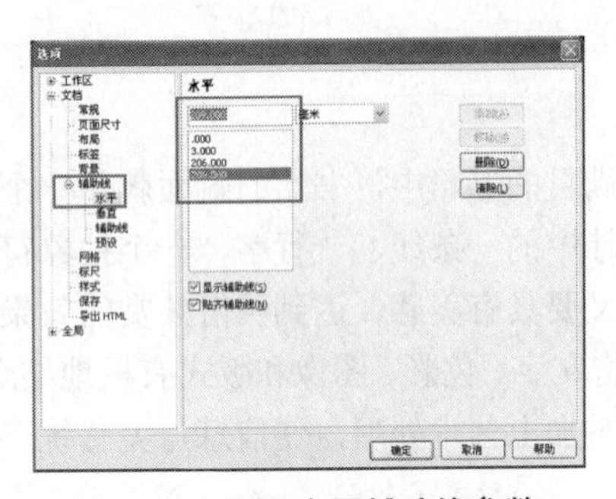
图 8-82　设置水平辅助线参数

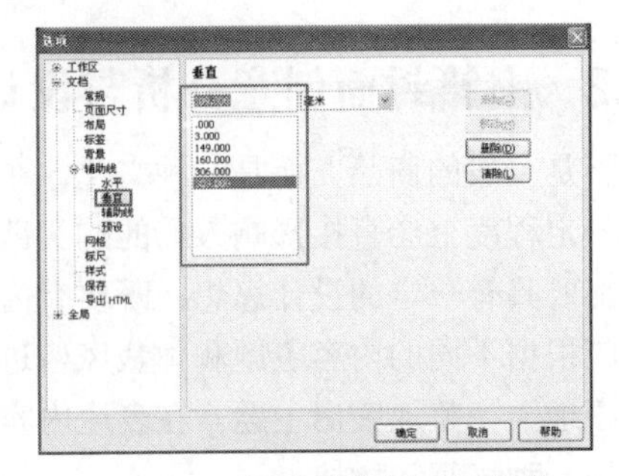
图 8-83　设置垂直辅助线参数

Step 3　单击“确定”按钮，即可添加水平和垂直辅助线，如图 8-84 所示。

Step 4　选择【视图】/【贴齐辅助线】命令，贴齐辅助线，在页面左上角的辅助线上单击并按住鼠标左键向右下方拖曳，绘制封底，如图 8-85 所示。

图 8-84　添加水平和垂直辅助线

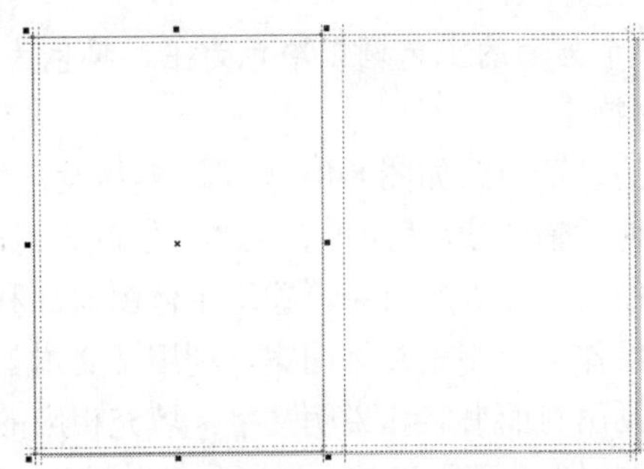
图 8-85　绘制封底

Step 5　选择工具箱中的【彩色】工具，打开“颜色”泊坞窗，设置颜色为浅青色(C:20;M:0;Y:4;K:0)，单击“填充”按钮，填充颜色为浅青色，并在工具属性栏中设置“轮廓宽度”为“无”，去掉轮廓，如图 8-86 所示。

Step 6　使用【矩形】工具，依照辅助线绘制书脊，如图 8-87 所示。

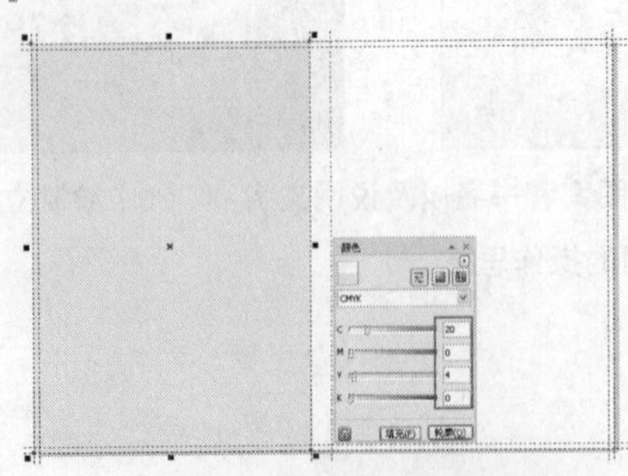
图 8-86　填充颜色并去掉轮廓

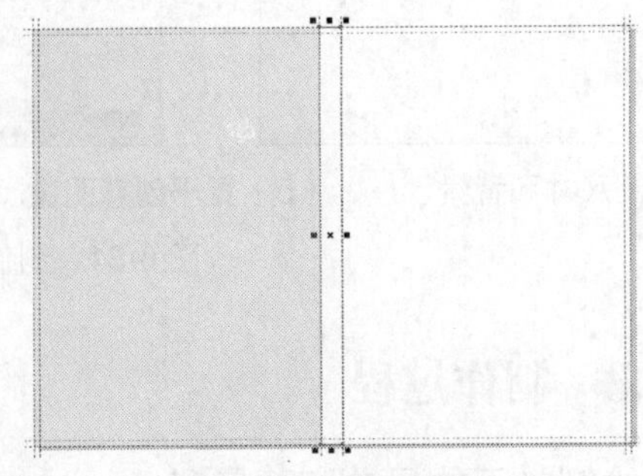
图 8-87　绘制书脊

Step 7　选择工具箱中的【渐变】工具，填充“角度”为 270、“边界”为 1、“从”的颜色为浅青色（C:48;M:0;Y:14;K:0）、“到”为青色（C:76;M:30;Y:14;K:0）的线性渐变，并去掉轮廓，如图 8-88 所示。

Step 8　使用【矩形】工具，依照辅助线绘制封面，填充颜色为浅青色并去掉轮廓，如图 8-89 所示。

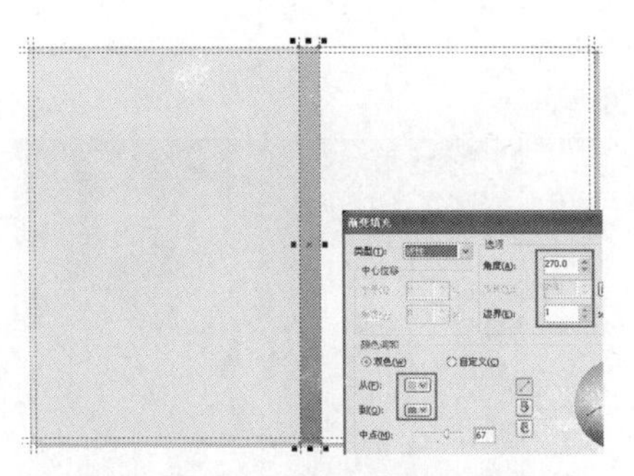
图 8-88　渐变填充并去掉轮廓

图 8-89　绘制封面

2. 绘制封面的创意图像

Step 1　按"Ctrl + I"组合键，导入"儿童插画.cdr"文件，调整其位置，如图 8-90 所示。

Step 2　选择【排列】/【取消群组】命令，取消群组。选择工具箱中的【挑选】工具，选择书脊，选择 5 次【排列】/【顺序】/【向前一层】命令，调整其位置，如图 8-91 所示。

图 8-90　导入儿童插画素材

图 8-91　调整书脊顺序

Step 3　选择工具箱中的【钢笔】工具，绘制图形，如图 8-92 所示。

Step 4　选择工具箱中的【彩色】工具，打开"颜色"泊坞窗，设置颜色为嫩绿色（C:49;M:0;Y:89;K:0），单击"填充"按钮，填充颜色为嫩绿色，并去掉轮廓，如图 8-93 所示。

图 8-92　绘制图形

图 8-93　填充颜色并去掉轮廓

Step 5　选择工具箱中的【交互式阴影】工具，在绘图页面中图形上单击并按住鼠标左键向下拖曳，添加阴影，并在工具属性栏中设置"阴影偏移"为 0 和-2.162、"阴影的不透明度"为 22、"阴影羽化"为 5、"透明度操作"为"乘"、"阴影颜色"为黑色，更改阴影效果，如图 8-94 所示。

Step 6　使用【钢笔】工具绘制图形，填充颜色为黄绿色（C:42;M:0;Y:92;K:0），并去掉轮廓，

如图 8-95 所示。

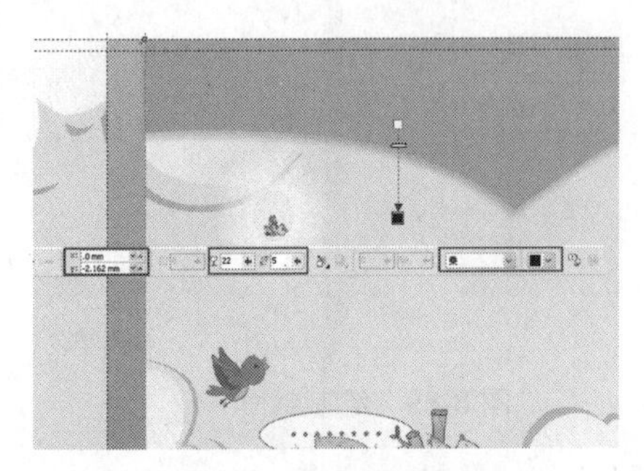

图 8-94　添加阴影效果

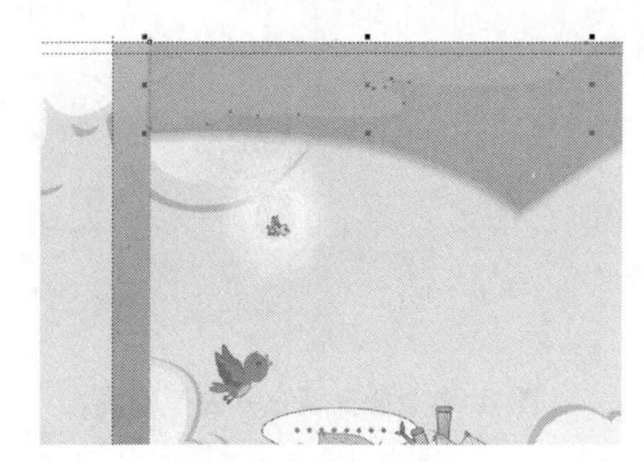

图 8-95　绘制填充图形

Step 7　使用【钢笔】工具绘制图形，填充颜色为浅绿色（C:40;M:0;Y:64;K:0），并去掉轮廓，如图 8-96 所示。

Step 8　选择工具箱中的【星形】工具，在工具属性栏中设置“点数和边数”为 20，在绘图页面中单击并按住鼠标左键拖曳，绘制星形，然后选择工具箱中的【形状】工具，向外拖曳星形内侧的节点，调整星形尖角，如图 8-97 所示。

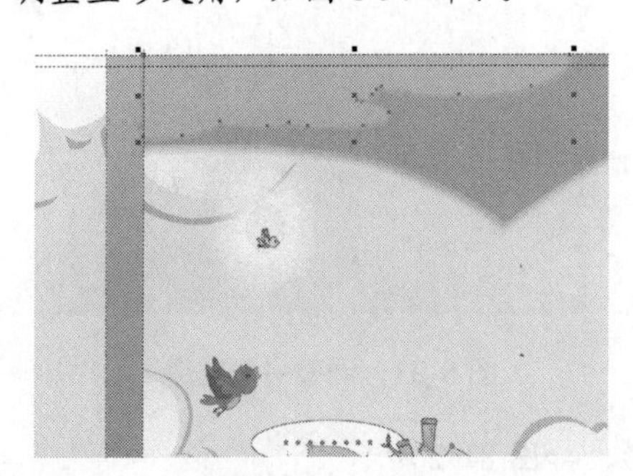

图 8-96　绘制填充图形

图 8-97　绘制星形

Step 9　填充颜色为黄色（C:9;M:11;Y:86;K:0），并去掉轮廓，如图 8-98 所示。

Step 10　选择工具箱中的【交互式阴影】工具，在工具属性栏中设置“预设列表”为“大型光辉”、“阴影羽化”为 39、“透明度操作”为“正常”、“阴影颜色”为黑色，更改阴影效果，如图 8-99 所示。

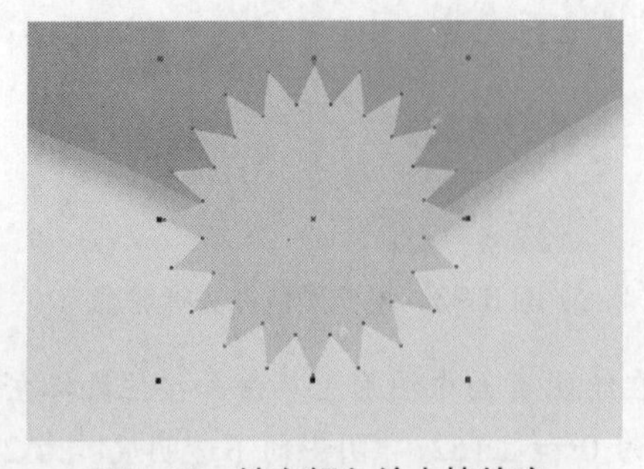

图 8-98　填充颜色并去掉轮廓

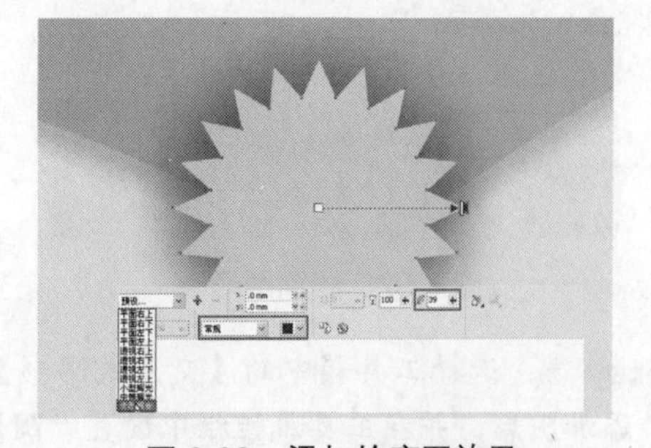

图 8-99　添加轮廓图效果

Step 11　使用【挑选】工具选择星形，然后选择工具箱中的【交互式轮廓图】工具，在工具属

性栏中单击“外部轮廓”按钮，设置“轮廓图步长”为2、“轮廓图偏移”为0.625mm、“轮廓色”和“填充色”均为白色，添加轮廓图效果，如图8-100所示。

Step 12 选择星形，按住“Shift”键的同时，向内拖曳右上角的控制柄至合适位置，并单击鼠标右键，缩小并复制星形，然后使用【形状】工具，调整星形的尖角，如图8-101所示。

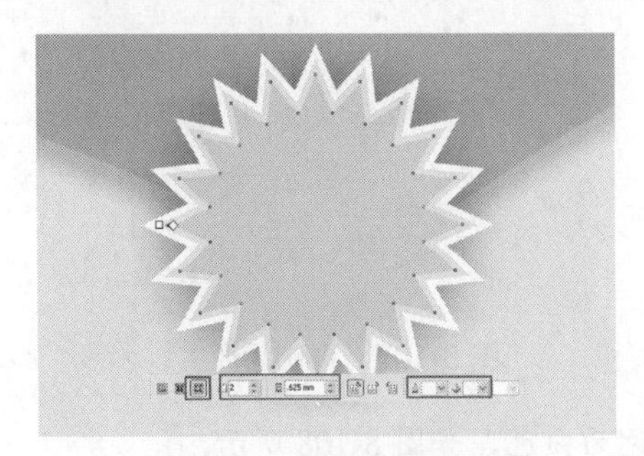

图8-100 添加轮廓图效果

图8-101 缩小并复制星形及调整形状

Step 13 填充颜色为橙色（C:0;M:71;Y:100;K:0），如图8-102所示。

Step 14 使用【挑选】工具，框选星形、轮廓图效果和阴影效果，然后拖曳鼠标指针至合适位置并单击鼠标右键，移动并复制框选的图形，最后进行缩小操作，缩小图形，如图8-103所示。

图8-102 填充颜色

图8-103 移动、复制并缩小图形

Step 15 在空白处单击鼠标左键，取消选择状态，选择黄色星形，然后选择工具箱中的【轮廓图】工具，在工具属性栏中设置“轮廓图偏移”为0.15mm，按“Enter”键进行确认，更改后的轮廓图效果如图8-104所示。

Step 16 选择工具箱中的【椭圆形】工具，绘制一个“对象大小”为8mm的圆形，在调色板中的70%黑色块上单击鼠标右键，更改轮廓色，如图8-105所示。

图8-104 更改后的轮廓图效果

图8-105 绘制圆形

Step 17 按“Shift”键的同时向右拖曳至合适位置，并单击鼠标右键，移动并复制圆形，如图8-106所示。

Step 18 按5次“Ctrl + D”组合键，再制圆形，如图8-107所示。

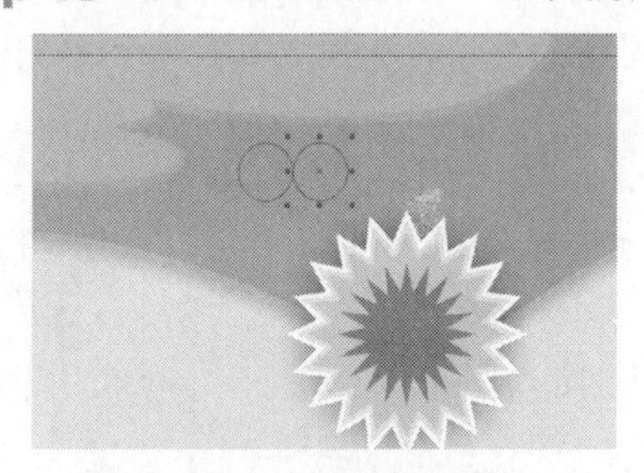

图 8-106 移动并复制正圆

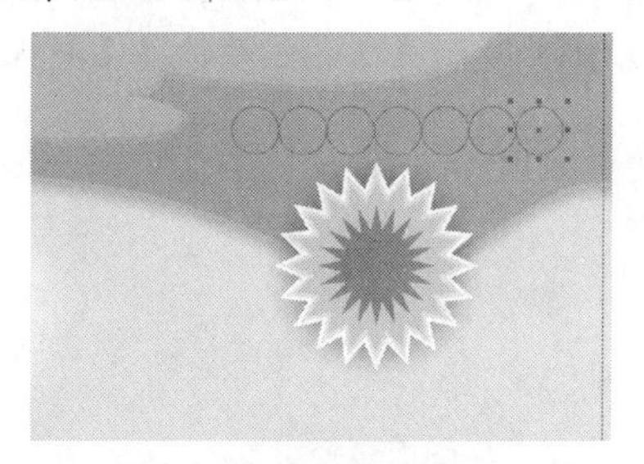

图 8-107 再制圆形

Step 19 使用【矩形】工具，绘制矩形，填充颜色为白色，如图8-108所示。

Step 20 向下拖曳上方中间的控制柄至合适位置，接着单击鼠标右键，缩小并复制矩形，然后填充颜色为黑色（CMYK均为100），如图8-109所示。

图 8-108 绘制矩形

图 8-109 缩小并复制矩形

3. 绘制封面的文字效果

Step 1 选择工具箱中的【文本】工具，在绘图页面单击鼠标左键，输入“典”字，选择文字，在工具属性栏中设置“字体”为“方正准圆简体”、“字体大小”为80，在调色板的白色色块上单击鼠标左键，填充颜色为白色，如图8-110所示。

Step 2 选择【排列】/【转换为曲线】命令，将文本转换为曲线，然后选择工具箱中的【形状】工具，框选如图8-111所示的节点。

图 8-110 输入文本

图 8-111 框选节点

Step 3 选择【编辑】/【删除】命令，删除框选的节点，如图8-112所示。

Step 4 双击状态栏中的轮廓笔图标，弹出“轮廓笔”对话框，设置“颜色”为紫色

(C:67;M:97;Y:0;K:0)、“宽度”为1.0mm，单击“确定”按钮，添加轮廓效果，如图8-113所示。

图8-112 删除节点

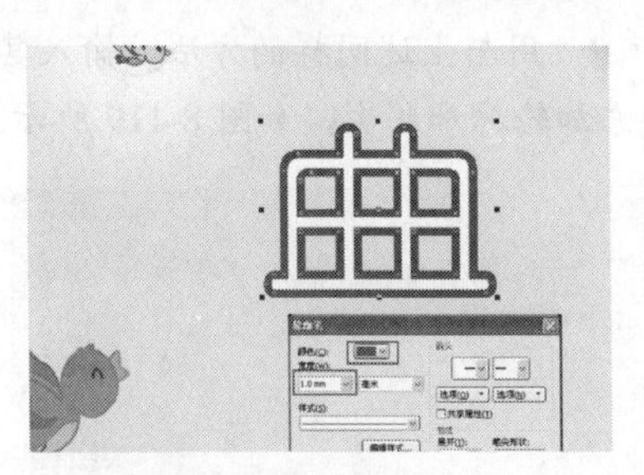
图8-113 添加轮廓

Step 5 使用【椭圆形】工具，绘制一个“对象大小”均为8mm的圆形，填充颜色为白色，然后添加轮廓色，如图8-114所示，其中“颜色”为紫色(C:67;M:97;Y:0;K:0)、“轮廓宽度”为1.5mm，并选择“后台填充”复选框。

Step 6 使用【椭圆形】工具，绘制一个“对象大小”均为3.5mm的圆形，填充颜色为紫色(C:67;M:97;Y:0;K:0)，并去掉轮廓，如图8-115所示。

图8-114 绘制圆形

图8-115 绘制圆形

Step 7 框选刚绘制的两个圆形，向右拖曳至合适位置，并单击鼠标右键，移动并复制群组圆形，如图8-116所示。

Step 8 使用【挑选】工具，框选典字和椭圆，然后选择【排列】/【群组】命令，群组对象，最后选择工具箱中的【交互式阴影】工具，在工具属性栏中设置“预设列表”为“小型光辉”、“阴影的不透明度”为50、“阴影羽化”为10、“透明度操作”为“正常”、“阴影颜色”为黑色，添加阴影效果，如图8-117所示。

图8-116 移动并复制群组圆形

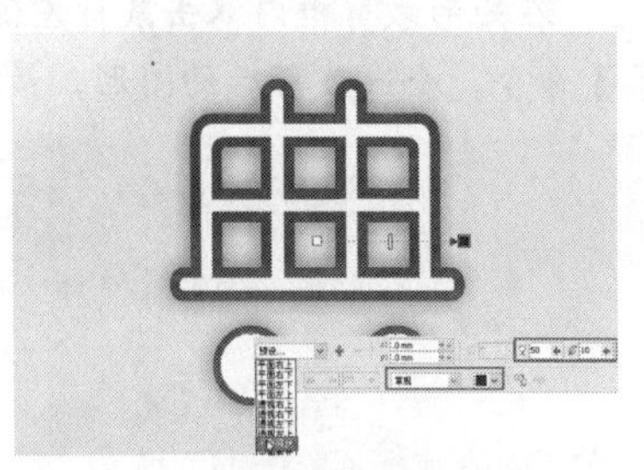
图8-117 添加阴影效果

Step 9 使用【文本】工具，输入文字“影响孩子一生的108个经典童话”，在工具属性栏中设置“字体”为“宋体”、“字体大小”为19，并单击“将文本更改为垂直方向”按钮，填充颜色为白色，如图 8-118 所示。

Step 10 用与上述同样的方法，输入其他的文字，设置好字体、字号、间距和颜色等，以及对相应的文字添加轮廓和阴影，如图 8-119 所示。

图 8-118 输入垂直文字

图 8-119 其他文字效果

Step 11 使用【矩形】工具，绘制一个圆角半径为 3mm 的白色圆角矩形，并更改轮廓属性，其中轮廓的颜色为紫色（C:67;M:97;Y:0;K:0）、轮廓宽度”为 1.5mm，并选择“后台填充”复选框，效果如图 8-120 所示。

Step 12 使用【矩形】工具，绘制一个白色矩形，并去掉轮廓，如图 8-121 所示，然后选择【文本】/【保存】命令，保存绘制好的平面效果。至此，本案例的平面效果制作完成。

图 8-120 绘制圆角矩形

图 8-121 平面效果

4. 绘制封面的立体效果

Step 1 选择工具箱中的【裁剪】工具，依照辅助线在封面的左上角处单击左键并拖曳至右下角，出现一个矩形裁剪框，如图 8-122 所示。

Step 2 在矩形裁剪框内双击鼠标左键，裁剪图形，如图 8-123 所示，然后选择【编辑】/【全选】/【对象】命令，全选裁剪后的图形，最后选择【编辑】/【复制】命令，复制全选的图形。

图 8-122 矩形裁剪框

图 8-123 裁剪的图形

Step 3 新建一幅横向空白文档，在工具箱中的【矩形】工具上双击鼠标左键，绘制一个与页面大小相等的矩形，然后选择工具箱中的【交互式填充】工具，在矩形单击并拖曳鼠标，填充线性渐变色，并调整起点控制柄和终点控制柄的位置，如图 8-124 所示，并去掉轮廓。

Step 4　选择【编辑】/【粘贴】命令，粘贴复制的全选图形，并调整其位置和大小，如图 8-125 所示。

图 8-124　绘制渐变矩形

图 8-125　粘贴图形并调整大小及位置

Step 5　选择工具箱中的【挑选】工具，在空白处单击鼠标左键，取消选取状态，并选择下方的蓝色渐变图形，如图 8-126 所示。

Step 6　选择【效果】/【透视】命令，出现网格的红色虚线框，用鼠标左键向上拖曳右下角的控制柄至合适位置，进行透视变形，如图 8-127 所示。

图 8-126　选择图形

图 8-127　透视变形

Step 7　参照 Step 5～Step 6 的操作方法，选中相应图形并进行透视变形，如图 8-128 所示。

Step 8　框选封面的所有图形，进行复制并粘贴操作，单击工具属性栏中的“垂直镜像”按钮，进行垂直镜像，并向下移至合适位置，如图 8-129 所示。

图 8-128　透视变形

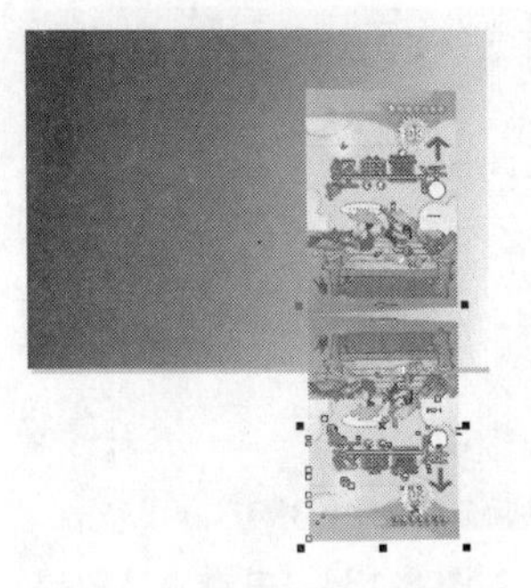

图 8-129　复制图形并垂直镜像

Step 9 框选封面的所有图形，进行复制并粘贴操作，单击工具属性栏中的“垂直镜像”按钮，进行垂直镜像，并向下移至合适位置，如图 8-130 所示。

Step 10 选择【位置】/【转换为位图】命令，弹出“转换为位图”对话框，设置各参数如图 8-131 所示，单击“确定”按钮，将矢量图转换为位图。

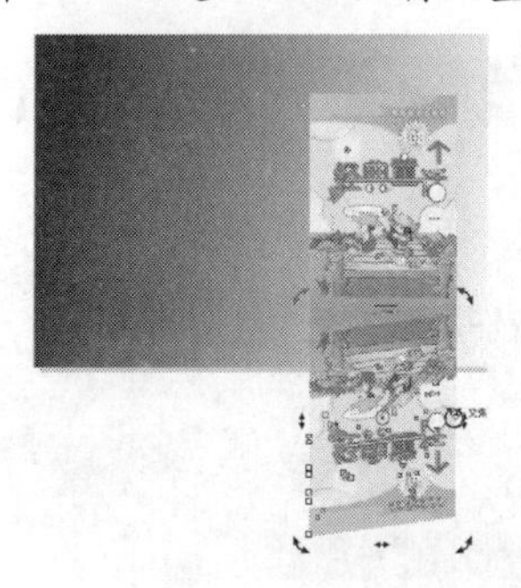

图 8-130 复制并粘贴图形以及垂直镜像

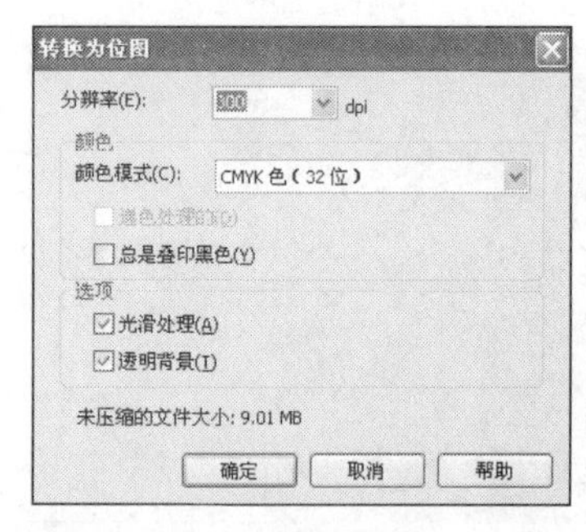

图 8-131 “转换为位图”对话框

Step 11 选择工具箱中的【裁剪】工具，裁剪图像，如图 8-132 所示。

Step 12 选择工具箱中的【交互式透明度】工具，在位图图像的上方单击鼠标左键并向下拖曳，添加线性透明效果，并调整起始和终止控制柄的位置，如图 8-133 所示。

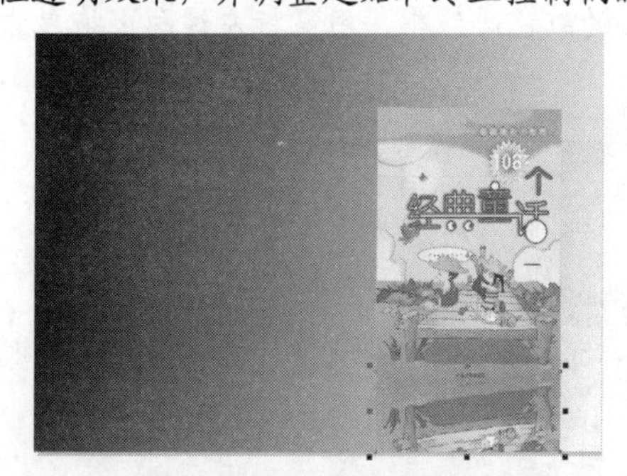

图 8-132 裁剪图像

图 8-133 添加透明效果

Step 13 按“Ctrl + Tab”组合键，切换至书籍封面的平面效果窗口，按“Ctrl + Z”组合键，撤消裁剪操作，然后参照以上的方法，使用【裁剪】工具裁剪书脊，全选书脊并复制，按“Ctrl + Tab”组合键，切换至书籍封面的立体效果窗口，制作书脊的立体效果，如图 8-134 所示。

Step 14 用与上述同样的方法，制作出封底的立体效果，如图 8-135 所示。至此，本案例的制作完毕。

图 8-134 书脊立体效果

图 8-135 完成效果

8.5 练习与上机

1. 单项选择题

（1）在编辑矢量图过程中，有时要对矢量图某些细节进行修改，就必须先将矢量图转换为（　　）。

A．符号　　B．点　　C．位图　　D．线

（2）通过（　　）位图操作，可以增加像素以保留原始图像的更多细节。

A．裁剪　　B．重新取样　　C．转换为矢量图　　D．色彩平衡

（3）运用（　　）命令可以调整位图中所有颜色的亮度、对比度、强度。

A．颜色平衡　　B．色度/饱和度/光

C．亮度/对比度/强度　　D．替换颜色

（4）运用（　　）滤镜效果可以为图像产生一种立体的画面旋转透视效果。

A．浮雕　　B．添加杂点

C．三维旋转　　D．半色调

2. 多项选择题

（1）下列关于将矢量图转换成位图的描述，正确的是（　　）。

A．有时要对矢量图某些细节进行修改，就必须先将矢量图转换为位图

B．选择【位图】/【转换为位图】命令，即可将矢量图转换成位图

C．选择转换成位图后的分辨率，数值越高，图像越清晰

D．在转换时可将位图的背景设置为透明

（2）下列关于替换颜色的操作，描述正确的是（　　）。

A．可以对图像中的颜色进行替换

B．不可以对替换的范围进行灵活的控制

C．可以对颜色的色度、饱和度、亮度进行控制

D．在“替换颜色”对话框中选择“原颜色”选项右侧的吸管按钮，可以吸取需要替换的颜色

（3）下列关于【模糊】滤镜组的描述，错误的是（　　）。

A．【模糊】滤镜组主要用来创建特殊的朦胧效果

B．【模糊】滤镜组的工作原理是平滑颜色上的尖锐突出

C．【高斯模糊】滤镜是一个非常受欢迎的滤镜，通常用来创建运动效果

D．【动态模糊】滤镜是最常用的模糊效果，可以使图像中的像素点呈高斯分布

（4）下列关于创造性滤镜组的描述，正确的是（　　）。

A．【创造性】滤镜组可以快速生成织物、天气等创意效果

B．CorelDRAW X5 提供的 14 种创造性滤镜

C．【工艺】滤镜可以使图像边缘产生艺术的抹刷效果

D．【天气】滤镜可以为图像运用雪花、雨、雾等天气效果

3. 上机操作题

（1）为某设计类绘制一款封面，参考效果如图 8-136 所示。

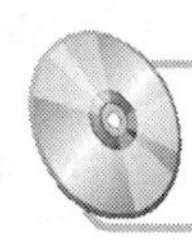

完成效果：素材文件\第 8 章\设计集封面效果.cdr　**素材文件**：第 8 章\素材文件\树.jpg

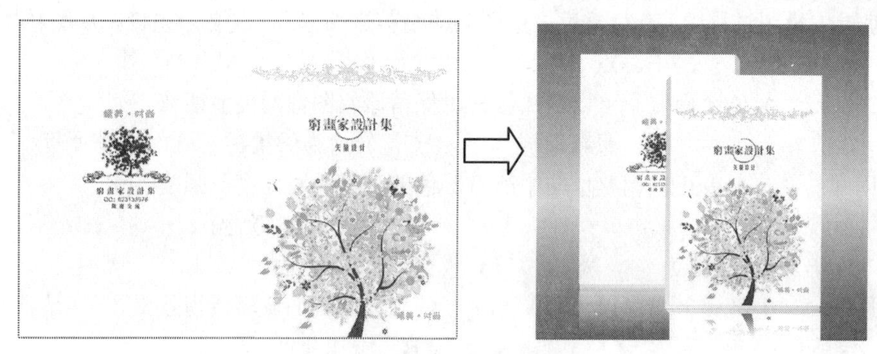

图 8-136　设计集封面效果

（2）为某书箱的绘制一个扉页，参考效果如图 8-137 所示。

完成效果：效果文件\第 8 章\书籍扉页效果. cdr
素材文件：第 8 章\素材文件\无

图 8-137　书籍扉页效果

第9章 图形文件打印和印刷

📖 学习目标

学习在 CorelDRAW X5 中如何打印文件，以及打印机和印刷的理论知识等。了解食品包装设计的构成要素和色彩，以及绘制手法，并掌握食品包装设计的构成要素与绘制方法。

📖 学习重点

了解打印机类型、打印介质类型、印刷相关知识，以及掌握打印文件的操作方法，并能运用这些知识打印出高质量的印刷品。

📖 主要内容

- 打印机的类型
- 打印介质类型
- 五种常见的印刷方式
- 印刷前后准备工作
- 印刷常用的纸张
- 如何打印文件
- 制作蛋糕包装

9.1 打印机的类型

打印是指通过与计算机相连的打印设备，把计算机中的数字信息经过转换并输出到纸张上，形成可视信息的过程。从打印机原理上来说，市面上较常见的打印机大致分为喷墨打印机、激光打印机和针式打印机。

1. 喷墨打印机

喷墨打印机是在针式打印机之后发展起来的，采用非打击的工作方式。喷墨打印机的打印分辨率很高，有一定的色彩锐度，当采用合适的墨水、纸张和合适的打印参数时，打印质量非常好。它的优点是体积小、操作简单方便、打印噪声低、使用专用纸张时可以打印与照片相同效果的图片。

2. 激光打印机

与其他类型的打印机相比，激光打印机有着打印速度快、打印品质好、工作噪声小等显著特点。随着价格的不断下调，现在已经广泛应用于办公自动化和各种计算机辅助设计系统领域。激光打印机又可以分为黑白激光打印机和彩色激光打印机两大类。

3. 针式打印机

针式打印机的打印原理是通过打印针对色带的机械撞击，在打印介质上产生小点，最终由小点组成所需打印的对象。打印针数是指针式打印机的打印头上的打印针数量，打印针的数量直接决定了产品打印的效果和打印的速度。针式打印机是一种较慢的打印机，现在已经从商务办公领域慢慢淡出。

9.2 打印介质类型

不同的打印机需要选择不同的打印介质才能得到最好的打印效果。同一种打印机可以选择多种打印介质。下面介绍常用的打印介质。

1. 激光打印机打印介质

激光打印机的打印介质有普通打印纸、光面相片纸、透明不干胶贴纸、纤维纸等。

- 普通打印纸：最简单也是最常见的打印介质，即平时专门用于打印各类文本文件的打印纸。
- 光面相片纸：光面相片纸主要用来打印彩色图片，同时也十分适合制作贺卡。打印时选择有光泽、比较白的一面打印，效果非常好。
- 透明不干胶贴纸：这种不干胶贴纸的图案是打印在贴面上，不会因为时间长或者摩擦等外因而褪色、掉色，适合贴在经常拿放的铅笔盒、光盘盒等物品上。
- 纤维纸：纤维纸是一种纯棉织品，可以在上面进行刺绣。在打印机上打印出刺绣的小样后，就可以根据小样进行刺绣工作了。
- 立体不干胶贴纸：立体不干胶贴纸常贴在玻璃器皿等透明的物体上。在经过熨斗的熨烫以后，可以呈现出特殊的立体效果。如果通过灌满水的透明器皿观看，会看到一种滑稽有趣的别样效果。

2. 喷墨打印机打印介质

喷墨打印机的打印介质有普通打印纸、高光喷墨打印纸、光面相片纸、光泽打印纸、信纸等。近几年随着小型彩色喷墨打印机和数码相机进入家庭，彩色喷墨打印纸也随之诞生。

彩色喷墨打印纸是喷墨打印机喷嘴喷出墨水的接受体，在其上面记录图像或文字，它吸墨速度快、墨滴不扩散。彩色喷墨打印纸是纸张深加工的产物，它是将普通印刷用纸表面经过特殊涂布处理，使之既能吸收水性油墨又能使墨滴不向周边扩散，从而完整地保持原有的色彩和清晰度。常用的彩色喷墨打印纸的种类如下。

- 高光喷墨打印纸：高光喷墨打印纸支持体为 RC（涂塑纸）纸基，有较高分辨率，利用其打印出的图像清晰亮丽、光泽好，在室内陈设有良好耐光性和色牢度。适于色彩鲜明、有照相画面效果的图像输出。
- 亚光喷墨打印纸：亚光喷墨打印纸支持体为 RC（涂塑纸）纸基，有中等光泽、分辨率较高、色彩鲜艳饱满、有良好耐光性，适于有照相效果的图像输出。
- 高亮光喷墨打印纸：高亮光喷墨打印纸用厚纸基，有照片一样的光泽，纸的白度极高，有良好的吸墨性。输出的图像层次丰富、色彩饱满，特别适于照片的影像输出和广告展示版制作。

9.3 印刷相关知识

下面介绍印刷的五种常见方式、印刷前的准备工作印刷纸张的基本常识知识等内容。

9.3.1 五种常见的印刷方式

印刷的方式主要分为 5 种，即平版印刷、凹版印刷、凸版印刷、网版印刷和特种印刷。

1. 平版印刷

平版印刷也称“胶印”，是国内用得最多的一种印刷方式。平版印刷是利用水和油相斥的原理制作印版，由于平印版上图文部分和非图文部分几乎处于同一个平面（略差 6μm 左右），先用水润湿，然后再传送油墨，通过照排分色或电子分色，将原稿分解成网纹角度和密度不同的四色版，运用网点重叠、并列的形式，进行套色印刷，如图 9-1 所示。

平版印刷适用于图文并茂的产品，广泛应用于印刷高档画册、广告、海报、纸质包装等。其印刷程序如图 9-2 所示。平版印刷工艺简单，成本低，印出的印刷品柔和软调，这是平版印刷的优点。它可以做大批量印刷，但是受印刷时水胶的影响，色调的再现力会减低，色彩的鲜亮度也会有所下降。

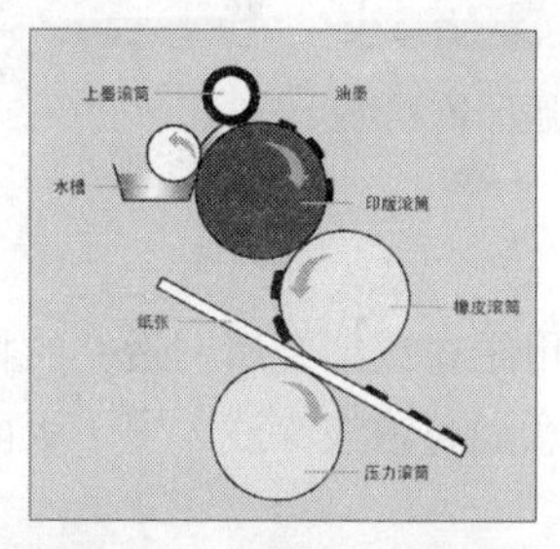

图 9-1　平版印刷图解

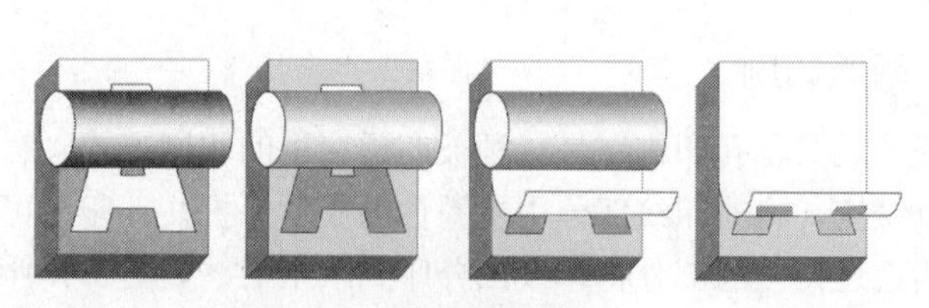
图 9-2　平版印刷程序

2. 凹版印刷

凹版印刷的图文部分低于印版表面的空白部分，印刷时，印版从油墨槽滚过，使整个印版沾满油墨，再经过特制的刮墨刀将空白的部分刮平，使油墨只存留在图文部分的“孔穴”之中，再在较大的压力作用下，将油墨转移到承印物表面，如图9-3所示，从而获得印迹清晰的印刷品。

凹版印刷的产品线条分明、层次丰富、精细美观、色泽经久不衰、不易仿造，因此它的制版印刷费用成本较高，适用于特别艺术品、名画复制、精美画册、钞票、股票、邮票、软包装、纸制品、建材和商业包装等。其印刷程序如图9-4所示。

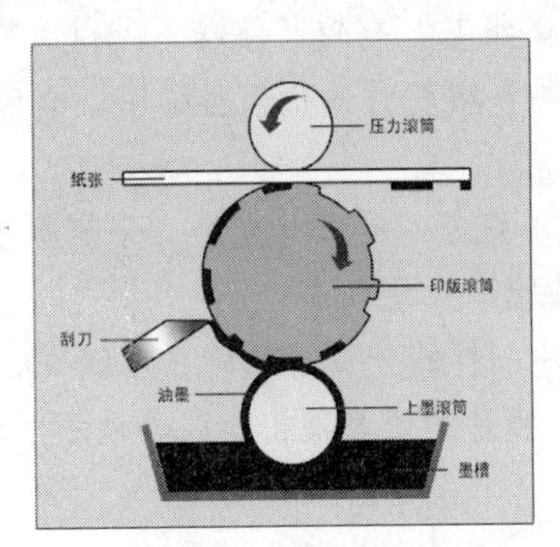

图9-3 凹版印刷图解

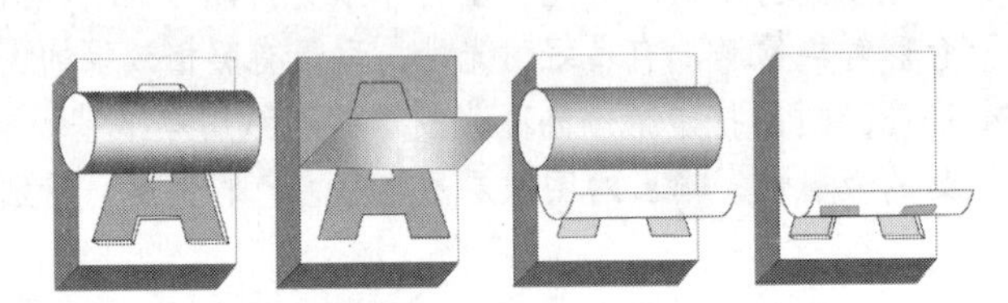

图9-4 凹版印刷程序

3. 凸版印刷

凸版印刷简称为“凸印”，又称“铅印”，是采用凸印版进行印刷的一种印刷方式。它类似于印章和木刻版画，是一种直接加压印刷的方法，它主要利用图像部分的突出，墨桶在凸起的部分滚过，将凸起的图文沾满油墨，最后再进行印刷，如图9-5所示。

凸版印刷的成本相对较低，广泛应用于文字和黑白印刷，凸版印刷的产品主要有杂志、书刊、封面、商标和包装装潢材料等。其印刷程序如图9-6所示。

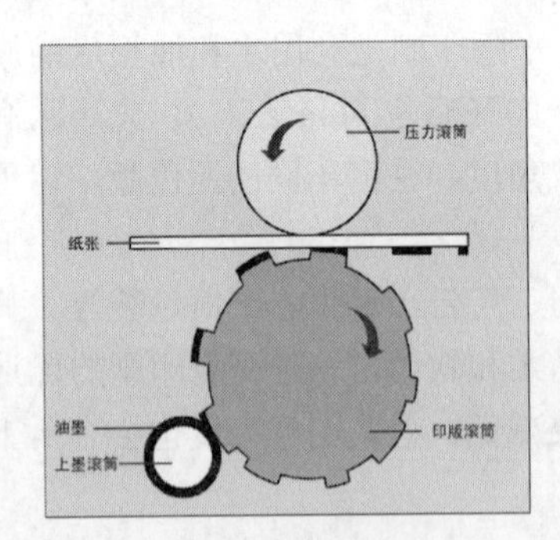

图9-5 凸版印刷图解

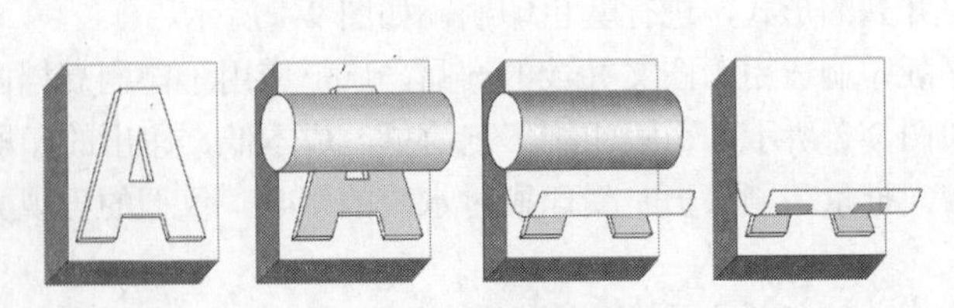

图9-6 凸版印刷程序

4. 网版印刷

网版印刷又称孔印刷，是一种被广泛应用的印刷方式。它是利用绢布或细金属网透空的特性，将印纹部分镂空，将非印纹部分用抗墨性的胶质保护住，印墨可能随意调整浓淡深浅，置于版面上，由刮板起后透过镂空的部分将印纹部分印到纸张上，如图9-7所示。

网版印刷在现在的设计界很受欢迎，如旗帜、车身广告、花布、大型户外广告、服饰、电路板印刷、家电用器外壳、版画、立体面印刷等。其印刷程序如图9-8所示。

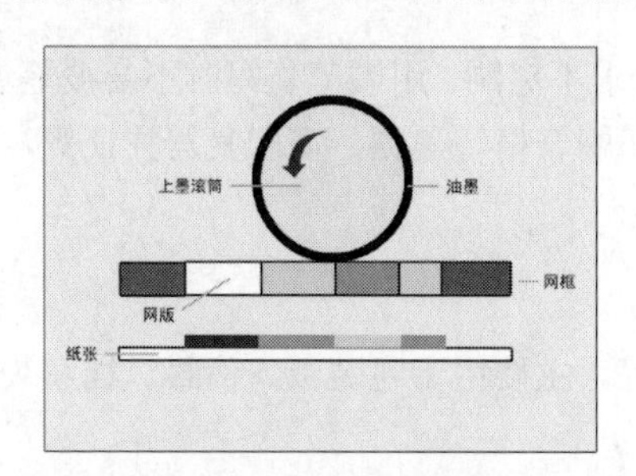

图9-7　网版印刷图解

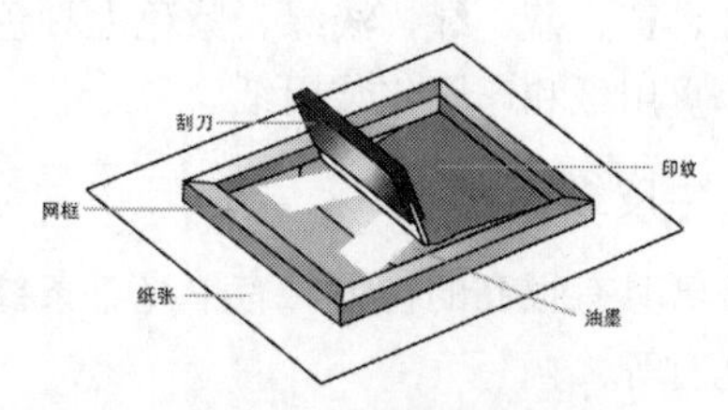

图9-8　网版印刷程序

5. 特种印刷

特种印刷又称“专色印刷”，是指采用不同于一般制版、印刷、印后加工方法和材料生产供特殊用途的印刷方式的总称。它在印刷时，不是通过印刷C、M、Y、K四色合成该种颜色，而是专门用一种特定的油墨来印刷该颜色。特种油墨是由印刷厂预先混合好或油墨厂生产的，印刷品的每一种专色，在印刷时都有专门的一个色版对应，使用特种印刷可以使颜色更准确。

另外，由于金色、银色、荧光色、正品色、明亮的橙色等是按专色来处理的，即用金墨和银墨等来印刷，因此菲林也应是专色菲林，单独出一张菲林片，并单独晒版印刷。

9.3.2　印刷常用的纸张

设计师在设计前就应该对将要使用的印刷纸张有一个明确的选择，并对它的性能特点，特别是吸墨度和色彩的受墨均匀度等印刷适应性有一个充分的了解。加工复杂的印刷品（如产品包装等），还需要对其纸张的物理性能做全面的了解，只有这样才能保证最后的印刷品达到设计效果或包装功能。

根据用途不同，纸张可以分为工业用纸、包装用纸、生活用纸、文化用纸等几类。在印刷用纸中，根据纸张的性能和特点可分为铜版纸、新闻纸、书面纸、打字纸、牛皮纸、凸版纸、胶版纸、白板纸和毛边纸等。

1. 铜版纸

铜版纸又称涂料纸，是在原纸上涂布一层白色浆料，经过压光而制成的。纸张表面光滑，白度较高，厚薄一致，纸质纤维分布均匀，有较好的弹性和较强的抗水性能和抗张性能，对油墨的吸收性与接收很好。主要用于印刷画册、明信片、封面、精美的产品样本以及彩色商标等。铜版纸有单、双面两类。双面铜版纸用于高档印刷品，单面铜版纸用于纸盒、纸箱、手提袋、药盒等中。

2. 新闻纸

新闻纸也叫白报纸，是报刊及书籍的主要用纸。适用于报纸、课本、期刊、连环画等正文用纸。新闻纸纸质松轻、富有较好的弹性；吸墨性能好的纸张经过压光后两面平滑，不起毛，有一定的强度；不透明性能好。它的缺点是不宜长期存放，保存时间过长会发黄变脆，抗水性能差，不宜书写。

3. 书面纸

书面纸也叫书皮纸，是印刷书籍封面用的纸张。书面纸造纸时加了颜料，有蓝、灰、米黄等颜色。主要用于印刷练习本、表格和账簿等。

4. 打字纸

打字纸是薄页型的纸张，纸质薄而富有韧性，打字时要求不穿洞，用硬笔复写时不会被笔尖划破。有白、红、黄、蓝、绿、淡绿、紫色七种色分。主要用于印刷表格、单据、多联复写凭证等，在书籍中用作隔页用纸和印刷包装用纸。

5. 牛皮纸

牛皮纸具有很高的拉力，有单光、条纹、双光、无纹等。主要用于包装纸、信封、档案袋和印刷机滚筒包衬等。

6. 凸版纸

凸版印刷纸主要供凸版印刷使用。它的特性与新闻纸相似，但又不完全相同。它的吸墨性虽不如新闻纸好，但它具有吸墨均匀的特点；抗水性能及纸张的白度均好于新闻纸。它的质地均匀、略有弹性、不起毛、不透明，稍有抗水性能，有一定的强度等特性。

凸版纸适用于重要著作、科技图书、学术刊物、大中专教材等正文用纸。按纸张用料成分配比的不同，可分为1号、2号、3号和4号四个级别。纸张的号数代表纸质的好坏程度，号数越大纸质越差。

7. 胶版纸

胶版纸主要供平版印刷机和其他印刷机印制较高级彩色印刷品时使用，如彩色画报、画册、宣传画、彩印商标及一些高级书籍封面、插图等。胶版纸按纸浆料的配比分为特号、1号和2号三种，有单面和双面之分，还有超级压光与普通压光两个等级。胶版纸具有伸缩性小、对油墨的吸收性均匀、平滑度好、白度好、抗水性能强的特点。

8. 白板纸

白板纸主要用于印刷包装盒和商品装潢衬纸。在书籍装订中，用于简精装书的里封和精装书籍中的脊条等装订用料。白板纸按纸面分有粉面白板与普通白板两大类。按底层分类有灰底与白底两种。具有伸缩性小、有韧性、折叠时不易断裂的特点。

9. 毛边纸

毛边纸只宜单面印刷，主要供古装书籍用。毛边纸纸质薄而松软，呈淡黄色，没有抗水性能，吸墨性较好。

9.3.3 印刷前的准备工作

在印刷图片以前，需要做的准备工作如下。

- 确定图片精度为300dpi（像素）英寸。
- 确定图片模式为CMYK模式。
- 图片内的文字说明最好不要在Photoshop内完成。
- 确定实底（如纯黄色、纯黑色等）无其他杂色。
- 根据开本，设计合适的页数，便于装订及节省用纸。
- 印刷时纸张不能用尽，要留出血边。如果纸张用尽，出血位置的油墨会堆积在橡皮布或压力圆筒上，造成污染。

● 在设计时应注意到颜色的分配，尽量将颜色少的页面安排在同一版上。

9.4 如何打印文件

通过前面的学习，相信用户已经可以独立制作完成自己的设计作品了，将设计好的作品打印或印刷出来后，整个设计制作过程才算彻底完成。

9.4.1 标准模式打印

在打印文件前应根据打印需要对打印的参数进行设置，打印设置是对打印机的型式以及其他各种打印事项进行设置。

【例 9-1】利用“打印设置”命令打印文件。

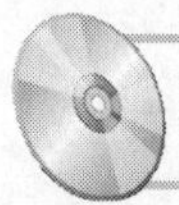

所用素材：素材文件\第 9 章\书籍扉页效果.cdr

Step 1　选择【文件】/【打开】命令，打开“书籍扉页效果.cdr”文件，然后选择【文件】/【打印设置】命令，弹出“打印设置”对话框，如图 9-9 所示，其中显示了有关打印机的一些相关信息，如名称、类型、状态、位置以及备注。

Step 2　单击对话框中的“首选项”按钮，弹出“属性”对话框，如图 9-10 所示，在其中可对打印的页序、方向、每张纸打印的页数进行设置。

图 9-9　“打印设置”对话框

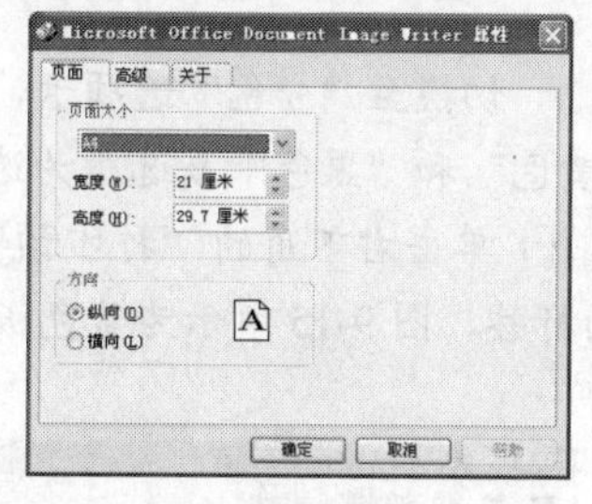

图 9-10　“属性”对话框

Step 3　单击对话框中的“高级”选项卡，切换至“高级”对话框，如图 9-11 所示，在此对话框中可以设置纸张规格、份数、打印质量等。

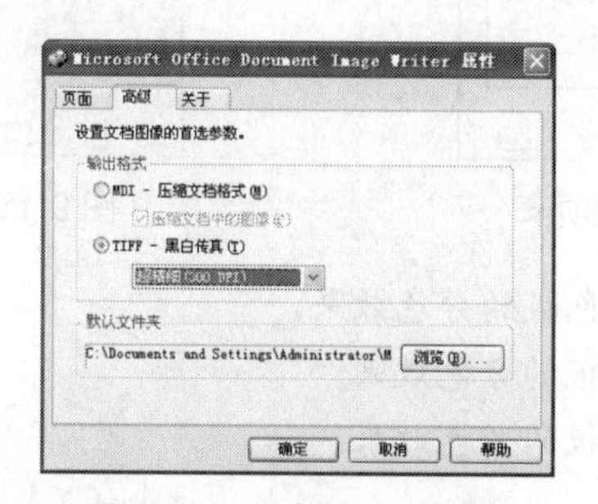

图 9-11　“高级”选项卡

Step 4 设置好打印的相关参数后，单击对话框中的“确定”按钮即可开始打印。

9.4.2 创建分色打印

使用 CorelDRAW X5 输出的图形主要用于印刷输出，按照实际的情况有时需要进行分色打印作品。

【例 9-2】利用“打印设置”命令打印文件。

所用素材：素材文件\第 9 章\POP 海报广告.cdr

Step 1 打开“POP 海报广告.cdr”文件，然后选择【文件】/【打印】命令或按“Ctrl + P”组合键，弹出“打印”对话框，如图 9-12 所示。

Step 2 切换至“颜色”选项卡，选择“打印分色”复选框，如图 9-13 所示。

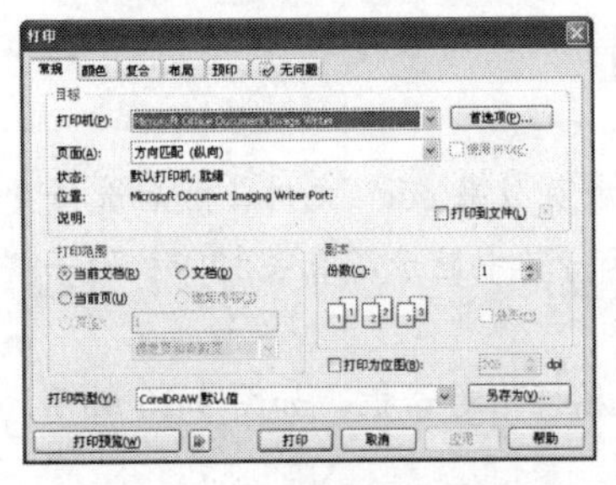

图 9-12 “打印”对话框

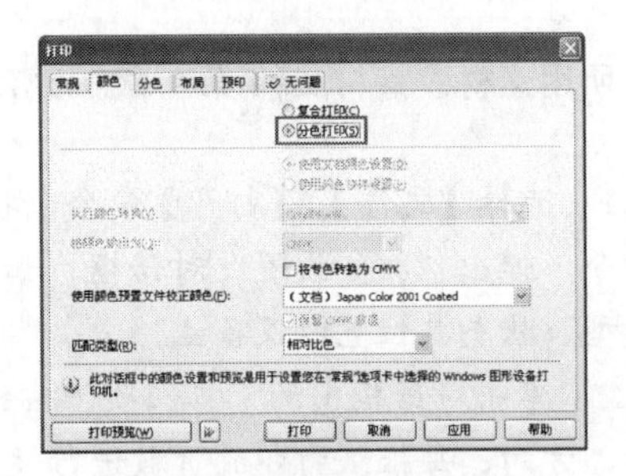

图 9-13 “颜色”选项卡

Step 3 切换至“分色”选项卡，设置“网频”为 300，并确保对话框下方列表框中的“青色”、“洋红”、“黄色”和“黑色”复选框为选择状态，如图 9-14 所示。

Step 4 单击右下角的“打印预览”按钮，进入打印预览状态。可以看到预览窗口的下方出现了 4 个页面标签，图 9-15 所示为青色板的分色效果。

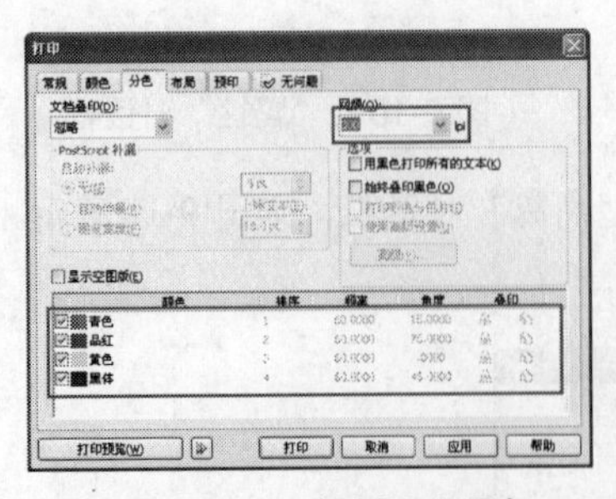

图 9-14 “分色”选项卡

图 9-15 青色板的分色效果

Step 5 图 9-16 所示为品红色板的分色效果。

Step 6 图 9-17 所示为黄色板的分色效果。

Step 7 图 9-18 所示为黑色板的分色效果。

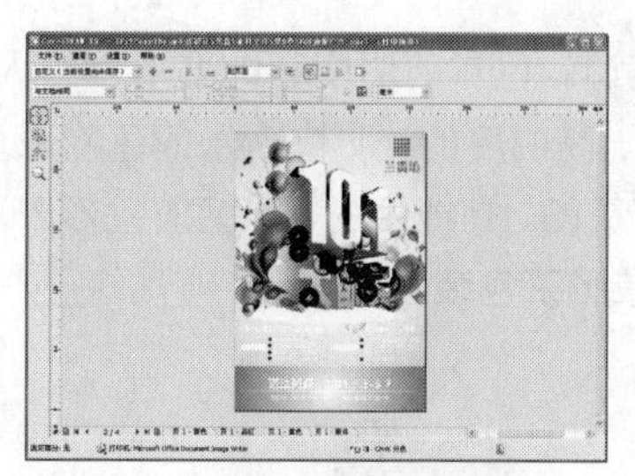

图 9-16　洋红色板的分色效果

图 9-17　黄色板的分色效果

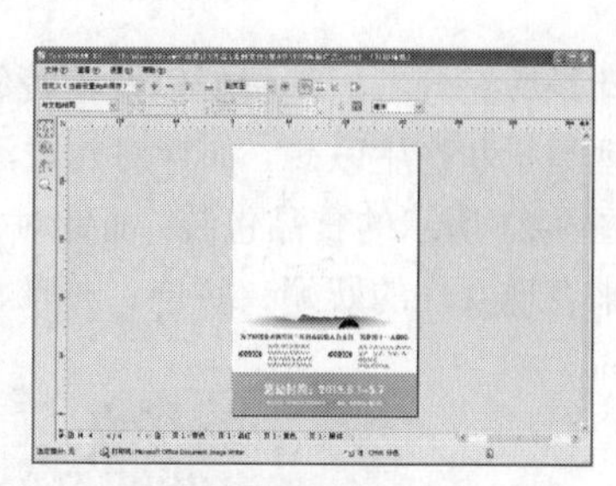

图 9-18　黑色板的分色效果

9.5 应用实践——制作蛋糕包装

包装设计属于商业的范畴。包装的作用是对商品进行保护、美化、促销和宣传的作用，它是将科学、社会、艺术、心理等各门学科的相关知识结合起来的专业性很强的设计学科。好的包装能为商品存储和运输提供方便，并能增加一定的附加值。

构图是将商品包装展示面的商标、图像、文字和颜色组合排列在一起的一个完整的画面，由这 3 大元素的组合构成了包装装潢的整体效果。包装设计构图要素包括图像、文字和色彩。

1. 图像要素

包装设计的图像主要指产品的形象和其他辅助装饰形象等。图像作为设计的语言，就是要把形象的内在、外在的构成因素表现出来，以视觉形象的形式把信息传达给消费者。

图像要素主要分为具象和抽象两种表现手法。具象的人物、风景、动物或植物的纹样作为包装的象征性图形可用来表现包装的内容物及属性，如图 9-19 所示的糖果包装。抽象的手法多用于写意，采用抽象的点、线、面的几何形纹样、色块或肌理效果构成画面，简练、醒目，具有形式感，也是包装设计的主要表现手法，如图 9-20 所示的日用品包装。

图 9-19　糖果包装

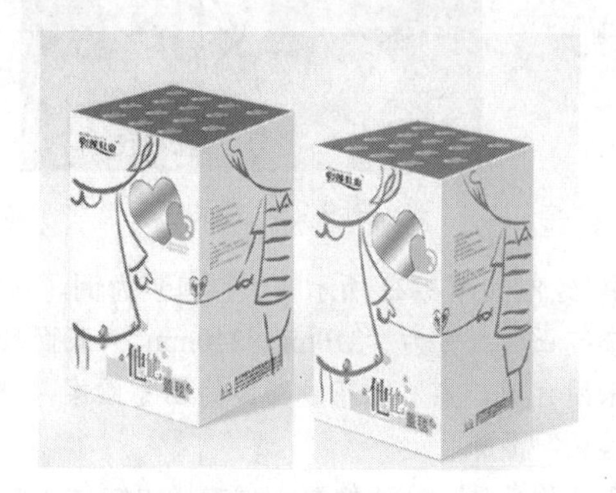

图 9-20　日用品包装

2. 色彩要素

色彩要素在包装设计中占有重要的位置，起到美化和突出产品的重要因素。商品包装的主色调能够直接抓住消费者的注意力，使之通过一系列的色彩联想，引发占有欲望，促成消费行为。因此，在设计是应充分考虑消费群以及消费领域的不同，有针对性地确定基调。色彩的明度和纯度可以给人以心理暗示和产生联想，如针对儿童消费者的商品，大多采用亮丽的、高明度的、明快欢乐的色彩表现，如图 9-21 所示的食品包装；而针对女性消费者的商品，大多采用高贵的、高纯度的、鲜艳的色彩表现，用来表现女性的妩媚、娇艳、典雅、温柔之气，如图 9-22 所示的减肥茶包装。

图 9-21　食品包装

图 9-22　减肥茶包装

3. 文字要素

文字是传达思想、交流感情和信息，表达某一主题内容的符号。商品包装上的牌号、品名、说明文字、广告文字以及生产厂家、公司或经销单位等，反映了包装的本质内容。在设计包装时必须把这些文字作为包装整体设计的一部分来统筹考虑，文字内容简明、真实、生动、易读、易记，如图 9-23 所示的食品包装；字体要素应反映商品的特点、性质、特性，如图 9-24 所示的橄榄油包装，并具备良好的识别性和审美功能；文字的编排与包装的整体设计风格应和谐。

图 9-23　食品包装

图 9-24　橄榄油包装

本例以绘制如图 9-25 所示的蛋糕包装为例，介绍包装的设计流程。相关要求如下。

- 包装正面尺寸为“210mm×210mm”；底面尺寸为“195mm×195mm”。
- 采用古典、典雅的花纹图案为创意图案，并搭配圆形色块，起到装饰作用，体现出一种生活格调、品味。
- 包装的色调以纯洁的白色和热情的红色为主，色彩喜庆、祥和，以衬托出产品的高品质。

完成效果：素材文件\第 9 章\蛋糕包装平面效果、立体效果.cdr
素材文件：第 9 章\素材文件\花纹图案.ai

图 9-25　绘制的蛋糕包装正平面、底平面、立体效果

9.5.1　包装设计的特点分析

包装是品牌理念、产品特性、消费心理的综合反映。包装设计是对商品进行保护、美化的技术和艺术手段，好的包装能为商品提供存储和运输的安全，同时又能增加附加值，提高商品的竞争力，从而引发消费者产生购买冲动。在包装设计中，设计定位始终贯穿于设计构思的整个过程，它是设计构思的依据和前提。同时，美学要求、规格展开图、材料和印刷思路的整体把握，也是一个成功包装的重要组成。

食品类包装在色调上多采用暖色为主，以体现该食品美味、诱人的味道。

9.5.2　食品包装设计创意分析与设计思路

对于食品类的包装，其设计过程不仅仅是设计师借助技术和发挥想象力的过程，同时也是设计师与消费者不断沟通，以表达消费需求的过程。在设计时，设计师应充分考虑包装产品的消费群体的审美心理因素，最大限度地满足消费用户的情感个性需求，并在该前提下，将自己的个性和风格融入到整个设计创作中。

设计食品类包装时，除了考虑色彩和形象等基本要素外，在立体造型上还需要考虑光线、阴影和角度等多方面的问题，恰当地安排文字和图像的位置，最大化地把握好包装的成型效果。根据本例的制作要求，可以对将要绘制的包装进行如下一些分析。

- 由于以纸品设计为载体，通过图文和色彩来表现出时尚潮流和个性，往往是一种思想与意识的暗示，它可以带给人们更深层次的内涵认识。
- 采用古典、典雅的花纹图案充满整个包装，不仅起到了装饰、美化的作用，还融入了中国的传统文化，使得整体包装的效果将你带入喜庆与祥和的艺术气氛中。
- 包装以典雅的白色和健康活力的红色为主，调子高贵、大气、温暖，以体现食品的美味可口和诱人味道。

本例的设计思路如图 9-26 所示，具体设计如下。

- 利用辅助线、【矩形】工具，绘制出包装的主体造型，并填充单色。
- 利用“导入”命令，置于创意图像。利用【椭圆形】工具绘制出装饰图案并填充单色。利用【文本】工具、旋转操作，绘制出包装的文字效果。
- 利用【裁剪】工具、复制和粘贴操作、切换窗口，绘制包装的立体的效果；利用【交互式阴影】工具、【贝塞尔】工具、【交互式透明度】工具，绘制包装立体效果的暗部和阴影效果。

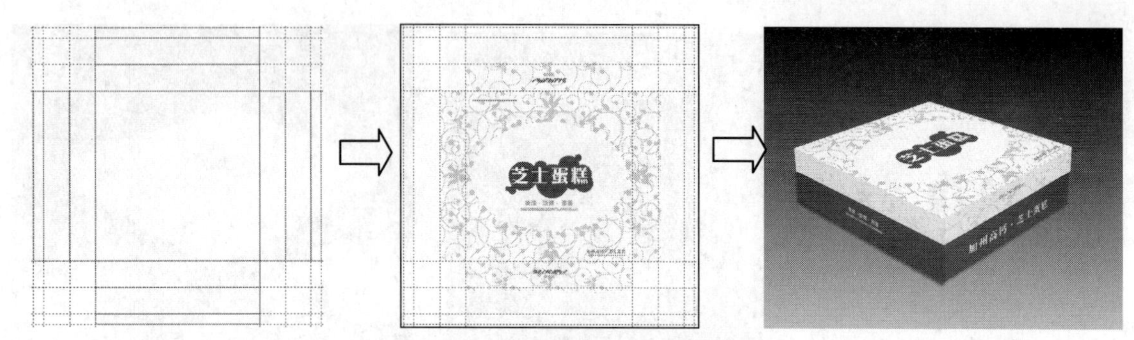

（a）绘制主体造型　（b）置于图像、绘制装饰图案和文字效果　（c）绘制立体效果

图 9-26　制作蛋糕包装的操作思路

9.5.3　制作过程

1. 绘制包装的主体造型

Step 1　新建一幅空白文件，选择【视图】/【设置】/【辅助线设置】命令，弹出“选项”对话框，在其左侧依次展开【辅助线】/【水平】选项，设置如图 9-27 所示的水平辅助线，参数分别是 3mm、10mm、28mm、46mm、161mm、179mm、197mm、201mm。

Step 2　展开【垂直】选项，设置如图 9-28 所示的垂直辅助线，参数分别是 55mm、62mm、80mm、98mm、213mm、231mm、249mm、256mm。

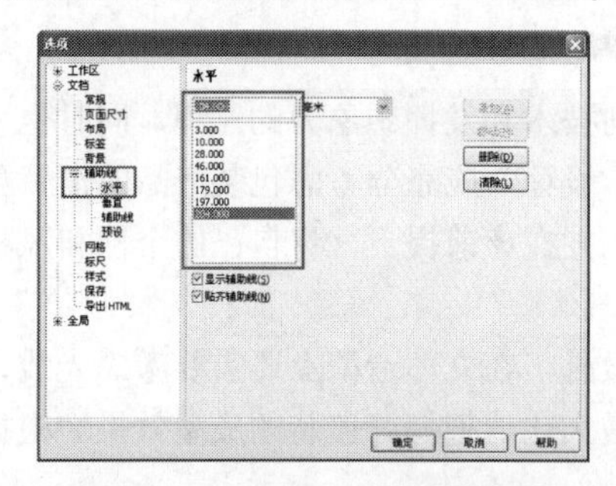

图 9-27　设置水平辅助线参数

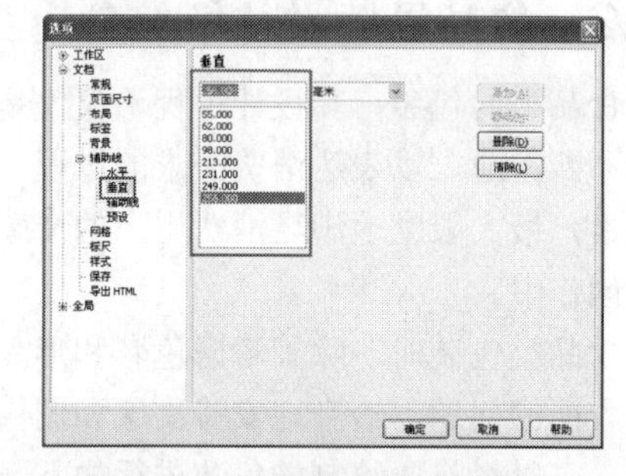

图 9-28　设置垂直辅助线参数

Step 3　单击“确定”按钮，即可添加水平和垂直辅助线，如图 9-29 所示。

Step 4　选择【视图】/【贴齐辅助线】命令，贴齐辅助线，然后选择工具箱中的【矩形】工具，依照辅助线绘制一个矩形，填充颜色为白色，如图 9-30 所示。

图 9-29　添加水平和垂直辅助线

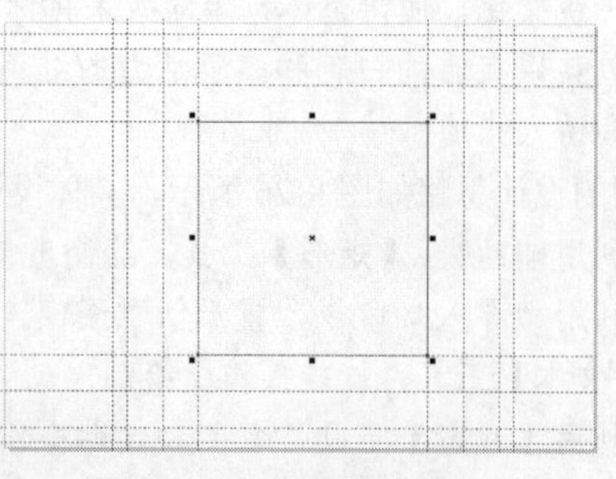

图 9-30　绘制矩形

Step 5　用与上述同样的方法，依照参考线，绘制出其他的矩形，如图 9-31 所示。

图 9-31　绘制其他的矩形

2. 绘制包装的创意图案

Step 1　选择【文件】/【导入】命令，导入“花纹图案.ai”文件，调整其位置，如图 9-32 所示。

Step 2　选择工具箱中的【矩形】工具，依照辅助线绘制一个矩形，如图 9-33 所示。

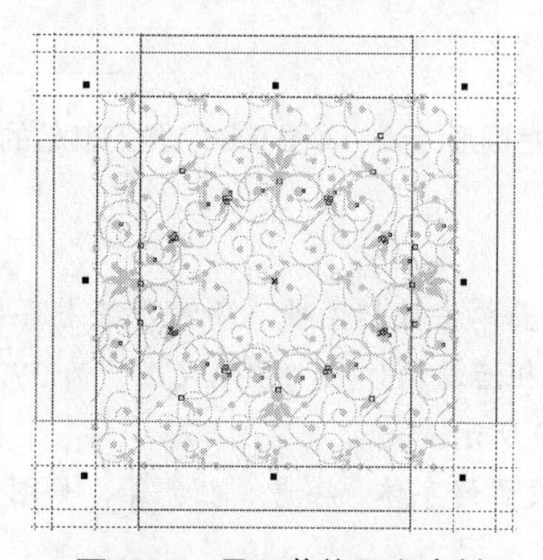

图 9-32　导入花纹图案素材

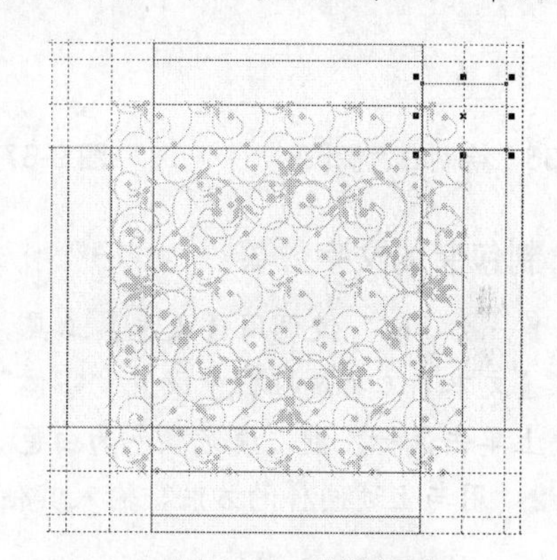

图 9-33　绘制矩形

Step 3　选择工具箱中的【挑选】工具，结合“Shift”键，加选花纹图案，然后在【矩形】工具属性栏中单击“修剪”按钮，进行修剪操作，如图 9-34 所示。

Step 4　依照辅助组移动矩形，加选花纹图案，进行修改操作，并删除矩形，如图 9-35 所示。

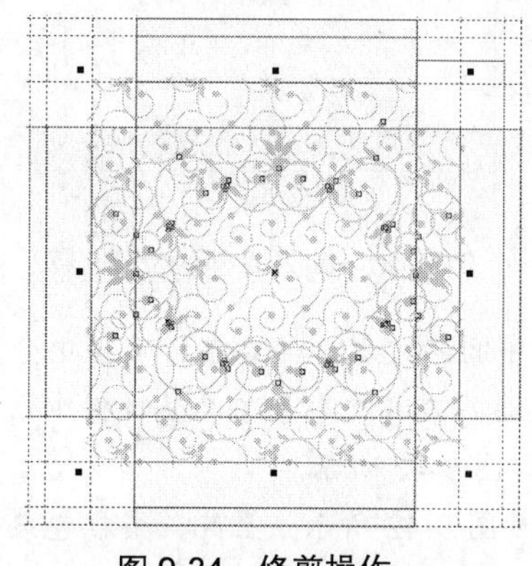

图 9-34　修剪操作

图 9-35　修剪操作

Step 5 选择工具箱中的【椭圆形】工具，绘制一个“对象大小”为107mm×74mm的椭圆，在调色板的白色上单击鼠标左键，填充颜色为白色，在“无”图标╳上单击鼠标右键，去掉轮廓，如图9-36所示。

Step 6 使用【椭圆形】工具，绘制一个“对象大小”为20mm×20mm的圆形，选择工具箱中的【均匀填充】工具，填充颜色为暗红色（C:40;M:100;Y:100;K:6），并去掉轮廓，如图9-37所示。

Step 7 使用【椭圆形】工具，绘制出其他相同颜色的圆形，并去掉轮廓，如图9-38所示。

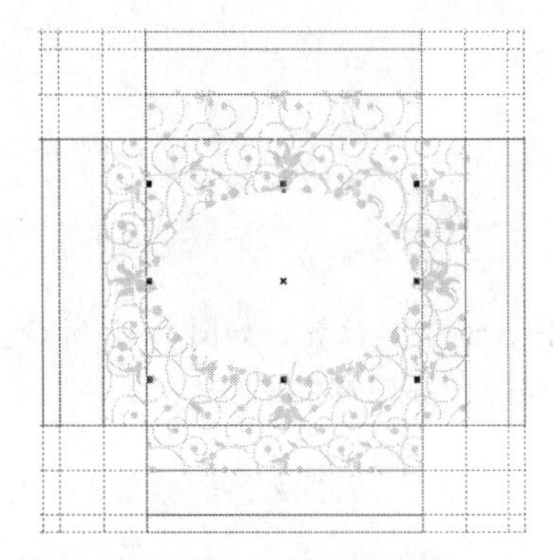
图9-36 绘制白色椭圆

图9-37 绘制暗红色圆形

图9-38 绘制其他的正圆

3. 绘制包装的文字效果

Step 1 按“F8”键调用【文本】工具，在绘图页面单击鼠标左键，输入“芝士蛋糕”字，选择文字，在【文本】工具属性栏中设置“字体”为“方正粗活易简体”、“字体大小”为37，在调色板的白色色块上单击鼠标左键，填充颜色为白色，如图9-39所示。

Step 2 用与上述同样的方法，输入其他的文字，设置好字体、字号、颜色等，如图9-40所示。

图9-39 输入文本

图9-40 输入其他的文字

Step 3 选择工具箱中的【挑选】工具，框选下方中间的文本，然后在标准栏中分别单击“复制”按钮和“粘贴”按钮，复制并粘贴框选的文本，最后在【文本】工具属性栏中设置“旋转角度”为180°，按“Enter”键确认旋转操作，移动位置，如图9-41所示。

Step 4 分别选择最开始绘制的矩形，去掉轮廓，如图9-42所示。至此，蛋糕包装的封面平面效果制作完成。读者参照与上述同样的操作方法，绘制出蛋糕包装的底盒平面效果，如图9-43所示。

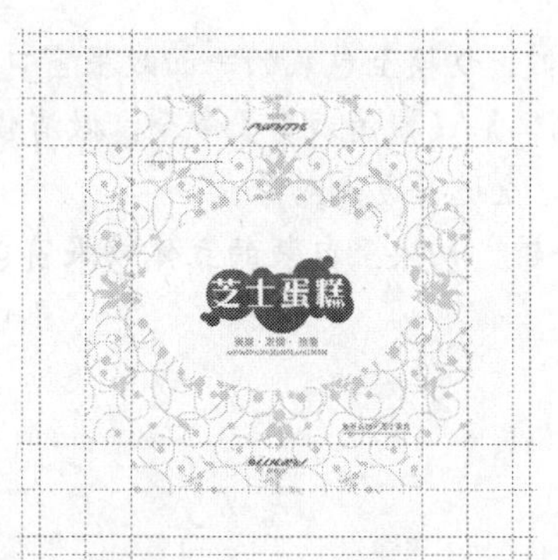

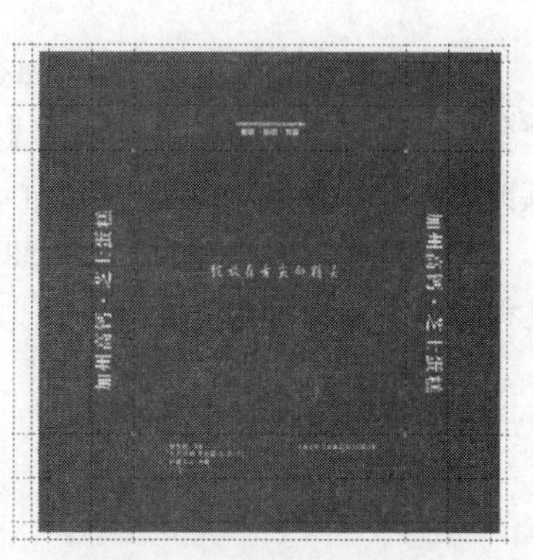

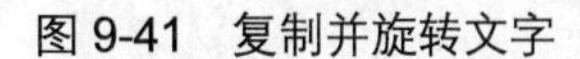

图 9-41 复制并旋转文字　　图 9-42 封面平面效果　　图 9-43 包装的平面底盒效果

4. 绘制包装的立体效果

Step 1 选择工具箱中的【裁剪】工具，依照辅助线在包装的封面上单击鼠标左键并拖曳，出现一个矩形裁剪框，如图 9-44 所示。

Step 2 在矩形裁剪框内双击鼠标左键，裁剪图形，如图 9-45 所示，然后按“Ctrl + A”组合键全选对象，并选择【排列】/【群组】命令，群组全选的对象，最后在标准栏中分别单击“复制”按钮 ，复制全选的图形。

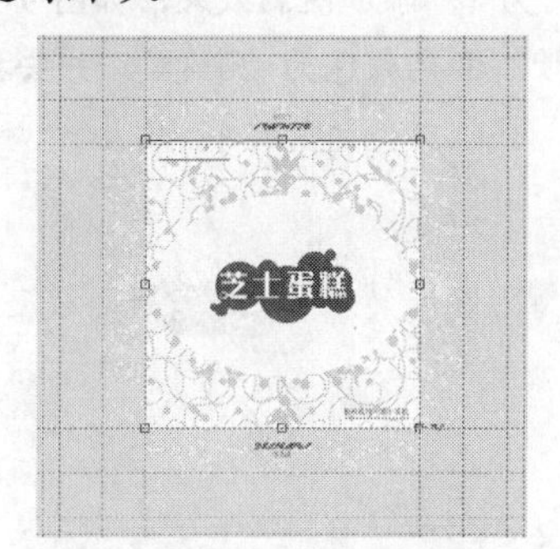

图 9-44 矩形裁剪框

图 9-45 裁剪的图形

Step 3 新建一幅横向空白文档，选择【编辑】/【粘贴】命令，粘贴复制的全选对象，并调整其位置和大小，如图 9-46 所示。

Step 4 选择【效果】/【透视】命令，出现网格的红色虚线框，调整各控制柄至合适位置，进行透视变形，如图 9-47 所示。

图 9-46 粘贴对象

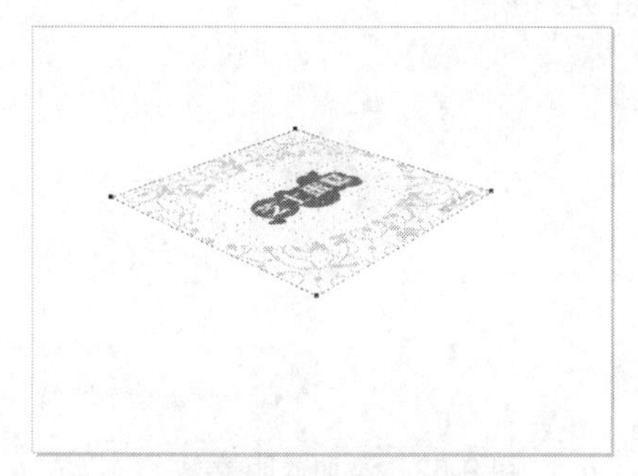

图 9-47 透视效果

Step 5 按“Ctrl + Tab”组合键，切换至包装的平面效果窗口，然后选择【编辑】/【撤消组合】命令，撤消组合操作，接着选择【编辑】/【撤消裁剪】命令，撤消裁剪操作，最后使用【裁剪】工具，裁剪包装的前侧面，如图 9-48 所示，全选并复制对象。

Step 6 按“Ctrl + Tab”组合键，切换至包装的立体效果窗口，粘贴复制的全选对象，并进行透视操作，如图 9-49 所示。

图 9-48 裁剪包装的前侧面

图 9-49 前侧面的效果

Step 7 选择工具箱中的【交互式阴影】工具，在工具属性栏中设置“预设列表”为“平面右下”、“阴影的偏移”为 0.7、“阴影的不透明”为 28、“阴影羽化”为 1，添加阴影效果，如图 9-50 所示。

Step 8 选择工具箱中的【贝塞尔】工具，绘制图形，填充颜色为 20%黑，并去掉轮廓，如图 9-51 所示。

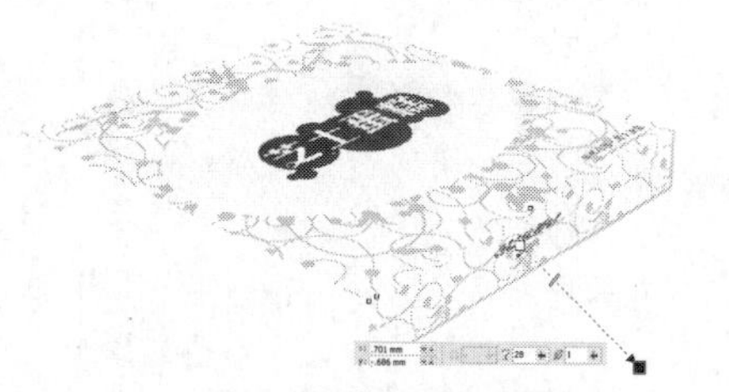

图 9-50 添加阴影效果

图 9-51 绘制图形并填充

Step 9 选择工具箱中的【交互式透明度】工具，在工具属性栏中设置“透明度类型”为“标准”、“开始透明度”为 50，添加透明效果，如图 9-52 所示。

Step 10 用与上述同样的方法，绘制出其他侧面的立体效果，对相应的图形添加阴影和透明效果，如图 9-53 所示。

图 9-52 添加透明效果

图 9-53 绘制出其他侧面的立体效果

Step 11　使用【矩形】工具，绘制一个矩形，然后选择工具箱中的【交互式填充】工具，填充起始位置颜色为黑色的（C:93;M:88;Y:89;K:80）、位置 41%的颜色为深灰色（C:73;M:65;Y:62;K:18）和终点位置为灰色（C:31;M:24;Y:22;K:0）的线性渐变，并去掉轮廓，如图 9-54 所示。

Step 12　选择【排列】/【顺序】/【到图层后面】命令，将其置于最底层，如图 9-55 所示。保存绘制的包装立体效果。

图 9-54　绘制矩形并渐变填充

图 9-55　完成效果

9.6 练习与上机

1. 单项选择题

（1）市面上较常见的打印机大致分为喷墨打印机、（　　）打印机和针式打印机。

A．立体　　B．激光　　C．图文　　D．3D

（2）（　　）纸主要是用来打印彩色图片，同时也十分适合制作贺卡。打印时选择有光泽、比较白的一面打印，效果很好。

A．普通　　B．纤维　　C．光面相片　　D．透明不干胶贴

（3）（　　）印刷也称“胶印”，是国内用得最多的一种印刷方式，利用水和油相斥的原理制作印版。

A．平版　　B．凹版　　C．凸版　　D．特种

（4）（　　）纸主要用于印刷包装盒和商品装潢衬纸。在书籍装订中，用于简、精装书的里封和精装书的脊条等装订用料。

A．铜版　　B．白板　　C．牛皮　　D．毛边

2. 多项选择题

（1）下列关于喷墨打印机的描述，正确的是（　　）。

A．是针式打印机之后发展起来的，采用非打击的工作方式

B．没有色彩锐度，当采用合适的墨水、纸张和合适的打印参数时，打印质量非常好

C．体积小、操作简单方便、打印噪声低

D．用专用纸张时可以打印出和照片相同效果的图片

（2）下列关于激光打印机打印介质的描述，正确的是（　　）。

A．打印介质有普通打印纸、光面相片纸、透明不干胶贴纸、纤维纸等

B．普通打印纸是最简单也是最常见的打印介质，平时专门用于打印各类文本文件的打印纸

C．普通打印纸主要是用来打印彩色图片，同时制作贺卡也十分合适

D．纤维纸是一种纯棉织品，可以在上面进行刺绣

（3）下列关于五种常见的印刷方式的描述，正确的是（　　）。

A．平版印刷适用于图文并茂的产品，广泛应用于印刷高档画册、广告、海报、纸质包装

B．凹版印刷的图文部分低于印版表面的空白部分，印刷时，印版从油墨槽滚过，使整个印版沾满油墨，再经过特制的刮墨刀将空白的部分刮平，使油墨只存留在图文部分的“孔穴”之中

C．凸版印刷简称为“凸印”，又称“铅印”，是采用凸印版进行印刷的一种印刷方式

D．特种印刷又称“专色印刷”，是指采用不同于一般制版、印刷、印后加工方法和材料生产供特殊用途的印刷方式的总称

3. 上机操作题

（1）为某药品类绘制一款包装效果，参考效果如图9-56所示。

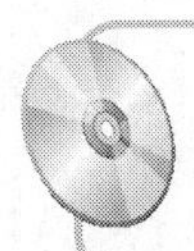

完成效果：效果文件\第9章\药品包装.cdr
素材文件：第9章\素材文件\无

图9-56　药品包装

（2）为某糕点绘制一款软包装效果，参考效果如图9-57所示。

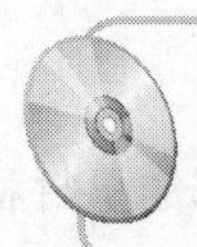

完成效果：效果文件\第9章\糕点软包装.cdr
素材文件：第9章\素材文件\无

图9-57　糕点软包装

第10章 企业VI设计

学习目标

了解VI设计的相关基础知识，学习在CorelDRAW X5制作VI构成素材，如企业标志、标准色与辅助色、名片、信封、雨伞、手提袋等。了解并掌握VI设计的构成要素与绘制方法。

学习重点

了解VI设计相关基础知识，如CI的概述、VI的构成要素，以及掌握VI构成要素，如企业标志、标准色与辅助色、名片、信封、雨伞、手提袋、等。

主要内容

- VI设计的基础知识
- 组合系统标准设计
- 办公事务系统设计
- 广告宣传系统设计

10.1 VI 设计基础知识

VI（Visual Identity）是视觉识别的英文的简称，它借助一切可见的视觉符号在企业内外传递与企业相关的信息。在具体了解 VI 之前，首先了解一下 CI 的内容。

10.1.1 CI 的概述

CI 系统是企业形象识别系统（Corporate Identity System）英文名称缩写，简称为 CI 或 CIS，它包括理念识别（MI）、行为识别（BI）和视觉识别（VI）三部分，如图 10-1 所示。

- MI（理念识别）是整个 CI 系统的核心和原动力，因为它具有规划企业精神、制定经营策略和决定企业性格等功能。
- BI（行为识别）是以明确完善的企业经营理念为核心，制定企业内部的制度与行为等。另外，企业的社会公益活动、赞助活动和公共关系动态识别也属于行为识别范畴。
- VI（视觉识别）是 CI 的静态识别，它通过一切可见的视觉符号对外传达企业的经营理念与情报信息。在 CI 系统中，VI 是提高企业知名度和塑造企业形象最直接、最有效的方法。它能够将企业识别的基本精神及其差异性充分体现出来，从而使消费者识别并认知。

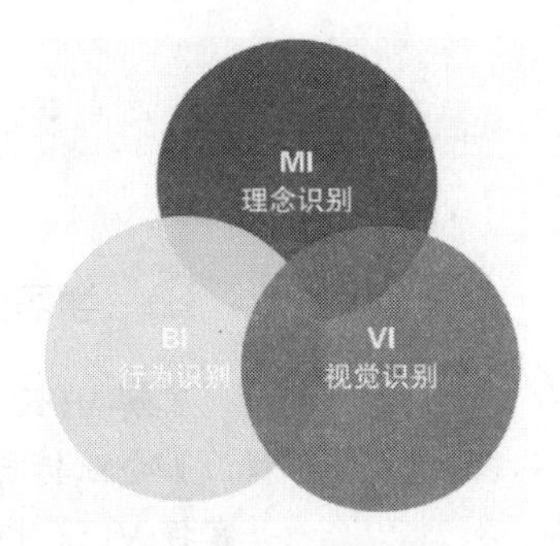

图 10-1　CI 结构图

10.1.2 VI 的构成要素

VI（视觉识别系统）一般分为两大类，即基础设计系统和应用设计系统。其中基础设计系统是树根，而应用设计系统是树叶，是企业形象的传播媒体。下面将进行简单介绍。

1. 基础设计系统

基础设计系统包括企业名称、企业形象标识（商标，见图 10-2）、企业标准字体、企业标准色、企业象征纹样等。这些基础要素是企业视觉识别设计的基础，是表达企业经营理念的统一性设计要素。

2. 应用设计系统

基础设计系统的内容作为设计的基本元素，最终是为应用项目服务的，即为 VI 应用设计系统服务，包括企业办公用品、广告宣传、旗帜、员工服装、交通运输、环境展示等。这是一个庞大的系统，它包括所有视觉所及的传达物。下面将对部分内容进行简单介绍。

图 10-2　企业形象标识

- 办公用品系统包括名片、信封、信纸、便笺、传真纸、公文包、公文袋（见图 10-3），以及发票、预算书、介绍信、合同书等事务性用品。
- 旗帜系统是一种非常有感召力的标识物，利用旗帜可将企业色、标志、名称等基本要素做充分的展示，并可获得明显的效果。旗帜大致可以分为吊旗、司旗、竖旗和桌旗（见

图 10-4）等。

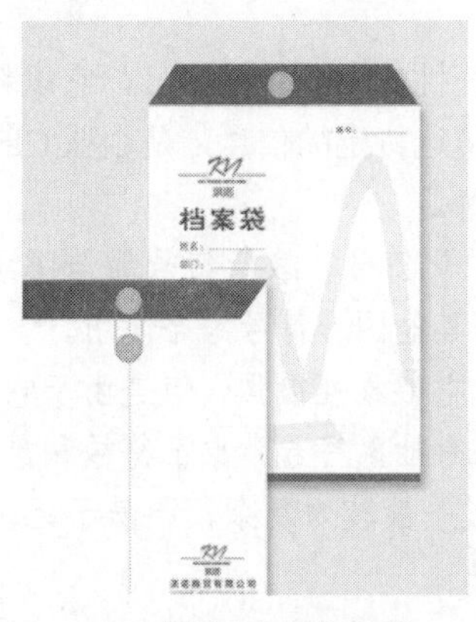

图 10-3　公文袋

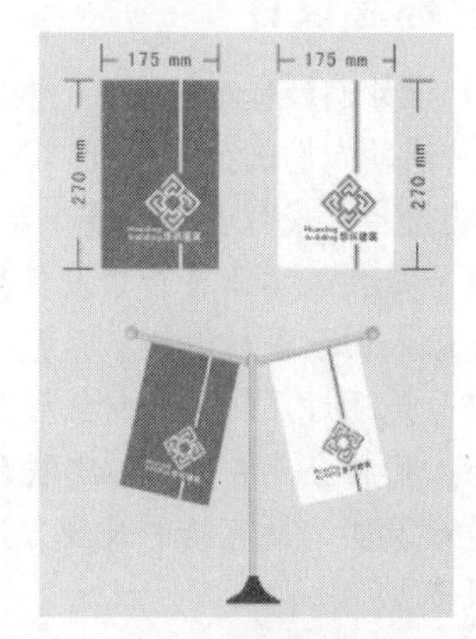

图 10-4　竖旗和桌旗

- 广告宣传系统类包括公司指南、内部刊物、企业形象广告、产品广告（见图 10-54），以及产品目录、宣传手袋等，还有一些促销工具也属于广告宣传类。它是推广企业视觉形象最直接、最重要的部分，也是工作量较大、变化较多的部分。需要有针对性地设计大量的宣传资料，努力反映具体的广告主题。
- 环境展示系统是企业形象在公共场所的视觉再现，是表示商品和企业存在的标志，利于展示企业的整体形象。环境展示包括户外和室内两部分，户外部分包括橱窗、挂旗、高立柱大型招牌（见图 10-6）、户外广告、灯箱和路杆广告等；室内部分包括企业形象墙、大堂内的楼层分布图、楼梯间的楼层标识、指路标志牌、分区标志牌、警示牌以及广告塔等。

图 10-5　产品广告

图 10-6　高立柱广告

10.2　基础部分——组合系统标准设计

VI 设计体系中的基础要素是表达企业经营理念的统一性要素，是应用要素设计的基础。为了使其在信息传播中达到对内（企业内部）、对外（社会公众）视觉上的一致，塑造明确而统一的企业形象，需要对企业标志、标准色与辅助色、标准字等基本要素进行组合运用，并且形成一套严格的规范，不能随意改变。其中包括要素组合时的位置、方向、大小、颜色等组合规范，当确定了某种组合之后，为了方便制作和使用，确保企业视觉形象统一，需要绘制各种组合的标准图形。

10.2.1 标志设计

标志是 CI 设计的最基本的要素。标志是一种具有象征性的大众传播符号，它以精练的形象表达一定的涵义，并借助人们的符号识别、联想等思维能力，传达特定的信息，是企业 CIS 战略的最关键的元素。标志的符号形式有表音符号、表形符号和图画 3 种。

- 表音符号是指表示语言音素及其拼合的语音的视觉化符号。表音符号简洁明了、很少歧义，但不能给人留下深刻印象，标识能力弱，所以常与其他图形符号结合使用。
- 表形符号是通过几何图案或象形图案来表示标志，它形象性很强，但是由于它没有表音符号，不利于人们将企业名称和标志联系起来。表形符号有抽象符号、象征符号和象形符号三种。
- 图画是最真实、最直接的表现方法，但是图案图形一般较为复杂，不易于记忆，所以使用得不是很多。

本例的设计思路如图 10-7 所示，具体设计如下。

（1）通过利用【贝塞尔】工具、【交互式填充】工具，绘制渐变图形。利用群组、相交操作，修整渐变图形。利用【星形】工具，绘制个性星形，并填充单色。

（2）利用【文本】工具，绘制文字。

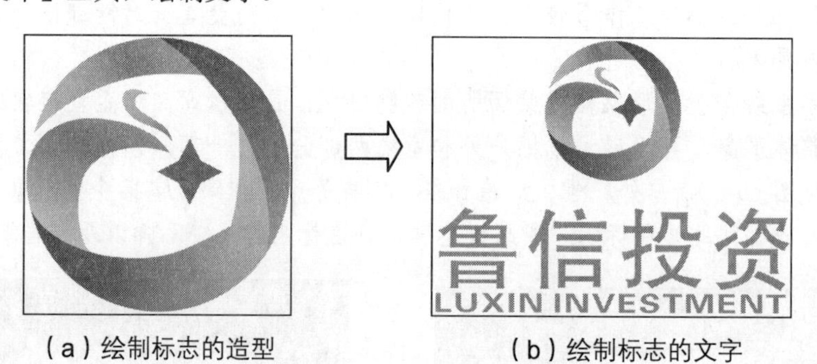

（a）绘制标志的造型　　（b）绘制标志的文字

图 10-7　制作标志的操作思路

1. 绘制标志的造型

Step 1　启动 CorelDRAW X5 并新建文件，选择工具箱中的【贝塞尔】工具，绘制一个闭合图形，并结合【形状】工具，调整图形状态，如图 10-8 所示。

Step 2　选择工具箱中的【交互式填充】工具，填充起始位置为黄色（C:6;M:31;Y:100;K:0）、位置 41%的颜色为橙色（C:0;M:60;Y:100;K:0）、位置 66%的颜色为红色（C:9;M:88;Y:100;K:0）、终点位置的颜色为橙黄色（C:5;M:62;Y:100;K:0）的线性渐变色，并选择工具箱中的【无轮廓】工具，去掉轮廓，如图 10-9 所示。

Step 3　用与上述同样的方法，使用【贝塞尔】工具绘制其他的图形，填充相应的线性渐变色并去掉轮廓，如图 10-10 所示。

Step 4　选择工具箱中的【挑选】工具框选所有的图形，然后在工具属性栏中单击“群组”按钮，群组图形，最后选择工具箱中的【椭圆形】工具，结合“Ctrl”键，绘制一个圆形，如图 10-11 所示。

Step 5　在工具属性栏中单击“相交”按钮，相交修整图形，如图 10-12 所示。

Step 6　选择绘制好的圆形，选择【编辑】/【删除】命令，删除圆形，如图 10-13 所示。

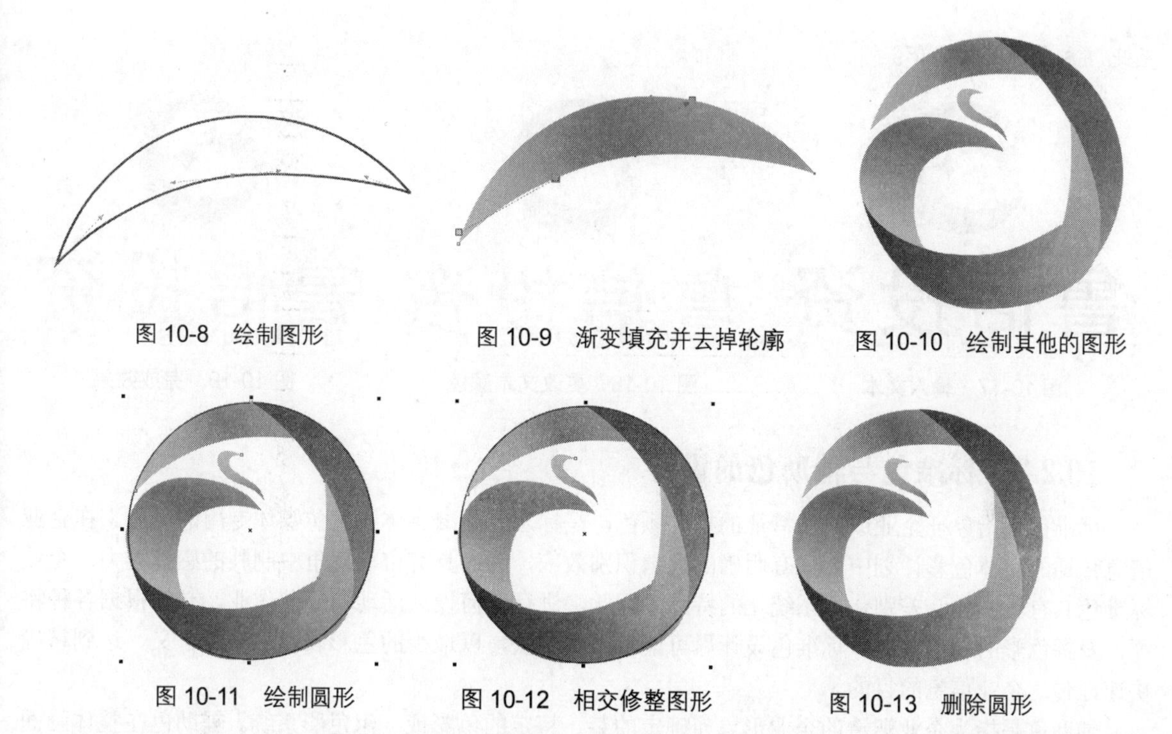

图 10-8　绘制图形　　图 10-9　渐变填充并去掉轮廓　　图 10-10　绘制其他的图形

图 10-11　绘制圆形　　图 10-12　相交修整图形　　图 10-13　删除圆形

Step 7　按住“Alt”键，在渐变群组图形上单击鼠标左键，选择其下方的渐变群组图形，然后选择【编辑】/【删除】命令，删除选择的渐变群组图形，如图 10-14 所示。

Step 8　选择工具箱中的【星形】工具，在工具属性栏中设置“点数”和“边数”为 4、“锐度”为 32，在绘图页面中绘制一个 4 角星形，如图 10-15 所示。

Step 9　选择工具箱中的【均匀填充】工具，填充颜色为红色（C:10;M:100;Y:100;K:0），并去掉轮廓，如图 10-16 所示。

图 10-14　删除选择的渐变群组图形　　图 10-15　绘制 4 角星形　　图 10-16　填充颜色并去掉轮廓

2. 绘制标志的文字

Step 1　选择工具箱中的【文本】工具，在绘图页面单击鼠标左键，输入“鲁信投资”文字，选择文字，在工具属性栏中设置“字体”为“方正黑体简体”、“字体大小”为 66，在调色板的白色色块上单击鼠标左键，填充颜色为白色，如图 10-17 所示。

Step 2　在调色板中的 70%黑色色块上单击鼠标左键，填充颜色为灰色，如图 10-18 所示。

Step 3　用与上同样的方法，输入其他的文字，设置好字体、颜色、位置等，如图 10-19 所示。

至此，本案例制作完毕。

图 10-17　输入文本　　　图 10-18　更改文本颜色　　　图 10-19　完成效果

10.2.2　标准色与辅助色的设计

标准色是指象征企业或产品特征的指定颜色，是标志、标准字体及宣传媒体专用的色彩。在企业信息传递的整体色彩计划中，具有明确的视觉识别效应，因而具有市场竞争中制胜的感情魅力。企业标准色具有科学化、差别化、系统化的特点。因此，进行任何设计活动和开发作业，必须根据各种特征，发挥色彩的传达功能。标准色设计尽可能单纯、明快，以最少的色彩表现最多的含义，达到精确快速地传达企业信息的目的。

辅助色是指为企业塑造的企业形象而确定的某一特定的色彩或一组色彩系统。辅助色在整体画面中应该起到平衡主色的冲击效果和减轻其对观看者产生的视频疲劳度，并具有一定量的视觉分散的效果及渲染的作用，允许根据具体情况选用辅助色，但要注意保持与基本色的协调关系。

本例的设计思路如图 10-20 所示，具体设计如下。

（1）通过利用【矩形】工具、【文本】工具绘制标准色色块，并填充单色。

（2）利用【矩形】工具、复制操作、【文本】工具绘制辅助色块，并填充单色。

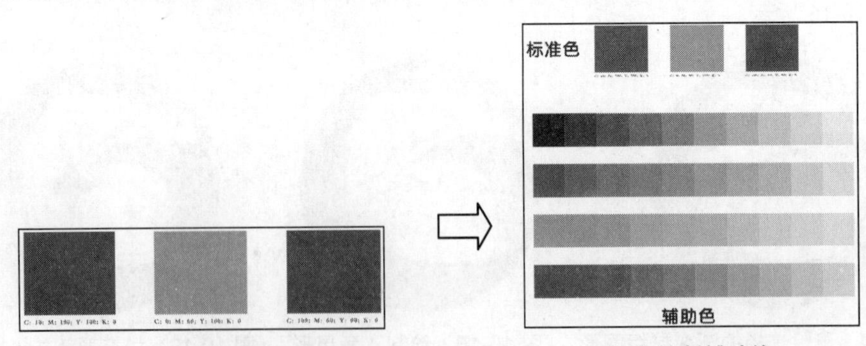

（a）绘制标准色　　　（b）绘制辅助线

图 10-20　制作标准色与辅助色的操作思路

1. 绘制标准色色块

Step 1　新建横向空白文件，选择工具箱中的【矩形】工具，绘制一个“对象大小”为 28mm×24mm 的矩形，然后选择工具箱中的【均匀填充】工具，填充颜色为红色（C:10;M:100;Y:100;K:0），并去掉轮廓，如图 10-21 所示。

Step 2　选择工具箱中的【文本】工具，在绘图页面单击鼠标左键，输入文本，选择文字，在工具属性栏中设置“字体”为“方正大标宋简体”、“字体大小”为5.5，如图10-22所示。

图10-21　绘制矩形

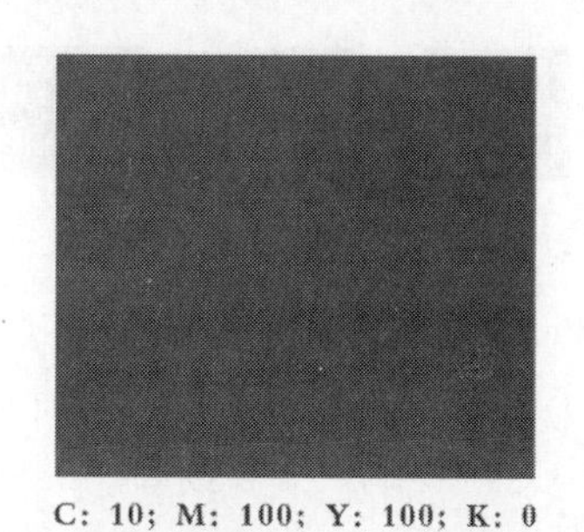

图10-22　输入文字

Step 3　选择工具箱中的【挑选】工具，框选矩形和文字，在选择的图形中单击并按住鼠标右键向右拖曳至合适位置，释放鼠标右键，弹出快捷菜单选择“复制”选项，移动并复制图形，如图10-23所示。

Step 4　选择复制的红色矩形，使用【均匀填充】工具，更改颜色为橙色（C:0;M:60;Y:100;K:0），如图10-24所示。

图10-23　移动并复制图形

图10-24　更改填充颜色

Step 5　选择工具箱中的【文本】工具，在复制的文本上单击鼠标左键，进入输入状态，选择相应的文本并输入所需的文本，如图10-25所示。

Step 6　用与上述同样的方法，移动并复制矩形和文字，并更改颜色为蓝色（C:100;M:60;Y:0;K:0），以及相应的文本，如图10-26所示。

图10-25　更改文本

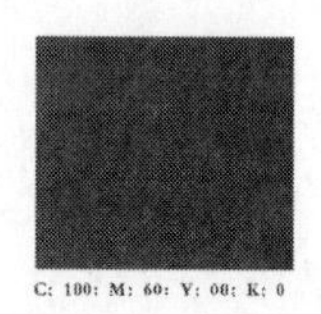

图10-26　绘制另一个标准色

2. 绘制辅助色色块

Step 1　使用【矩形】工具，绘制一个“对象大小”为17mm的正方形，并去掉轮廓，如图10-27所示。

Step 2　按住“Ctrl”键的同时，将鼠标指针移至左侧中间的控制柄上单击并按住左键向右拖曳，接着单击鼠标右键，复制一个等比例大小的正方形，然后使用【均匀填充】工具更改颜色深灰色

（C:0;M:0;Y:0;K:90），如图 10-28 所示。

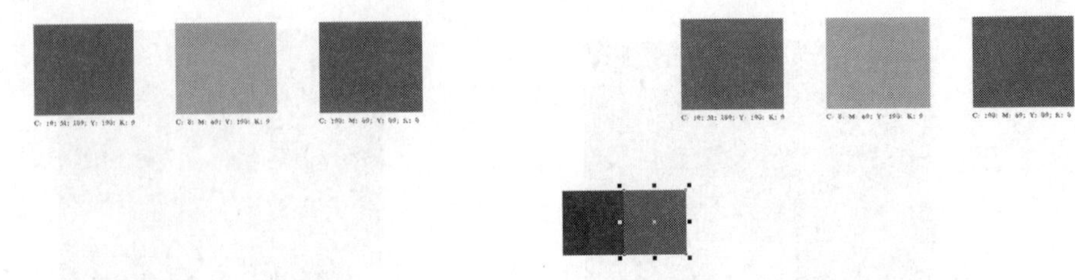

图 10-27　绘制正方形　　图 10-28　复制正方形并更改颜色

Step 3　复制 8 个正方形并更改相应的颜色，如图 10-29 所示。

Step 4　用与上述同样的方法，绘制并复制正方形，填充相应的颜色，制作出其他颜色的辅助色，如图 10-30 所示。

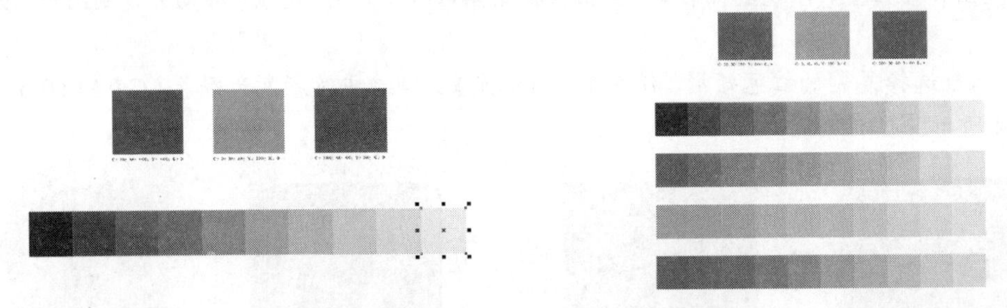

图 10-29　复制正方形并更改颜色　　图 10-30　制作其他颜色的辅助色

Step 5　使用【文本】工具，输入文本，设置好字体、字号、颜色等，如图 10-31 所示。至此，本案例制作完成。

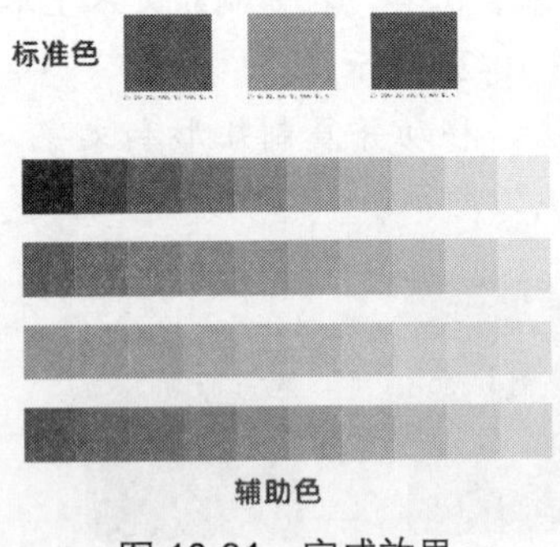

图 10-31　完成效果

10.3 应用部分——办公事务系统设计

办公事务系统属于 VI 设计的应用要素，其设计应充分体现出强烈的统一性和规范化，传达企业文化和企业精神。在 VI 设计中，办公事务用品的设计应严格规定版式构成、排列形式、文字格式、色彩及所有尺寸。将企业标志、标准字、标准色等作为主要元素，应用于办公事务用品的设计中，以形成办公事务用品的完整视觉形象，向各个领域渗透传播，展示企业正规的管理、卓越的企业文化和经营理念。

10.3.1　名片的设计

名片的产生主要是为了交往，过去由于经济与交通均不发达，人们交往面不太广，对名片的需求量不大。随内地改革开放，人口流动加快，人与人之间的交往增多，使用名片开始增多。特别是近几年随着经济发展，信息开始发达，用于商业活动的名片成为市场的主流。人们的交往方式有两种，一种是朋友间交往，另一种是工作间交往。工作间交往一般是商业性的，朋友间交往一般是非商业性的，由此成为名片分类的依据。名片因纸张的不同，可做出不同的风格。名片纸张按能否折叠划分为普通名片和折卡名片，普通名片按印刷参照的底面不同还可分为横式名片和竖式名片。

- 横式名片：以宽边为低、窄边为高的名片印刷方式。横式名片因其设计方便、排版价格便宜，成为目前使用最普遍的名片印刷方式。
- 竖式名片：以窄边为低、宽边为高的名片使用方式。竖式名片因其排版复杂，可参考的设计资料不多，适于个性化的名片设计。
- 折卡名片：可折叠的名片比正常名片多出一半的信息记录面积。

本例的设计思路如图 10-32 所示，具体设计如下。

（1）通过利用【矩形】工具绘制名片的造型。利用【钢笔】工具绘制修饰图形，并填充渐变色；利用“导入”命令导入企业标志。

（2）利用【文本】工具绘制名片说明文字。

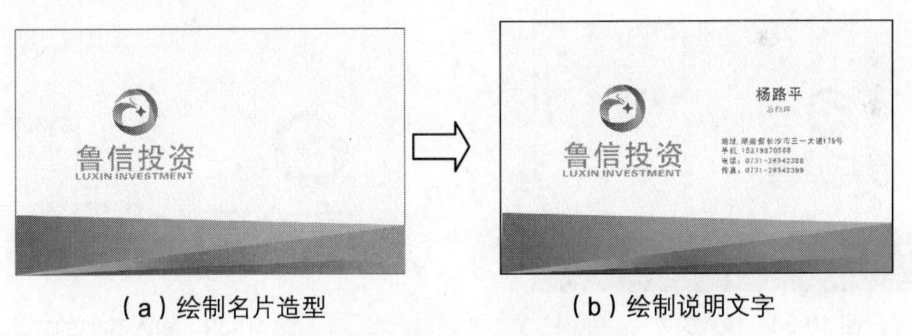

（a）绘制名片造型　　（b）绘制说明文字

图 10-32　制作名片的操作思路

1. 绘制名片的图像

Step 1　新建横向空白文件，选择工具箱中的【矩形】工具，绘制一个“对象大小”为 28mm×24mm 的矩形，然后在调色板的白色色块上单击鼠标左键，填充矩形，效果如图 10-33 所示。

Step 2　使用【钢笔】工具，绘制一个闭合图形，如图 10-34 所示。

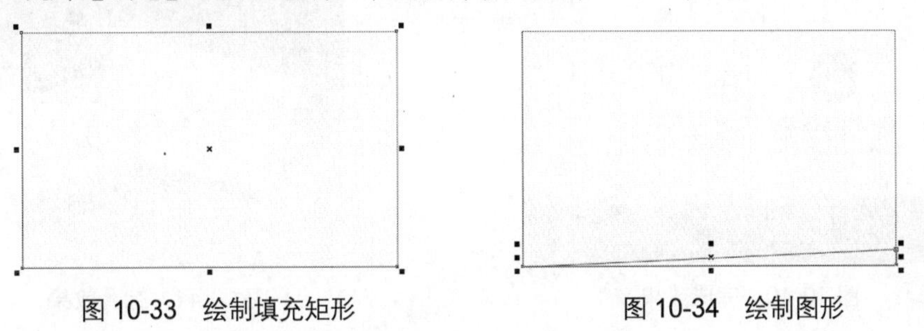

图 10-33　绘制填充矩形　　图 10-34　绘制图形

Step 3 使用【交互式填充】工具，填充起始位置为蓝色（C:100;M:100;Y:30;K:0）、位置 43% 的颜色为蓝色（C:100;M:55;Y:00;K:0）、终点位置的颜色为青色（C:65;M:20;Y:5;K:0）的线性渐变色，去掉轮廓，如图 10-35 所示。

Step 4 使用【钢笔】工具绘制其他的图形，并填充相应的渐变色，如图 10-36 所示。

Step 5 按 "Ctrl + I" 组合键，导入 "标志.cdr" 文件，调整其位置及大小，如图 10-37 所示。

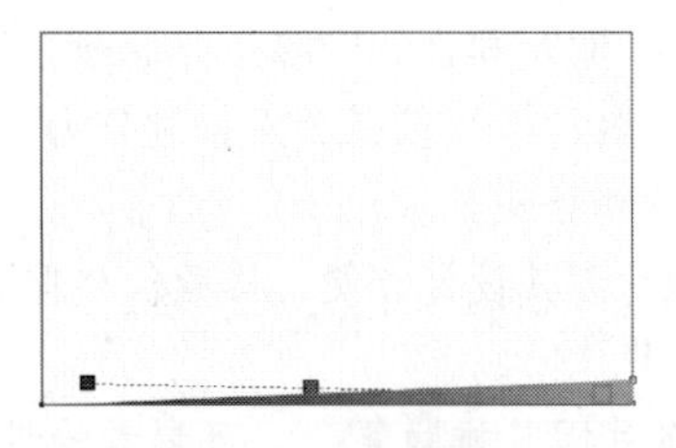

图 10-35　渐变填充

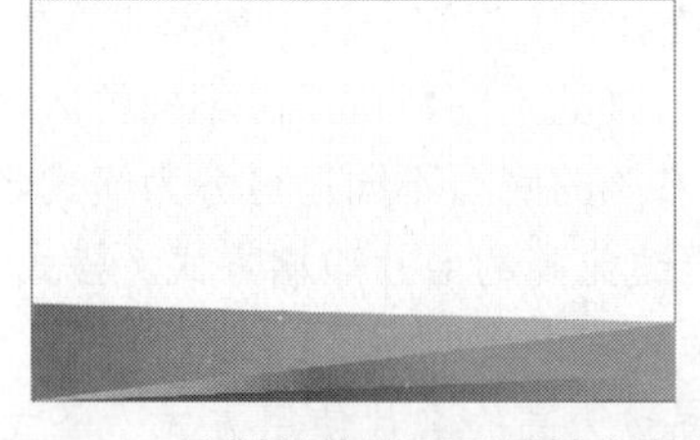

图 10-36　绘制其他的图形并填充渐变

图 10-37　导入标示

2. 绘制名片的文字

Step 1 选择工具箱中的【文本】工具，在绘图页面单击鼠标左键，输入文字 "杨路平"，选择文字，在工具属性栏中设置 "字体" 为 "方正黑体简体"、"字体大小" 为 10，如图 10-38 所示。

Step 2 使用【文本】工具，输入其他的文本，设置字体、字号、位置等，如图 10-39 所示。

图 10-38　输入文本

图 10-39　输入其他的文本

Step 3 使用【挑选】工具，选择矩形，在工具属性栏中设置 "轮廓宽度" 为 "无"，去掉轮廓，如图 10-40 所示。至此，本案例制作完成。

读者可以在该实例的基础上，删除相应对象，制作出名片的背面，变换名片的正面和背面，添加阴影效果，然后绘制渐变背景色，制作出名片的综合效果，如图 10-41 所示。

图 10-40　完成效果

图 10-41　综合效果

10.3.2　信封的设计

信封设计时一律采用横式，国内信封的封舌应在正面的右边或上边，国际信封的封舌应在正面的上边。邮寄信封的设计位置和范围都是有规定的，一般只能利用信封右下角的指定位置，安排发送单位的设计要素。若不按照要求设计，很有可能遭到邮政部门的拒收而不予邮寄；若不通过邮局寄送的特殊信封，规格较为随意，可根据设计需要确定尺寸，但要注意将信封尺寸的设定与纸张的大小相配合，尽量减少浪费。

本例的设计思路如图 10-42 所示，具体设计如下。

（1）利用【矩形】工具绘制信封正面。利用【3 点曲线】工具绘制信舌，并填充单色。

（2）利用【矩形】工具、再制操作绘制邮编框和邮票框；利用“导入”命令导入企业标志。利用【文本】工具绘制名片说明文字。

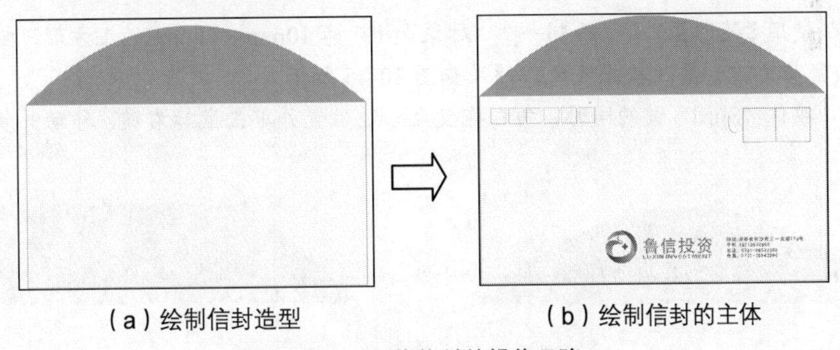

（a）绘制信封造型　　（b）绘制信封的主体

图 10-42　制作信封的操作思路

1. 绘制信封的造型

Step 1　新建横向空白文件，使用【矩形】工具，绘制一个“对象大小”为 230mm × 120mm 的矩形，在调色板中的白色色块上单击鼠标左键，填充矩形，并在橙色色块上单击鼠标右键，更改轮廓颜色，效果如图 19-43 所示。

Step 2　选择工具箱中的【3 点曲线】工具，绘制图形，如图 10-44 所示。

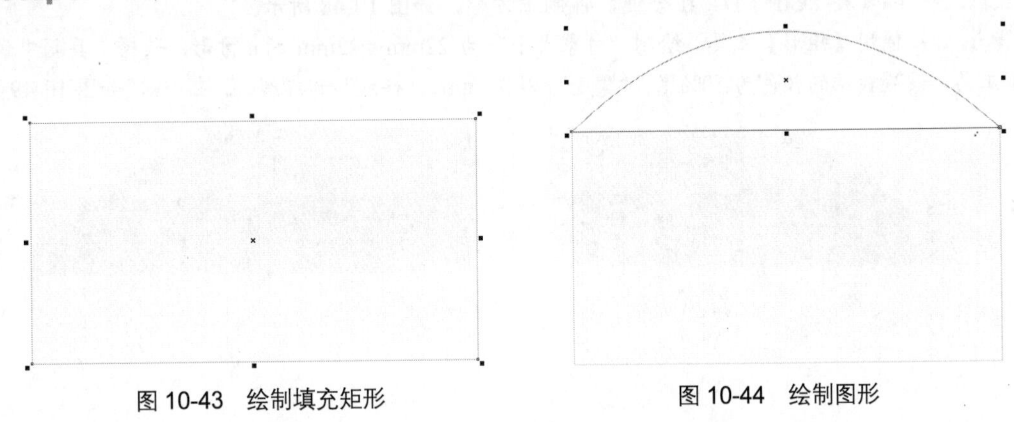

图 10-43　绘制填充矩形　　图 10-44　绘制图形

Step 3　在调色板的橙色色块上单击鼠标左键，填充颜色，并在“无轮廓”图标☒上单击鼠标右键，去掉轮廓，效果如图 10-45 所示。

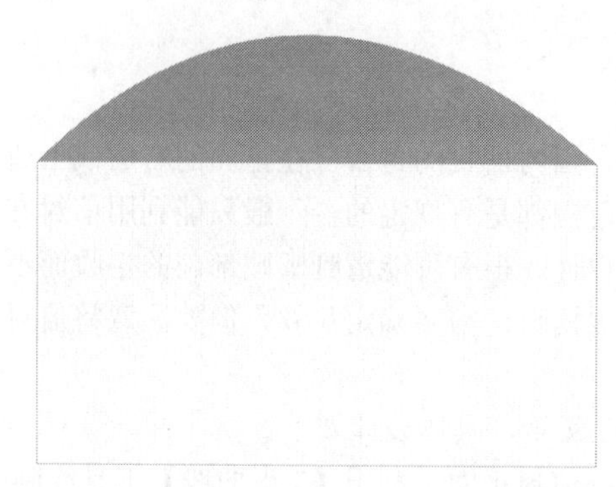

图 10-45　填充颜色并去年轮廓

2. 绘制信封的主体

Step 1　使用【矩形】工具，绘制一个“对象大小”为 10mm × 10mm 的正方形，在调色板的 50% 黑色块上单击鼠标右键，更改轮廓颜色，效果如图 10-46 所示。

Step 2　按住“Shift”键的同时，向右拖曳至合适位置并单击鼠标右键，移动并复制正方形，如图 10-47 所示。

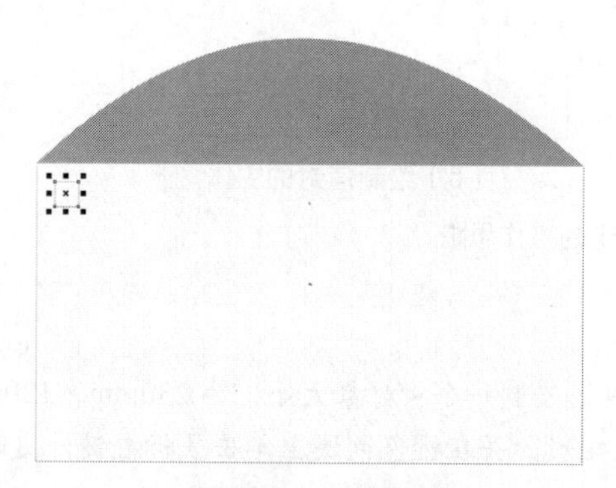

图 10-46　绘制矩形

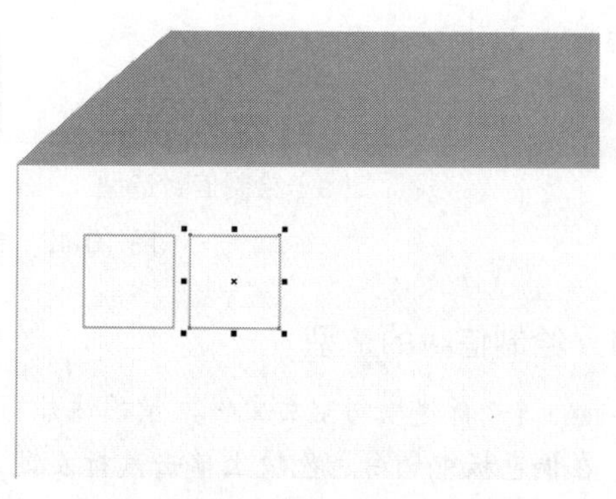

图 10-47　移动并复制正方形

Step 3　按 4 次“Ctrl + D”组合键，再制正方形，如图 10-48 所示。

Step 4　使用【矩形】工具，绘制“对象大小”为 22mm × 22mm 的正方形，选择工具箱中的【轮廓笔】工具，设置轮廓的颜色为 50%黑、“宽度”为 0.5mm、“样式”为虚线，如图 10-49 所示。

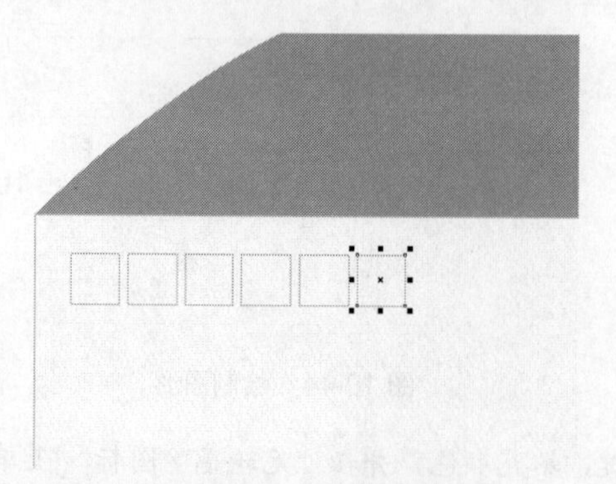

图 10-48　再制正方形

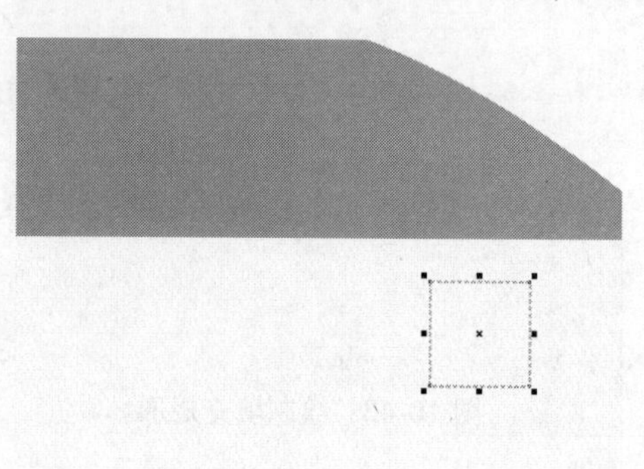

图 10-49　绘制正方形

Step 5　按住“Ctrl”键的同时，将鼠标指针移至左侧中间的控制柄上单击并按住左键向右拖曳，接着单击鼠标右键，复制一个同样大小的正方形，如图 10-50 所示。

Step 6　按“Ctrl + I”组合键，导入“标志 1.cdr”文件，调整其位置及大小，如图 10-51 所示。

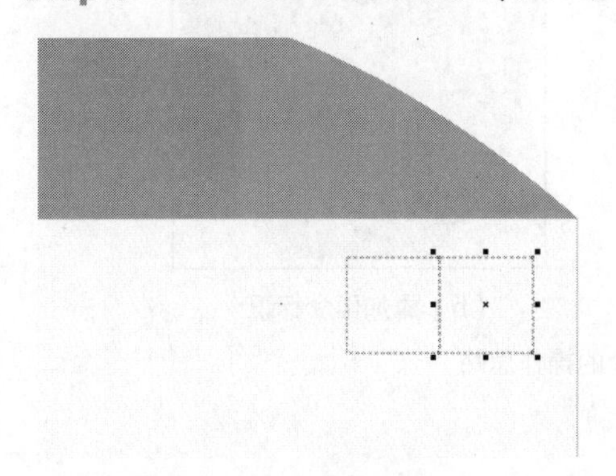

图 10-50　复制正方形

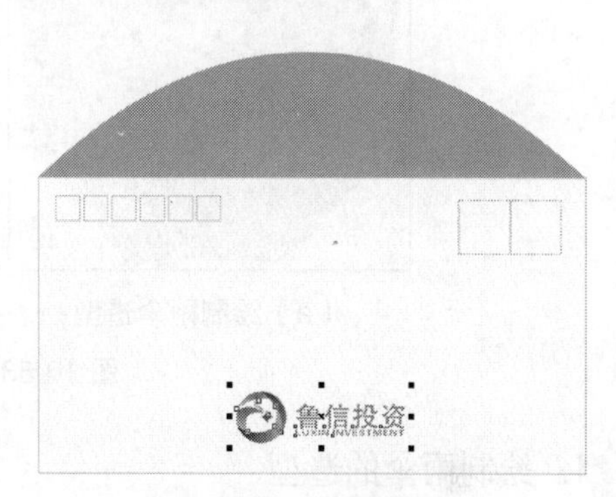

图 10-51　导入标志 1

Step 7　利用【文本】工具输入其他的文本，设置字体、字号、位置等，如图 10-52 所示。至此，本案例制作完成。

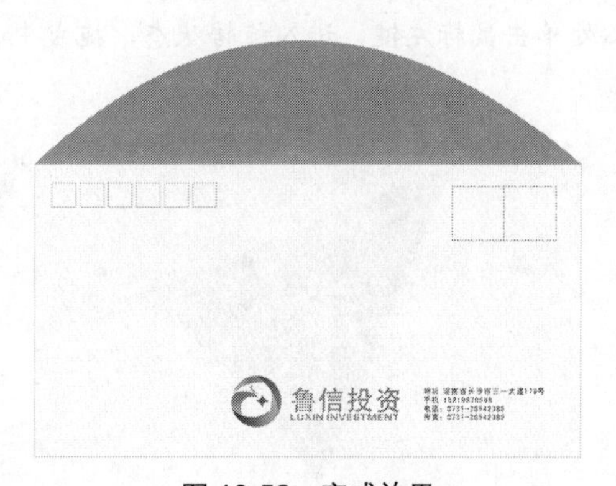

图 10-52　完成效果

10.4 应用部分——广告宣传系统设计

广告宣传系统是一种符号化、信息化、完整化的企业形象展示，具有极高的信誉感，是现代企业销售的生命线。同时它又是一种广告形式，可以有效地提高企业的认知度与树立企业的品牌形象。

10.4.1　雨伞的设计

雨伞也是宣传企业形象的一种形之有效的方法，在空白面可以印刷企业标识、广告语或产品名称，伞的款式和广告设计形式根据实际需要而定。

本例的设计思路如图 10-53 所示，具体设计如下。

（1）利用【贝塞尔】工具绘制伞叶并填充单色。利用“旋转”、“再制”命令绘制雨伞整体造型。

（2）利用“导入”命令导入标识，并进行旋转、再制操作。

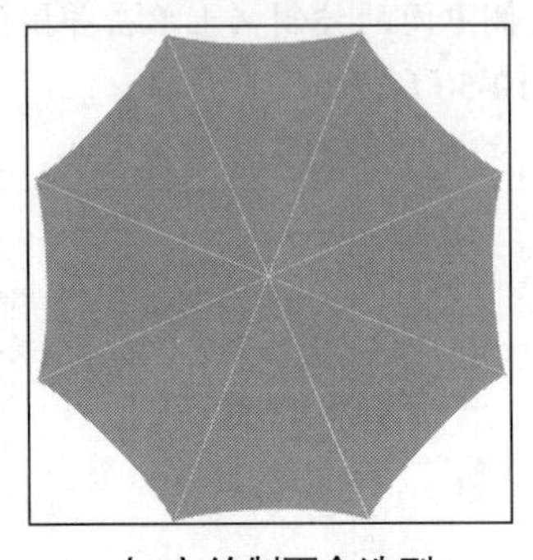

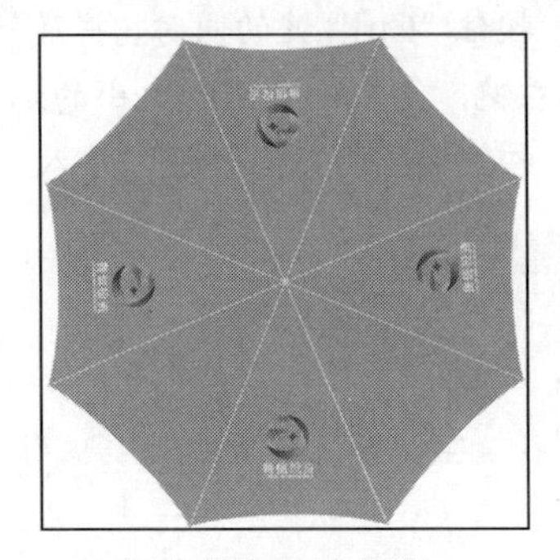

（a）绘制雨伞造型　　　　（b）添加雨伞标识

图 10-53　制作雨伞的操作思路

1. 绘制雨伞的造型

Step 1　使用工具箱中的【贝塞尔】工具，绘制图形，如图 10-54 所示。

Step 2　在调色板中的橙色色块上单击鼠标左键，填充颜色为橙色，然后使用【轮廓笔】工具，设置轮廓的颜色为浅橙色（C:0;M:20;Y:31;K:0）、"宽度"为 0.25，如图 10-55 所示。

Step 3　在图形的中心处单击鼠标左键，进入旋转状态，拖曳中心点至左上角处，如图 10-56 所示，改变中心位置。

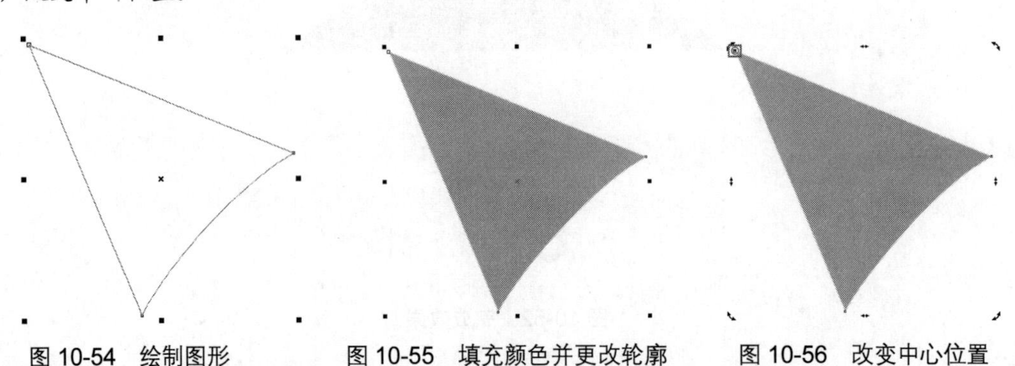

图 10-54　绘制图形　　图 10-55　填充颜色并更改轮廓　　图 10-56　改变中心位置

Step 4　将鼠标指针移至右下角处，单击并按住鼠标左键向上拖曳至刚绘制图形的右侧边界处，单击鼠标右键，旋转并复制图形，如图 10-57 所示。

Step 5　选择 6 次【编辑】/【再制】命令，再制图形，如图 10-58 所示。

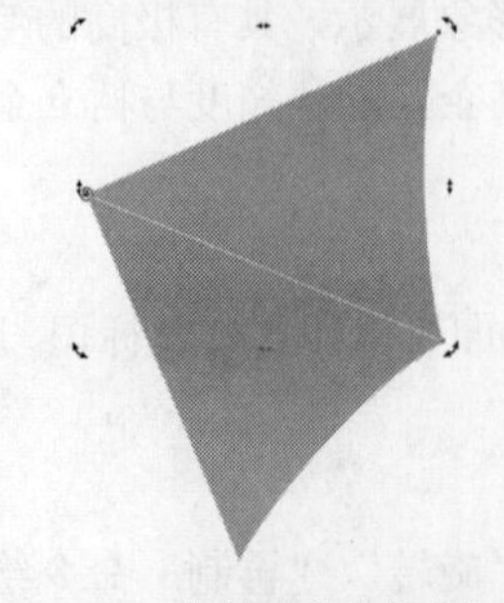

图 10-57　旋转并复制图形

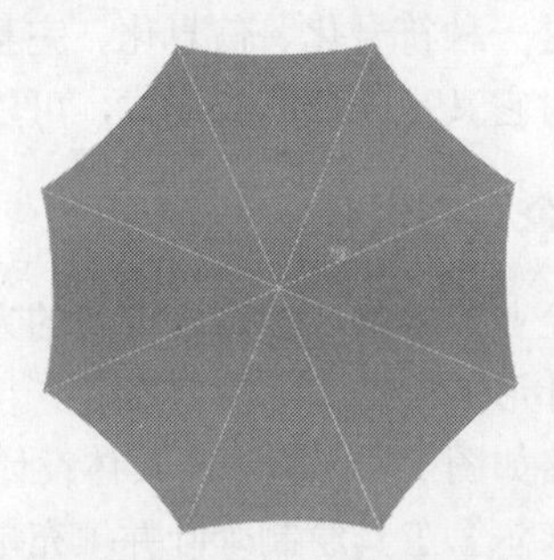

图 10-58　再制图形

2. 添加雨伞的标识

Step 1　按“Ctrl + I”组合键，导入“标志 2.cdr”文件，如图 10-59 所示。

Step 2　在图形的中心处单击鼠标左键，进入旋转状态，拖曳至雨伞的伞边处，改变中心位置，然后将鼠标指针移至右下角处，单击并按住鼠标左键向上拖曳至刚绘制图形的右侧边界处，单击鼠标右键，旋转并复制标志 2，如图 10-60 所示。

Step 3　选择两次【编辑】/【再制】命令，再制标志 2，如图 10-61 所示。至此，本案例制作完成。

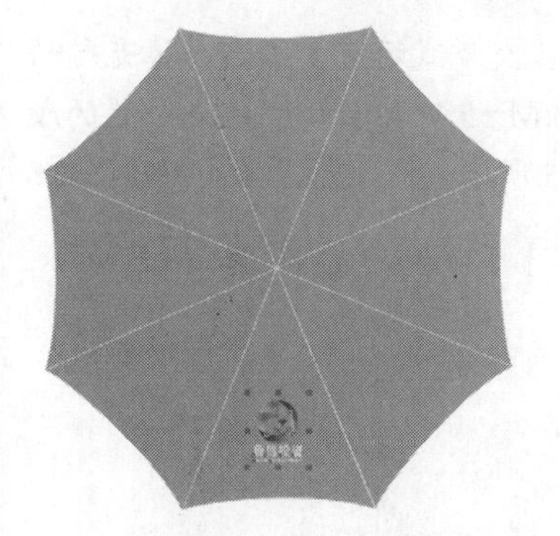

图 10-59　导入标志 2

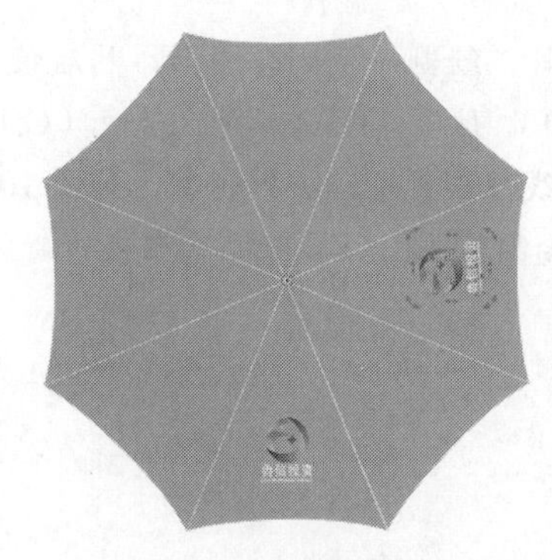

图 10-60　旋转并复制标志 2

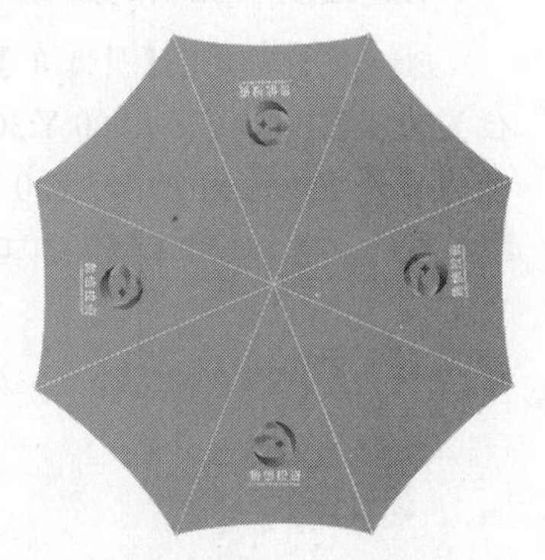

图 10-61　完成效果

10.4.2　手提袋的设计

手提袋是非常好的企业形象宣传方式，通过手提袋可以展现出企业的形象，对品牌的形象提升，产品的外观宣传都有很好的作用，也为客户提供了方便。一款精美的手提袋会使客户爱不释手，手提袋印有 LOGO 或者商标广告，客户也乐于使用。手提袋设计要简洁而且大方，以公司的标志形象为主，可以有企业理念，设计过程要避免复杂。

本例的设计思路如图 10-62 所示，具体设计如下。

（1）利用【矩形】工具绘制手提袋造型并填充单色。

（2）利用【贝塞尔】工具绘制手提袋装饰图案，并填充渐变色。利用“导入”命令，导入企业标识。

（3）利用【贝塞尔】工具绘制手提袋带子。

（a）绘制手提袋造型

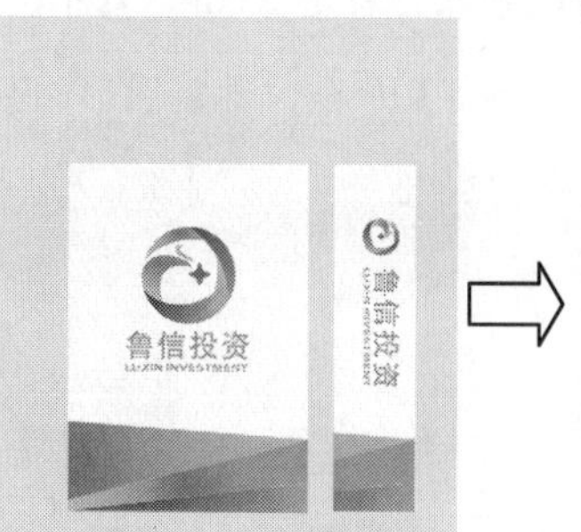

（b）绘制手提袋图像

（c）绘制手提袋带子

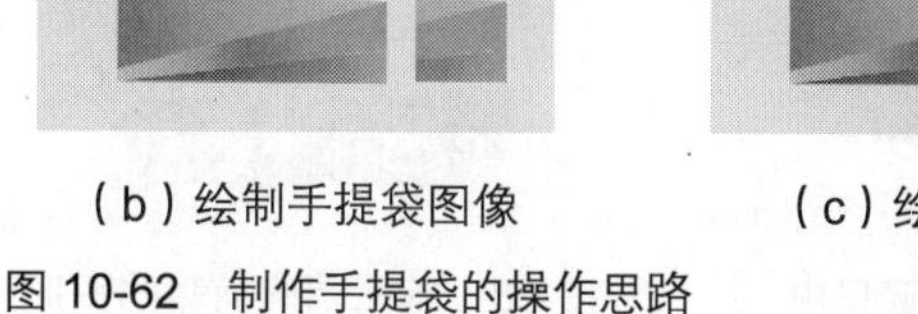

图 10-62　制作手提袋的操作思路

1. 绘制手提袋的造型

Step 1 使用【矩形】工具，绘制一个“对象大小”为480mm × 545mm的矩形，填充颜色为20%黑，并去掉轮廓，如图10-63所示。

Step 2 使用【矩形】工具，绘制两个“对象大小”为250mm × 350mm、85mm × 350mm的矩形，填充颜色为白色，并去掉轮廓，如图10-64所示。

2. 绘制手提袋的图像

Step 1 使用【贝塞尔】工具，绘制一个闭合图形，然后使用【交互式填充】工具，填充起始位置为蓝色（C:100;M:100;Y:30;K:0）、位置43%的颜色为蓝色（C:100;M:55;Y:00;K:0）、终点位置的颜色为青色（C:65;M:20;Y:5;K:0）的线性渐变色，去掉轮廓，如图10-65所示。

Step 2 使用【钢笔】工具绘制其他图形，并填充相应的渐变色，如图10-66所示。

图10-63 绘制矩形

图10-64 绘制两矩形

图10-65 绘制渐变图形

图10-66 绘制图形并渐变填充

Step 3 使用【挑选】工具，框选绘制的3个渐变图形，按“Ctrl + C”组合键，复制选择的图形，然后“Ctrl + V”组合键，粘贴选择的图形，最后选择【效果】/【图框精确剪裁】/【放置在容器中】命令，移动鼠标指针至手提袋侧面的白色矩形上并单击鼠标左键，将其矩形容器中，如图10-67所示。

Step 4 选择【效果】/【图框精确剪裁】/【编辑内容】命令，进入编辑内容状态，调整图形的位置，然后选择【效果】/【图框精确剪裁】/【结束编辑】命令，完成编辑操作，如图10-68所示。

Step 5 按“Ctrl + I”组合键，导入“标志3.cdr”文件，如图10-69所示。

图10-67 放置在窗口中

图10-68 编辑精确剪裁的图形

图10-69 导入标志3

3. 绘制手提袋的带子

Step 1 使用【贝塞尔】工具，绘制一条曲线，在工具属性栏中设置“轮廓宽度”为 2.5mm，在调色板的白色色块上单击鼠标右键，更改轮廓颜色为白色，如图 10-70 所示。

Step 2 使用【贝塞尔】工具，绘制两条曲线，在工具属性栏中设置“轮廓宽度”为 2.5mm，在调色板的白色色块上单击鼠标右键，更改轮廓颜色为白色，如图 10-71 所示。至此，本案例制作完成。

图 10-70 绘制曲线

图 10-71 完成效果

10.5 练习与上机

1. 单项选择题

（1）CI 系统是企业形象识别系统（Corporate Identity System）英文名称缩写，简称为（　　）或 CIS。

A．CI　　B．DI　　C．VI　　D．MI

（2）（　　）（视觉识别）是 CI 的静态识别，它通过一切可见的视觉符号对外传达企业的经营理念与情报信息。

A．CI　　B．VI　　C．MI　　D．BI

（3）名片纸张因能否折叠划分为普通名片和（　　）名片，普通名片因印刷参照的底面不同还可分为（　　）名片和竖式名片。

A．横式 折卡　　B．圆角 横式　　C．折卡 横式　　D．折卡 圆角

（4）按住（　　）键的同时，用鼠标拖曳控制柄并单击鼠标右键，以等比例复制对象。

A．Shift　　B．Alt　　C．Ctrl　　D．Enter

2. 多项选择题

（1）下列关于 CI 的描述，正确的是（　　）。

A．包括理念识别（MI）、行为识别（BI）和视觉识别（VI）三部分

B．MI（括理念识别）是整个 CI 系统核心和原动力

C．BI（行为识别）是以明确完善的企业经营理念为核心，制定企业内部的制度与行为

D．BI（视觉识别）是CI的静态识别

（2）下列关于VI的描述，正确的是（　　）。

A．VI（Visual Identity）是视觉识别的英文简称

B．它借助一切可见的视觉符号在企业内外传递与企业相关的信息

C．分为两大类，即基础设计系统和应用设计系统

D．基础设计系统是树根，而应用设计系统是树叶，是企业形象的传播媒体

（3）下列关于基础设计系统的描述，正确的是（　　）。

A．包括企业名称、企业形象标识（商标）、企业标准字体、企业标准色、企业象征纹样

B．是企业视觉识别设计的基础，是表达企业经营理念的统一性设计要素

C．包括企业办公用品、广告宣传、旗帜、员工服装

D．基础设计系统内容的作为设计的基本元素

（4）下列关于应用设计系统的纸张的描述，错误的是（　　）。

A．包括企业办公用品、广告宣传、旗帜、员工服装、交通运输、环境展示等

B．办公用品系统包括名片、信封、信纸、便笺、传真纸

C．办公用品系统是一种非常有感召力的标识物

D．环境展示系统类包括公司指南、内部刊物、企业形象广告、产品广告

3. 上机操作题

（1）为交通运输系统绘制一款集团商务车，参考效果如图10-72所示。

完成效果：效果文件\第10章\集团商务车.cdr
素材文件：第10章\素材文件\无

图10-72　集团商务车

（2）为环境展示系统绘制一款导向牌，参考效果如图10-73所示。

完成效果：效果文件\第10章\导向牌. cdr
素材文件：第10章\素材文件\无

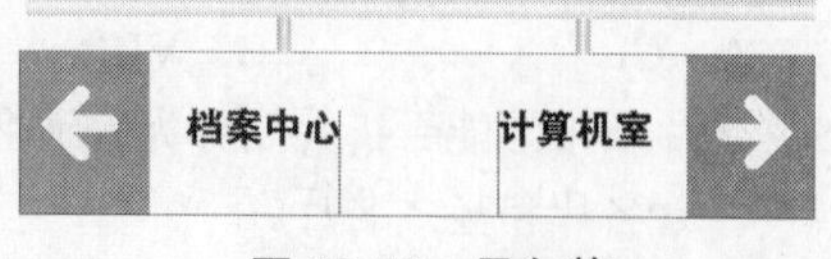

图10-73　导向牌

附录　练习题参考答案

第 1 章　CorelDRAW 平面设计的基础知识

1. 单项选择题

题号	1	2	3	4
答案	C	D	B	C

2. 多项选择题

题号	1	2	3	4
答案	ACD	BCD	BD	AD

第 2 章　轻松绘制和编辑几何图形

1. 单项选择题

题号	1	2	3	4
答案	B	A	A	B

2. 多项选择题

题号	1	2	3	4
答案	BCD	ABC	ABD	ABCD

第 3 章　快速绘制与编辑线条图形

1. 单项选择题

题号	1	2	3	4
答案	D	B	B	A

2. 多项选择题

题号	1	2	3	4
答案	AC	ACD	ABCD	ABC

第 4 章　图形填充与轮廓编辑

1. 单项选择题

题号	1	2	3	4
答案	B	A	D	C

2. 多项选择题

题号	1	2	3
答案	ABC	ABCD	CD

第 5 章　图形对象的操作与编辑

1. 单项选择题

题号	1	2	3
答案	C	B	D

2. 多项选择题

题号	1	2	3
答案	ABCD	ACD	AC

第 6 章　图形对象特效制作

1. 单项选择题

题号	1	2	3	4
答案	D	C	B	A

2. 多项选择题

题号	1	2	3	4
答案	ABC	ABCD	BCD	AB

第 7 章　文本编辑与版式设计

1. 单项选择题

题号	1	2	3	4
答案	B	C	A	D

2. 多项选择题

题号	1	2	3	4
答案	AB	ABD	ACD	BD

第 8 章　位图处理与位图滤镜特效

1. 单项选择题

题号	1	2	3	4
答案	C	B	C	C

2. 多项选择题

题号	1	2	3	4
答案	ABCD	ACD	CD	ABD

第 9 章　图形文件打印和印刷

1. 单项选择题

题号	1	2	3	4
答案	B	C	A	B

2. 多项选择题

题号	1	2	3
答案	ACD	ABD	ABCD

第 10 章　企业 VI 设计

1. 单项选择题

题号	1	2	3	4
答案	A	B	C	C

2. 多项选择题

题号	1	2	3	4
答案	ABC	ABCD	ABD	CD